Symbol

漫漫征途 与书为伴

ANCIENT SCIENCE
THROUGH THE GOLDEN
AGE OF GREECE

希腊
黄金时代的古代科学
（修订版）

[美] 乔治·萨顿（GEORGE SARTON） 著

鲁旭东 译

中原出版传媒集团
中原传媒股份公司

大象出版社
·郑州·

第十三章

公元前 5 世纪以希波克拉底学派为主的希腊医学

尽管本书不是一部医学史著作,但我已经多次提到医学方面的话题。非常奇怪的是,在公元前 5 世纪的 1000 多年以前,亦即在公元前 17 世纪甚至更早,埃及人就已经攀上古代医学的顶峰。埃及医学已经名扬希腊:《奥德赛》[1]、希罗多德[2]以及归于希波克拉底名下的著作[3]都是其见证。确实,到了大流士(从公元前 521 年至公元前 485 年任波斯和埃及国王)的时代,埃及医生的黄金时代已经一去不返了,那些照顾大流士的医生,若不是迪莫塞迪斯求情,恐怕已被处以刺刑了。[4] 虽然如此,我们听说大流士在赛斯重建了埃及医学院。[5] 有可能,希腊人从巴比伦得到了一定量的医学知识。无论如何,自荷马时代以来,他们有了许多他们

〔1〕《奥德赛》,第 4 卷,第 227 行—第 232 行。

〔2〕希罗多德:《历史》,第 2 卷,第 84 节。

〔3〕在希波克拉底名下的著作集中有许多地方都提到埃及;参见利特雷主编:《希波克拉底全集》(10 vols. ; Paris, 1839-1861),第 10 卷,第 572 页。

〔4〕希罗多德:《历史》,第 3 卷,第 129 节、第 132 节。

〔5〕海因德里希·舍费尔(Heinrich Schäfer):《大流士一世时期医学校在赛斯重建》("Die Widereinrichtung einer Ärzteschule in Sais unter König Darius I"),载于《古埃及语杂志》37,72-74(1899),文中引用了保存在梵蒂冈的关于"神庙雕像"的原文,它是埃及考古学中唯一的这类铭文。

自己的知识,而且在公元前5世纪下半叶,医学已经达到一个新的水平,比埃及或美索不达米亚曾经达到的水平更高。为了说明这场革命,亦即希波克拉底革命,我们必须简要地叙述一下导致这场革命的长期演变过程。

一、从荷马到希波克拉底

《伊利亚特》展示了大量医学(主要是外科方面的)知识,并且提到两位早期的医生[6]:波达利里俄斯(Podaleirios)和马卡翁(Machaon),他们两个都是优秀的医生,并且都是阿斯克勒皮俄斯的儿子,而阿斯克勒皮俄斯本人则是阿波罗之子。这使我们回想起医学学说的宗教起源。在荷马时代,阿斯克勒皮俄斯还不是一个神,而是一个无过失的医生;后来,在许多神庙中对阿斯克勒皮俄斯的崇拜盛行起来。[7] 在希腊世界,已经列出的举行这种崇拜仪式的地方大约有320个。这些仪式包括,涤罪净身和庙宿,在庙宿过程中患者所做的梦被解释为有助于对他们的治疗。被治愈的患者要向神庙捐赠还愿祭品(*ex voto*),其中的许多礼品都被保留下来。在被神化之后,阿斯克勒皮俄斯被描述为长着一个像宙斯那样的头,拿着一根缠绕着巨蛇的权杖。这个巨蛇是古代与阿斯克勒皮俄斯本人联系在一起的冥府崇

---

[6]《伊利亚特》,第2卷,第731行—第732行。

[7] 埃玛·J. 埃德尔斯坦(Emma J. Edelstein)和路德维希·埃德尔斯坦(Ludwig Edelstein):《阿斯克勒皮俄斯——证言的收集与解释》(*Asclepius, A Collection and Interpretation of the Testimonies*, 2 vols. ; Baltimore: Johns Hopkins University Press, 1945)[《伊希斯》37,98(1947)]。

拜(chthonic worship)的符号和证据。[8]

　　庙宿仪式已在埃及施行了,希腊人的庙宿仪式可能来源于这里,但也有可能,他们是独立发展出这种仪式的,因为这样也是很自然的。世界各地的患者都会向神祈祷以获得健康或生育能力。在天气温暖时他们很容易在神庙的庭院内进入梦乡。当明智的祭司负责此事时,他们都会竭尽全力把庙宿的环境布置得尽可能温馨:既非常宁静又让人感到热诚,既十分安全又令人信赖。在次日的清晨,得到特许在圣所中过夜的患者们喜欢谈论他们的体验,并且叙述在奇妙的夜晚中所发生的事情。主要的事情就是他们所做的梦,祭司们会对梦做出解释,而且他们会从这些梦中对患者的需求有更多的了解。这种宗教仪式的具体细节会因地而异,而它在医疗目的上的应用,则取决于负责仪式的当班者的智慧。在某些寺庙中,这种活动也许显然是迷信,[9]而在其他寺庙中则大体上是科学的,因为可以肯定,这里的庙宿活动在最佳情况下搞得非常出色:所有暗示和自我暗示的资源都可以调动起来;人们可能找不到比这更好的恢复患者的信心和激励他的心灵的方法了。

---

[8] 有关一般的巨蛇崇拜,请参见《宗教和伦理学百科全书》,第 11 卷(1921),第 396 页—第 423 页;M. 奥德菲尔德·豪伊(M. Oldfield Howey):《缠绕的巨蛇——对各个国家和各个时代巨蛇的象征意义的研究》(*The Encircled Serpent. A Study of Serpent Symbolism in All Countries and Ages*,422 pp. , ill. ;London,1926);J. P. 沃格尔(J. P. Vogel):《印度巨蛇的传说或印度传说和艺术中的蛇神》(*Indian Serpent Lore or the Nagas in Hindu Legend and Art*, quarto,332 pp. ,30 pls. ;London,1926)[《伊希斯》*10*,234(1928)]。

[9] 非常迷信的人不会去医神庙(Asclepieia),而是去举行神秘仪式的地方或者诸如(靠近维奥蒂亚和阿提卡边境、紧邻大海与欧洲相望的)奥罗普斯(Oropos)附近的安菲阿拉俄斯(Amphiáraos)神庙等地,或者到(维奥蒂亚的)莱巴底亚(Lebadeia)的一个洞穴去聆听特罗丰尼乌斯(Trophonios)的神谕。

祈祷疗法的发展相对较晚,它大概发源于埃皮道鲁斯(Epidauros)[10]神庙(几乎不早于公元前 500 年),并且一直保留在这个敬奉阿斯克勒皮俄斯的主要的圣所中。除了埃皮道鲁斯神庙以外,尼多斯、科斯岛、罗得岛和昔兰尼的那些神庙最终也都成为著名的神庙。这些神庙对希腊早期医学的发展具有极为重要的意义,因为即使那里没有医生,聪明的祭司也会收集病历,而且也许会把它们记录下来。他们甚至开始或多或少有意识地对这些病例进行分类,并且逐步建起一座医学经验的宝库。对梦的解释也许是祭司与患者之间谈心的良机,有点类似于现代对某个宗教顾问或医学顾问的咨询,或者是对心理分析学家的咨询。不过,我们永远不应忘记,理性的治疗有可能而且大概是与一定的非理性活动结合在一起的。许多患者需要这样的实践,他们会要求这样的实践并进行这样的实践。

此外,神庙疗法,无论多么合乎理性,基本上都局限在心理学方法上。祭司们偶尔会开出一些药,但不在这里进行任何外科或产科方面的手术,而一些辅助性的物理疗法,例如放血、献祭和按摩大概也被放弃了,留给在其他地方工作的世俗之人去做。因此,在一些寺庙中积累起来的医学经验几乎都是心理学领域方面的经验,这是一个很大的领域,希腊医生对它总会给予适当的关注。

留传给我们的医学学说可能最初是受寺庙实践影响的,

---

[10] 埃皮道鲁斯在伯罗奔尼撒东北,位于萨罗尼克湾(Saronic gulf)海岸。

但应当强调的是,希波克拉底名下 * 的著作基本上全是世俗的、合乎理性的著作,其中几乎没有迷信的痕迹,而且也很少提到宗教。[11]

有关药物的重要信息,都是由草药收集者和植物根茎挖掘者(rhizotomoi)在数个世纪中积累起来的。从可利用的经验知识的数量之大和经验方法的发展极为缓慢来看,这种工作必然延续了许多代。人们已经试验了多种植物,并且认识到其中有些植物的功效或效力(dynameis),发明了一些收集最有用的草药的精巧的方法。对它们的功效人们尚不能给出合理的解释,因此,这部分民俗中充满了大量巫术成分。我们要走入它们之中,就难免会在迷信的混乱发展中迷失方向。陈述这样一个事实肯定就足够了,即远在科学的医学开始以前,植物根茎挖掘者就已经认识到许多植物的药效属性。希波克拉底派的医生从他们不知其名的祖先那里接收了一个药物宝库。他们所需要的药物是专门的草药采集者收集的,这些草药采集者会在他们的工作中举行各种迷信活动。例如,他们可能必须参与净身仪式,据称,若非如此,他们所采集的草药可能会失效;又如,某些植物必须只能在黑

---

　* 在英语中,"Hippocratic"这个词既可以表示"希波克拉底的",也可以表示"希波克拉底学派的"。从萨顿在本书的讨论可以看出,他并不否认"希波克拉底"这个人的存在,但实际上,在用"Hippocratic"修饰"著作(works 或 writings)"时,他所指的基本都是归于希波克拉底名下的著作。而且为了方便起见,无论这些著作的作者是谁,他都用"希波克拉底"这个词来指那些作者(参见本书第十四章注释 21)。有鉴于此,除了少数明显强调区分不同医学学派的语句外,译者一般都把"Hippocratic"翻译成"希波克拉底的",相应地,把"Hippocratic works"或"Hippocratic writings"翻译成"希波克拉底名下的著作"。——译者

〔11〕我可以想到的唯一一提到宗教的地方,是在《论礼仪》(De decenti habitu),vi;利特雷主编:《希波克拉底全集》,第 9 卷,第 235 页。

天采集,或者在盈月(或亏月)时采集;在采集时还必须念咒语,使用一定的工具,并且按照一定的仪式处理这些植物。各种变化的可能性是无数的。这种工作的每一个部分都是受巫术概念制约的。正如康韦·泽克尔(Conway Zirkle)指出的那样:"草药的收集或从大地母亲的怀抱中发掘根茎,被含糊地认为类似于从睡着的老虎的背上拔毛,若不遵守适当的防范措施,这种职业是非常危险的。"[12]无论如何,新的医生们不必去寻找植物或它们的根茎;他们已经有了,而且他们的任务只不过就是重新研究它们的属性,并用一种更科学的方法确定每一种植物的正确用途和剂量。

当医神庙的管理者获得更多有关人的心理抵御疾病之作用的知识时,当草根采集者采集和试验植物的根、茎、叶、花和果时,各个学派的哲学家们正在创造理论。我们简单地回顾一下可能或者的确来自希腊世界的四个部分——南意大利(大希腊)、西西里岛、爱奥尼亚和色雷斯的哲学影响。

毕达哥拉斯的神秘主义学说及其学派来自意大利南部。这个学派的主要医生是克罗通的阿尔克迈翁,他有某些天才的先见之明;例如,他认识到大脑作为感觉中枢的重要作用,以及健康源于不同力的某种平衡。迪莫塞迪斯把克罗通的经验带到苏萨的波斯宫廷,尽管他所带去的主要是天文学方面的经验,但他也带去了一些生理学思想;他是第一个对感

〔12〕阿尔芒·德拉特对这个话题进行了很出色的研究,参见他的《草药——关于古代采集草药和神奇植物时所使用的仪式的研究》(Herbarius. Recherches sur le cérémonial usité chez les anciens pour la cueillette des simples et des plantes magiques, Brussels:Académie royale de Belgique,1936)[《伊希斯》27,531–532(1937)];修订版(180 pp., 4 pls. ; Liége: Université de Liége, 1938)[《伊希斯》30, 395 (1939)]。

觉功能、动物性功能和植物性功能进行区分的人,它们分别
以大脑、心脏和肚脐为中心(除了第三项外都还不错!)。一
些普遍的思想比特殊的医学思想更有影响,它们的流传从未
完全停止,而且它们或多或少地既影响了医生的思维也影响
了哲学家的思维。

　　恩培多克勒是西西里岛的先知,他对生理学和医学有着
浓厚的兴趣,但他也是一个诗人和预言家[某种希腊的帕拉
塞尔苏斯(Paracelsus)]。他的主要弟子有阿格里真托[13]的
阿克隆(Acron of Agrigentum,活动时期在公元前 5 世纪)以
及稍晚一些的洛克里的菲利斯蒂翁(Philistion of Locroi,活动
时期在公元前 4 世纪上半叶)。他们都认为身体内外的空气
非常重要。阿克隆对不同的气流进行了区别,把它们分为对
人有益的和无益的。按照苏达斯的说法,他写了一本论健康
人摄生法(*peri trophēs hygieinōn*)的著作;按照普卢塔克的说
法,在雅典瘟疫期间,他命令点火以净化空气。这种说法似
乎是令人怀疑的,因为修昔底德既没有提到这种活动也没有
提到阿克隆。不过,瘟疫是通过空气传播的,通过净化空气
可以避免瘟疫的思想似乎是有道理的,而且在 19 世纪以前
的每次流行病期间,这种思想都会周期性地重复出现。

　　医学理论的第三个发源地是爱奥尼亚(或小亚细亚),
只要回想一下这些名字肯定就足以说明问题了:米利都的阿
那克西米尼,以弗所的赫拉克利特,克拉佐曼纳的阿那克萨
戈拉,米利都(?)的阿基劳斯[Archelaos of Miletos(?)],最

---

[13] 阿格里真托[希腊语是阿克腊加斯(Acragas),意大利语是格里真提
　　(Girgenti)],靠近西西里岛南海岸中部。

后,也许还有阿波罗尼亚的第欧根尼(Diogenes of Apollonia)。[14] 这些人从旧的意义上讲都是自然哲学家,其中有些人甚至是新的意义上的生理学家。他们的宇宙论理论含有一些适用于生理学的成分。阿那克萨戈拉和第欧根尼进行过动物解剖。[15] 第欧根尼强调了阿那克西米尼和西西里人对空气的偏爱。

最后是色雷斯人的影响,如阿布德拉的德谟克利特,希波克拉底本人认识他,又如塞里布里亚的希罗迪科斯(Herodicos of Selymbria)[16],据说,他曾是希波克拉底的老师。希罗迪科斯认为体育非常重要,他主张,必须使身体运动和饮食完善并且彼此平衡(这是希波克拉底学说的中心之一)。至于德谟克利特,我们有一些希波克拉底与他之间的古怪的书信往来[17];这些信是伪造的,但它们依然可以成为他们享有盛名的证据,而且是研究希波克拉底传说的文献,这些信件的杜撰很早就开始了。这些信件涉及精神错乱和藜芦的使用,而且这也的确是个事实,即德谟克利特对也许应称之为心理学问题的事物,或者借用现代一个比较别扭的术语,对心身医学非常有兴趣。心身医学无疑是希腊医学中

---

〔14〕 在我的《科学史导论》第 1 卷,第 96 页,我写道:"阿波罗尼亚在克里特岛。"有许多地方都称作阿波罗尼亚,而这里的阿波罗尼亚更有可能在弗利吉亚(Phrygia)。"克里特岛"是多利斯语,而第欧根尼是用爱奥尼亚语写作的;这并不能证明他不是一个克里特人,但更有可能说明他有弗利吉亚血统。真是这样吗?我开始怀疑了。参见《古典学专业百科全书》,第 9 卷(1903),第 763 页。无论如何,第欧根尼一般都被当作爱奥尼亚哲学最后一位代表人物。

〔15〕 希波克拉底名下的著作中没有提到他们二者中的任何一人(利特雷主编:《希波克拉底全集》,索引)。

〔16〕 塞里布里亚位于马尔马拉海(the sea of Marmara)的北岸。

〔17〕 利特雷主编:《希波克拉底全集》,第 9 卷,第 381 页—第 399 页。

的菁华,考虑到我们业已描述过的它的起源(庙宿和哲学),
这一点就不会使人感到意外。德谟克利特医学研究的范围,
是他的百科全书式的偏好的例证,因为据说他进行了各种解
剖学研究,他试图说明炎症、狂犬病和流行性传染病,而且他
还探讨了许多难以解决的问题,例如神附、艺术创造以及天
才和愚蠢等的本质。显然,那时医学方法已经(也许是在给
人治病的寺庙中)被尝试用来治疗患者,因为德谟克利特试
图说明那时已经获得的疗法。音乐主要用来治疗心理方面
的疾病,但它也被用在其他病例中,例如用于蛇伤所导致的
中毒的病例。有可能伴随这种中毒出现的心理症状暗示着
应该使用音乐疗法。[18] 德谟克利特试图解释心理生活的所
有形态和神秘特性,这种尝试是不成熟的——时至今日,我
们仍对这类问题缺乏了解,而他那个时代所有希腊的科学努
力也是不成熟的;提出问题比解决它们更为容易,但是,提出
这些问题也花费了大量智慧和想象;希腊天才们愿意并且渴
望询问一些棘手的问题,而且他们确实这样做了,这就是他
们的典型特点。

　　现在,我们可以谈谈两个医学思想成熟的地方了,这就
是尼多斯和科斯,它们属于同一个地区,都在小亚细亚的西
南角。[19] 在那个偏远的小地方出现两个重要的医学学派并
不是偶然的。看一眼地图就会明白,如果从科斯岛向西北行
驶,那就会看到爱奥尼亚群岛,如果向西南行驶,不久就会到

───────────

[18]　参见阿尔芒·德拉特:《前苏格拉底哲学家的神附概念》(80 pp.；Paris,1934),
　　重印自《古代经典》(三)(L' antiquité Classique 3)。在希波克拉底的医学著作中
　　并没有提到音乐疗法(利特雷主编:《希波克拉底全集》,索引)。
[19]　科斯是一个岛,尼多斯是一个很长的海角的端点,这个海角在实际用途方面几
　　乎与一个岛屿并无二致。

达罗得岛。从罗得岛出发行驶一圈,可以到达塞浦路斯、腓尼基、埃及、昔兰尼加,并且回到克里特岛。基克拉泽斯群岛会使人一步步接近希腊。人们在横渡爱琴海时几乎总能看到陆地。卡里亚是一个很重要的地方,由于它背对亚洲,离克里特岛、塞浦路斯和埃及相对比较近,因而成为思想交流的一个至关重要的地方。当然,尼多斯学派(the School of Cnidos)与科斯学派(the School of Cos)未必像这两个地方那样接近,这一点我们无法解释。也许,它们中的一个是另一个的分支,但我们无法知道;这两个学派经过一段不太引人注目的准备时期后,在大约同时进入人们的视野,在每种情况下这个过程都需要两三代的时间,但我们没有办法对之进行度量。

由于本章以及以下几章主要讨论科斯学派,我们先来讨论一下与它同时代的竞争者。

二、尼多斯学派

尼多斯学派与科斯学派的主要差别在于这样一个事实:后者对一般疾病更感兴趣,而前者更感兴趣的是特种疾病。使用现在的术语,我们也许可以说科斯学派的医生主要涉及普通病理学,而他们的尼多斯同事所涉及的则是特殊病理学。它们的倾向都是合理的,而且人们可以论证说,尼多斯学派至少像科斯学派一样是必要的,尽管如此,它太不成熟了。按照盖伦的说法,尼多斯学派的医生辨认了7种胆囊疾病和12种膀胱疾病;这种辨认显然是人为的。准确的诊断方法根本不足以发现典型症候,也就是说,不足以区分那些有不同含义的症状和没有不同含义的症状。尼多斯人无法进行这种区分;他们赋予了一些无关紧要的细节过多的重要性,因而造成了一些疾病分类学的假象(这就是有关科斯人对他们的批评的概括)。

　　我们对尼多斯的一位医生和史学家克特西亚斯已经有所了解,他曾活跃于波斯宫廷。不过,他们那里的主要医生是尼多斯的欧里丰(Euryphon of Cnidos),他可能是一本箴言集《尼多斯格言集》(*Cnidian Sentences* 或 *Cnidiai gnōmai*)的作者或编者,而且可能是其他一些尼多斯专论的作者或编者,这些论著均保留在希波克拉底名下的文集中。[20] 这部《尼多斯格言集》不幸失传了,因而我们失去了本可以区分这两个学派的精良工具。这种区分并不是很容易的,因为这是一种定量的区分而不是定性的区分。相互竞争的医学学派不可能是绝对相互排斥的,它们一致的观点必然远远多于它们不一致的观点。例如,尼多斯人似乎比科斯人更关心产科学和妇科学,但是显然,后者不可能完全不关注妇女。[21]

　　欧里丰曾进行过解剖学研究并且撰写过一本论述"黑死病"(*peliē nosos*)的著作;他把胸膜炎解释为一种肺部疾病,并且用牛奶和烧红的热烙铁治疗肺病。第三位尼多斯的医生是尼多斯的克吕西波(Chrysippos of Cnidos),他的活动时

─────────────

[20]　以下专论可以认为在不同程度上是尼多斯人的:《疾病》(二)(*Diseases II*)、《疾病》(三)(*Diseases III*)、《疾病》(四)(*Diseases IV*),《论疾病》(*Affections*),《论内在疾病》(*Internal Affections*),《论世代》(*Generation*),《儿童的天性》(*Nature of the Child*),《妇女病》(*Diseases of Women*),《不孕症》(*Barrenness*)。这个清单并不是唯一的。所有这些专论的原文都可以在利特雷主编:《希波克拉底全集》的第 6 卷—第 8 卷中找到。
[21]　许多希波克拉底的格言都涉及妇科学、产科学和儿科学。在希波克拉底名下的其他著作中也都大量提到这些学科。

期稍晚一些；他既是菲利斯蒂翁也是欧多克索[22]的学生，他把科斯岛的学说和西西里岛的学说结合了起来。

在尼多斯，不仅诞生了欧里丰、克特西亚斯和克吕西波等医生，而且也诞生了亚历山大灯塔的建造者、建筑师索斯特拉托斯（Sostratos，活动时期在公元前 3 世纪上半叶），以及地理学家阿加塔尔齐德斯（活动时期在公元前 2 世纪上半叶）。而她最有影响的儿子是欧多克索（活动时期在公元前 4 世纪上半叶）。在公元前 4 世纪下半叶，许多朝觐者群集到尼多斯神庙，去瞻仰阿芙罗狄特的雕像，这一雕像是普拉克西特利斯的杰作之一。

三、科斯学派

当尼多斯的医生在他们的海角从事实践和思考时，另一个学派正在一个与他们比邻的岛上发展。再看一下地图就明白，科斯岛位于一个海湾［色拉米克湾（Ceramicus Sinus）*］的入口，当水手进入那个海湾时，他的左边是哈利卡纳苏斯，右边是尼多斯。因此，希罗多德、欧里丰以及希波克拉底有时会是非常近的邻居。科斯是一个小岛（111 平方英里），但土地肥沃，风光绮丽，地理位置绝佳；它出产葡萄、各种软膏和丝织品。科斯的蚕（*bombyx*）生活在橡树、岑树和扁柏的树叶上，不像真正的家蚕那样生活在桑树上。这里的丝织品与来自中国的丝织品是不同的。科斯岛有一个名

---

〔22〕 这里提到欧多克索可能有点出人意料，因为他是一个数学家和天文学家，关于他的主要著作将在另一章中讨论。不过，他也从菲利斯蒂翁那里得到了医学方面的训练。

　　* 现称科斯湾。——译者

叫帕姆菲拉(Pamphila)的妇女[23]，她是普拉特奥(Plateus)
的女儿，她发明了一种生产和纺织当地丝的方法，用这种丝
可以制成非常薄而且几乎是透明的布料，而这种布料则成了
奥古斯都时代(Augustan age)的主要奢侈品之一。[24]　科斯 　*887*
盛产葡萄和丝织品，同时也因那里的人而受到尊敬，因为她
是公元前 3 世纪的三个诗人菲勒塔斯、赫罗达斯(Herodas)
和忒奥克里托斯以及伟大的艺术家阿佩莱斯(Apelles, 活跃
于公元前 336 年—前 306 年)的出生地(或主要居住地)，阿
佩莱斯曾为科斯神庙画了一幅著名的《从海中升起的阿芙罗
狄特》(*hē anadyomenē Aphroditē*)的画像。想到希波克拉底
和他的弟子走在葡萄园和桑树林中，并且把对他的回忆与对
一位杰出的画家和几位诗人的回忆联系在一起，真是让人很
愉快;想到阿斯克勒皮俄斯与阿芙罗狄特争相吸引朝觐者到
岛上去，同样也是令人感到愉快的。[25]　当然，对我们来说，
科斯首先是古代最伟大的医学学派的故乡。希波克拉底是
这个学派的创始人，而且他脱颖而出，远远超过了那个岛上
的其他医生，以至于科斯医学和希波克拉底医学现在成为两

---

[23]　亚里士多德提到过她，见《动物志》第 5 卷，15，第 551B 页，但并没有说她生活在
　　　什么时期。

[24]　科斯服装(*Coae vestes*)在古代是非常有名的，但不同于用中国丝绸制作的中国
　　　服装(*vestes sinicae*)。(出产于中国的)真丝(*nēma sēricon, metaxa*)与(出产于印
　　　度? 和科斯的)野蚕丝的区别难以说清。请参见 F. 沃尔·科尼什(F. Warre
　　　Cornish)主编:《古希腊和古罗马简明词典》(*Concise Dictionary of Greek and Roman
　　　Antiquities*, London, 1898)，第 574 页;艾伯特·纽伯格:《古代人的技术与科学》
　　　(*The Technical Arts and Sciences of the Ancients*, London, 1930)，第 165 页—第 167
　　　页。

[25]　这个事实也有点意思，即科斯和尼多斯在对阿斯克勒皮俄斯的崇拜与对阿芙罗
　　　狄特的崇拜方面也是竞争对手:前者以阿佩莱斯画的一幅女神像而自豪，后者则
　　　拥有一尊普拉克西特利斯创作的雕像。我们的美国城市若是鼓励这样的竞争就
　　　好了。

种可以互换的表达方式。希波克拉底是谁呢？

四、科斯的希波克拉底

叙述我们所知道的所有关于希波克拉底的信息，并不需要花费很长时间。他大约于公元前 460 年出生在科斯岛，他的父亲赫拉克利德（Heraclides）和塞里布里亚的希罗迪科斯曾向他传授医术。他在希腊进行了大量旅行。例如，在《论流行病》（一）（*Epidemics I*）和《论流行病》（三）（*Epidemics III*）中，他曾提到过萨索斯、色萨利的拉里萨（Larissa）、色雷斯的阿布德拉［可能就是在这里或者在雅典（？）他结识了德谟克利特］、（色萨利东部的）马格尼西亚（Magnesia）的马里波伊亚（Maliboea）、马尔马拉海以南的基齐库斯（Cyzicos）以及其他一些地方。佩尔狄卡斯二世（Perdicas II，大约公元前 450 年—前 413 年的马其顿国王）和阿尔塔薛西斯二世尼蒙（公元前 405 年—前 359 年的波斯国王）曾向他咨询，而且他非常长寿；他在拉里萨去世。如果他大约于公元前 460 年出生这个资料是对的，那么，他几乎活了 85 岁，他去世的时间大约是公元前 375 年，也就是说，他已经进入公元前 4 世纪了。[26]

古代有三部关于希波克拉底的传记，最早的是索拉努斯（Soranos，活动时期在 2 世纪上半叶）写的，但是早在这以前，希波克拉底的存在就已经得到证实，最早证实这一点的是与他同时代、比他年轻的柏拉图。在《普罗泰戈拉篇》

---

［26］ 这样说或许更可靠些：他于公元前 380 年和公元前 370 年之间去世。萨德豪夫说，希波克拉底于公元前 390 年去世，享年 70 岁。所有这些都是猜测。参见《医学史年鉴》（*Ann. Medical History*）2,18（1930）。

中[27]柏拉图谈到,有个年轻人去拜访科斯岛的医师
(Asclepiad)希波克拉底,向他学习医学。在《斐德罗篇》
中[28],他讨论了希波克拉底学说的一种观点,即倘若我们要
理解人的身体和灵魂我们就必须理解自然。我们可以从柏
拉图的这两处论述推论,科斯岛的希波克拉底出身于一个阿
斯克勒皮俄斯世家(我们马上会解释其含义),他教授医术,
而且在他在世时就已经享有相当多的荣誉了。

　　在《政治学》中[29],亚里士多德谈到希波克拉底是一位
伟大的医生。为什么除了柏拉图和亚里士多德的证言外还
要找其他的证言呢?

　　然而,有一点是自相矛盾的,即早期的论述都没有提及
他的著作[30],没有提及他的著作的论述如此之多,以至于维
拉莫维茨-默伦多夫会说他是"一个没有著述的名人"。然
而,毋庸置疑,希波克拉底撰写了大量著作。关于它们的真
实性我将在下一章讨论。

　　希波克拉底出身于一个阿斯克勒皮俄斯(医师)世家;
他的祖父希波克拉底和他的父亲赫拉克利德在他以前都曾
行医;他的父亲自然而然地成为他的第一个老师。希波克拉
底二世的事业被他的儿子科斯岛的塞萨罗斯(Thessalos)和
德拉孔(Dracon)以及他的侄子科斯岛的波吕勃斯继承下来。

---

〔27〕　柏拉图:《普罗泰戈拉篇》,311B。
〔28〕　柏拉图:《斐德罗篇》,270C-E。
〔29〕　亚里士多德:《政治学》,1326A。
〔30〕　亚里士多德提到过《论人的天性》(*Nature of Man*),但把它归于科斯岛的波吕勃
斯(Polybos of Cos,活动时期在公元前 4 世纪上半叶)的名下。《斐德罗篇》也许
含蓄地提到过这一著作或《论古代医学》(*Ancient Medicine*)。我们不可能知道美
诺(Menon,活动时期在公元前 4 世纪下半叶)心中所想的是哪些书。

外科专著《论骨折》(*Fractures*)和《论关节》(*Joints*)是希波克拉底医学的辉煌成就之一,有人曾把它们归于他的祖父亦即诺希迪科斯(Gnosidicos)之子希波克拉底[31];这种看法受到广泛拒绝,但它证明他的祖父是一个有一定声望的医生。

塞萨罗斯活跃于公元前413年至公元前399年任马其顿国王的阿基劳斯的宫廷之中,他是重理医派(Dogmatic school)的奠基者之一。人们把《论流行病》(二)(*Epidemics II*)、《论流行病》(六)(*Epidemics VI*)甚至《论流行病》(四)(*Epidemics IV*)的编辑归功于他,但没有证据。盖伦称他是希波克拉底最著名的儿子。

波吕勃斯(活动时期在公元前4世纪上半叶)是希波克拉底最伟大的继承者,亚里士多德猜想,他可能是《论人的天性》这一专论的作者。

我们所知道的唯一的有关希波克拉底外貌特征的是,他像其他许多伟大的人物一样身材矮小。

五、希波克拉底的医学

正如我们讨论《伊利亚特》和《奥德赛》那样,我们最好从讨论希波克拉底名下的著作入手,也就是说,先研究它们的内容和倾向,而把有关它们的作者之身份的考虑延后。的确,对我们而言,重要的现实是这些著作,它们的本质是不朽的,而它们的作者无论是谁,都像一个影子似的已经逝去了。

为了清晰起见,我们把希波克拉底的思想分成一系列专题加以考虑。

---

[31] 盖伦:《盖伦全集》,第15卷,456。

1. **解剖学和生理学**。解剖学是不成熟的。希波克拉底派的医生尤其是外科医生也许对骨头有充足的知识,但他们对内部器官、动脉、肌肉以及神经的知识是非常模糊的。他们仍然需要一些解剖学和生理学方面的指导;因此,他们在同样的条件下做了其他博学的医生所做的事——他们发明了或者假设了一种一般生理学体系。幸运的是,他们沿着那个危险的斜坡所走的行程被一些仔细的观察打断了,而他们的幻想也被希腊人的常识和节制制止了。印度医学和中医的发展充分说明没有这样的制止将会发生什么情况。[32]

他们的一般生理学是所谓体液理论,该理论在许多世纪之前就已经被预示了。显然,人的身体(或者更容易观察的动物的身体)中含有多种相当重要的液体,例如血液、黏液、胆汁等。身体排出的液体的表面迹象可以证明患了一些疾病,例如,当一个人头部伤风时,他的鼻子中流出的鼻涕、吐出的痰以及排出的粪便都可以作为患病的证据。克罗通的毕达哥拉斯主义者阿尔克迈翁(活动时期在公元前 6 世纪),第一个想到健康是一种体内平衡,而疾病是对这种平衡的破坏。那时,人们很自然地把这种思考集中在身体的非固定的和可变的部分,而不是集中在固定的器官上。恩培多克勒重申了这些思想,他认为,健康(或者疾病)是以四种元素(火、气、水、土)的平衡(或失衡)为条件的,而人的身体(以及世界万物)正是由这些元素构成的;他的这种论述使

389

---

[32] 关于印度医学,请参见《伊希斯》*34*,174 – 177(1942 – 1943);*41*,120 – 123(1950);关于中医,请参见《伊希斯》*20*,480 – 482(1933 – 1934);*22*,267 – 272(1934 – 1935);*27*,341 – 343(1937);*33*,277 – 278(1941 – 1942);*41*,230(1950);*42*,265 – 266(1951)。

这些思想更加精确了。四元素理论导致四性质(干和湿,热和冷)的补充理论[33],《论古代医学》[34]和《论圣病》[35]都提到这种补充理论。更晚些时候,它导致了四体液(黏液、血液、黑胆汁和黄胆汁)理论。对四体液理论(暗示着四元素、四性质甚至四季)的最早解释在《论人的天性》中找到了,亚里士多德认为它为波吕勃斯所著。非常奇怪的是,希波克拉底在《论体液》(*Peri chymōn*)的专著中并没有提到这种体液理论。盖伦(活动时期在2世纪下半叶)第一次提出并解释了四气质理论,从而完成了这个四元组的金字塔;[36]在19世纪以前,它一直是后盖伦医学的主要理论;今天,这种理论至少在非医学界依然存在,在几乎每一种语言中都有一些表达法可以证明这一点。

不过,后来的四质理论与以前的理论有根本的差别。四元素、四性质和四体液存在于每个身体之中,健康意味着它们彼此的平衡。但是,四质理论是一种人类学理论,是对人进行分类的一种方法:每一个人都可以用单一的一种质来表

---

〔33〕 这些元素被恩培多克勒称作 *rhizōmata*(根),后来又被柏拉图称作 *stoicheia*(本原);这第二个术语流行了起来,并且被保存在我们自己的术语中[如 stoichiology(细胞生理学)和 stoichiometry(化学计量法)]。

希波克拉底或者在他以前的人们把质(属性或体力)称作 *dynameis*(力量)。在很长一段时期中,这个词在希腊语和拉丁语(*dinamidia*,力学)中很流行;我们自己的词 pharmacodynamics(药效学)会使我们回想起这个词。

解剖学家昆托斯(Quintos 或 *Coïntos*)曾讨论过四性质,他活跃于哈德良(Hadrian,117年—138年在位)统治下的罗马,并且创立了一个医学学派,盖伦的老师就属于这个学派;他后来被流放并于148年(?)在佩加马去世。盖伦写了一本书批评昆托斯的四性质观点。参见《伊希斯》8,699,第105号(1926);《科学史导论》,第1卷,第281页。

〔34〕《论古代医学》,XIV。

〔35〕《论圣病》,XXI。

〔36〕 萨顿:《评四质理论》("Remarks on the Theory of Temperaments"),载于《伊希斯》*34*,205-207(1942-1943)。

征,而且,除非是在某种社会或政治意义上,否则,不能谈论质的平衡。[37]

把这些四元组的学说与其他生理学理论如印度草医学(Āyurveda)的 tridosha(三体液)或 pañcabhūta(五元素)、佛教的四界说、中国的阴阳观加以比较会是很有意思的,所有这些都说明理性对对称的依赖,这种对称曾经在世界各地引导科学工作者,但有时也误导他们。

2. **预后与诊断**。正如上面指出的那样,尼多斯医生试图区分(或诊断)特种疾病,而他们的科斯竞争对手则对普通病理学更感兴趣。后者的倾向是,把所有疾病看作属于两组疾病中的一种(参见以下第 4 部分),甚至都属于一组疾病。那么,预后就成了一个重要的问题,预后即预见疾病的发展以及结果是否会致命的能力。我们必须记住,在公元前 5 世纪,即使可能有预后也是非常有限的,而且患者更关心的是健康而不是医学标签。他们求助于医生的心理与他们请教神谕时有些相同。他们所要问的就是:他们是否能活下来并且平安无恙?病痛还要持续多久?

预后使医生能够认识并且最终随着他的经验的增长能够预见每一种疾病的不同阶段。在最初阶段(我们现在会称之为潜伏期),体液逐渐受到干扰,它们的平衡也逐渐被打破。希波克拉底把这个阶段称作"煮沸"(pepsis)阶段,这是从烹饪食物或酿造饮料的体验中引申出来的朴实的比喻。

---

[37]　希波克拉底在《论气候水土》中清楚地认识到由于环境或种族造成的质或体格的差异,但并没有对四质提出疑问。希腊语中表达的"质"这个词是 crasis(混合),因为任何一种质都是由四元素、四性质和四体液的混合导致的。盖伦专著的标题是《论质》(Peri craseōn 或 De temperamentis);参见 K. G. 屈恩主编:《盖伦全集》,第 1 卷,第 509 页—第 694 页。

经过数天之后,这种"烹饪"已经完成,危象,或者换句话说,定势或裁决,就会显现出来。这种裁决并不总是终审;甚至当危象有望好转时,随后仍会出现复发(*hypostrophē*),或者(表现为脓疡或肿瘤的)致病物会被排出或出现病情骤变(*apostasis*)。此外,希腊医生观察到的许多疾病实质上都是疟疾,它们都有一种有节律的发展过程,必定很早就被认识到了。也就是说,新的危象会在"危象时期"(*crisimos hēmera*)周期性地出现。[38] 在《论预后》(*Prognostic*)中,列出的一系列危象时期有 4、7、11、14、17、20、34、40、60 天;在《论流行病》(*Epidemics*)中,[39] 列出的危象时期有 4、6、8、10、14、20、24、30、40、60、80、120 天(都是偶数),或者 3、5、7、9、11、17、21、27、31 天(都是奇数)。

一个好的医生能够在疾病的早期阶段就对疾病提出一种总的看法,而且能够预见将来的危险(危象时期),并增强患者对付疾病的意志。

3. **希波克拉底派的医生对疾病的影响有何了解?** 首先,他们认识到人体内不平衡的基本症状:发烧阶段。他们尚不能像我们那样测量体温,但他们可以对体温做出判断,而且可能比我们现在对体温更敏感。他们可以观察皮肤、舌头、眼睛、发汗情况、小便和大便,并且对各种发烧进行多种区分。有可能,其中的某些区分是人为的,也有可能其中的许多区分具有一种实实在在的不同价值。他们是否注意到脉搏的加快?看起来没有,或者并没有明显的迹象表明他们注

[38]《格言集》(*Aphorisms*),VII,85。
[39]《论预后》,XX;《论流行病》(一),XXVI。

意到了;这是希波克拉底名下的著作令人疑惑的主要谜团之
一——它们几乎没有提及脉搏。我们发现,很难相信早期的
希腊医生感觉不到他们的患者的脉搏,因为一个理智的医生
或早或晚不得不对(手臂或腿部的)搏动进行观察。

　　这个问题非常奇怪,所以我们必须暂时在这里停一下,
对这个问题进行更仔细的考察。早期的埃及医生对脉搏非
常了解。[40] 这种知识怎么会不知不觉地消失了呢? 确实,
德谟克利特曾谈到脉搏(*phlebopalia*)的跳动,但在希波克拉
底名下的文集中只有一次提到脉搏,亦即在《论营养》
(*Nutriment*)中:[41] "血管的搏动和肺脏的呼吸,其和谐或不
和谐取决于年龄,它们是有病或健康的迹象,是健康多于疾
病的迹象,也是疾病多于健康的迹象。"这个信息已经足够
了;把搏动与呼吸联系在一起会导致混乱,而且这种故作神
秘的论调是令人讨厌的。[42] 有人把对脉搏的研究归功于希
波克拉底时代一个生平不详的医生埃利斯的埃吉米奥
(Aigimios of Elis)[43],或者归功于科斯岛的普拉克萨戈拉
(Proxagoras of Cos,活动时期在公元前 4 世纪下半叶),但

811

---

[40] 詹姆斯·亨利·布雷斯特德:《埃德温·史密斯外科纸草书》(*The Edwin Smith Surgical Papyrus*, Chicago: University of Chicago Press, 1930),第 1 卷[《伊希斯》15,355-367(1931)]。

[41] 《论营养》,xlviii。

[42] 在利特雷主编的《希波克拉底全集》的索引中没有列出"pouls"(脉搏)或"sphygmologie"(脉搏学),但在"防卫墙"词条下可以看到相关的词[如神庙的剧烈颤动(pulsation,亦指搏动——译者)等]。然而,在屈恩主编的《盖伦全集》的索引中,却给脉搏以及它们的各种变化留了很多篇幅(20,506-516)。这有助于我们衡量公元前 5 世纪与公元 2 世纪之间医学所取得的进步。

[43] 埃吉米奥写过一本有关心悸或搏动的著作《论搏动》(*Peri palmōn*),盖伦曾提到过它;他的其他方面我们一无所知。参见《各时代和各民族杰出医生传记辞典》(*Biographisches Lexikon der hervorragenden Aerzte aller Zeiten und Völker*),第 2 版,6 卷本(Berlin,1929-1935),第 1 卷,第 37 页。

是,我们有可靠的理由认定,伟大的希腊解剖学家卡尔西登的希罗费罗(Herophilos of Chalcedon,活动时期在公元前 3 世纪上半叶)对脉搏进行过研究。从那时起(但是现在我们已经处在一个完全不同的世界,希腊化时代的中心在亚历山大城),希腊人关于脉搏的知识有了长足的进步。其结果是,盖伦(活动时期在 2 世纪)出版的《脉搏论纲》(*Synopsis peri sphygmōn*)在现代以前一直是脉搏学的基础。[44]

现在回过来谈希波克拉底派的医生:尽管他们无法像我们这样测量体温和计算脉搏,但他们认识到所出现的热病有不同种类。从预后的观点看,发烧有很大差异,因为每一种热病都有自己的演变、节律和危象时期。考虑一下《论流行病》中的这一详细论述:

有些发烧会持续,有些发烧在白天增高,在夜晚会暂停,或者在夜间增高,在白天会暂停;这些发烧症有半间日热、隔日热、四日热、七日热和九日热。最危险的急性病,亦即最严重、最难医治和致死率最高的疾病,是那些持续发烧的病症。在所有发烧症中,致死率最低而且最容易医治、但拖的时间最长的是四日热。不仅四日热本身是这样,其他更严重的疾病还会以它作为结束。被称作半间日热的发烧比其他发烧症死亡率更高,在此过程中也会出现急性病,而且它尤其会在肺部疾病之前出现,并会在患有其他疾病且持续时间较长的人的身上出现。夜间发烧症并不是很危险,但持续的时间较长。日间发烧症持续的时间更长,而且它容易使某些人染

---

[44] 埃米特·菲尔德·霍林(Emmet Field Horine):《古代脉搏知识概述》("Epitome of Ancient Pulse Lore"),载于《医学史学报》*10*,209–249(1941)。

上肺病。七日热持续时间较长,但并不危险。真正的隔日热有一个很快的转变期,它并不危险。在所有发烧症中,最糟糕的是五日热。因为如果它在肺病之前或其间出现,病人会因此而死亡。[45]

　　W. H. S. 琼斯在他论述疟疾与希腊史的关系的著作中,对所有这一切的意义进行了充分的说明。[46] 在希波克拉底时代和希波克拉底所在的地区,最常见的疾病是胸部疾病和疟疾。在这两种情况下,黏液(鼻涕,痰)、血(出血)、(患间歇性疟疾时阵阵呕吐所吐出的)黑胆汁和黄胆汁等体液,都可以成为明显的证据。正如琼斯指出的那样,疟疾是决定性因素:

　　在疟疾发病较多的地区,所有疾病而不仅仅是疟疾,很容易周期性地变得越来越严重;事实上,潜伏的疟疾会扭曲所有其他疾病的症状。[47]

　　这有助于说明希波克拉底对(与诊断相对的)预后的兴趣,因为有经验的医生可能已经认识到,大多数失调尽管有节律不同以及其他一些差异,但它们有一些本质上的相似之

---

〔45〕《论流行病》(一),XXIV。第 25 章、第 26 章,我没有更多的篇幅引用它们来提供额外的有关各种发热症的发展方面的信息,例如危象时期等。

〔46〕W. H. S. 琼斯:《疟疾——希腊和罗马史中一个被忽视的因素》(*Malaria: A Neglected Factor in the History of Greece and Rome*, 114 pp.; Cambridge, 1907);《疟疾与希腊史》(*Malaria and Greek History*, 184 pp.; Manchester, 1909)〔《伊希斯》6, 48(1924-1925)〕。琼斯认为,希腊以及后来的罗马的衰退和覆灭在很大程度上是由疟疾造成的。他的命题无法被完全证明,但它有助于使我们认识疟疾在古代史中的重大作用。这种疾病仍然制约着世界许多地方的发展进程,而且是某些东方国家落后的重要原因;参见《伊希斯》41, 380(1950)。在诺曼·泰勒(Norman Taylor)的《爪哇的金鸡纳树》(*Cinchona in Java*, New York: Greenberg, 1945)〔《伊希斯》36, 230(1946)〕中可以看到,他就疟疾的历史以及这种疾病对今天的不祥预兆进行了简洁而出色的说明。

〔47〕琼斯:《希波克拉底》(*Hippocrates*, Loeb Classical Library),第 1 卷,第 lv 页。

处。这就使得希波克拉底更看重(与健康相对的)一般疾病
而非它的不同种类。

　　希波克拉底名下的著作中所讨论的所有发热,或者是因
患疟疾而引起的发烧[48],或者是肺炎、胸膜炎、肺病的伴随
现象。但这些著作没有提及天花、麻疹、猩红热、白喉、黑死
病和梅毒。我们几乎可以肯定梅毒只是在 15 世纪末才从美
洲输入的,但其他疾病呢? 它们是自古以来就存在的吗? 如
果是这样的话,古代的医生怎么没有认识到它们的一些明显
症状呢? 这就像知识和智慧总是与极度的无知混合在一起
那样,是非常莫名其妙的。

　　还有一个令人困惑的问题:考虑一下雅典的瘟疫导致的
巨大灾难,为什么在任何医学著作中我们都找不到关于它的
清晰描述,甚至连提也不提它呢? 倘若不是一个外行人即修
昔底德,我们就不知道它的存在。

　　医学著作中多次提及眼炎,这并不令人惊讶,因为在近
东地区各种眼疾非常盛行,但关于它们的任何专业知识却很
少见。这些著作对疟疾以及它们有时所导致的一般的不健
康状态和精神低落的描述,尚可说得过去,它们把所谓疟疾

---

[48] 当然,希波克拉底派的医生不可能理解疟疾的本质,他们也不可能知道这种特
效药:南美植物金鸡纳树的树皮,秘鲁的印第安人在 17 世纪向世界展示了它不
可思议的疗效。1820 年佩尔蒂埃(Pelletier)和卡文多(Caventou)从金鸡纳树上
提取了奎宁。以下事实概括了有关疟疾的科学知识的发端。1880 年,拉韦朗
(Laveran)在疟疾患者的红血球中发现了疟原虫类的原虫;1897 年罗纳德·罗斯
(Ronald Ross)爵士在蚊子的胃中发现了疟原虫;1898 年乔瓦尼·巴蒂斯塔·格
拉西(Giovanni Battista Grassi)指出,只有疟蚊才会携带疟疾的寄生虫。请注意完
成这些基础性发现的地点:拉韦朗在阿尔及利亚的君士坦丁(Constantine),罗斯
在塞康德拉巴德(Secunderabad)的贝贡派特(Begumpet),这里靠近海德拉巴
(Hyderabad);格拉西在罗马。而奎宁的传奇故事从秘鲁延伸到爪哇,但它在时
间和空间上都与科斯岛相去甚远。

恶病体质描述为体虚、贫血、肤色变黑以及脾脏变大。这些
著作中对精神错乱和各种精神疾病的病例也有描述;对这些
疾病是不可能视而不见的,因为它们本身就会引起人们的
注意。

4. **卫生学和治疗学**。希波克拉底学派之成就的科学本
质明显地表现在他们的治疗学中。科学家与非科学家的主
要区别往往是这样:前者充分意识到他的知识的局限,而后
者却无所不"知"(从这种意义上讲,苏格拉底也是一个科学
家)。"Je sais tout"(我无所不知)是愚蠢的无知者的座右
铭。同时我们或许可以说,诚实的医生与庸医的主要区别就
在于,后者会许诺一定能把病治愈,而前者则更为谨慎。并
非所有的庸医都是只关心钱而不关心别的事情的骗子,而有
些专业医生却像庸医一样贪婪;他们之间在贪欲方面的差异
并不像在缺乏批判精神方面那样大。庸医常常是一些天性
温厚和有仁爱之心的人,他们希望尽可能多地帮助他们的邻
居;他们对治愈的渴望与普通人对知识的渴望是一样的;在
这两种情况下,愿望都是思想之父。希波克拉底既非常谨慎
又非常谦虚。他所使用的治疗方法并不多也并不完全有效,
而他也意识到这一点。他使用泻药、催吐药、兴奋剂、调经
药、灌肠剂,并且使用灌肠法和放血疗法[49],为了清空身体

---

[49] 有关放血疗法,参见《科学史导论》,第 2 卷,第 76 页。希波克拉底使用静脉切
开放血术和拔罐法,但没有使用水蛭放血法。在希波克拉底名下的著作中唯一
提到水蛭(bdella)的是《论预断》(二)(Prorrhetic II),第 17 章,而且是有原因的;
那里论述说,当喉咙常常有血时,很可能这是由隐藏的水蛭所致。这暗示着早期
的医生并没有发现水蛭,毋宁说是水蛭发现了他们。在水蛭自然出现的地方,会
有许多麻烦事;有些天才的医生认识到,也许可以把这些麻烦变害为利。在盖伦
的著作中,许多地方都提到水蛭;参见屈恩主编的《盖伦全集》的索引,"水蛭素"
词条。

而使用节食法,他还使用热敷和沐浴、摩擦和按摩、大麦汤和大麦粥(*ptisanē*,因此,相应地在英语中有 ptisan,在法语中有 tisane,以指各种浸剂)、葡萄酒、蜂蜜酒(蜂蜜和水的混合物)以及醋蜜剂(蜂蜜和醋的混合物)。请记住,希腊人没有糖只有蜂蜜。[50] 医生可能最希望做的就是,尽可能地减轻患者的痛苦,并增强他的体魄和意志。

希波克拉底的主要思想可以简洁地用这些拉丁语词来表述:*vis medicatrix naturae*(自然康复力)。[51] 用今天的自然科学语言来说就是,健康是稳定平衡的一个条件,疾病是对这种平衡的一种破坏;如果破坏不是很严重,这种平衡会趋于自动恢复。患者的身体和精神的安宁必须以这样的方式得到保护:那种自然康复力可以自动发挥其作用,其功能的实现不会有任何障碍,而且健康(即平衡状态)可以迅速地重新获得。医生的主要责任就是支持和帮助自然。

因此,治疗学与其说是用药问题,莫如说是饮食问题。

[50] 埃德蒙·O.冯·李普曼:《糖的历史》(*Geschichte des Zuckers*, Berlin, 1929)[《伊希斯》*13*, 393-395(1929-1930)]。在早期的伊斯兰对外征服(7 世纪上半叶)以前,甘蔗在印度以西几乎无人知晓;参见《科学史导论》,第 1 卷,第 465 页。甘蔗于 643 年出现在埃及,680 年出现在叙利亚(大马士革),700 年出现在塞浦路斯,714 年出现在西班牙,750 年出现在普罗旺斯(Provence),818 年出现在克里特岛,827 年出现在西西里岛。

[51] 关于这种思想的历史,请参见马克斯·纽伯格(Max Neuburger):《历史上的自然康复力学说》("The Doctrine of the Healing Power of Nature Throughout the Course of Time", 184 pp.),载于《美国顺势疗法研究所杂志》(*J. Am. Inst. Homeopathy*, New York, 1932)。可以把自然康复力(*vis medicatrix naturae*)看作生物有机体自我调节思想的最早的例子。参见克洛德·贝尔纳(Claude Bernard)的 *milieu intérieur*(内部环境)和沃尔特·布拉德福德·坎农(Walter Bradford Cannon, 1871 年—1945 年)更宽泛的"自我平衡"概念,见《伊希斯》*36*, 258-260(1946)。它甚至与亨利·勒夏忒列(Henri Le Châtelier, 1850 年—1936 年)于 1887 年阐明的这一普遍原理有关:当一个系统在某种压力下失去平衡时,它会以趋于减少压力的方式重获平衡。

对健康的主要维护就是把适当的营养品与适量的锻炼相结合的摄生法。对经常伏案工作的人来说,散步是最好的锻炼方式之一。这些观点在《论摄生法》(三—四)(*Regimen III - IV*)中和希波克拉底名下的其他著作的各处都有说明。

5. **医用气候学**。作为希波克拉底名下的专著之一,《论气候水土》(*Peri aerōn hydatōn topōn*)的真实性几乎无人质疑。它肯定是第一部关于医用气候学的著作。它描述了地貌和气候对健康和性格的影响。

除了浴疗学家和其他医生喜欢有水的地方外,现代医生不像他们古代和中世纪的医学同行那样对气候如此在意。这种情况部分是由于,我们,尤其是住在城市中的我们,宛如生活在一种人工环境之中,而相比之下,我们悠远的古代祖先完全听任气候的摆布。这种情况也可能是由于,其他因素令人无法抵抗的吸引力,使人们对环境因素逐渐忽视甚至变得无知了。我们也许应该比现在更重视环境因素:很有可能,某些患者在某一地方比在其他地方更容易被治愈。[52]

医学史家非常关注有关气候与健康的关系的研究,这在一定程度上是由于有希波克拉底做榜样,一定程度上则是由于浴疗学传统,[53]但主要还是由于地貌和气候因素对流行病传播的影响。另一方面,欧洲的学究们把史学和地理学看作两种平行的学科,而且直至不久之前依然这样看。因此,同一学者既想研究"医学地理学"也想研究医学史,就没有

---

[52] 毫无疑问,这一点至少已经在治疗一种疾病即肺结核的情况下得到了充分的认识。

[53]《科学史导论》,第 3 卷,第 286 页、第 1240 页。

什么值得奇怪的了。[54]

6. **希波克拉底学说的科学方面**。在以前几个部分,希波克拉底学说的某些科学方面已经得到证明,但我们必须回过头来讨论这个问题,因为它确实是一个重要的问题。如果要求一个人简略地描述希波克拉底医学,他可能会说:它是一种科学的医学,即使不是世界上第一种也是希腊第一种科学的医学。[55]

希波克拉底以一种合理的方式,为他自己确立了解决医学问题的任务。事实上,他有时使自己很容易遭到一种现代专家常常受到的指责,即他对个人治愈的关心不如对知识的关心。他的临床记述不夹杂感情色彩,但它们本应如此,而除了这些记述之外,没有什么可以证明他对患者漠不关心。这些记述并没有流露出任何无关的情感,这一事实并不能证明他没有感情,也不能证明他的患者去世时他不难过。在下一章我们将提供这些临床记述的一些例子。这些记述会令人们大吃一惊。在《论流行病》(一)和《论流行病》(三)中,希波克拉底描述了一些病例,就像我们自己的医生可能会做的那样,他如实地叙述了他认为是绝对必要的事物。他描述了 42 个病例,其中有 25 个是以患者去世而结束的病例。希波克拉底像一个真正的科学家一样,认识到真相高于一切,因而他既准确地记录下他的成功,也准确地记录下他的失败(一个庸医会把他的失败隐藏起来,这不一定是由于他不诚实,而是由于整个医学行业的吹嘘必然导致自负)。

---

[54] 最典型的是《雅努斯》(*Janus*)使用的副标题:《国际医学史和医学地理学档案》(Archives internationales pour l'histoire de la médecine et la géographie médicale)。

[55] 所补充的这种限定使我们想起在本书第二章中所描述的最出色的埃及医学。

希波克拉底的天才的科学本质表现在他的仔细观察、审慎判断和对真理的热爱方面,也间接地表现在他对迷信、不恰当的哲学和浮夸言语的拒绝上。[56]

7. **心理治疗**。当希波克拉底解释顺应自然康复力的医学要旨时,他意识到,心理疗法与物理疗法一样都是顺应自然康复力的医疗方法。允许身体尽可能完全休息(总待在床上,节制饮食)还是不够的,还必须保证心灵的休息(安宁),并使它受到安慰和希望的激励。医生必须非常温和地与患者交往。

《论规范》(*Precepts*)是较晚的但来源于希波克拉底名下的著作的摘录,这里有一个典型的段落:

我劝你不要太冷酷,而要细心地考虑你的患者的盈余或者收入。有时候,你提供的服务不是为了别的,就是为了唤起对以前的恩惠或现在的满足的记忆。如果有机会为财力拮据的陌生人服务,你要为所有这样的人提供充分的帮助。因为哪里有对人的热爱,哪里就会有对医术的热爱。对于某些患者,即使意识到他们处境危险,也要完全通过他们的满足和医生的善行恢复其健康。为了使患者恢复健康而对他们进行照顾,为了使无病的人保持健康而关心他们,这些都是对的,但也要关注自己,这样才能认识到什么是适宜的。

如果希波克拉底目睹过(因为他可能目睹过)医神庙或其他神庙中的庙宿实践,他对心理治疗感兴趣是很自然的。如果是这样的话,那么,他就听说过祭司和朝圣者们肯定会大肆宣扬的神奇治愈,他可能会对这种方法的治疗价值进行

---

[56]《论古代医学》。

评价。身体和心灵是紧密相关的；其中任何一部分有病，另一部分都不可能健康，而医生也不能只医治这一部分，而忽视另一部分；因此，必须尝试着使这两部分的健康都得到增强。

用从柏拉图的《卡尔米德篇》（*Charmides*）中摘录的一段话，对这些观点加以确认是很有意思的，在这段话中，苏格拉底提到查西摩斯的一个色雷斯医生：

据说他甚至能使人不朽。这位色雷斯人说，正像我刚才告诉你的那样，希腊人的建议是正确的，他又说："我们的国王查摩西斯是一位神，他说，你们一定不能不治头而只治眼睛，或者不治身体而只治头，同样的道理，你们一定不能不治灵魂而只治身体。"就是由于这个原因，许多疾病令希腊医生感到大惑不解——因为他们无视**整体**，他们应当在整体上多做些努力，如果整体失调，**部分**的状态也不可能保持良好。如他所说的那样，一切善恶，无论是身体中的还是在整个人身上的，均源于灵魂而流向各处，就好像从头流向眼睛。因此要想头和身体的其余部分健康，你们必须从治疗灵魂开始，灵魂是首要的，最根本的。[57]

苏格拉底所介绍的查摩西斯的批评也许适用于某些希腊医生，但肯定不适用于希波克拉底。

六、希波克拉底的成就

希波克拉底的主要成就是，在治疗疾病的过程中引入一种科学的观点和科学的方法，并且开了科学医学文献和临床档案的先河。这一成就的重要性怎么说也不过分。无论我

[57] 柏拉图：《卡尔米德篇》，156。

们对希波克拉底这个人的了解有多少不清晰之处,他都是人类历史上首创精神最伟大的代表之一。他单凭天才,而没有借助后来的某个时代的药物和器械,做了他那个时代所能做到的事情,在评价他时,说出这一点就足够了。值得注意的是,在他之后没有人再有这样的想法,即像他在《论流行病》中所做的那样,去撰写和搜集临床病例。盖伦的记述在精神层次上处于很低等的水平;它们更多地带有自我宣传的意味,而不是像希波克拉底那样朴实无华和公正诚实的报告。盖伦更感兴趣的是吹嘘他的名声而不是公布真相。在盖伦以后、拉齐(al-Rāzī,活动时期在 9 世纪下半叶)时代以前,就没有临床病例或报告了,而在拉齐时代以后,我所能想到的,只有佛罗伦萨人安东尼奥·贝尼维耶尼(Antonio Benivieni, 1502 年去世)的少量中世纪的摄生指南(regimina)和建议(consilia)以及验尸分析——但是,从希波克拉底到贝尼维耶尼,这期间已经流逝了将近两千年。[58]

　　尽管希波克拉底更关心的是普通病理学而非特殊病理学,他留下了有关肺结核、产后惊厥和癫痫的临床描述,他还描述了垂死之人或死人的典型面容,描述了因饥饿、过多腹泻、长期受病痛困扰而身体极度虚弱的人的面部表情。这类

---

[58] 马克斯·迈耶霍夫(Max Meyerhof):《大约公元 900 年的拉齐的 33 份临床观察报告》("Thirty-Three Clinical Observations by Rhazes, c. 900 A. D."),载于《伊希斯》*23*, 321-372(1935),其中含有阿拉伯原文 14 页。迈耶霍夫就该原文分别发表了两段勘误表,在 G. 萨顿的《科学史导论》中可以找到该原文的副本。关于 *regimina* 和 *consilia*,请参见《导论》,第 3 卷,第 285 页—第 286 页,第 1238 页—第1240 页。至于贝尼维耶尼,他有一部篇幅不大但很著名的著作《论疾病和治愈的某些隐蔽和不可思议的原因》(*De abditis nonnullis ac mirandis morborum et sanationum causis*, Florence, 1507; other editions, 1521, 1528, 1529, 1581),其中有20 篇验尸报告和许多临床病例。

容貌现在依然被称作希氏面容(*facies Hippocratica*)。人们还会谈到杵状指(Hippocratic fingers),它们是某些慢性心脏疾病的症状:由于缺乏充足的供氧,手指的末端关节被拉长并且呈现出棒状。

或者,考虑一下《论流行病》(三)中对这种病例的描述:

在萨索斯,德里尔塞斯(Delearces)的妻子有病躺在地上,被高烧和阵阵哆嗦的病痛折磨着。一开始,她想把自己全身包裹起来,一句话也不说,她搞乱、拉扯、搔弄并且拔下自己的头发,一会儿哭一会儿笑,但不睡觉;虽然受到刺激,但什么也排泄不出来。当护理人员给她水喝时,她只喝一点。排尿很少而且量不多;摸上去身体有点热,但四肢冰凉。

第9天。一会儿神志恍惚,一会儿又神志清醒;沉默不语。

第14天。呼吸一会儿弱一会儿强,间隔时长时短。[59]

在最后一行中所描述的那种呼吸现象,现在一般称之为陈-施呼吸(Cheyne-Stokes breathing),这是用两个都柏林医生的名字命名的(1818年),医学研究者们称之为"不规则搏动"。[60]

希波克拉底的常识、智慧和谦逊有时被人们遗忘了,有时被盖伦学派的医生和阿拉伯医生滥用理论解释和不适当的自大遮蔽了,但天才的人们总愿意赞颂这位医学之父,并且试图去效仿他。我所关心的不是医学文献学者,如梅斯

---

[59]《论流行病》(三),病例15。

[60] 约翰·陈(John Cheyne,1777年—1836年)在《都柏林医院报告》[*Dublin Hospital Reports 2*,216(1818)]中描述了这种呼吸。威廉·施托克斯(William Stokes,1804年—1878年)在1846年描述了更多病例。

（Metz）的阿尼斯·福埃（Anuce Foes，1528 年—1591 年）或荷兰人 J. A. 范德林登（J. A. Van der Linden），他们编辑的希波克拉底名下的著作（分别出版于 1595 年和 1665 年）被学者和医生广泛使用，我反而关心诸如托马斯·西德纳姆（Thomas Sydenham，1624 年—1689 年）这样的临床医生。上个世纪末细菌学的巨大成功导致新一波的医学自大潮，有一段时间，许多医生痴迷于微生物，以致他们无法从整体上考虑他的患者。这种情况再加上其他因素导致一种希波克拉底思想的复兴，但有时候，这种复兴又有点过头。[61] 不过，明智的医生对知识与智慧进行了区分，并且认识到，尽管已经有了巨大的而且几乎是惊人的医学进步，在希波克拉底的成就中依然有些东西是无法替代的。

七、阿斯克勒皮俄斯的传人

关于希波克拉底我们所知甚少的事情之一就是，（按照柏拉图的说法）他是阿斯克勒皮俄斯的一个传人，另外，我们知道有一些供奉医学保护神和医神阿斯克勒皮俄斯的庙。阿斯克勒皮俄斯的传人是些什么人？人们首先想到的是，他们是这些神庙中的祭司。在这些给人治病的神庙中，聪明的祭司也许积累了医学经验，他们没有花费多少气力而且几乎不是刻意这样做的。不过，除了这些一半是祭司、一半是医生的人之外，有可能在诸如尼多斯和科斯岛这些专业的医生的聚集地，也有些人被称作阿斯克勒皮俄斯的传人，这或者是因为他们被猜想是阿斯克勒皮俄斯这个神和英雄的后代，或者是因为他们的责任受到这个神的启示。

---

[61]《伊希斯》*34*,206（1942–1943）。

　　这种专业往往仅限于某些家族,因为父亲教儿子并且把其经验和实践传授给他是很自然的。我们已经了解两个医学家族——尼多斯的克特西亚斯家族和科斯岛的希波克拉底家族。希波克拉底受业于他的父亲赫拉克利德,而他自己的事业则由他的儿子和侄子继承。

　　这些医学家族被共同的利益团结在一起,而且至少在某些地方,有可能他们的团结是以成文或不成文的规则和规定的方式表白的。某个地区的阿斯克勒皮俄斯的传人可能会形成一种行业协会[62],亦即一种专业协会,只要人们愿意,其结构既可以比较紧密也可以比较松散,协会的倾向可以是纯经济性的、社会性的、科学性的或宗教性的,或者,它也可以带有这些影响的各种组合的色彩。

　　在希波克拉底名下的文集中有许多关于义务论的著作,但这并不能证明医学行会的存在,不过,倘若这类行会存在,它们可能将有助于形成这样一些著作:在这些著作中将会对医生的义务、他们的方法以及他们的习惯进行阐释和说明。在所有关于义务论的著作中,最重要的是《誓言》(*Oath*),随后有《论法则》(*Law*)、《论礼仪》(*Decorum*)、《论规范》以及《论医师》(*Physician*)的第 1 章。其中有些著作是较晚的,但它们都体现了早期的传统,而我们现在所关心的正是这些传统。

　　以《誓言》为题的短文包含着一个专业誓言以及一种约束学医的学生及其教师的契约(*syngraphē*)。每一个行会的

---

[62] 参见 A. E. 克劳利(A. E. Crawley)和 J. S. 里德撰写的词条"行会"("Guilds"),见于《宗教和伦理学百科全书》,第 6 卷(1914),第 214 页—第 221 页;也可参见《科学史导论》,第 3 卷,第 152 页—第 156 页。

构成都包含两方面的事物,它必须把成员团结在一起,而且
要为新成员提供教育和承认,并为他们的传统提供保护以确
保其持续。行会可以是秘密的,当然,也可以是私人性的;它
的规则只对其成员有约束作用并且有助于保护他们,以免受
到其他团体或不适当的局外人的伤害。不过,我们应当小
心,不要过多地根据现代的经验去考虑问题;现代行会的所
有活动也许以某种可能的(*in potentia*)方式存在于古代,但
它们是非正式的和未定型的。例如,行会在特殊的场合也许
举行某种仪式和典礼,以接纳成员或为他们出殡。

　　我们的这些知识都是不确定的;文献的匮乏似乎可以证
明,即使阿斯克勒皮俄斯成员被组织起来,他们的行会也不
可能有很大的重要性;如果医师行会在某些地区例如科斯岛
存在,它们的重要性仅限于很小的地区和很短的时间。[63]

---

[63]　W. H. S. 琼斯:《秘密协会与希波克拉底的著作》("Secret Societies and the
　　　Hippocratic Writings"),见《希波克拉底》("洛布古典丛书"),第 2 卷(1923),第
　　　333 页—第 336 页。

第十四章
希波克拉底名下的著作

　　本章稍后将简略地讨论希波克拉底传统,但我觉得必须在一开始就声明,直到不久之前,我关于希波克拉底名下的著作的知识主要还是来源于埃米尔·利特雷编辑的那套备受推崇的全集,该全集共计 10 卷,并附有一个详细的索引。[1] 费力地编辑某个希波克拉底原文第 *n* 版的文献学家也许会说利特雷的坏话,但这些批评既不会使他的巨大声望有丝毫减损,也不会使他们自己相形见绌的声望有一点增加。在过去 30 年中,我收到过许多版本的希波克拉底名下的文集、文集的译本以及单行本,其中有些在《伊希斯》上进行过分析。当我构思这一章时,为了更新我的知识,我十分仔细地研究了威廉·亨利·塞缪尔·琼斯和爱德华·西奥多·威辛顿(Edward Theodore Withington) 为"洛布古典丛

---

〔1〕 埃米尔·利特雷(1801 年—1881 年)主编:《希波克拉底全集》(10 vols. ; Paris, 1839－1861)。参见莱昂·吉内(Léon Guinet):《埃米尔·利特雷》(" Emile Littré"),载于《伊希斯》8, 77－102(1926),附有肖像;第 87 页逐卷列出利特雷所编的希波克拉底著作的目录。

书"编辑的希波克拉底著作的希腊文和英文的文选。[2] 利特雷不是一个学究气十足的文献学者,他精通希腊文并且非常了解医学,而他的最杰出之处就在于,他是一个出色的向导。在四分之三个世纪以后,琼斯和威辛顿在做他们自己的那点工作时有了这种有利条件。我非常赞同他们,而且一般来说也愿意在有争议的问题上接受他们的指导,例如,琼斯关于疟疾的影响在古代世界既有害又广泛的理论。至于威辛顿,我直接受惠于他关于医学史的多方面研究,并且间接地受惠于他在医学方面对修订亨利·乔治·利德尔(Henry George Liddell)和罗伯特·斯科特(Robert Scott)的著作所做的贡献。[3]

一、希波克拉底名下的著作的全部或部分真实性

柏拉图和美诺提到的那些著作无法毫无疑问地加以确定,因此,怀疑论者可能会声称,"希波克拉底"是一个"没有著述的名人",而且任何一篇"希波克拉底名下的"著作都不能认为是绝对真实的。这样看来,希波克拉底的真实性这个总的问题不同于有关柏拉图或亚里士多德的真实性的问题,因为有相当多的柏拉图或亚里士多德的著作的真实性是确定无疑的,而且可被当作标准本来使用;这个问题更像有关《伊利亚特》和《奥德赛》的作者问题。就像我们承认荷马的

---

〔2〕琼斯编辑了第 1 卷—第 2 卷(1923)〔《伊希斯》6,47(1923－1924);7,175(1925)〕和第 4 卷(1931);威辛顿编辑了第 3 卷(1927)中的外科学著作〔《伊希斯》11,406(1928)〕。

〔3〕亨利·乔治·利德尔(1811 年—1898 年)和罗伯特·斯科特(1811 年—1887年)编辑了《希－英词典》(A Greek-English Lexicon);亨利·斯图尔特·琼斯(Henry Stuart Jones)爵士编辑了新的修订版(2160 pp.;Oxford:Clarendon Press,1925－1940)。威辛顿为编辑词典阅读了希腊医学文献现存的全部遗稿;参见《伊希斯》8,200－202(1926)。

诗歌的真实性那样,我们以同样的态度承认希波克拉底许多著作的真实性,但也有同样的保留;不过,希波克拉底这个人远比荷马更真实。

就实践而言,这样已经足够了;但我们仍须非常谨慎。对希波克拉底的思想和方法的阐释是以一组著作为基础的;因而我们不能说:由于其中有些著作反映了希波克拉底的特性,它们必然是真的;因为这样做不可避免地会陷入循环论证。不过,柏拉图和美诺的陈述对阐释希波克拉底学说的本质来说是充分的,而且它们或许有助于按照可能为真的顺序把希波克拉底名下的著作排列一下。我们所能做的最多也就是这些,但对我们的主要目的而言,这些已经足够了。

撇开希波克拉底名下的著作真伪的可能性不谈,我们所能得到的这些著作是在不同时期形成和保存下来的。有些写得非常好,有些写得不太好;还有一些是草稿和原始笔记,可能尚未经过编辑。有些著作的写作[例如,《论体液》(Humors)]是非常随意的。此外,有些著作的原作未能完整地留传给我们。最早的著作采用的是书卷(volumina)形式,它们比我们所熟悉的那些著作的形式更容易破损;书卷的两端部分尤其容易破损,而且很容易断开。这可以说明为什么许多古代手抄本(不仅仅是希波克拉底名下的著作的手抄本)或者没有开头或者没有结尾。在文学原作方面,这种情况已被认识到并且得到普遍关注;在医学著作方面,图书管理员或编辑者并非总能理解这种意义和结构,遗失的部分有时就被另一文本代替;一卷著作可能被分成两个或更多的部分,或者可能,不同卷的残篇被拼在一起。若非如此,希波克拉底名下的某些著作的构成就无法解释。简而言之,某些文本的写作很糟糕;而其他文献的原始作品,无论写得好或不好,都未能留传给我们;书卷有时还破损成一片片的,结果,一些粗心的人就把一些零碎的东西拼凑在一起。

希波克拉底派的著作的内容像它们的形式一样是多样化的。其中有些著作是为医生或学医的学生写的,有一些是为外行人写的;还有一些是教师为作为他们讲课的指南,或者是徒弟为加强他们的记忆而草草写成的笔记;有些是笔记本,在其中医生简略地记下他的体验的结果,其他则是为争论或辩论精心写成的短论。其中绝大部分著作再现了科斯学派的学说,但也有一些反映了与之相邻和竞争的尼多斯学派的学说,还有一些则包含了局外人的观点。如果我们假设留传给我们的这些收藏品原来保存在科斯岛的图书馆(或者其中的一部分保存在这里,其他则是来自别的地方),那么,这种情况就不难理解了。科斯岛的神庙、学校或行会都可能有图书馆,图书馆中的藏书不仅会有本地的作品,还会有其他地方的作者馈赠的作品,或者是科斯岛的医生为了研究或出于好奇而收集到的作品。

在形式和内容如此多样的作品面前,人们会认识到,要确定每一篇作品的真实性,其困难是巨大的,或者更确切地说,这是不可能的。是否可以相信这篇或那篇作品是希波克拉底的,或者是他的嫡传弟子或较晚的弟子的? 或许,它可能是某个对医学感兴趣的智者写的,或是某个对一般思想比对医学更感兴趣的哲学家写的? 在最后这种情况下,某种例如伊壁鸠鲁学派的(Epicurean)或斯多亚学派的(Stoic)信条,就可能证明它的创作是在希波克拉底以后的。个人身份的真实性相对来说不那么重要。我们更关心的是如何把希波克拉底派的著作与代表其他学派的著作区分开,然后把它们放进一个大致的年代学序列中。其中有些著作显然是古代的、希波克拉底时代以前的;另有一些,或者是希波克拉底本人写的,或者不是但属于他那个时代或他的学派的;还有一些显然是希波克拉底时代以后的但延续了希波克拉底的学说。事实上,某篇后来的著作可能与早期学说的核心紧密地结合在一起,这使得上述问题变得更棘手了。许多古代的著作就像纪念碑一样,其不同部分是在不同时期建造和重建的。这样的话,"那座纪念碑是什么年代的?"这个问题就变得几乎毫无意义了;人们只能尽可能确定不同的建造者所处的年代。即使这样,在试图确定希波克拉底名下的著作的年代时,也不可能获得圆满的和准确的答案;我们不应当尝试不可能之事,而应当竭尽全力把可能之事做好,并满足于此。

文献学家希望通过文本考证的方式,亦即通过对语言的研究,来解决这类问题,但这种方法也包含着一些不确定性:我们怎么能肯定流传下来的语言就是原来的语言?准确地再现某一文本的语言特性的想法是一种现代的妄想;古代的(例如古希腊的)编辑者更关心的是医学文本的内容而不是其形式,[4]而且如果他们喜欢,他们会毫不犹豫地用当代的方法对它加以改编。幸运的是,他们常常很懒,或者太忙了以至于没有时间这样做,他们或多或少地再现了原著,因为他们采取的是费力最小的方法。

在每一篇古代医学文献中都保留着这样一个特性:它们

---

〔4〕它们与某个纯文学文献不同,因为对于该文献的形式是散文体还是诗歌体,人们会做出鉴别并予以注意。

都是用爱奥尼亚方言写的。这一点非常值得注意,因为科斯岛(以及尼多斯)曾被多里安人占领和统治,而附近的爱奥尼亚殖民地的思想遗产如此庞大,以至于爱奥尼亚方言成为学识和文雅的一种象征。读者大概记得,希罗多德像希波克拉底一样,也不是爱奥尼亚人,但他也用爱奥尼亚方言写作。这对我们有点帮助,但帮助不大。一本医学著作用爱奥尼亚语写成这个事实,并不能必然证明它属于希波克拉底时代,因为与某种体裁相结合的语言,也可以用来写作同一类的其他著作。[5] 无论如何,希波克拉底名下的不同文本所使用的爱奥尼亚语并不是完全相同的;其中有一些是爱奥尼亚语规范的变体,就像在希罗多德的著作中那样,因为书面语言与实际讲的语言不同,对作者来说它在一定程度上是非自然语言。[6] 居住在小亚细亚西南角的作者受到如此之多(多里安、克里特、卡里亚、爱奥尼亚和雅典)的影响,因而他们的方言可能很容易带有不同色彩。

二、早期的评注

我们对希波克拉底名下的著作的研究得益于古代的评注者,但可惜的是,他们中的最早者卡尔西登的希罗费罗(活动时期在公元前 3 世纪上半叶)已经出现得很晚了,由

---

〔5〕 请比较一下,中世纪的西班牙诗人使用加利西亚语(《科学史导论》,第 3 卷,第 337 页、第 344 页),17 世纪的法国医生使用拉丁语,当今的法律用语使用盎格鲁诺曼语(Anglo-Norman)。

〔6〕 W. H. S. 琼斯在《希波克拉底》(见"洛布古典丛书")第 2 卷第 liv 页指出:"我们不能希望对文本的恢复,超过盖伦时代最优秀的文本传统所达到的流行的程度。有时候,甚至恢复文本的目的也无法实现。试图恢复作者实际所写的那种方言是徒劳的。他们可能并不都是用完全一样的爱奥尼亚语写作,因为就医学和科学而言,他们一般使用的是书面语方言而不是口语方言。希望我们知道作者所写的是例如 tois, toisi 还是 toisin,更是徒劳的。"

于他出现得太晚，以致我们无法把公元前 4 世纪的著作与以前的著作分开。此外，希罗费罗不只是一个纯粹的专门评注者，他还是古代最伟大的解剖学家。紧随他出现的是他的两个学生，塔纳格拉〔7〕的巴科斯（Bacchios of Tanagra）和科斯岛的菲利诺斯（Philinos of Cos）。〔8〕 巴科斯编辑了《论流行病》（三），为其他三篇希波克拉底名下的著作进行了注释，并且编了一个词汇表；据说，（被认为是医学经验学派的创始人的）菲利诺斯为希波克拉底名下的著作撰写了评注，还写了 6 本针对巴科斯的著作。阅读公元前 3 世纪希波克拉底的评注者们互不相同的观点可能是很有启示意义的，但这些文献已经失传。

他林敦的赫拉克利德（Heracleides of Tarentum）、他林敦的格劳西亚斯（Glaucias of Tarentum）以及基蒂翁的阿波罗尼奥斯（Apollonios of Cition）等 3 位著名的评注者均活跃于公元前 1 世纪上半叶。在我们这个纪元的第一个世纪，塞尔苏

----

〔7〕 塔纳格拉在维奥蒂亚，那个地方因商业、好斗的公鸡尤其是 1873 年及其以后在那里的古代墓地出土的可爱的赤陶小雕像而闻名于世。

〔8〕 在我的《科学史导论》中没有提到巴科斯和菲利诺斯，因为他们的著作已经失传，而且关于他们的存在还有一些不确定性的东西。关于巴科斯，请参见 M. 韦尔曼撰写的词条，见《古典学专业百科全书》第 4 卷（1896），第 2790 页；关于菲利诺斯，请参见奥布里·迪勒撰写的词条，同上书第 38 卷（1938），第 2193 页——第 2194 页，以及卡尔·戴希格雷贝尔（Karl Deichgräber）:《希腊经验论学派》（*Die griechische Empirikerschule*，Berlin，1930）。琼斯编辑了一个颇有启发性的巴科斯、塞尔苏斯（Celsus）和埃罗蒂亚诺斯（Erotianos）各自所知的希波克拉底著作的一览表，见《希波克拉底》（见"洛布古典丛书"），第 1 卷，第 xxxviii 页——第 xxxix 页。

斯(活动时期在 1 世纪上半叶)[9]大量使用了希波克拉底名
下的著作,而埃罗蒂亚诺斯(活动时期在 1 世纪下半叶)和
罗马的希罗多德(Herodotos of Rome,活动时期在 1 世纪下半
叶)把一些专业术语汇集在一起。[10] 古代评注者中,最重要
也最博学的评注者是盖伦(活动时期在 2 世纪下半叶)。盖
伦写了许多关于希波克拉底的评注,以至于他们的名字被合
在一起,许多(对医学史不熟悉的)学者常常把他们的名字
联在一起,一说就是"希波克拉底-盖伦"——仿佛他们是双
胞胎兄弟似的,以此作为某个单一的时代或某个共同的学派
的代表。这种做法是很愚蠢的,因为他们两个人之间相差了
6 个世纪。盖伦与医学之父相隔的时代,相当于我们与英国
诗歌之父杰弗里·乔叟(Geoffrey Chaucer)相隔的时代。

　　盖伦有一本题为《关于希波克拉底的真作》(*De genuinis
scriptis Hippocratis*)的著作,研究了哪些著作真是希波克拉底
写的、哪些不是他写的。这本书的原文已经失传,但我们从
侯奈因·伊本·伊斯哈格(活动时期在 9 世纪下半叶)的目

---

[9] 塞尔苏斯不是一个评注者,但他的拉丁文专论《医学问题》(*De re medicina*)充满
　　了对希波克拉底的回忆。参见 W. G. 斯宾塞(W. G. Spencer)所编的希波克拉底
　　和塞尔苏斯的著作段落的类似一览表(见"洛布古典丛书"),第 3 卷(1938),第
　　624 页—第 627 页。塞尔苏斯早在 1478 年就出现在印刷物中,先于希波克拉底
　　和盖伦。

[10] 埃罗蒂亚诺斯编辑了一个希波克拉底用语表,非常珍贵;其他的词汇表是由希
　　罗多德收集整理的,或者可以从盖伦的评论中找到。
　　　参见 J. G. F. 弗朗茨(J. G. F. Franz)编:《埃罗蒂亚诺斯和希罗多德根据斯蒂
　　芬诺斯的评述对希波克拉底的疏释》(*Erotiani Galeni et Herodoti glossaria in
　　Hippocratem ex recensione Henrici Stephani*,Leipzig,1780);埃罗蒂亚诺斯术语表的
　　现代版,由恩斯特·纳赫曼森(Ernst Nachmanson)编辑(Uppsala,1918)。

录中知道有此书,[11]侯奈因有一份该书的手抄本,并且为伊萨·伊本·叶海亚('Īsā ibn Yahyā)准备了该书的叙利亚译本和摘要。这个叙利亚译本被侯奈因的儿子伊斯哈格·伊本·侯奈因(Ishāq ibn Hunain,活动时期在 9 世纪下半叶)为阿里·伊本·叶海亚('Alī ibn Yahyā)[12]翻译成阿拉伯文。阿拉伯译文的标题为 Kitāb fī kutub Buqrāt al-sahīha wa ghair al-sahīha(《完美的明天与完美的必然性》);人们对重获和编辑这本书的阿拉伯语版或阿拉伯译本给予了厚望。

　　巴科斯所知道的希波克拉底名下的著作大约有 23 篇,埃罗蒂亚诺斯知道的有 49 篇;利特雷主编的全集有 70 篇著作。如果埃罗蒂亚诺斯知道多达 49 篇著作,这就暗示着在他那个时代已经有某种希波克拉底著作的正典。用"正典"这个词也许有点夸张,因为若没有可以凭借来确定正典的根据,很难说什么是正典。有可能在古代,正如人们在某个图书馆中可能会发现的那样,找到希波克拉底名下的著作集比找到一些成卷的著作更难,在这里所有图书都是粗略地按照主题来分类的。7 世纪或者更早以前的拜占庭学者知道这

---

〔11〕《关于希波克拉底的真作》(Peri tōn gnēsiōn Hippocratis syngrammatōn)是否真的失传了? 在屈恩主编的《盖伦全集》中没有这篇著作。而在侯奈因的译作目录中,它排在第 104 号。参见贝格施特雷瑟所编的侯奈因译作目录(1925),或迈耶霍夫的文章,载于《伊希斯》8,699(1926)。

〔12〕艾布·哈桑·阿里·伊本·叶海亚(Abū-l-Hasan 'Alī ibn Yahyā,888 年去世)是叶海亚·穆纳伊姆[Yahyā al-munajjim(＝占星术士)]的儿子,老叶海亚皈依了伊斯兰教,并且服务于哈里发马孟(al-Ma'mūm)。其子阿里是哈里发穆塔瓦基尔(al-Mutawakkil)的大臣,而且是一个伟大的书籍收藏家和科学爱好者;盖伦著作的许多阿拉伯译本都是为他而译的,或者是在他的赞助下翻译的;参见《伊希斯》8,714(1926)。伊萨·伊本·叶海亚可能是阿里的一个兄弟。

样的著作集[13]，它们的全部或部分逐渐被翻译成叙利亚语和阿拉伯语。

　　回到希腊传统，手抄本本可以为我们提供最多的信息，但遗憾的是，现存的手抄本都是比较晚的，没有一个早于 10 世纪。早期的手抄本含有希波克拉底名下的著作的一览表；最早的手抄本是 10 世纪的《文多奔希斯医学》（Vindobensis med.）第 4 卷，其中含有 12 篇著作；11 世纪的《威尼斯的马尔基阿努斯抄本 269 篇》（*Marcianus Venetus* 269）列有 58 篇；12 世纪的《梵蒂冈希腊文抄本 276 篇》（*Vaticanus Graecus* 276）列有 62 篇。[14]

　　印刷本。希波克拉底著作的第一个印刷本是不同的专论或者少数专论的拉丁语译本，最好的例子就是阿蒂塞拉（*Articella*）版（1476 年—1500 年）。[15] 其他古版书请参见克莱布斯或我下面的注释。希波克拉底名下的著作属于最流行的科学古版书之列，在最有声望的作者排行榜上，"希波克拉底"名列第三；前两名远远领先于他，分别是大阿尔伯

---

[13]　参见《科学史导论》，第 1 卷，第 480 页。这一部分必须从两方面加以修正。语法学者约翰（John the Grammarian，活动时期在 7 世纪上半叶）与约翰·菲洛波努斯（John Philoponos，活动时期在 6 世纪上半叶）应是同一个人，而且第二个年代（6 世纪上半叶）是正确的。归于约翰名下的医学著作都是些伪作。拜占庭的希波克拉底著作集的年代无法确定，因为早期的手抄本现在均已不复存在；有可能最早的拜占庭的著作集只不过是亚历山大版本的副本。

[14]　此表为 I. L. 海贝尔在《希波克拉底著作目录》（"Hippocratis indices librorum"）中所编，见《希腊医学文集》（*Corpus medicorum graecorum*），第 1 卷（1927），第一部分，第 1 页—第 3 页[《伊西斯》*11*，154（1928）]。

[15]　克莱布斯，第 116 号，这是指阿诺尔德·C. 克莱布斯之《科学和医学古版书》中的第 116 号作品，载于《奥希里斯》*4*，1–359（1938），《科学和医学古版书》是一个精心排列的所有 15 世纪所印制的涉及科学或医学的书籍清单。我将继续使用这种简略的写法，而不再做进一步的说明。

ΆΠΑΝΤΑ ΤΑ ΤΟΫ
ΊΠΠΟΚΡΑΤΟΥΣ·

OMNIA OPERA
HIPPOCRATIS·

Ne quis alius impune, aut Venetiis, aut usquam lo-
corum hos Hippocratis libros imprimat, &
Clementis VII. Pont· Max· & Sena-
tus Veneti decreto cau-
tum est.

图 70 《希波克拉底全集》(*Omnia opera Hippocratis*) 希腊语初版扉页, 该书包括 59
篇希波克拉底名下的著作, 纯希腊语而无拉丁语译文, 由弗朗西斯科斯·阿修拉努
斯 (Franciscus Asulanus) 编辑, 由著名的阿尔蒂涅公司阿索拉 (Asola) 的奥尔都·马努
齐奥和安德烈亚·托雷萨尼 (Andrea Torresani) 于 1526 年在威尼斯印制。这个精美
的对开本, 以克雷芒七世 (Clement VII) [朱里奥·梅迪契教皇 (Giulio de' Medici,
1523 年—1534 年在位)] 致安德烈亚·托雷萨尼的儿子们和奥尔都·马努齐奥
(1449 年—1515 年) 的后嗣的一封信为开始 [复制于哈佛学院图书馆馆藏本]

特 (Albert the Great) 和亚里士多德。[16]

　　希波克拉底著作最早的通用本是费比乌斯·卡尔夫斯
(Fabius Calvus) 编辑的拉丁语版 (723 pp. ; Rome, 1525) 和
希腊语的阿尔蒂涅版 (Aldine, 233 pp. ; Venice, 1526), 这两
个版本都是对开本, 第二个版本是真正的初版 (参见图 70)。

―――――――――

[16] 归于他们每个人名下的古版书分别有: 大阿尔伯特 (活动时期在 13 世纪下半
　　叶), 151 篇; 亚里士多德, 98 篇; 希波克拉底, 52 篇, 真作和伪作都算在一起; 参
　　见《奥希里斯》5, 183, 186 (1938)。

图 71　希波克拉底著作希腊语第二版 (对开本) 的扉页 , 由贾纳斯·科尔
纳伊乌斯 [茨维考的约翰·哈根布拉特 (Johann Hagenblut of Zwickau)] 编
辑 , 由弗罗贝纽斯 (Frobenius) [约翰·弗罗本 (Johann Froben)] 于 1538 年
在巴塞尔 (Basel) 印制。巴塞尔的人文学者总是与他们的威尼斯对手竞争
[复制于哈佛学院图书馆馆藏本]

这是一个很长的系列的开始。早期最重要的版本有：贾纳
斯·科尔纳伊乌斯 (Janus Cornarius) 编的希腊语第 2 版
[Basel, 1538 (参见图 71)] , 阿尼斯·福埃编的希腊语－拉丁
语版 [folio; Frankfurt, 1595 (经常重印)] , 常与福埃编的词典
《希波克拉底身体结构大全》[*Oeconomia Hippocratis alphabeti
serie distincta* , folio; Frankfurt, 1588 (参见图 72)] 一起使用；
还有 J. A. 范德林登编辑的希腊语－拉丁语版 (2 vols. ,

OECONOMIA
HIPPOCRATIS,
ALPHABETI SE-
RIE DISTINCTA.

IN QVA DICTIONVM APVD HIP-
pocratem omnium, præsertim obscursorum, vsus explicatur, &
velut ex amplissimo penu depromitur: ita vt LEXI-
CON HIPPOCRATEVM *merito*
dici possit.

ANVTIO FOESIO · MEDIOMATRICO
MEDICO, AVTHORE.

FRANCOFVRDI,
Apud Andreæ Wecheli heredes,
Claudium Marnium, & Io. Aubrium,
ANNO S. MDLXXXVIII.
Cum Priuilegio S. Cæsareæ Maiestatis.

图 72　梅斯的阿尼斯·福埃(1528 年—1595 年)所编的希波克拉底百科全书和词典的扉页,这是医学知识的一座丰碑,现在依然是研究希腊医学的非常有价值的工具(对开本,33 厘米,700 页,以小双栏排印;Frankfurt, 1588)。尽管开本小,但该书仍于 1662 年在日内瓦重印[复制于哈佛学院图书馆馆藏本]

octavo;Leiden, 1665)。[17] 在后来的版本中列出以下就足够了:E. 利特雷编的希腊语-法语版[10 vols. ; Paris, 1839 - 1861(参见图 73)],弗朗西斯科斯·扎卡赖亚斯·埃尔默

---

[17] G. 萨顿:《J. A. 范德林登》("J. A. Van der Linden"),见《辛格纪念文集》(*Singer Festschrift*, Oxford;Clarendon Press, 1952)。包括范德林登版(1665)在内的早期版本甚至一些以后的版本都不是为文献学者和史学家准备的,而是为医生和学医的学生准备的。

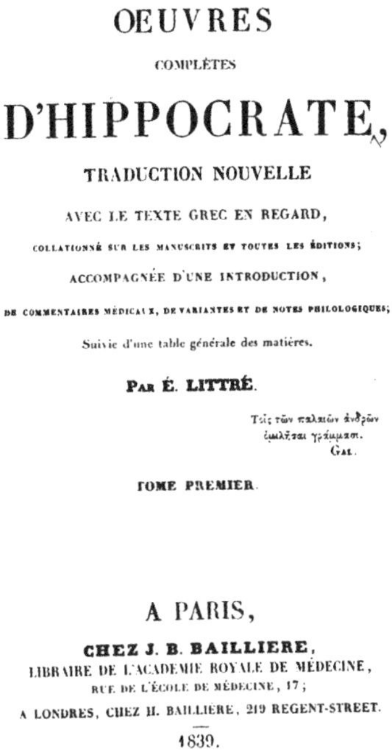

OEUVRES

COMPLÈTES

D'HIPPOCRATE,

TRADUCTION NOUVELLE

AVEC LE TEXTE GREC EN REGARD,

COLLATIONNÉ SUR LES MANUSCRITS ET TOUTES LES ÉDITIONS;

ACCOMPAGNÉE D'UNE INTRODUCTION,

DE COMMENTAIRES MÉDICAUX, DE VARIANTES ET DE NOTES PHILOLOGIQUES;

Suivie d'une table générale des matières.

PAR É. LITTRÉ.

Τοῖς τῶν παλαιῶν ἀνδρῶν
ἐμελέται γράμμαα.
GAL.

TOME PREMIER.

A PARIS,

CHEZ J. B. BAILLIERE,

LIBRAIRE DE L'ACADÉMIE ROYALE DE MÉDECINE,

RUE DE L'ÉCOLE DE MÉDECINE, 17;

A LONDRES, CHEZ H. BAILLIERE, 219 REGENT-STREET.

1839.

图 73 利特雷编的希腊语-法语版希波克拉底名下的著作集(10 vols. ; Paris,1839-1861)第 1 卷的扉页[复制于哈佛学院图书馆馆藏本]

林斯(Franciscus Zacharias Ermerins)编辑的希腊语版(3 vols. ;Utrecht, 1859 - 1864),以及胡戈·库勒温(Hugo Kühlewein)编辑的希腊语版(2 vols. ;1894-1902)。德国学术界赞助的《希腊医学文集》自然包括希波克拉底名下的著作,但其中只包含一部分希波克拉底名下的著作,即第 1 卷第一部分中由赫尔曼·狄尔斯和 J. L. 海贝尔编辑的 12 篇希波克拉底名下的著作(158 pp. ;Leipzig,1927)。[18]《希腊

[18] 《伊希斯》11,154(1928)。

医学文集》标注了利特雷版的页码，以表示对该版的崇高敬意。

英语有两个杰出的译本，即弗朗西斯·亚当斯（Francis Adams）的译本（2 vols.；London：Sydenham Society，1849）和近年来 W. H. S. 琼斯和 E. T. 威辛顿的译本（4 vols.；Loeb Classical Library，1923—1931），这个译本我们已经提到了。

简而言之，不存在所谓希波克拉底著作的正典，只有一些著作集，构成它们的手抄本互不相同，彼此的版本也有差异。每篇著作的真实性必须分别加以讨论；但其真实性绝不会是确定无疑的，许多著作肯定是伪作；因而，一篇著作的真实性的概率是从 0 到小于 100%。

当我们讨论像希罗多德和修昔底德这样被认为只有一部著作的人时，所有的通则必然都适用于那一本书。希波克拉底的情况则非同一般；许多著作都被正确或错误地归于他或他的学派的名下，这些著作的写作方式如此多样，以至于我们必须把它们分别加以考虑——但不是把所有的著作分别加以考虑，因为这样做花费的篇幅太多，而且也没有必要，所以我们只考虑其中的大约 30 篇。相对于用一般的方式获知结果而言，跟着我对这些著作进行简略的分析，读者会对希波克拉底名下的著作有更好的了解。

不应把讨论它们时的顺序看得太重要。最自然的可能是年代学顺序，但要确定这样的顺序是不可能的。有些著作可能是希波克拉底以前的，例如《论七元组》（参见本书第 215 页）、《论预断》（Prorrhetic，Praedicta）、《科斯预断集》（Coan prenotions）以及《誓言》的实质内容等。我们将考虑 30 篇著作，大致分为：1—6，主要的医学著作；7—11，外科著作;12—20,医学哲学和短论;21—24,格言;25—29,义务论;30,书信。

三、主要的医学著作[19]

1.《论圣病》(*De morbo sacro*;*Peri hierēs nosu*)。[20] 无论如何,这不是希波克拉底著作中最流行的,但从医学史的观点看,它是一篇杰出的著作。它可能是真作,而且肯定是希波克拉底那个时代的。这种圣病即癫痫(俗称羊痫风),但讨论它的这一专论还涉及其他突发性惊厥以及其他类型的精神疾病。据说,圣病产生于大脑,昏厥的直接原因是来自脑部的黏液阻塞了血管中的空气;这种涉及空气的解释也许来源于和希波克拉底同时代的人阿波罗尼亚的第欧根尼。大脑(而非心脏或膈)被认为是意识的处所;这种理论可能来源于阿尔克迈翁(活动时期在公元前 6 世纪);柏拉图接受了这种理论但亚里士多德却拒绝了它(这是亚里士多德最糟糕的错误之一),因此,人们又花费了相当多的时间重新发现它。

　　这本书最令人惊讶之处就在于,它拒绝了通常给予癫痫的名称"圣病"。希波克拉底[21]主张,并不存在两种类型的疾病,即自然的和神圣的疾病,或者凡人的和超人的疾病;所

---

[19] 冠以拉丁语标题的希波克拉底名下的著作是最知名而且是世界通用的。对于每一篇著作,只要在利特雷版和洛布版的著作中以及《希腊医学文集》(*CMG*)中可以找到,我就会进行参照。在研究任何一篇著作时,都应当非常注意盖伦的评注。如果评注为盖伦所作并且留传至今,那么,该评注在卡尔·格特洛布·屈恩编辑的希腊语－拉丁语版的《盖伦全集》(20 vols. ;Leipzig,1821-1833)中就可以找到;其中的第 20 卷是总索引。

[20] 利特雷主编:《希波克拉底全集》,第 6 卷,第 350 页—第 397 页;"洛布古典丛书",第 2 卷,第 129 页—第 183 页。

[21] 无论作者是谁,为了方便起见,我在这些注疏中常常用"希波克拉底"这个词来指作者。我们不可能每谈一篇著作就重新开始讨论一次。

有疾病既是自然的,从某种意义上讲又是神圣的。以下就是他的精彩论述:

> 我打算讨论所谓"神圣的"疾病。在我看来,它并不比其他疾病更为超凡或更为神圣,它的病因是自然的,人们之所以假设它有神降之病因,是由于人们缺乏经验以及他们对它罕见特性的惊讶。现在,人们依然相信它有神降之病因,是因为他们不知道如何理解它,他们实际上通过他们所采用的便捷的治疗方法——施洁礼和念咒语等否定了这种疾病的神圣性。如果仅仅因为它令人惊奇就认为它是神降的,那就不止有一种圣病,而是有许多圣病,因此我将指出,其他一些疾病也同样令人惊讶和怪异,但人们并没有认为它们是圣病。例如,在我看来,日发疟、间日热和四日热与这种病一样是神圣的和神降的,但没有人对它们感到惊奇。还有,人们可能会看到有些人不知什么原因发疯、谵妄,并且会有许多古怪的举动;据我所知,当他们睡觉时,许多人都会呻吟尖叫,另一些人会呼吸不畅,还有一些人会猛然坐起并冲出门外,他们在醒过来以前一直谵妄;醒过来后,他们又会变得像以前一样健康和有理性,尽管可能面色苍白、体弱无力;这种情况发生了不止一次,而是有很多次。可以举出不同种类的许多例子,但时间不允许我们一一列举。

> 我自己的观点是,最早赋予这种疾病以神圣属性的可能是诸如我们时代的巫师、洁礼师、庸医以及冒牌医生这类人,他们声称自己非常虔诚并且拥有高人一等的知识。由于他们自己困惑不解,又没有有效的治疗方法,他们便用迷信隐蔽和掩护自己,并把这种疾病称作圣病,以便使他们的全然

无知不至于暴露出来。[22]

那时的血管解剖学知识十分贫乏；虽然有相当可靠的临床观察，但对癫痫的界定是不充分的。不过，我们应当宽容一些，因为尽管有非常精密的研究方法（脑电图扫描法），但我们仍未成功地解释"圣病"；而且我们仍不能治愈其患者或给予他们更多的帮助。

我们的第一印象常常很难遗忘。这一专题著作是我所读到的第一篇希腊科学专论，而那种赋予它生命的精神深深地打动了我。这是我作为科学史家的开始。我在根特大学（the University of Ghent）的同学和我本人，在博学的约瑟夫·比德兹的指导下，阅读了维拉莫维茨的《希腊语读本》中的该专论（选本）。[23]

2.《论预后》（Prognostica sive praenotiones；Prognōsticon）。[24]这篇著作传统上归于希波克拉底名下，毫无异议。该书描述了急性病的发展，以便医生在疾病初期就能对它做出预测。这一著作直至 17 世纪中叶仍在实践中使用，并因此曾以大量抄本和多种语言译本的形式出现。

---

[22] 类似的思想出现在同一著作的第 21 章，以及《论气候水土》中的第 22 章，那里谈到西徐亚病，即有些男人有女人气。"但正如我前面所谈到的那样，真实的情况是，这些疾病与任何其他疾病完全一样，并非神降的，所有这些疾病都是自然疾病。"这暗示同一个人写了《论圣病》和《论气候水土》。

[23] 参见乌尔里希·冯·维拉莫维茨-默伦多夫（1848 年—1931 年）：《希腊语读本》（2 vols. in 4；Berlin，1902—1906），第 1 卷，第 269 页—第 277 页；第 2 卷，第 168 页—第 172 页。关于约瑟夫·比德兹（1867 年—1945 年），参见《奥希里斯》6（1939）。若想了解更详细的论述，请参见奥斯韦·特姆金（Oswei Temkin）：《羊痫风——从希腊人到现代神经病学发端的癫痫史》（The Falling Sickness. A History of Epilepsy from the Greeks to the Beginnings of Modern Neurology，359 pp.；Baltimore：Johns Hopkins University Press，1945）[《伊希斯》36，275-278（1946）]。

[24] 利特雷主编：《希波克拉底全集》，第 2 卷，第 110 页—第 191 页；"洛布古典丛书"，第 2 卷，第 1 页—第 56 页。

《论预后》的拉丁语版很早就出现了，共出了6版阿蒂塞拉版（1476年至1500年），并且有一部分被亨利·艾蒂安出版（Paris，1516）。我不能肯定《希波克拉底等人的预后》（*Prognostica Ypocratis cum aliis notatis*，Memmingen，1496？；克莱布斯，第521号）是否就是这本书。

第一章指出：

我认为，医生能够做出预测是件极好的事。因为，如果他能不受其患者的影响而发现并且断定病人的过去、现在和将来的情况，因而能弥补病人的说明中的不足，那么就可以相信他比别人更了解这个病例，因而人们会对让他治病更有信心。此外，如果他从现在的症状预知未来会发生什么情况，他就可以取得最佳的治疗效果。现在还不可能让每个患者都恢复健康。的确，让患者恢复健康比预见疾病的发展更重要。事实上有些人确实死了，有些是由于在他们请医生之前病情已经非常严重了，其他则是把医生请来后他们很快就断气了——在医生用他的医术与每种疾病搏斗之前，他们只活了一天或稍微长一点的时间。因此，有必要弄清这些疾病的本质，它们会在多大程度上超出人体的抵抗力，并弄清如何预见它们。只有这样你才能赢得尊敬，并且有资格做一名医生。你为处理每一例急诊准备的时间越长，你救治那些有机会康复的人的能力就越大，而如果你能在事先预知并宣布哪些人将会丧生、哪些人将会好转，你就不会受到责备。

最后一句似乎是针对尼多斯的医生而写的：

不要因遗漏了我所说的疾病的名字而懊悔。因为根据所有病例中相同的症候，你就会辨认出那些在我所说的时期出现危象的疾病。

3.《**急性病摄生法**》(*De diaeta* **或** *De ratione victus in acutis*；*Peri diaitēs oxeōn nosēmatōn*)。[25] 这篇著作的真实性从来没有争议。它是对《论预后》的一种补充。急性病涉及的是胸腔疾病和弛张疟,症状是发高烧。该著作指定的疗法非常温和,并且坚持(正如著作的标题所暗示的那样)规定饮食。希波克拉底推荐食用稀粥或大麦茶,使用热敷、沐浴和按摩法,饮用各种酒和蜂蜜饮料,等等;这里很少提到药物。[26]

急性病会导致众多患者死亡,我要向面对此类疾病的医生全力建议,要表现出某种超然的态度。急性病是古人赋予以下疾病的名称:胸膜炎、肺炎、脑炎和高热,以及与这些类似的疾病,在所有这些疾病中都会出现持续的发烧。当没有普遍类型的瘟疫流行时,病症只是各自发生的,急性病所导致的死亡率比其他所有疾病加在一起都高许多倍。[27]

在共计 6 版的阿蒂塞拉古版书(从 1476 年以前至 1500 年;克莱布斯,第 116 号)中都有此著作的拉丁语本。该著作第一个希腊语的单行本是阿莱版(Haller, Paris, 1530)。还有许多其他版本,主要是拉丁语本。

这一著作还以其他题目而闻名,如《论大麦茶》(*On the Ptisan*, *De ptisana*),之所以用这个题目是因为,大麦茶被认

〔25〕 利特雷主编:《希波克拉底全集》,第 2 卷,第 224 页—第 377 页;"洛布古典丛书",第 2 卷,第 59 页—第 125 页。
〔26〕 第 23 章。
〔27〕 第 5 章。

为很重要，又如，《驳尼多斯人的名言》(*Against the Cnidian Sentences*)，因为该著作的前三章批评了尼多斯人的学派。

4.《论预断》(二)(*Praedicta II*; *Prorrhēticon b'*)。[28] 尽管古代的评论家如埃罗蒂亚诺斯和盖伦认为此书并非真作，我们还是把它列在这里。无论如何，它具有属于希波克拉底早期著作的所有迹象。我们把它列在这里是因为，它在某些方面可能与《急性病摄生法》类似；它也许有这样一个标题：《慢性病摄生法》(*Regimen in Chronic Diseases*)。

与含有 170 个格言的《论预断》(一)截然不同，《论预断》(二)分为 43 章，其中有些是相当长的。书中包含大量医学观察结果，还有两个奇怪的命题。第 3 章指出"用手触摸肚子和静脉，不会比没有触摸它们更容易被误导"；这里肯定指的是搏动。希波克拉底派的医生对脉搏所知甚少，但他们观察过搏动(他们怎么可能没有观察到它们呢?)。在第 17 章中，有一处提到隐藏在喉咙中的水蛭(*bdella*)，它可能是引起出血的原因。希波克拉底派的医生没有使用水蛭，但他们认识到水蛭可能会意外导致的伤害；在一个这些动物会出现的地区，这种观察是正确的。[29]

5.《论流行病》(一)和(三)(*Epidemiorum libri I et III*; *Epidēmiōn biblia a'*, *g'*)。[30] 这一著作是希腊科学的名著之一，写得不太好，作者几乎没有考虑其体裁。它是关于"构成因素"(*catastasis*)尤其是临床病史的集成。"构成因素"

〔28〕利特雷主编：《希波克拉底全集》，第 9 卷，第 1 页—第 75 页。

〔29〕《科学史导论》，第 2 卷，第 76 页。

〔30〕利特雷主编：《希波克拉底全集》，第 2 卷，第 598 页—第 717 页，第 24 页—第 149 页；"洛布古典丛书"，第 1 卷，第 141 页—第 287 页。

描述的是特定地区的气候和疾病的总体情况;这里提到萨索斯的三个"构成因素",因而我们必然要假定,作者(希波克拉底?)对它们非常熟悉。临床病例共有42例,其中有25个是以患者去世而结束的病例。

这些医学笔记的科学性和无偏见的风格是令人称奇的。以下就是几个例子。

《论流行病》(一)。第一部分。这是对流行性腮腺炎(mumps)的描述;这一论述非常有意思,因为它提到了睾丸炎,该病可能是腮腺炎并发症的一种(腮腺炎性睾丸炎)。

萨索斯岛的秋季,大约在昴宿星升起时的秋分时节,常常雨多且连绵不断,并伴有南风。冬季具有南方的特点,北风微弱,并且天气干燥;从整体来看,这里的冬季有点像春季。春季也具有南方的特点,天气寒冷,有小阵雨。夏天一般都是多云的天气,没有雨。这里季风很少,而且风轻、没有规则。

整体气候表明这里像南方,虽然干旱,但是在初春,正如前面的构成因素已经证明在相反的北方的情况中那样,发高烧的患者很少,而且这些病症并不严重,在个别病例中会导致出血,但不会导致死亡。许多人会在一只或两只耳的旁边出现肿胀,在大多数病例中都不会伴有发烧的情况,因而没有必要卧床休息。在有些病例中,会有轻微的发烧,但在所有肿胀的情况中,烧都会消退而不会造成任何伤害;在所有病例中,都没有那类伴随其他病因而引起的肿胀所出现的化脓。这就是它们的特征:虚弱,耳部弥漫性松软肿大,既没有炎症也没有痛苦;在每一个病例中,它们消失前都没有什么征兆。患者多为年轻人且是年轻的男人,他们正处在青春期,并且他们往往是时常去摔跤学校和体育馆的人。有少数妇女也会患这种病。许多人会干咳,即他们咳嗽时什么也咳不出来,但他们的声音是嘶哑的。不久,尽管在某些病例中过一段时间之后,在一个或两个睾丸上会出现痛苦的炎症,有时会伴有发烧,在其他病例中则不会有这种情况。通常它们会导致更多的痛苦。在其他方面,人们不会出现需要医治的疾病。

《论流行病》(一)。第二部分结束:

头部和颈部的疼痛以及与疼痛结合在一起的疲倦出现时,既可能伴随着发烧也可能不发烧。脑炎患者会出现惊厥并且会吐出铜绿色的呕吐物;有些患者会很快死去;但是在发高烧或其他热病中,患者会出现颈部疼痛、太阳穴痛、视力模糊,以及无痛的季肋区紧张和流鼻血等症状;那些有一般性头痛、胃灼痛和反胃症状的患者,随后会吐出胆汁和黏液。在这些病例中大部分儿童多半会出现惊厥。妇女既会有这些症状,还会出现子宫痛。老年人以及那些心脏先天有缺陷的人会患上麻痹症,也有可能会狂躁或者失明。[31]

《论流行病》(一)以 14 个病例(*arrōstoi tessarescaideca*)作为结束。我们全文引用其中的第 2 个病例:

西勒诺斯(Silenus)住在埃瓦尔希达斯(Eualcidas)附近的布罗德韦(Broadway),由于劳累过度、酗酒并且不适时地进行锻炼,他患上了热病。开始时,他腰疼,并伴有头疼和颈项强直。第 1 天,他排出了纯胆汁似的大便,多泡沫且颜色很深。他的尿色深,并伴有一种黑色的沉淀物;他感到口渴,

---

[31] 第 12 章。

舌头发干,夜不能寐。

第 2 天。发起了高烧,大便更像胆汁,更稀,起泡沫;尿色深;夜晚不舒服;轻度精神恍惚。

第 3 天。一般情况恶化;肋下有椭圆形肿胀,肿胀下部柔软,由两侧向肚脐扩散;粪便稀,呈黑色;尿混浊而发黑;夜不能寐;神志错乱,时而笑时而唱;无自制能力。

第 4 天。症状相同。

第 5 天。粪便未混杂他物,呈胆汁状,滑而多脂;尿稀、透明;有时神志清醒。

第 6 天。头部少许出汗;手足冰凉、惨白;常辗转反侧,烦躁不安;无排便,无尿;高烧。

第 7 天。无语;手足仍未恢复温暖;无尿。

第 8 天。全身出冷汗;随汗出现红斑疹,呈粉刺状,小而圆,红斑持续不退。肠内有轻微刺激后,排出许多糊状粪便,粪便较稀,有未消化物,排便疼痛。小便费力、疼痛。手足有点体温;时睡时醒;出现昏迷;无语;尿稀而透明。

第 9 天。症状相同。

第 10 天。未喝水;昏迷;时睡时醒。排便与以前相似;排尿较多且浑浊,尿湿处留下了某种粉状的白色沉淀物;手足再次变冷。

第 11 天。患者去世。

从一开始,这个病例中的患者一直呼吸深而慢。肋下持续颤动;患者的年龄大约 20 岁。

《论流行病》(一),病例 6:

克林纳克蒂德斯(Cleanactides)一副病态躺在赫拉克勒斯神庙(the temple of Heracles),他染上一种不规则的热症。

一开始,他感到头的左侧疼,身体的其他部分也有那种因劳累而引起的痛感。发烧的加重是变化多样和无规则的;有时会出汗,有时又没有汗。一般来说,此类加重情况在危象时期最为明显。

大约第 24 天。患者手疼;多胆汁,呕吐频繁,呕吐物初为黄色,过一会儿变成铜绿色;总体情况有所缓解。

大约第 30 天。两个鼻孔开始持续、无规则、少量出血,直至危象出现。始终无干渴感,胃口不错,无不眠之痛苦。尿稀,无色。

大约第 40 天。尿液微红,有大量红色沉淀物。症状减轻。随后尿液发生变化,有时有、有时没有沉淀物。

第 60 天。尿液有大量沉淀物,沉淀物光滑呈白色;总体情况有所改善;间歇发烧;尿液再次变淡,颜色正常。

第 70 天。停了 10 天后再次发烧。

第 80 天。身体发冷;出现高烧;大量出汗;尿中有红色光滑的沉淀物。一个危象期结束。

《论流行病》(一),病例 11:

德罗米德斯(Dromeades)的妻子生下一个女儿之后,当时一切正常,产后次日,身体发冷,出现高烧。第一天她感到肋下区域疼痛,恶心,阵阵寒颤,无法入睡。随后一天,依然不能入睡。呼吸深而慢,曾有一次在吸气时出现呼吸暂停。

出现寒颤之后第 2 天。内脏活动正常。尿稠,呈白色、浑浊状,好像已沉淀并放置了很长时间又被搅动的尿液。夜不能寐。

第 3 天。大概中午身体发冷,出现高烧;尿液如前;肋下疼痛,恶心;夜晚身体不适,不能入睡;全身冒冷汗,但患者很快又开始发热。

第 4 天。肋下疼痛略有减轻;头剧烈疼痛;有时昏睡;轻微流鼻血,口干舌燥;尿少而稀,呈油状;时断时续入睡。

第 5 天。口干,恶心;尿液如前;无大便;大约中午时出现精神错乱,很快又断续清醒;曾起身,但渐入轻度昏迷;略显惧冷;夜能入睡;神志失常。

第 6 天。早上身体发冷;很快又开始发热;全身冒汗;手足冰凉,神志昏迷;呼吸深而慢。不久,从头部开始抽搐,随后很快死亡。

显然,这本书尚未达到定稿出版的程度;值得怀疑的是,作者是否想把它出版,抑或只想在医学院校内使用。它很可能是为希波克拉底个人使用而写的,但就此目的而言,它似乎又写得太好了。

《论流行病》(三)勾画了有关各种气质学说的大致轮廓:

肺病患者具有这样的身体特征:皮肤光滑、苍白,色如豆荚,充血;眼睛明亮;痰呈白色;肩胛突出有如两翼。妇女们也是如此。至于那些有点忧郁或皮肤发红的人,他们可能患有高烧、脑炎和痢疾。年轻、黏液质的人会感到里急后重;胆汁质的人会有慢性腹泻并排出气味浓烈、多油的粪便。[32]

---

[32] 第 14 章。

6.《论流行病》(二)、(四)—(七)(*Epidemiorum libri II,
IV, V, VI, VII; Epidēmiōn biblia b′, d′-z′*)。[33] 我们把《论流行
病》的这 5 本著作与其他两本[(一)、(三)]分开讨论,以便
与某种古老的传统相一致。古代人认为,这几本书的真实性
不是很高;他们把(一)、(三)归于大师本人名下,把其他几
本归于希波克拉底派的其他医生的名下。《论流行病》
(二)、(六)和(四)(?)有时被归于希波克拉底的儿子塞萨
罗斯的名下;古代的一位医生他林敦的格劳西亚斯(公元前
1 世纪上半叶)对《论流行病》(六)进行了评注。

从本质上讲,我们将要考虑的这 5 本书与其他两本是相
似的:它们也是详细程度不同的临床病例和医疗笔记的集
成。《论流行病》(一)、(三)关系紧密,较为完整;(五)和
(七)关系松散,(二)、(四)和(六)的关系更为疏远。不过,
所有这些书总的目的都是相同的。

这 5 本书是多种临床笔记的汇集,其中一些写得很好
[像《论流行病》(一)和(三)那样,达到了其最高水平],其
他是非常快的草草记录;有些笔记是进行了某些观察之后马
上就写的,没有等着病例延续下去和病例的结束;有些笔记
写得既不合语法也不清楚;还有一些是完全晦涩的。对现代
医生来说,有些病例是可识别的(而且利特雷识别了它们),
其他一些是不可思议的。

这些笔记给人们留下的一个印象是,它们原来是某个或
许多医生的档案。它们被写在不同的莎草纸上。不知什么
时候,有人把所有这些一张张的笔记汇集在一起,并对它们

───────────────

[33] 利特雷主编:《希波克拉底全集》,第 5 卷,第 3 页—第 429 页。

进行了"编辑"——如果"编辑"这个词可以用在这种粗心的工作上的话。我猜想,这种编辑是相当晚(例如,在公元前 3 世纪)才做的,那时希波克拉底学派已经获得了相当的名望。"编辑者"对这些片段非常尊重,以至于没有对它们进行任何改动,并且完全是按照原样把它们发表了。在这方面,他是对的。但他的错误在于对它们的混乱不管不顾,对于诸如把《论流行病》(六)插在(五)和(七)之间这样的大错来说,他的这种态度会使这类谬误永世流传,而《论流行病》(五)和(七)显然属于一个整体。

这些原始的笔记有机会流传至今,也许是值得庆幸的,因为对它们的研究使我们能再现希波克拉底派医生的生活和体验。我们在他们的著作中观察他们,并且能对他们的沉思略知一二。在《论流行病》(五)中有许多自我修正的例子;医生总结说,他以前对这个或那个病例的判断以及建议采取的治疗方法是错误的。在《论流行病》(六)6 中,医生叙述了一个堕胎的病例,他补充说:"我对这个妇女是否说了真话有怀疑。"

书中提到了 3 个医生的名字,他们是:希罗迪科斯[34],他的方法受到谴责,皮托克勒斯(Pythocles)[35],他给患者服用用许多水冲淡的牛奶,以及顾问摩涅马库(Mnesimachos)[36]。其他许多医生在被谈到时都未提其名。

在这些著作中多次出现的重复,尤其是在《论流行病》(二)、(四)和(六)以及(五)和(七)中的重复,可以说明它

---

[34]《论流行病》(六),3,18。
[35]《论流行病》(五),56。
[36]《论流行病》(七),112。

们集成的随意性。有些笔记似乎写了不止一次,因而呈现在不同的莎草纸上;每一页莎草纸都留下来了,而抄写它们的人把它们都抄在同一卷上,却没有注意到重复或者对重复并不在意。

重复不仅在集成过程本身中延伸,而且也在希波克拉底名下的文集的许多其他著作中延伸。有些片段与可以在《格言集》、《论预断》(一)(*Prorrhetic I*)、《论预后》、《论气候水土》、《急性病摄生法》、《论医生的职责》(*The Physician's Office*)等中读到的一些段落是一样的或近似的,利特雷谨慎地指出了所有这些片段。这是非常有启示意义的。它说明,当医生写这些临床笔记时,希波克拉底名下的著作的一部分是可以用来做参考的,或者,同样的人写了这些笔记和归于希波克拉底名下的其他著作。换句话说,《论流行病》有助于我们认识到希波克拉底名下的文集中的很大一部分具有整体性。利特雷在为整个《论流行病》和其每一部分写的导言和注释中非常清楚地说明了这一点。戴希格雷贝尔[37]对利特雷的论点进行了更为详细的重申,他确认了利特雷的分类,并且冒险来确定每一组著作完成的年代。按照他的观点,可以用以下办法大致描述它们的年代:《论流行病》(一)和(三),大约完成于公元前 410 年;(二)、(四)和(六),大约完成于公元前 399 年—前 395 年;(五)和(七)大约完成于公元前 360 年。

---

[37] 卡尔·戴希格雷贝尔:《〈论流行病〉和〈希波克拉底文集〉——对科斯医学学派的历史的初步研究》("Die Epidemien und das Corpus Hippocraticum. Voruntersuchungen zu einer Geschichte der Koischen Ärzteschule"),载于《普鲁士科学院论文集》(*Abhandl. Preuss. Akad.*),哲学类第 3 卷(Philos. Kl.,nr. 3,172 pp.,quarto;Berlin,1933)。

　　我们不必讨论确切的年代,考虑到每本书的混乱和不一致,这种讨论在我看来有点大胆;接受这个总的结论就足够了:《论流行病》是一群医生,亦即科斯学派,在相对较短的时间例如半个世纪中的医疗经验总体的代表。

　　相对于利特雷而言,戴希格雷贝尔在几乎一个世纪之后的研究更具有优势,但这种优势并不会使他比利特雷更有能力对著作的真实性做出确定,因为他仅仅是一个文献学者而不是一个医生。

　　为了对希波克拉底医学的各种特性进行更彻底的讨论,尽可能按照主题编排新一版的《论流行病》是值得的。因为目前的这个版本是随意编的,人们有权不理会它所形成的偶然的结果,并且有权假设,我们所得到的一页页莎草纸的原始集成,就是按照最初的无序状况汇编起来的。我们应当对它进行重新而明智的编辑;也就是说,我们先要对这些片段尽可能进行分类,把那些属于同一类的论述编在一起,例如,把所有那些关于在某个年代不详的冬天发生于佩林苏斯(Perinthos)[38]的古怪流行病的讨论汇集在一起[39]:这种古怪的病症表现为咳嗽并伴有许多其他病痛如咽喉痛、夜盲症和不同部分的麻痹症;这种疾病会因每个患者的职业和经历而有不同的表现,例如,城镇中的叫卖者和歌手会患咽喉痛,使用胳膊干活的劳动者会感到胳膊痛,等等。把这一点与《格言集》中的一句话比较一下:"如果以前患有某病时身体

_862_

―――――――――

[38]　佩林苏斯在色雷斯的普洛庞提斯北岸,靠近塞里布里亚。公元前4世纪,它是一个比拜占庭重要得多的地方。

[39]　《论流行病》(六),7,1等;也可参见《论流行病》(二)、(四)。

的某个部分不舒服,该疾病还会降临这个部分。"[40] 我所建议的这种编辑方法也可以扩展到文集的其他部分;这项工作不应由一个学究气的文献学者而应当由一个医生来承担,这个医生首先要有经验,其次还应是一个优秀的希腊学者,一个像利特雷或约瑟夫·埃莱奥诺尔·彼得勒坎(Joseph Eleonore Petrequin)那样的编辑者。我们时刻应当记住,我们无法从书中而只能从科学的行业实践中获知其真实性(realia)。

《论流行病》中记录的许多观察结果都是独一无二的,而它们看起来也都是真实的。这里有一个可能是所有记录中最独特的记录:

在阿布德拉,皮西亚斯(Pytheas)*的女管家菲托萨(Phaitusa)生过几个孩子,但是她的丈夫遗弃了她,她曾停经很长时间,然后便患上关节痛,并且在关节处出现红斑。出现这些情况后,她的身体有了男人身体的特征,身上长满体毛,脸上长出胡须,她的声音也变粗了。尽管我们尽全力试图恢复她的月经,她的月经也没有重新出现,而且她不久之后就死了。同样的情况也在萨索斯的高尔吉波斯(Gorgippos)的妻子南诺(Nanno)的身上发生了。按照我与之交谈过的所有医生的看法,唯一恢复其女性特征的希望就是使她重新开始排经;但在这个病例中,他们的努力也失败了,而且她不久之后也去世了。[41]

尽管这个病例很独特,它仍是《论流行病》所讲述的(大

---

[40]《格言集》,4,33。

* 皮西亚斯,公元前4世纪的古希腊的航海家、地理学家和天文学家。——译者

[41]《论流行病》(六),32;利特雷主编:《希波克拉底全集》,第5卷,第357页。

约 567 篇)医疗逸闻中一个很好的例子;[42]这些逸闻有些很长,许多很短,简化成格言。风格具有严格的医学和科学的特点,避免了无关的细节,没有一点废话。

四、外科著作

外科著作像我们到目前为止所讨论的其他医学著作一样,对希波克拉底医学的形成也是十分重要的,但是对一般读者来说,它们专业性更强,我们不可能花很多篇幅来讨论它们。每个聪明的人都能正确评价《急性病摄生法》中所显示出的希波克拉底医学的智慧,但要正确评价希波克拉底外科学的杰出观点,就需要一名外科医生,无论多少解释都不能帮助其他读者对这些观点做出恰当的评价。

尽管它们相对来说比较专业,但这些外科专论并不比其他医学专论更令人惊讶,因为我们知道外科学这个专业在希腊是非常古老的(更不用说埃及传统了,在埃及该专业还要古老许多世纪)。荷马的诗歌已经揭示出,人们有许多外科方面的知识。把它们与中世纪的骑士传奇相比是很有意思的:"那里伤者和暴力的涌现没有尽头,有的只是几乎一切无常或外科这个行业。"[43]在《伊利亚特》中非常清楚地描述了大约 147 个伤者,外科医生可以对他们中的每一个人做出诊断。希腊人不仅从古代的战争中而且也从古代的体育运动中获得了丰富的外科知识。例如,摔跤时肩膀常常会错

---

[42]《论流行病》(二)分为 6 个部分,共计 116 篇短文;《论流行病》(六)分为 8 个部分,共计 160 篇短文;《论流行病》(四)、(五)、(七)分别有 61 篇、106 和 124 篇短文;全书总计 567 篇短文。每篇短文一般都涉及一个逸闻、医疗笔记或格言。一些短文像刚才引述的那样,涉及不止一个内容,而是由两个同类病例组成的。

[43] 参见威辛顿编辑的希腊文和英文的文选,见"洛布古典丛书",第 3 卷,第 xii 页。

位,一个优秀的外科医生应当知道所有使它复原的方法。外
科知识不仅包括如何治疗折断或脱臼的骨头,而且还包括使
用绷带的各种方式、夹板的应用、脊椎指压治疗法、按摩和药
膏的使用等方面的知识。希波克拉底派的外科医生利用他
们所获得的方法做了他们所能做的一切;当然,如果把最原
始的方法排除在外,他们既没有消毒措施,也没有麻醉措施。
早在公元前 6 世纪末以前,希腊外科医生就已经名扬国外,
蜚声波斯了;应召进入大流士皇宫的克罗通的迪莫塞迪斯的
故事就是一个证据(参见本书第 215 页)。希波克拉底名下
的专论标志着一个悠久传统的顶峰。

法国外科医生约瑟夫·埃莱奥诺尔·彼得勒坎(1810
年—1876 年)编辑了令人赞叹的希腊语-法语版的外科著作
《希波克拉底的外科学》(*Chirurgie d' Hippocrate*, 2 vols.,
1222 pp. ;Paris:Imprimerie nationale, 1877–1878),为此他利
用了 30 年的闲暇时间。这两卷都含有非常翔实的注释,但
第 1 卷中每篇著作前的长篇导论,在第 2 卷中没有出现,他
未能完成这卷的编辑,这一卷的编辑工作是在他去世后由埃
米尔·朱利安(Emile Jullien)完成的。

　　7.《论头部外伤》(*De capitis vulneribus*;*Peri tōn en cephalē
trōmatōn*)。[44] 这是最伟大的希波克拉底名下的专论之一,
大概创作于公元前 5 世纪末,一般认为是希波克拉底本人所
作。该著作对各种(不同结构的)颅骨进行了描述,并阐述

---

〔44〕 利特雷主编:《希波克拉底全集》,第 3 卷,第 182 页—第 261 页;"洛布古典丛
　　书",第 3 卷,第 2 页—第 51 页。

了有关侧外伤造成的骨折的理论。其中叙述了一种值得注意的新式的环钻方法,并讨论了建议使用环钻法的病例和最好不用这种方法的建议。

8.《**手术室**》(*De officina medici*;*Cat' iētreion*)。[45] 这是一本笔记汇编,涉及许多使用绷带的问题,并说明外科医生应当如何行事,应当使用什么器械,等等。它可能是一个教师或者一个学生准备的笔记;有许多地方是重复的,但好的教学意味着要时常进行复述。以下摘录比任何描述都会使读者对此有更好的了解:

2.外科手术的必要条件;患者、实施手术者和助手;器械和灯放在哪里,如何摆放;所要使用的它们的数量,如何以及什么时候使用;(患病的?)人和设备;手术的时间、方式和地点。

3.实施手术者是坐着还是站着,应根据怎样对他本人、实施手术的部分以及光源最方便来定。

光源有两种,即普通光源和人工光源,当我们无法得到普通光源时,我们可以使用人工光源。每种光源都可以直射光和斜射光这两种方式来使用。斜射光用得较少,但显然也需要适量的斜射光。至于直射光,只要可以利用并且有益,就应当把需要实施手术的部分对着最亮的光——除非这部分不应当暴露或不宜被看到,因而,当需要实施手术的部分对着光时,实施手术者对着这一部分,但不要使它上面投有阴影。因为这样,实施手术者才会有一个比较好的视线,需

364

---

[45] 利特雷主编:《希波克拉底全集》,第 3 卷,第 262 页—第 337 页;"洛布古典丛书",第 3 卷,第 54 页—第 81 页。

要实施手术的部分才不会被暴露……

4.指甲既不要超过也不要短于指尖。手术中会使用指尖,尤其是与大拇指相对的食指的指尖,以及下面的整个手掌,而且要使用双手。关于手指的有用资料:一般人都可以张开手指,并使食指与拇指相对,但对于那些无论是由于先天还是后天营养的原因拇指总伸不开的人来说,这样做显然会导致有害的不适。要使用每一只手或两手并用(因为它们是相似的)来实施各种手术并完成这些手术,你的目的是由此获得能力、魅力、速度、消除痛苦、变得优雅而敏捷……

6.让那些照顾患者的人把需要手术的部分按照你的要求呈现出来,并且要牢牢地支撑住身体的其余部分以便使之稳定,保持沉默并服从上司。

这篇不长的专论当然是希波克拉底派的,而且是属于相对较早的作品。曾有人提到希波克拉底的儿子塞萨罗斯是它的作者。在它当中可以觉察到一位伟大的富有创造性的教师的影响,而这与其真实性是无关的。

9—11.《论骨折》(*De fractis*;*Peri agmōn*)、《论关节》(*De articulis reponendis*;*Peri arthrōn*)、《论整复》(*Vectiarius*;*Mochlicon*)[46]这3篇专论可以一起来考虑;前两篇肯定是同一个医生写的,它们曾经是一本书;第3篇(《论整复》)是对第1篇和第2篇中有关脱臼部分的缩写。对于一般读者来说,它们都非常专业。

关于《论骨折》和《论关节》的真实性,从未有人提出疑

---

[46] 利特雷主编:《希波克拉底全集》,第3卷,第338页—第563页;第4卷,第i页—第xx页,第1页—第395页;"洛布古典丛书",第3卷,第84页—第455页。

义,盖伦把它们放在他的第一组亦即最真实的希波克拉底名
下的著作中。非常奇怪的是,古代的有些评注家不是把它们
归于希波克拉底本人,而是归于他的祖父诺希迪科斯之子希
波克拉底。[47] 这证实了以下观点:外科学传统历史悠久,希
波克拉底并非它的首创者;他至多(假如不是他的祖父的
话)是使它规范化的人。没有明显的迹象表明,《论骨折》和
《论关节》这两篇重要著作是彼此分开的;第 1 篇著作中包
含了许多(约占书的四分之一)关于脱臼的内容,第 2 篇著
作有一些章节论述了骨折。更令人吃惊的是,这两篇著作都
含有一些辞藻华丽的段落,而这些在希波克拉底最好的著作
中是看不到的,这些段落可能是某个书卷气十足的弟子精心
编辑的结果。

在《论关节》这一专论(第 9 章)中,作者讨论了外科病
例中的按摩,并且宣布他要专门写一本书来讨论这个主题
(按摩疗法);不过,这本书没有写出来,除了这一段落外,再
没有别的地方提到过它。[48]

基蒂翁的阿波罗尼奥斯(活动时期在公元前 1 世纪上半
叶)曾写过有关《论关节》这一专论的评注。[49] 这一评注因
在其传播过程中的一个偶然事件而变得非常重要。保存在
佛罗伦萨的一个手抄本[50]是 9 世纪拜占庭的一个副本,其

365

---

[47] 盖伦:《盖伦全集》,第 15 卷,456。

[48] 关于按摩的历史,请参见《科学史导论》,第 3 卷,第 288 页。

[49] 基蒂翁是塞浦路斯的 9 个主要城市之一。阿波罗尼奥斯活跃于亚历山大。有
　　 关阿波罗尼奥斯评注的举例说明,请参见《科学史导论》,第 1 卷,第 216 页。赫
　　 尔曼·舍内在《〈关节〉图解》(*Illustrierter Kommentar zu peri arthrōn*,75 pp.,31
　　 pls.;Leipzig,1896)中完美地再现了这些图例。

[50] 《劳伦提亚努斯古卷》(Codex Laurentianus),lxxiv,7。

中包含一些(例如关于复位方法的)外科图例,这些图例可以追溯到阿波罗尼奥斯时代甚至希波克拉底时代。这种图示传统并不多见,因为复制图比抄写文本困难得多,因而往往都被放弃了。幸亏阿波罗尼奥斯,我们才可以对古代的外科实践有非常清晰的认识。

五、医学哲学和短论

12.《论古代医学》(*De prisca medicina*; *Peri archaiēs iētricēs*)[51]这一专论是古代比如公元前 5 世纪末的作品,但其著者不可能与《论圣病》《急性病摄生法》和《论流行病》是同一作者,因为它的风格过于文学化了。它有可能是这位大师早期的一个弟子写的,这个弟子也是一个医生,同时还是一个智者或雄辩家,他觉得有必要也有责任以他的同事能够接受的方式为医术辩护。

该专论从反对医学中的哲学思辨开始,为"古代医学"亦即(与哲学医学相对立的)科学医学进行了辩护。

要想获知哪种食物是有益健康的、哪种不是、如何制作它,以及要保证一个身体强壮者的健康或增加一个身体虚弱者的体力需要使用多少这种食物等等,这些都需要有长期的经验。医术是对滋养自身的方法的改进。优秀医生的发现与早期的营养学家的发现是相同的——"在我看来,他们的推理是一致的,他们的发现是相同的。"[52]他们发现了适合于病人的食品(稀释的食物、半流质食物或稀粥,*rhophēmata*),并且要恢复病人的健康而不是破坏他们剩下

---

[51] 利特雷主编:《希波克拉底全集》,第 1 卷,第 557 页—第 637 页;"洛布古典丛书",第 1 卷,第 3 页—第 64 页;《希腊医学文集》,第 1 卷,第 36 页—第 55 页。

[52] 第 8 章。

的那点健康。

四性质(湿和干,热和冷)相对来说并不重要;其他属性或能力(*dynameis*)不仅仅限于 4 个,而且可能更为重要——诸如体力,对咸、苦、甜、辣、酸的味觉这样的能力,潮湿还有许多其他作用以及它们无数的综合作用。这显示与不成熟的分类相对立的医学常识有了非常显著的激增。

这篇专论所肩负的辩论重任,是对不负责任的假说的谴责;[53]医生必须把自己限制在可获得和可控制的证据的范围之内;他必须是理性的和谨慎的;我们或许可以简单地说,他们的态度应当是科学的。

作者熟悉阿尔克迈翁、恩培多克勒和阿那克萨戈拉,但他的主要兴趣在技术方面。[54] 他对古代医学的高度评价有时容易使人误解,因为在希波克拉底以前有经验医学(和经验外科学),但基本上没有科学的医学,而像阿尔克迈翁这样的先驱已被毕达哥拉斯假说引入歧途了。对比作者年长的同时代人来说他也许太谨慎了,对他们的前辈来说他又太宽宏了。他抨击哲学家和不成熟的理性主义者,但对在圣所泛滥的庸医之术却只字未提。也许,他不讨论迷信(就像我们时代的医生不谈论它们一样)是因为,他认为它们是无关的因而不值得重视。他曾提到较差的医生,"他们是大多

---

[53]　作者是第一个使用希腊词 *hypothesis*(假说)的人,但它的用法与我们不同,它的含义是指未经证明的和不负责任的假设。四性质理论就是这样的一种假设。

[54]　"技术的"(technical)这个词来源于希腊语中的 *technē*,它既指技艺也指方法,因而有时与"科学"很接近,甚至有与英语词 technical(技术的)和 scientific(科学的)所呈现的意义相似的含义。希腊词 *technē*(技艺)与 *epistēmē*(知识)或 *mathēma*(学问、科学)的差异,可能并不比实践知识与理论知识之间的差异大。

数"，[55]但这并非说他们是庸医，而是指他们不胜任。

请读一下这段重要的开始：

所有试图谈论医学问题或撰写医学著作的人都自己设定了一个假说（hypothesis）——以热、冷、潮湿、干燥或者任何他们所想象的其他事物作为他们讨论的基础，他们使人类疾病和死亡的因果原理变得狭隘了，假设在一两种病例中是这样，就认为它在所有病例中都是同样的。显然，所有这些在许多情况下甚至在他们所陈述的问题上都会铸成大错，不过，他们是最容易受到责难的，因为他们是在一种手艺中酿成大错的，所有人都把这种手艺用于最重要的场合，并给予这一行业手艺精湛的人或从业者以最高的荣誉。其中一些从业者是很差的，其他人则很优秀；如果某种医术根本不存在，如果对这一学科没有任何研究和发现，且所有人都同样在这方面没有经验和知识，对疾病的治疗从任何意义上讲都是偶然的事，那么，情况就不是这样。然而，事情并非如此；正如在所有其他手艺中手艺人的技艺和知识各不相同那样，在医学中情况也是如此。因而我觉得，没有必要像对难以解释的神秘事物那样，提出一些空洞的假设，对这类神秘事物，解释者必须使用某种假设，例如在天空或地下的事物等。如果有人想弄清并揭示这些事物的情形，谈论者的陈述是否为真，无论于他本人还是他的听众都是不清楚的。因为没有任何检验可以确定其确实性。

然而，医学很久以来就已经有了各种工具，并且发现了一种原则和方法，通过它们，人们已经在很长的一段时期内

---

[55] 第9章。

完成了大量而且是杰出的发现,如果探索者有足够的能力,他根据已发现的知识从事研究并以它们作为自己的出发点,那就会做出丰富的发现。但如果任何人把所有这些方法撇在一边而且拒绝它们,试图沿着其他道路或遵循另一种方式从事研究,并断言他已经做出了一些发现,那么,他往往是或者已经是欺骗的受害者。

再读一读第 20 章:

一些医生和哲学家断言,一个不了解人是什么的人就不可能懂得医学;他们说,要正确地医治患者,就必须了解这一点。但他们所提出的是一个哲学问题;人一开始是什么样、他最初是怎么出现的以及他起初是由什么元素构成的,这些都属于像恩培多克勒那样论述自然科学的人的领域。而在我看来,首先,那些哲学家或医生就自然科学所说或所写的所有东西,就像与绘画无关一样也与医学无关。我还认为,从医学而无须从其他来源就可以获得关于自然科学的清晰的知识,当医学本身已经得到适当的理解时,人们就可以获得这种知识。但到那时,我依然认为,通过确切地了解导致人出现的原因以及类似的问题,根本不可能掌握人是什么的知识。因此,至少我认为,一个医生若要完成他的任何职责,他就必须了解而且要花很大工夫去了解关于自然的科学,了解人与食物和饮料亦即一般而言与生活习惯有什么关系,对每一个人来说哪一种食物或饮料有影响。仅仅知道奶酪是一种不健康的食物还不够,因为过量食用它会导致一种病痛。我们必须知道这是一种什么病痛、它的原因以及人的哪个组成部分会受到有害的影响。由于有许多其他不健康的食品和饮料,它们对人的影响方式是不同的。因此我要提出这样的观点："大量饮用未稀释的酒会对人产生一定的影响。"所有知道这一点的人都会认识到这就是酒的一种作用,酒本身应该负责,而且我们知道它会通过人体的哪些部分发挥其作用。我希望所有其他例子都可以表明真理的这种微妙之处。再来看看我前面举过的例子,奶酪并非会以同样的方式对所有人造成伤害;有些人可以饱餐它而不会受到一丝的伤害,不仅如此,那些适合食用它的人会因为它而身体极为强壮。其他人的情况就会变得很糟。因此,这些人的体质有这样的差异,而这种差异就在于,他们身体的组成部分对奶酪有敌意,在受到它的影响时就会被激怒而采取行动。对那些体内有更多这类体液且更大程度地控制了其身体的人来说,所受到的伤害自然就会更为严重。如果奶酪对人的体质没有好处,且无一例外,那么它就会伤害所有人。[56]

该著作最近出现的两个版本是,W. H. S. 琼斯编:《古希腊的哲学和医学》(" Philosophy and Medicine in Ancient Greece"),载于《医学史学报》增刊 8(100 pp.;Baltimore,1946)[《伊希斯》37, 233(1947)],其中含有该专论的新版本和英译本;A. J. 费斯蒂吉埃编:《古代医学》(L' ancienne médecine, 136 pp., Paris: Klincksieck, 1948),其中含有海贝

---

[56] 琼斯的译文见于《希波克拉底》,"洛布古典丛书",第 1 卷,第 13 页和第 53 页。他使用了"postulate"(假设)这个词来表述希腊词"hypothesis"(假说),以便避免误解,因为我们现在把这个希腊词的含义限定为"适当的和有价值的假设",以区别于没有根据的假设。令人惊讶的是,这两段摘录所用的都是现代语气。作者就像一个现代的科学家在讲话,他重申:"不要进行先验概括;在概念具有的有效价值得到检验以前不要使用它们。"

尔的希腊语本以及一个法译本。这两个版本都提供了大量
的注释和详尽的导言。

13.《论医术》(De arte; Peri technēs)。[57] 这篇写于希波
克拉底时代早期的短论,旨在证明存在一种诸如医术这样的
事物,并为其从业者进行辩护,以反驳各种诽谤者。作者可
能是一个门外汉;有些学者试图把他看作与普罗泰戈拉或希
庇亚斯是同一人;这些尝试出于一种共同的愿望,即为一篇
不知作者的著作找到其作者,但他们都失败了,因为除了愿
望以外几乎再没有什么能够支持他们。

我们从它属于希波克拉底时代推测,就像在我们的时代
一样,在那时也有一些人说医生的坏话,他们说:治愈纯属运
气,患者常常不用医学的帮助就可以痊愈,有些人死在医生
的手中,医生拒绝治疗某些疾病,等等。前3种异议含有相
当程度的事实,给人印象深刻。第4种异议现在不会有人再
提了;医生不再拒绝一些毫无希望的患者,尽管医生们有时
希望,他们不必非去医治这些患者不可。

14.《论人的天性》(De natura hominis; Peri physios
anthrōpu)[58]以及《健康人摄生法》(De salubri victus ratione;
Peri diaitēs hygieinēs)。[59] 我之所以把这两篇著作放在一起
讨论,是因为它们在古代构成了单一的著作,而且在手抄本
中连在一起。亚里士多德曾引用过《论人的天性》中的一段

---

[57] 利特雷主编:《希波克拉底全集》,第6卷,第1页—第27页;"洛布古典丛书",
　　第2卷,第186页—第217页;《希腊医学文集》,第1卷,第9页—第19页。

[58] 利特雷主编:《希波克拉底全集》,第6卷,第29页—第69页;"洛布古典丛书",
　　第4卷,第1页—第41页。

[59] 利特雷主编:《希波克拉底全集》,第6卷,第70页—第87页;"洛布古典丛书",
　　第4卷,第44页—第59页。

话,他在引用时说:"波吕勃斯另有如下论述。"以此为据,这篇著作被归于希波克拉底的侄子波吕勃斯的名下,这样做似乎是合理的[60],而且在一定程度上得到了美诺的证实。[61]

把这两篇放在一起并不能构成一个非常有条理的整体,它们更像任意编排在一起的不同片段的集成。因此,讨论作者的身份有点徒劳;它们也许有许多作者。美诺把第 9 章归于亚里士多德,而把第 3 章归于波吕勃斯,这两种情况可能都是对的。《论人的天性》的开始部分是对《论古代医学》的回忆,还有些观点与文集的其他著作有联系。

《论人的天性》最重要的部分就是对体液理论的讨论。这是唯一对这种理论进行严肃讨论的希波克拉底派的著作,而表面上看是论述该理论的另一篇著作(《论体液》)并非讨论它的。作者反驳了哲学家们的观点,哲学家们认为宇宙是由单一物质构成的,并把这种理论扩展到医学领域;如果是这样,那么只会有一种疾病和一种治疗方法。人体是由 4 种不同的体液构成的,它们的平衡是健康的条件;在每一个季节都有不同的体液起主导作用。从这些前提中可以推出一些治疗规则。第 2 章含有一个混乱的关于血管系统的说明[希腊对血管的最古老的说明有:塞浦路斯的辛涅希斯(Syennesis of Cypros)的说明、阿波罗尼亚的第欧根尼的说明以及这个说明]。

《健康人摄生法》提出一些饮食规则,以及根据季节、体

---

[60] 这段话出自《动物志》(3,3,p.512 b),他所引的波吕勃斯的话出自《论人的天性》第 11 章,是对血管的混乱描述。

[61] W. H. S. 琼斯:《〈伦敦匿名者〉中的医学论述》(*The Medical Writings of Anonymus Londinensis*,Cambridge:University Press,1947),第 75 页[《伊希斯》*39*,73 (1948)]。

质和年龄进行锻炼的规则；另外还介绍了如何瘦身或长胖[62]，什么时候使用催吐剂和灌肠法，儿童、妇女和运动员的摄生法。

上述著作的拉丁语古版本（克莱布斯，第519号、第644号、第826号）一共有6种，最早的是1481年于米兰出版的版本。最近的希腊语本是奥斯卡·维拉尔（Oskar Villaret）编辑的版本（88 pp.；Berlin，1911）。

15.《**论体液**》（*De humoribus*；*Peri chymōn*）。[63] 这也许是希波克拉底名下的文集中最混乱和最令人迷惑的著作；利特雷说，应当把它称作《论流行病》（八）［而且他把它直接排在《论流行病》（二）、（四）—（七）的后面］，而琼斯则比他更进一步，琼斯说："它显然是一本最原始的剪贴簿；它没有什么书的特点，而且从一定程度上讲它是很模糊的。"不过，早期的评注者们知道，它的确是一本真正的希波克拉底派的剪贴簿。它是教师的还是学生的笔记的汇集？任何一种猜测都是允许的，而且没有哪种猜测能得到证实。

该著作充满谜团，它虽然以这个标题开始，但基本没有讨论体液。唯一讨论体液的希波克拉底派的著作是《论人的天性》。

尽管（或者由于）它很模糊，它却常常被抄写和印刷。

---

[62] 这种说法对我们来说比"如何减轻或增加体重"这一说法更自然，因为那里没有提到体重。在古代，任何人都不曾称过体重。

[63] 利特雷主编：《希波克拉底全集》，第5卷，第470页—第503页；"洛布古典丛书"，第4卷，第62页—第95页。

16.《论气候水土》(De aere locis aquis；Peri aerōn hydatōn topōn)。[64] 这篇著作无疑是真作(意指古代希波克拉底的),这一专论也是希波克拉底的(或者说希腊人的)天才最惊人的成果之一。它是世界上第一篇关于医用气候学的文献(参见我们前一章的讨论),而且它也是第一篇关于人类学的专论。

869　　　希波克拉底说明,医生应当充分注意每一个地区的气候风土,注意由于季节的改变、不同的光照所引起的气候变化,注意由于可利用的水和食物的特性所引起的风土的变化,等等。对每一个医疗个案必须在它自己的地理背景和人类学背景下加以考虑。在不同地区,疾病会因地貌、气候和人的天性的差异而有所不同。这一说明得到作者在其旅行中所收集的大量实例的证明。

　　这本书的第二部分(第 12 章—第 24 章)论述了气候对人的性格的影响,这是一种对历史的人类学讨论。欧洲与亚洲有什么区别?或者希腊人与未开化的民族有什么区别?希波克拉底把这些差异主要归于自然的(地理上的)原因。与他同时代的希罗多德也是如此,他通过波斯国王的嘴讲出这一学说,从而使他的《历史》有了一个最重要的结尾。

　　希波克拉底这篇人类学著作最值得注意的篇章之一是

---

[64] 利特雷主编:《希波克拉底全集》,第 2 卷,第 12 页—第 93 页;"洛布古典丛书",第 1 卷,第 66 页—第 137 页;《希腊医学文集》,第 1 卷,第一部分,第 56 页—第 78 页。

第 22 章,它讨论了西徐亚的阉人或阴阳人的个案。[65] 我们几乎不可能期望作者对那种神秘情况的生理说明是正确的,但十分令人吃惊的是,他试图给出一种这样的说明,尤其是当我们想到对性反常的公平的讨论常常被看作我们这个时代的成就时,他的尝试就更令人惊讶。

抄本和印刷版本的数量都可以证明这一专论的流行程度。它的拉丁语的古版本有 4 种,第 1 版出版于 1481 年(克莱布斯,第 644.2 号,第 826.1 号—第 826.3 号)。在其现代的希腊语版中,特别值得一提的是希腊学者和爱国者阿达曼托斯·科拉伊斯("科拉")〔Adamantos Coraes("Coray",1748 年—1833 年)〕编辑的附有法语翻译的版本(2 vols.; Paris,1800)。它的英译本至少有 5 个,第一个是彼得·洛(Peter Low)的译本(London,1597)。也可参见路德维希·埃德尔斯坦:《〈论气候〉与希波克拉底文集》(*Peri aerōn und die Sammlung der Hippokratischen Schriften*,196 pp.;Berlin,1931)〔《伊希斯》*21*,341(1934)〕,以及阿恩·巴克胡斯(Arne Barkhuus):《从希波克拉底到世界旅行者的医学考察以及医学地理学和风土医学》("Medical Surveys from Hippocrates to the World Travelers,Medical Geography,Geomedicine"),载于《西巴评论集》(*Ciba Symposia*)6,

---

[65] 这一章开始时指出:"此外,西徐亚人中有许多男人变得不能生育了,因此,他们做女人的工作,像女人一样生活和说话。这些男人被称作阴阳人(*Anarieis*)。"希罗多德也提到过相同的人群,并且几乎给他们起了同样的名称:*Enarees*(半男半女的人,《历史》,第 1 卷,第 105 节;第 4 卷,第 67 节)。这个词可能是西徐亚语,相当于阴阳人或同性恋者。

1986—2020(1945)。

关于这一专论的其他讨论,请参见本书第十三章。

17.《论营养》(*De alimento*;*Peri trophēs*)。[66] 也许可以把《论营养》看作格言式的著作,因为它分为 55 章,其中有 18 章的长度为两行或不足两行的希腊文本,另有 29 章的长度是从 3 行到 5 行,只有 8 章略为长一些,但也不足 10 行;在这 55 章中,有 35 章的长度是不足 4 行的。由于它具有强烈的赫拉克利特色彩,因而它在希波克拉底名下的文集中是独一无二的。它的创作年代是在赫拉克利特以后,大概在公元前 4 世纪以前,可能是在公元前 5 世纪末。

作者试图说明无限复杂的营养过程;由于在现代化学发展以前,不可能真正理解这一过程,因而他感到困惑并且以晦涩的女巫式语言作为庇护,也就不足为怪了。他在许多章中介绍了两种对立的含义——请读者自己选择。有一点他很清楚,即为了便于吸收,食物应当是流食[67],另一个明显的事实是,食物对生命来说是必不可少的(食物的力量代替了赫拉克利特的火)。但问题依然是,在公元前 5 世纪,人们怎么能理解食物转变成肌肉和骨头以及作为“多余物”(*pleonasmos*)的血和奶这样深奥的化学?[68] 没有一种食物是绝对有益于健康的,一种食物只能对一定的人或一定的目的来说才是有益于健康的:“万物的好与坏都是相对的。”[69]

---

〔66〕 利特雷主编:《希波克拉底全集》,第 9 卷,第 94 页—第 121 页;“洛布古典丛书”,第 1 卷,第 337 页—第 361 页;《希腊医学文集》,第 1 卷,第一部分,第 79 页—第 84 页。

〔67〕 第 55 章:水分是营养的媒介。

〔68〕 第 36 章。

〔69〕 第 44 章末。

我们再来考虑另外一些例子[70]（引自不同的4章，全文引用）：

营养和营养的形式是一和多的关系。营养的种类只有一种，因而它是一。而其形式随着其湿或干会有不同变化。这些食物也有其形式和数量；它们是一定形式的食物和一定数量的食物。

一与多，这是令古希腊哲学家煞费苦心的谜团之一。许多种食物导致同样的结果和同样的机体生长。

举个例子来说明赫拉克利特式的晦涩：

营养品就是有营养的；营养品是能够提供营养的；营养品是将要提供营养的。

万物的开始都是一，万物的结束也都是一，开始和结束是同样的。

最好的一章是：

因年龄关系而出现的血管搏动和肺部呼吸的协调与不协调，标志着健康或疾病，标志着健康多于疾病，或者标志着疾病多于健康。因为呼吸也是营养的来源。

这段论述非常有价值，不仅是因为它比其他论述更为具体，而且还因为它是希腊文献中最早提到脉搏和最早提出空气是食物的论述。其他论述甚至连搏动都没有提，这是希波克拉底名下的文集中很古怪的一个现象。[71] 至于空气，它

---

[70] 引自第1章、第8章、第9章和第48章，全文引用。

[71] 最早研究脉搏的希腊人是科斯岛的普拉克萨戈拉（活动时期在公元前4世纪下半叶）和卡尔西登的希罗费罗（活动时期在公元前3世纪上半叶），对其论述会使我们进入希腊化时期。希波克拉底派的医生认识到在发烧时出现的过快的心悸（throbs；见利特雷主编：《希波克拉底全集》，索引，"心跳"词条下）。参见以上第4小节。

显然是独立于生命的,但在那时承认它也是食物,则可能只是一种猜想或者比喻。

18.《**液体的用途**》(*De liquidorum usu*; *Peri hygrōn chrēsios*)。[72] 这是关于甜水和咸水、醋、酒以及冷、热液体的使用的笔记的汇集。这很可能是一篇更长的业已失传的专论的节略本。我们在这里把它列出来的唯一理由就是,在《希腊医学文集》中可以找到它。

19.《**论摄生法**》(一)—(四)(*De victu*; *Peri diaitēs*, *Peri enypniōn*)[其中第 4 篇常常被称作《论梦》(*De insomniis* 或 *De somniis*)]。[73] 这部著作曾被归于塞里布里亚的希罗迪科斯、希波克拉底、洛克里的菲利斯蒂翁以及其他人的名下。它的写作大概是在希波克拉底时代,但有充分理由可以说,它肯定不是希波克拉底的,因为它充满了哲学空想和随意的"假说"。人们在其中可以发现赫拉克利特、恩培多克勒、阿那克萨戈拉和毕达哥拉斯的学说的踪影。现代版包括该书中的全部 4 篇著作,第 4 篇的别名是《论梦》。有些早期的版本是从第 2 篇开始的;在盖伦时代,这一著作被分为 3 个部分,第 4 篇只不过是第 3 篇的结尾。无论如何,这 4 篇著作是以作者所说的他的"发现"(*heurēma*)为根据而编在一起的:健康的两种主要因素就是食物和锻炼;这两种因素必须充分平衡;如果其中的一个居于主导地位,就必须预先警告以重新建立平衡。这为医生提供了一种治疗患者的方法。

---

〔72〕 利特雷主编:《希波克拉底全集》,第 6 卷,第 116 页—第 137 页;《希腊医学文集》,第 1 卷,第一部分,第 85 页—第 90 页。

〔73〕 利特雷主编:《希波克拉底全集》,第 6 卷,第 462 页—第 663 页;"洛布古典丛书",第 4 卷,第 224 页—第 447 页。

作者承认存在 4 种元素,但试图把它们减为两种——火和水,而他的生理学是来源于这二者的冲突,这种冲突导致无穷的变化。总的观念并不清晰,而且它的应用(例如,在胚胎学上的应用)人为色彩过于浓厚而且过于模糊。在第 1 篇中,这些空想被用来说明生物体的构成、年龄差异和性别差异、身体健康和精神健康的本质。第 2 篇讨论不同地区、风向、食物、饮品以及锻炼的特点。第 3 篇描述预示食物和锻炼不平衡以及疾病肇始的征兆。第 4 篇说明梦如何可能有助于暗示行将发生的混乱。

第 1 篇的 VI—XXXI 讨论胚胎学问题。作者指出,胎儿是从精子发育而来的,并把精子等同于灵魂。精子-灵魂是火和水的混合物,而且是由来源于父母身体中的要素(merea)构成的。胎儿的发育被比作一段音乐的演奏,胎儿本身被比作一个乐器。这种音乐胚胎学的空想显然来源于毕达哥拉斯学派。文本的讹误使这些思想的模糊性加深了。[74]

对现代读者来说,最令人感兴趣的部分是对不同种类的锻炼(例如散步这样的普通运动与赛跑和摔跤这样的剧烈运动)之间差异的描述和比较,以及对它们的方法和结果的描述和比较。[75] 讨论梦的第 4 篇也非常富有启示意义;梦有两种,一种是起因于神的梦,它们与圆梦者有关,另一种是起因于心理的梦,它们会给医生提供线索。当占卜者冒险解释

[74] 参见阿尔芒·德拉特:《希波克拉底的胚胎学中的和谐》(Les harmonies dans l' embryologie hippocratique,Mélanges Paul Thomas,pp. 160–171,Bruges,1930);李约瑟:《胚胎学史》(A History of Embryology,Cambridge:University Press,1934),第 13 页—第 19 页[《伊希斯》27,98–102(1937)]。
[75] 第 2 篇,LXI-LXVI。

第二类梦时,他们很可能会失败。

他们建议采取措施防止伤害,但他们并没有说明如何采取预防措施,而只是建议向神祈祷。祈祷固然不错,但要把神召唤到一个人那里去,他需要帮助。[76]

这4篇著作把一些充满空想的笔记与一些适当的观察结合在一起。它们证明了,甚至最优秀的人在试图解释身体和心理的复杂问题,而这些问题在他们的能力范围之内仍无希望解决时,他们心中会出现混乱。尽管有一些不成熟的理论,但希波克拉底派的常识依然还会在各处出现。

论述梦的那篇著作是最早的关于这个主题的"科学"探讨,它令古代人和中世纪的人着迷,而且的确也令所有时代的人着迷。无论在现代科学家看来它可能多么古怪、多么不适当,它都代表着对梦境的神秘事物进行理性解释并把解释结果运用于心理治疗的最早尝试。该书的作者是 S. 弗洛伊德(S. Freud)的久远的先驱。

该著作中所考虑的有些梦是与天体现象有关的(有人可能在梦中看见太阳或月亮)。令人感到吃惊的是,作者并没有把它们与起因于神的梦归在一类,而是把它们划归为起因于心理的梦。只凭这种观点,就(像琼斯那样)[77]说《论梦》在古典文献首次展现了"天体与个人生活的命运之间的某种假设的联系",是不对的。此外,也不能肯定这一专论是否比柏拉图的《伊庇诺米篇》更古老,甚至不能肯定它是否比奥普斯的菲利普在其作者去世后出版的那个版本更古老。

---

[76] LXXXVII 的结尾。

[77] 琼斯:《希波克拉底》,"洛布古典丛书",第4卷,第 lii 页。

　　《论梦》是最早以印刷本面世的希波克拉底名下的著作之一,它的拉丁语版于 1481 年分别在罗马印刷,随后又增加了迈蒙尼德(Maimonides)的《箴言》(Aphorismi)和拉齐的《曼苏尔医书》(Liber Almansoris)的早期版本(克莱布斯,第517 号、第 644.2 号、第 826.2 号—第 826.3 号);总之,这 4篇著作的古版本的时间跨度是从 1481 年至 1500 年。

　　20.《论气息》或《论呼吸》(De flatibus;Peri physōn)。[78]这篇著作大概属于希波克拉底时代早期,它有助于我们认识医学思想在那个时代达到的高度复杂性。正是由于这个原因,把如此多的著作分别来考虑是很有益的。如果读者想到那是一个充满了巨大的好奇心而且思想十分活跃的时代,那他也就不会对医学思想的这种复杂程度感到奇怪。医学观察结果在某些有利于它们的地方积累起来,明智的医生试图以他们的哲学观念为基础对这些观察结果加以整理。他们的哲学背景即使有相似之处也不多,因为在公元前 5 世纪末,他们受到多方面的不同影响。面对难以解决的问题,理性的医生试图从使他觉得最有希望的观点出发来解决它们。

　　阿那克西米尼得出结论说,空气(pneuma)是本原;阿波罗尼亚的第欧根尼把这种观点应用到生理学之中。当然,空气的重要性是显而易见的。考虑一下各种形式的风:春天和煦的微风、夏日突如其来的暴风、冬季刺骨的狂风和可怕的

---

[78] 利特雷主编:《希波克拉底全集》,第 6 卷,第 88 页—第 113 页;"洛布古典丛书",第 2 卷,第 221 页—第 253 页;《希腊医学文集》,第 1 卷,第一部分,第 91页—第 101 页。

暴风雪,再想一想地震[79];在人体中,对自由流动的空气的需要是显而易见的,同样明显的是,没有这样的空气或没有完善的循环将会很危险。医生可以观察到健康人的正常呼吸、患病者困难的呼吸以及最初窒息时的痛苦,他也可以观察到打嗝、肠胃胀气、腹鸣、放屁;他熟知肠胃气胀的痛苦。确实,空气(*pneuma*)是生命的条件之一,当人们呼出最后的气息时,他就死了。也许,灵魂(*anima*)也是一种空气?

《论呼吸》的作者不是一个希波克拉底派的医生,而且他可能根本不是一个医生;他当然是一个智者,对生命和健康等事实极为感兴趣。他的著作是一种讲稿,其主要论点就是,所有疾病都是由空气特别是由生物体内的气(*physa*)引起的。也许,其他希波克拉底派的专论如《论人的天性》和《论古代医学》在一定程度上就是为了反驳他(或他那一类)的观点而写的。

把《论呼吸》中所表述的有关元气的思想与古代梵语文献中的类似思想加以比较是值得的。让·菲约扎(Jean Filliozat)进行了这样的比较[80],他引证并翻译了阇罗迦(Caraka)、毗庐(Bhela)和妙闻(Suśruta)等人的相关著作的原文。这些原文论证了印度的精气论以及关于“气息”在整个自然界以及生物体中的基本功效的理论,简而言之,论证了

[79] 地震在地中海地区时常发生,早期的哲学家如阿那克西米尼、阿那克萨戈拉和德谟克利特等试图为它们提供一个合理的解释。亚里士多德讨论了他们的观点,按照他的〔《天象学》(*Meteorologica*)〕看法,地震和火山爆发等现象都是由地下的风引起的。参见阿奇博尔德·盖基(Archibald Geikie):《地理学的奠基者》(*Founders of Geology*,London,1905),第13页—第14页。

[80] J. 菲约扎:《印度古典医学学说》(*La doctrine classique de la medecine indienne*,Paris:Imprimerie, Nationale, 1949),第161页—第190页〔《伊希斯》*42*, 353 (1951)〕。

有关 *pneuma*（空气）、*anima*（灵魂）以及 *spiritus*（精神）这些词的不同含义所体现的同样的普遍观念。然而要证明来自梵语的观念传入希腊语中或者相反的情形是不可能的。在这方面,希腊和印度的主要的观念是相同的,但其他许多思想是有差异的;不存在文本的一致性。希腊传统和印度传统的相似之处,可以用思想朦朦胧胧的传播来解释,因为在亚历山大以前印度与希腊就有许多接触,但也可以用对共同体验的事实的独立认识来解释:自然和我们自己的身体都需要"气息",这些"气息"有时会导致一些病——这些情况非常明显,人们不可能观察不到。

　　在 16 世纪,《论呼吸》常常以希腊语和拉丁语出版。它最近的希腊语版除了"洛布古典丛书"和《希腊医学文集》之外,还有阿克塞尔·内尔松编辑的《希波克拉底名下的著作〈论呼吸〉》(*Die Hippokratische Schrift* Peri physōn, Uppsala, 1909)。其中含有两个文艺复兴时期的拉丁语译本,一个是弗朗切斯科·菲莱福(Francesco Filelfo, 1398 年—1481 年)的译本,另一个是雅努斯·拉斯卡里斯(Janus Lascaris, 1445 年—1535 年)的译本。

六、格言式著作

　　希波克拉底名下的文集中的许多著作也许可以分为一组,因为它们都是由简短的格言形式构成的,这些格言汇集在某个单一的标题下,几乎或者根本没有什么规则。我们已经谈到它们当中的一篇,即《论营养》。

　　这些作品中最古老的可能是《尼多斯格言集》,此书已经失传,但其标题表明它是一本格言汇编,是对尼多斯医生智慧的概括(在希波克拉底名下的文集中还有其他尼多斯派的著作,因为科斯学派和尼多斯学派这两个学派彼此非常接近,因而在科斯岛的图书馆中自然能够找到尼多斯学派的书籍)。有人也许会认为,格言式著作一定是早期的著作,因为使用谚语是一种古代的表达方式。几乎可以确定的是,有些这样的格言集确实是古代的作品,但对于把这一点加以普遍化必须非常谨慎;无论兴衰沉浮,所有时代和所有民族都同样热爱谚语和格言,而且从未停止过。琼斯[81]想把希波克拉底名下的文集中的所有格言式著作都归于公元前5世纪下半叶,大概顺序是:《论预断》(一),公元前440年;《格言集》,公元前415年;《科斯预断集》,公元前410年;《论营养》,公元前400年,《论生齿期》(Dentition),更晚一些时候(?)。除了我们已经讨论论过的《论营养》以外,我将按照这个顺序来考虑它们。

　　在每一个国家中诗歌和谚语都是最早的文学形式。格言式陈述具有易于记忆的优势,人们可以毫不费力地重复它们以显示自己的博学和智慧。公元前5世纪医学格言的成功,不仅是由于大众喜欢格言,而且也是由于赫拉克利特和其他哲学家的格言以及品达罗斯和其他希腊理想解释者的诗歌。引用一篇伟大诗作中最重要的诗句是很吸引人的,这样的诗句往往在被反复吟诵后,就变成了格言。即使在今天也是如此,许多人都用谚语或者引用一行《圣经》的经文或莎士比亚的诗句来表达他们的感情。这样做很容易而且令人愉悦。

371

---

[81] 琼斯:《希波克拉底》,"洛布古典丛书",第2卷,第 xxviii 页。

21.《论预断》(一)(*De praedictionibus*; *Prorrhēticon a'*)。[82] 这是一本没有按任何规则编排的医学格言汇编。它包含170条简短的格言,其中只有17条(十分之一)是它独有的。的确,汇编中的绝大部分都是与科斯学派的预见结合在一起的。

它的一个格言[83]是重要讨论的来源:"疯癫的人们喝得很少,会因噪音而烦躁不安并且会发抖。""喝得很少"(*brachypotai*)是争论的焦点。如果把这种病理解为指狂犬病(*rabies*),那么它并不是新病症,而是一种很古老的病。亚里士多德曾经很明确地提到过这种病,尽管其结论是错误的。[84]

《论预断》(一)与《论预断》(二)截然不同,后者写得较好,而前者写得较差。参见第4小节。

22.《格言集》(*Aphorismi sive sententiae*; *Aphorismoi*)。[85] 这是全部希波克拉底名下的文集中最流行的一本书,它之所以流行,其部分原因在于所有人都喜欢"压缩的智慧",亦即像小药片一样很容易吞咽的智慧。大量的多种语言的手抄本[86]、众多的评论、一流的注疏以及模仿等都证明了它的流

---

[82] 利特雷主编:《希波克拉底全集》,第5卷,第504页—第573页。

[83] 《论预断》(一),16=《科斯预断集》,95。

[84] 亚里士多德:《动物志》,第8卷,22,604A:"狗患的病症有三种:狂犬病、扼窒和脚疽。狂犬病使动物疯狂,除了人以外,任何动物如果被遭受此种病痛折磨的狗咬过,都会患上此病;这种病会使狗毙命,并且会使除人以外被它咬过的任何动物毙命。"

[85] 利特雷主编:《希波克拉底全集》,第4卷,第450页—第609页;"洛布古典丛书",第4卷,第98页—第221页。

[86] 至少有140个希腊语手抄本,232个拉丁语手抄本,70个阿拉伯语手抄本,40个希伯来语手抄本;总计有482个手抄本,还有许多其他语种的手抄本。

行程度。最著名的模仿是迈蒙尼德(活动时期在 12 世纪下半叶)的《医学格言集》(*Kitāb al-fuṣūl fī-l-ṭibb*),它自身开创了一种新的传统。

《格言集》第一次(用拉丁语)出版是在 1476 年,从此以后出版了数不清的多种语言的版本。直到 18 世纪,每个受过教育的医生都拥有一本《格言集》,并把它当作一种医学摘要来使用。

我们所有的这本格言集分为 7 个部分,总计有 412 条格言,除了有时候偶尔会遇到一小组格言与某个主题有关外,它们的分布没有什么规律[87],而且编排也没有规则。它们涉及除外科以外的几乎每一个医学专业。其中的《格言集》有些部分出现在希波克拉底名下的其他著作中;例如,其中的 68 条格言在《科斯预断集》中也可以读到。

对这种著作难以进行分析,我们最多所能做的就是引用几个范例。

第 1 条格言是广为人知的,不仅医生,而且一般受过教育的人都知道;不过,大多数人只知道第 1 句。他们不知道第 2 句,这一句是独立于第 1 句的(也许两个不同的格言按照手抄本的传统被捆绑在了一起),而且表达了希波克拉底医学的基本原则之一。

生命是短暂的,医术是长久的,机会转瞬即逝,经验贵如珍宝,判断费尽心机。医生不仅必须自愿做他本职以内的事,而且还必须确保患者、服务人员和外部人员的合作。[88]

---

[87] 第 1 部分最短(有 25 条格言),第 7 部分最长(有 87 条格言)。
[88]《格言集》,I,1。

以下格言涉及运动员的摄生法,我只引用一部分:

对运动员来说,发挥最好的完美状态是变化不定的。这种状态不可能始终如一或固定不变,完美状态不可能变得更好,唯一可能的变化是变得更糟。因此,为了身体开始新的生长,使这种最佳状态迅速消耗是有益的。但是肌肉的消耗切不可达到极限,这样的活动是变化不定的;只能消耗到相当于患者体格的程度……[89]

以下还有几条格言,几乎是随意写的:

老人最能忍受禁食,其次是中年人,禁不住饿的是青年人,最禁不住饿的是儿童,尤其是那些比普通人更活泼的孩子。

如果身体不洁净,越滋养对身体的伤害就越大。

一个眼炎患者染上腹泻是件好事。

那些在青春期前因哮喘或咳嗽变得驼背的人不会复原。[90]

这样一本格言集就像一座没有用水泥砌牢的石头建筑。它会有许多不同的版本和译本,因为编者很容易把新的格言加进去,或者,他不细心,就很容易把一些格言漏了。

关于希波克拉底的医学传统,请参见本章的最后一节。

23.《科斯预断集》(*Praenotiones Coacae*; *Cōacai prognōseis*)。[91] 这一著作像《格言集》一样分为 7 个部分,含有 640 条格言,编排没有规则。其中许多格言引起了医学评

---

[89]《格言集》,I,3。

[90] 同上书,I,13;II,10;VI,17;VI,46。最后这一条是对波特病(脊椎结核病)的简短的描述,这种病是以英国外科医生珀西瓦尔·波特(Percival Pott,1714 年—1788 年)的名字命名的。

[91] 利特雷主编:《希波克拉底全集》,第 5 卷,第 574 页—第 733 页。

论,利特雷引用了他那个时代的一些医学病例来例证科斯医生所提到的病例。

24.《论生齿期》(*De dentitione*;*Peri odontophyiēs*)。[92] 这一格言集包含 32 条格言,论述幼儿的卫生和治疗,尤其是出牙期的卫生和治疗。它可以分为两个部分,第 1 部分(第 1 条格言—第 17 条格言)涉及出牙(*odontophyia*),第 2 部分(第 18 条格言—第 32 条格言)涉及扁桃体(*paristhmia*)溃疡、小舌溃疡和咽喉溃疡。有可能《论生齿期》是某个编者从一个更大的格言集中摘录出来的,该编者只对儿科有兴趣。因此,它是局限于这一医学分支的最早专论,尽管在希波克拉底名下的文集的其他许多著作中也有儿科评论。

七、义务论

把许多关于医生之责任和对待患者的适当方式的文献分为一组是很自然的。这些著作的写作似乎暗示着,医生们开始把自己组成一个具有一定义务和特权的专业团体。对于是否存在这样的团体我们没有其他证据,因此不可能说这样的组织过程花费了多长时间。它也许是一个行业协会,更有可能它是一个由较年长的医生、他们年轻的同事以及学徒们组成的非正式团体。这些文献中最早和最重要的就是著名的《希波克拉底誓言》。

25.《誓言》(*Iusiurandum*;*Horcos*)。[93] 这是学徒在被接纳成为科斯医生行会或协会的成员之前要立下的誓言。按

---

[92] 利特雷主编:《希波克拉底全集》,第 8 卷,第 542 页—第 549 页;"洛布古典丛书",第 2 卷,第 317 页—第 329 页。

[93] 利特雷主编:《希波克拉底全集》,第 4 卷,第 628 页—第 633 页;"洛布古典丛书",第 1 卷,第 291 页—第 301 页;《希腊医学文集》,第 1 卷,第一部分,第 4 页—第 6 页。

照其第 1 句话,它不仅是一个誓言,而且是一个契约(*syngraphē*);学徒承诺对他师傅的孩子要像对待自己的兄弟一样,要与老师共享生活资料,并且在老师需要时为其提供帮助,教师傅的孩子学医而不需要任何费用或师徒契约,他要毫无保留地把自己的医术传授给自己的子女、他师傅的子女以及少数发誓遵守誓言并签订契约的其他学生,除此之外,不再传给别人。这不仅是一个有组织的职业,而且它的传承的垄断性也受到保护。因此,医学教育也是建立在一种行会的基础之上的。

要确定《誓言》的年代是不可能的,但有可能,从科斯学派的黄金时代起这种誓言就开始实施了。

有一段话非常令人匪夷所思:"我决不给膀胱结石患者行刀割之术,而听其由精于此术之匠人施之。"这暗示着,结石切除术是被禁止的,不仅如此,阉割也是被禁止的;希腊医生不愿使用专有名称。不允许医生进行外科手术但可以放任年轻的助手做手术的思想,与我们所知的希波克拉底的外科学并不相符。古代对外科没有偏见,而中世纪对它却有偏见。在现代版中,这一段一般都被删去了。

《誓言》是医学义务论的基础性文件。它非常流行,因为它一直是希波克拉底名下的文集的固有部分,此外,它所捍卫的理想几乎被直到我们这个时代的所有希腊–阿拉伯–拉丁传统的医学学派接受了。有关它的历史,请参见 W. H. S. 琼斯:《医生的誓言》(*The Doctor's Oath*, 61 pp.; Cambridge, 1924)[《伊希斯》*11*, 154(1928)];路德维希·埃德尔斯坦:《希波克拉底誓言——原文、译文和解释》(*The*

Hippocratic Oath. Text, Translation, and Interpretation, 70 pp. ; Baltimore：Johns Hopkins University Press, 1943) [《伊希斯》*35*, 53(1944)], 以及《伊希斯》以下诸期中的各种质疑, 见 *20*, 262（1933 - 1934）；*22*, 222（1934 - 1935）；*32*, 116（1947-1949）；*38*, 94(1947-1948)。这一誓言经过适当的修改后直至今天仍长盛不衰, 有关这一点, 请参见《伊希斯》*40*, 350(1949)。此誓言的古版拉丁语本有大约 9 种（参见克莱布斯：《科学和医学古版书》）, 第一个希腊语版于 1524 年面世, 附有伊索（Aisopos）[94] 的著作和萨索费拉托（Sassoferrato）的尼科洛·佩罗蒂（Niccolò Perotti, 1430 年—1480 年）的拉丁语译文。

377　　　26.《论法则》（*Lex*；*Nomos*）。[95] 这一文本并不比《誓言》长多少（在希腊语中长不足两段）, 而且比后者创作的年代晚, 因为它显示出某些斯多亚学派影响的痕迹。埃罗蒂亚诺斯知道这篇著作。它不像《誓言》那样注重事实或实际, 但哲学色彩更浓, 它写得很文雅。它的目的在于：勾勒出一个优秀的医生应受教育的轮廓, 并指出在撰写该著作时医学行会已经变成某种秘密的同业公会。

---

[94] 伊索是传说的希腊寓言的作者, 其生平事迹不可考。按照希罗多德(《历史》, 第 2 卷, 第 134 节)的观点, 伊索是写故事的人(*ho logopoios*), 他在阿马西斯(埃及国王, 公元前 569 年—前 525 年在位)统治时期是萨摩斯岛的一个奴隶。马克西莫斯·普拉努得斯(Maximos Planudes, 活动时期在 13 世纪下半叶)为他写了传记。参见本·埃德温·佩里(Ben Edwin Perry)：《伊索的生平和寓言的文本史研究》(*Studies in the Text History of the Life and Fables of Aesop*, 256 pp. , 6 pls. ; Haverford, Pennsylvania：American Philological Association, 1936)；《牛津古典词典》第 355 页的词条"寓言"("Fable")。

[95] 利特雷主编：《希波克拉底全集》, 第 4 卷, 第 638 页—第 643 页；"洛布古典丛书", 第 2 卷, 第 257 页—第 265 页；《希腊医学文集》, 第 1 卷, 第 1 部分, 第 7 页—第 8 页。

我们来引述其中的第 1 节和最后两节：

医学是所有技术行业中最与众不同的一个，但是，由于那些无知的从业者以及那些随便对这些从业者进行评价的人，到目前为止，它已经成为所有技术行业中最不受人尊重的了。在我看来，造成这种偏差的主要原因似乎是：医学是唯一除了失去名誉外不受我们的政府处罚的行业，而失去名誉并不会对那些与它合为一体的人造成伤害。这些人事实上很像悲剧中的群众演员。这些群众演员会出场，他们穿着演出服、带着面具但不是舞台表演者，有些医生也是如此；许多医生徒有其名，却鲜有其实……

这些就是我们必须承认的医术的状况，在我们从一个城市旅行到另一个城市，并且作为医生获得不仅是口头上而且是实际上的名誉之前，我们必须获得有关它的真正知识。从另一方面讲，无论是否意识到，对那些缺乏经验知识的人来说，没有经验是一种祸根；它会使人缺少信心和快乐，并且会助长懦弱和鲁莽。懦弱暗示着能力不足，鲁莽暗示着缺乏技术。事实上存在着两种事物，即科学和信念；前者产生知识，后者产生无知。

无论如何，神圣的事物只会给神圣的人启示。不敬神者在他们被授予科学之秘密以前可能并不知晓这些神圣的事物。

该著作的古版拉丁语本有 8 种（克莱布斯：《科学和医学古版书》）。

27.《论医师》(*De medico*; *Peri iētru*)。[96] 古代人如埃罗蒂亚诺斯和盖伦并没有提到这本书,但它与希波克拉底名下的文集有着许多密切的关系。其中只有第 1 章是有关义务论的;该章描述了一个好的医生在身体和心灵方面应具备的品质。全书总共 14 章,说明医学实践的原则,如何安排外科手术以及所有器械和其他需要的东西,如何给伤口敷药和用绷带包扎伤口,如何为患者拔火罐,等等;最后一章论述军事外科学,这是只能在野外才能学到的。这本书非常实用。但它的解剖学基础相当薄弱,这暗示着它属于希波克拉底派早期的作品。

28.《论礼仪》(*De decenti habitu*; *Peri euschēmosynēs*)。[97] 这一著作的语言既乏味又矫揉造作(常使用一些不常用的词),这暗示着它是相对较晚的作品。此外,它带有斯多亚学派的思想色彩,(在 18 章中)有些章很不自然而且(有意弄得?)很晦涩,从严格的意义上讲,它根本不是希波克拉底派的著作。不过,有些问题是很有意思的。作者说明了医生在病床前如何行事才能既有利于患者的利益又有利于他自己的名誉。医生不应是一个智者,但应是一个聪明、亲切和真诚的人。"热爱智慧的医生是超凡脱俗的"(*iētros gar philosophos isotheos*)。[98] 很遗憾,第 6 章因其晦涩而受到损

---

[96] 利特雷主编:《希波克拉底全集》,第 9 卷,第 198 页—第 221 页;"洛布古典丛书",第 2 卷,第 305 页—第 313 页,只有第 1 章;《希腊医学文集》,第 1 卷,第 1 部分,第 20 页—第 24 页。

[97] 利特雷主编:《希波克拉底全集》,第 9 卷,第 222 页—第 245 页;"洛布古典丛书",第 2 卷,第 269 页—第 301 页;《希腊医学文集》,第 1 卷,第 1 部分,第 25 页—第 29 页。

[98] 第 5 章。

害,在这一章中,作者强调了宗教的重要性;这一段在希波克拉底名下的文集中是独一无二的。该著作对在诊疗所或病床边所进行的观察、药物的准备等等,有许多详细的叙述。作者认为,有必要经常探视患者,有时候,当医生不在时,有必要留下一个学徒来看护。

29.《论规范》(*Praecepta*;*Parangeliai*)。[99] 这似乎是一篇晚期的作品,尽管是在盖伦以前,但也许属于罗马时代。该著作充满晦涩的文字,其风格既乏味又夸夸其谈;前两章带有伊壁鸠鲁学派的色彩。

该著作中关于义务论的部分占的篇幅最大(14 章中的第 3 章—第 13 章),这部分讨论医务界的成规,以及避免欺骗和吹牛(也许,到处游荡的庸医已经学会了向人吹牛的本领,每当他们到达一个村子时,他们都会自我吹嘘一番)。第 1 章和第 2 章构成一种导言:医术必须以观察而非"假说"为基础。最后一章是一些没有关联的句子的汇集;这些可能是作者没有机会加以整理完成的笔记。

本书第十三章全文引述了《论规范》的第 6 章(参见第345 页)。

八、书信

30.《伪书信》(*Apocryphal Letters*)。在利特雷主编的《希波克拉底全集》第 9 卷(第 308 页—第 466 页)中,有一些书信和其他文献是伪作,但对研究有关希波克拉底的传说的发展而言,它们仍然是很令人感兴趣的。其中有些书信旨在说

---

[99] 利特雷主编:《希波克拉底全集》,第 9 卷,第 246 页—第 273 页;"洛布古典丛书",第 1 卷,第 305 页—第 333 页;《希腊医学文集》,第 1 卷,第 1 部分,第 30页—第 35 页。

明,希波克拉底挽救了雅典和希腊,使之免于瘟疫之灾,倘若真是如此,还应可以从其他方式了解到这一点。这些通信者中有伟大的国王阿尔塔薛西斯、达达尼尔海峡的波斯统治者希斯塔涅斯(Hystanes)、科斯岛和阿布德拉的居民、希波克拉底的儿子塞萨罗斯以及国王德米特里(King Demetrios)。希波克拉底与德米特里之间的长信涉及后者的所谓精神错乱。

值得注意的是,那些古代学者试图用一些"可信的"书信使那些伟大人物的全集完整(参见柏拉图和亚里士多德);他们不可能有现代学者很容易搜集到的文献,但他们发现"创造"一些他们需要的信件是允许的。毕竟,包括像修昔底德这样诚实的人在内的古代史学家有撰写"演说"的习惯,而且这种习惯得到了认可,因而这些学者认为,撰写一封看似真实的信或者在他们看来似乎是真实的信,并不比撰写"演说"更糟糕。

有些信件的拉丁语译文早在 1487 年和 1492 年(克莱布斯,第 337 号)就与犬儒学派创始人、有"狗人"之称的西诺普的第欧根尼(Diogenes of Sinope,大约公元前 400 年—前 325 年)的书信一起印行。

有足够耐心随我一起考察希波克拉底最重要的著作的读者,将会认识到它们的内容的丰富性和复杂性。其中的许多写于公元前 5 世纪,其他的写于一个世纪以后或更晚的时候,但都延续了一种伟大的传统,一种在人类历史上最崇高的传统。

九、中世纪的希波克拉底传统

从一个人在岁月中留下的影子,可以推断出他是否伟大

或有多么伟大。为了理解希波克拉底的伟大,有必要评价一
下他对其后代所产生的影响。我们尝试着按照年代顺序对
一些事件做出说明,按照这种顺序,"希波克拉底"出现在公
元前5世纪下半叶,但我们应该认识到,无论希波克拉底是
谁,他在那个时代所做的仅仅是一个非常之长的故事的开
始。如果撰写这一故事,它的标题也许可以定为"从公元前
5世纪至今的希波克拉底传记",如果要比较完整地讲述这
一故事,那可能需要写一部巨著。伟人实际上是不朽的;他
们可能在去世后比以往任何时候都更有活力。[100]

　　对希波克拉底传统的研究是特别复杂的,因为希波克拉
底名下的著作并不像希罗多德和修昔底德的著作那样,或者
像《伊利亚特》或《奥德赛》那样,构成一个单一而一致的整
体。希波克拉底名下的许多著作,无论其真伪,并不像《圣
经》的情况那样,可以根据某个严格的标准构成一个密切关
联的整体。人们不得不考虑每一篇或每一组著作的传承。
其中有些著作被早期的图书管理员、抄写员、编者编在一起,
它们也被中世纪医学院校的课程合在一起。例如,《格言
集》、《论预后》和《急性病摄生法》(De diaeta in acutis),在
1309年和1340年的蒙彼利埃(Montpellier)医学院中就常常
被合在一起。[101]

　　为了说明,对于一本单独的著作,即它们当中最流行的
《格言集》,我们将勾勒出其传承的轮廓。

---

[100] 《科学史导论》,第3卷,第10页。
[101] 《科学史导论》,第3卷,第247页—第248页。

　　盖伦为大约 17 篇希波克拉底名下的著作撰写了评注[102]，《格言集》就是其中的一篇；在这个事例中像在许多其他事例中一样，盖伦传统与希波克拉底传统结合在一起，并且使它得到加强。盖伦的早期中世纪传统之所以幸运地广为人知，是由于中世纪最伟大的文献学者之一侯奈因·伊本·伊斯哈格（活动时期在 9 世纪下半叶）所写的一篇专论，侯奈因的拉丁语名字是乔安尼蒂乌斯（Joannitius），他先活跃在均德沙布尔（Jundīshāpūr），后来又活跃于巴格达，877年去世。侯奈因是聂斯托里教派（Nestorian）成员、医生，把希腊语著作翻译为古叙利亚语和阿拉伯语的翻译家；他本人翻译了许多希波克拉底、柏拉图、亚里士多德、迪奥斯科里季斯、托勒密和盖伦所写的科学经典，并指导了一个翻译家学会，使他们有了令人敬佩的修养。我刚才提到的他的那篇专论，是对盖伦著作的古叙利亚语和阿拉伯语译本的评述，在该著作中，他评价了这些译本的相对价值，而且毫不犹豫地严厉批评了他自己的一些译著。[103]

　　以下是他关于《格言集》的论述：

---

〔102〕 这 17 篇著作，即使构不成一套正典，至少也构成了这样一组著作，其中的每篇著作都会受到任何盖伦的研究者的注意。这些著作有：《手术室》、《论预后》（Praenotiones）、《急性病摄生法》、《论预断》（Praedicta）、《论流行病》（Epidemiorum libri）、《论骨折》、《论关节》、《论人的天性》、《论体液》、《论营养》、《格言集》、《健康人摄生法》（所有这些均编入屈恩主编的《盖伦全集》；除了最后一篇以外，其余全都列入伊斯哈格的目录之中）、《论头部外伤》（De capitus vulneribus）、《论气候水土》、《誓言》、《论溃疡》（De ulceribus）、《论儿童的天性》（De natura pueri）。

〔103〕 见于戈特黑尔夫·贝格施特雷瑟（1886 年—1933 年）所出版的阿拉伯语和德语的《侯奈因·伊本·伊斯哈格论盖伦著作的叙利亚-阿拉伯语译本》（Leipzig, 1925），马克斯·迈耶霍夫（1874 年—1945 年）对之进行了概述，载于《伊希斯》8，685-724（1926）。我在提到每个版本时将标为：侯奈因，第 x 号。

希波克拉底对《格言集》(Tafsīr li kitāb al-fusūl)的说明。这本书分为 7 个部分。[104] 阿尤布(Ayyūb)［翻成叙利亚语］的译本很糟糕；吉卜利勒·伊本·巴克特亚舒(Jibrīl ibn Bakhtyashū')试图改进这一翻译，但反而改得更糟。因此，我把它与希腊原文加以比较，对它进行了修订，使之成为一个还算过得去的［古叙利亚语］新译本，并且增加了希波克拉底自己的用语的原文。艾哈迈德·伊本·穆罕默德·穆达比尔(Ahmad ibn Muhammad al-Mudabbir)请我为他把此著作的一部分翻译成阿拉伯语。他那时向我建议，在向他解释已翻译的部分之前不要动手翻译另一部分；然而他一直都很忙，因而我的翻译被打断了。穆罕默德·伊本·穆萨(Muhammad ibn Mūsā)研究了每一部分，他恳求我继续我的工作，这样我才完成了全书的翻译。[105]

侯奈因并没有提到雷塞纳的塞尔吉乌斯(Sergios of Resaina，活动时期在 6 世纪上半叶)的翻译，塞尔吉乌斯是把希腊语著作翻译成古叙利亚语的最早和最伟大的翻译家之一。塞尔吉乌斯曾在亚历山大进行研究，并于 536 年在君士坦丁堡去世；与侯奈因不同，他不是聂斯托里教派成员而

---

[104]　阿拉伯语中的 maqāla 过去通常被翻译为希腊语中的 tmēma(部分)；在拉丁语中，人们通常使用 liber 这个词。这三个词是同义的，但在隐喻意义方面有差异。

[105]　译自贝格施特雷瑟版的阿拉伯原文(侯奈因，第 88 号)。阿尤布·鲁哈维·阿布拉什(Ayyūb al Ruhāwī al-Abrash，活动时期在 9 世纪上半叶)，即有污点的埃德萨的约伯(Job of Edessa)，是把希腊语著作翻译为古叙利亚语的翻译者；吉卜利勒·伊本·巴克特亚舒(活动时期在 9 世纪上半叶)是另一位把希腊语著作翻译为古叙利亚语的翻译家；艾哈迈德·伊本·穆罕默德·穆达比尔是一位伟大的科学管理者和赞助者；参见《伊希斯》8，715(1926)。穆罕默德·伊本·穆萨是巴努·穆萨(Banū Mūsā)亦即穆萨·伊本·沙基尔(Mūsā ibn Shākir，活动时期在 9 世纪上半叶)的三个儿子之一；他们赞助了把外语著作翻译成阿拉伯语的事业；穆罕默德一直活到 872 或 873 年。

是基督一性论者。[106] 他可能翻译了《格言集》(而非盖伦对它们的解释),但这一点仍有疑问。[107]

非常奇怪的是,从侯奈因 877 年去世到大约 1025 年的将近一个半世纪的时期中,我没发现人们对《格言集》有特别兴趣的痕迹。到了 11 世纪中叶,人们至少写出两篇评注,第 1 篇是埃及人阿里·伊本·里德万(ʿAlī ibn Ridwān,活动时期在 11 世纪上半叶)写的,第 2 篇是波斯人阿卜杜勒·拉赫曼·伊本·阿里·伊本·艾比·萨迪克(ʿAbd al-Rahmān ibn ʿAlī ibn abī Sādiq)[108]写的,他们两人大约都在 1067 年左右去世。

一个世纪以后,西班牙人优素福·伊本·哈斯代(Yūsuf Ibn Hasdai,活动时期在 12 世纪上半叶)以《集注》(*Sharh al-fusūl*)为题写了另一篇评论性著作。在此之后,翻译和评注的数量都有了大量的增加,其数量如此之多,以至于在随后的半个世纪中讨论它们变得很方便了。

---

[106] 关于基督论的正统观点认为,基督具有一个位格但有两种本性(人性和神性)。聂斯托里教派成员主张,基督具有两个位格和两种本性;他们于 431 年在以弗所公会议上受到谴责。基督一性论者则走到另一个极端,他们主张基督具有一个位格并且只具有一种本性;他们于 451 年在卡尔西登公会议上受到谴责。希腊科学向伊斯兰世界的传播,在很大程度上受到这两个(对立的)基督教异端者群体即聂斯托里教派成员和基督一性论者的影响。这些亚洲人使用同样的语言,即叙利亚语,但使用的字母却不同;参见《科学史导论》,第 2 卷,第 501 页。因此就有了**两种**希腊-叙利亚-阿拉伯传统,它们彼此重叠或相互补充。我们不能对此进行更详细的论述;我在《导论》中已经进行了这样的讨论。

[107] 亨利·波尼翁(Henri Pognon):《希波克拉底〈格言集〉的叙利亚语译本》(*Une version syriaque des Aphorismes d'Hippocrate*, 2 vols. ; Leipzig, 1903),叙利亚语-法语版。波尼翁指出,叙利亚语原文可能是塞尔吉乌斯甚至是更早的人写的(第 1 卷,第 xxx 页),但他并没有对此进行证明。

[108] 我在《科学史导论》中没有讨论他。在埃斯科里亚尔(Escorial)有阿卜杜勒·拉赫曼有关《格言集》的评注的抄本。参见 H. P. J. 雷诺(H. P. J. Renaud)的目录(Paris, 1941)第 877 号[《伊希斯》*34*, 34-35(1942-1943)]。

1. **12 世纪下半叶**。这个时代占居主导地位的人物是另一个西班牙人,犹太教徒迈蒙尼德(活动时期在 12 世纪下半叶)。他最重要也最著名的著作是另一本格言集,一般称之为《摩西评注》(*Fusūl Mūsā*),几乎完全是从盖伦的著作中演变而来的。[109] 他对希波克拉底《格言集》的评注是一本难懂的著作,所以知名度并不高。尽管《摩西评注》是从盖伦的著作中演变而来的,但它大概在各处都有一些直接或间接的关于希波克拉底《格言集》的评论。

哈斯代和迈蒙尼德一生中最美好的时光都不是在西班牙而是在埃及度过的。第三位西班牙人或者确切地说加泰罗尼亚人约瑟夫·本·米尔·伊本·扎巴拉(Joseph ben Meïr ibn Zabara,活动时期在 12 世纪下半叶),曾在纳伯讷(Narbonne)求学,但主要居住在他出生的城市巴塞罗那(Barcelona),他可能是用希伯来语写的一部模仿《格言集》的讽刺作品《摩西箴言》(*Momeri ha-rofe' im*)的作者。

同时,比萨的勃艮第奥(Burgundio of Pisa,活动时期在 12 世纪下半叶)直接把《格言集》从希腊语翻译为拉丁语,解剖学家萨莱诺的莫勒斯(Maurus of Salerno,活动时期在 12 世纪下半叶)用拉丁语写了有关它们的评论。由于莫勒斯是在勃艮第奥逝世(1193 年)大约 20 年后(1214 年)才去世的,他可能使用的是勃艮第奥的译本,而不是以前从阿拉伯

---

[109] 迈蒙尼德借鉴了非常多的内容,以至于拉丁作家让·德·图内米尔(Jean de Tournemire,活动时期在 14 世纪下半叶)把他的这部著作称作盖伦的升华物(*Flores Galieni*)。关于《摩西评注》的各种阿拉伯语、希伯来语和拉丁语版,请参见《科学史导论》,第 2 卷,第 377 页,第 8 号,以及《奥希里斯》5,109(1938),插图 28—插图 29。与希波克拉底的格言集相比,迈蒙尼德格言集的篇幅大多了,后者与前者之比是 1500 条格言对 412 条格言。

语翻译过来的译本,但没有对他的原文进行深入的研究之前,这一点在我看来只是可能而不是很明显的。[110]

2. 13 世纪上半叶。我对这个世纪上半叶的关注仅仅限于这样一些阿拉伯语的著作,它们主要写于大马士革,或者至少,是由活跃于这个城市的医生写的。

两位穆斯林医生和一位撒马利亚医生写了三篇《格言集》的评注,他们分别是伊本·达克瓦尔(Ibn al-Dakhwār),他于 1230 年在大马士革去世[111];阿勒颇(Aleppo)的伊本·卢布迪(Ibn al Lubūdī,活动时期在 13 世纪上半叶),他在大马士革受教育,1267 年以后去世;萨达卡·本·穆纳贾·迪米什奇(Sadaqa ben Munaja' al-Dimishqī,活动时期在 13 世纪上半叶),萨达卡的评论的标题是《希波克拉底〈格言集〉注释》(Sharh fusūl Buqrāt)。

3. 13 世纪下半叶。这个世纪的下半叶,《格言集》吸引了印度以西的每一个医生的注意力,而且人们用阿拉伯语、希伯来语和拉丁语对它进行了讨论。

两位东方的医生用阿拉伯语撰写了评论,他们是:被称作巴赫布劳斯(Barhebraeus)的基督徒艾卜勒·法赖吉(Abū-l-Faraj,活动时期在 13 世纪下半叶)[112],以及穆斯林伊

---

[110] 萨尔瓦托·德·伦齐(Salvatore de Renzi)对 Glosule amphorismorum secundum magistrum Maurum(以莫勒斯老师的格言为基础的词疏)的原文进行了编辑,见《萨莱诺集》(Collectio salernitana,Naples,1856),第 4 卷,第 513 页—第 557 页。

[111] 参见《科学史导论》,第 2 卷,第 1099 页,注释。

[112] 有可能,归于巴赫布劳斯名下的评论是另一个基督徒写的,他也叫艾卜勒·法赖吉,但不那么著名,这个人即卡拉克(Karak)的艾卜勒·法赖吉·雅库布·伊本·库弗(Abū-l-Faraj Ya'qūb Ibn al-Quff,活动时期在 13 世纪下半叶)。在雷诺的埃斯科里亚尔抄本目录中,第 878 号被尝试性地归于库弗名下。当然,也有可能这两个人合写了同一评论。

本·纳菲斯(Ibn al-Nafîs,活动时期在 13 世纪下半叶)。

留传给我们的拉丁语评注,是由里斯本的葡萄牙人、出生于西班牙的彼得(Peter of Spain,活动时期在 13 世纪下半叶)和意大利人佛罗伦萨的塔迪奥·阿尔德罗蒂(Taddeo Alderotti,活动时期在 13 世纪下半叶)写的,彼得即教皇约翰二十一世(John XXI),他于 1277 年去世,阿尔德罗蒂一直活到 1303 年。

《格言集》的希伯来语译本至少有 5 种。[113] 最令人感兴趣的译本是由托托萨的闪-托布-本·艾萨克(Shem-tob ben Isaac of Tortosa,活动时期在 13 世纪下半叶)于 1267 年在塔拉斯孔(Tarascon)完成的。这个译本为文献传统的兴衰变迁提供了很好的说明。闪-托布的希伯来语译本含有医学教师帕拉第乌斯(Palladios the Iatrosophist,活动时期在 5 世纪上半叶)写的评注,它的希腊原文不为人知。马赛的摩西·伊本·提本(Moses ibn Tibbon of Marseille,活动时期在 13 世纪下半叶)是最伟大的中世纪翻译家之一,他于 1257 年或 1267 年把迈蒙尼德的评论从阿拉伯语翻译为希腊语。琴托的纳坦·哈米阿提(Nathan ha-me' ati of Cento,活动时期在 13 世纪下半叶)大约于 1279 年—1283 年活跃在罗马,他把《格言集》从阿拉伯语翻译为希伯来语,同时还翻译了盖伦的评注。

4. 14 世纪上半叶。我们所知道的这个时期最后的阿拉伯评论家是两位土耳其医生,而且不同寻常的是,我们应该感激他们,这就是锡瓦斯的阿卜杜拉·伊本·阿卜杜勒·阿

---

[113]《科学史导论》,第 2 卷,第 846 页。

齐兹（'Abdallāh ibn 'Abd al-'Azīz of Sīwās，活动时期在 14 世纪上半叶）和艾哈迈德·伊本·穆罕默德·基拉尼（Ahmad ibn Muhammad al-Kīlānī，活动时期在 14 世纪上半叶）。阿卜杜拉的评注大约写于这个世纪初叶，题为"'Umdat al-fuhūl fi sharh al-fusūl"（《〈集注〉中的主要注释》）。艾哈迈德的评论写于稍晚些时候，因为它是献给贾尼·贝格·马哈茂德（Jānī Beg Mahmūd）的，贾尼是 1340 年—1357 年西钦察国（western Qipčāq）的蓝帐（Blue Horde）可汗。

随着医学院校尤其是那时最重要的阿拉贡（Aragon）的蒙彼利埃医学院（the School of Montpellier）不断增长的需要，拉丁语版的译本和评论自然而然地增多了。《格言集》是要求医学院校的学生记诵的文献之一。[114] 这样，就有了以下这些人写的拉丁语的评论：布吕赫的巴托洛莫（Bartholomew of Bruges，活动时期在 14 世纪上半叶），他在 1315 年以前在蒙彼利埃获得医学博士学位；图姆巴的贝朗热（Berenger of Thumba，活动时期在 14 世纪上半叶），1332 年他曾在蒙彼利埃；（也许）还有热拉尔德·德·索洛（Gerald de Solo，活动时期在 14 世纪上半叶），他是那里的教授，大约于 1360 年去世。

博洛尼亚医学院（the Medical School of Bologna）几乎像它的阿拉贡的对手一样重要，因而给我们留下了博洛尼亚的教授尼科洛·贝尔图齐奥（Niccolò Bertuccio，活动时期在 14 世纪上半叶）和阿尔贝托·德赞卡里（Alberto de' Zancari，活动时期在 14 世纪上半叶）撰写的两篇评注。阿尔贝托的评

〔114〕《科学史导论》，第 3 卷，第 248 页。

注是一个非常新的版本,在其中,格言第一次按照逻辑顺序来排列,他的著作的标题是:《有序的希波克拉底〈格言集〉》(*Anforismi Ypocratis per ordinem collecti*)。

5. **14 世纪下半叶**。希伯来评注者的活动似乎像他们的阿拉伯竞争者的活动一样,逐渐消失了。我只能以一个犹太评注者、加泰罗尼亚人亚伯拉罕·卡布莱特(Abraham Cabret,活动时期在 14 世纪下半叶)为例。

出于好奇心,我们也许还可以提一下犹太-希腊哲学家和数学家约瑟夫·本·摩西·哈基尔提(Joseph ben Moses ha-Kilti,活动时期在 14 世纪下半叶)所写的对亚里士多德的《工具论》(*Organon*)的概述:《励志集》(*Minhat Judah*)。这是一本格言式的著作,几乎可以肯定是有意或无意对希波克拉底著作的模仿。约瑟夫活跃于 14 世纪末或者 15 世纪初。

马丁·德·圣吉勒(Martin de Saint Gilles,活动时期在 14 世纪下半叶)曾活跃于阿维尼翁(Avignon),他于 1362 年把《格言集》以及盖伦的评注翻译成法语。[115] 这一译本引入一种新的传统,并且暗示,我们可以考察《格言集》或早或迟被译成的每一种欧洲当地语言的译本,但这样做可能会使我们偏离我们的领域太远了。这些当地语言传统与一般的科学史家并不相关,尽管它们对某些特定的人来说具有相当重要的意义。例如波兰译作的历史对研究波兰科学史和波兰文字的学者来说是非常重要的。

西欧的博学之人并不需要译成本国语言的译作,并且看

---

[115] 热尔梅娜·拉弗耶(Germaine Lafeuille)正在准备一部有关法译本的研究著作,将于 1953 年—1954 年出版。

不起译作;他们更想要拉丁语本,而且在诸多世纪中情况一直如此。

圣索菲亚的马西里奥(Marsiglio of Sancta Sophia,活动时期在 14 世纪下半叶)是帕多瓦的教授,他写了《〈格言集〉研究》(Quaestiones in aphorismos),该书于 1485 年在帕多瓦印制出版,以后又多次印刷。[116] 马西里奥大约于 1405 年去世。

这把我们带进了 15 世纪,对这个世纪,我并没有进行过充分的研究。不过,可以提一下这个世纪早期的两位评注者,他们是贾科莫·德拉·托雷(Giacomo della Torre)和乌戈·本齐(Ugo Benzi)。[117] 他们都是 14 世纪的孩子,他们两人的评注非常有影响,因为它们常常被重印。

贾科莫·德拉·托雷化名雅各布·达弗利(Jacopo da Forli,大约 1350 年—1413 年),他的评注于 1473 年第一次在威尼斯出版,它有 6 个古版本;[118] 锡耶纳(Siena)的乌戈·本齐(大约 1370 年—1439 年)的评注于 1493 年第一次在费雷拉(Ferrara)出版,但在 16 世纪以前只重印过一次。[119]

贾科莫·德拉·托雷和乌戈·本齐的评注没有受圣索菲亚的马西里奥的评注的约束,《格言集》的拉丁语版在 16 世纪以前至少印过 8 次,其中 6 次是 1476 年至 1500 年在阿

---

[116] 克莱布斯,第 546.3 号—第 546.6 号。

[117]《科学史导论》,第 3 卷,第 1195 页。

[118] 克莱布斯,第 476 号。

[119] 克莱布斯,第 1002 号。迪安·帕特南·洛克伍德(Dean Putnam Lockwood):《乌戈·本齐》(Ugo Benzi,Chicago:University of Chicago Press,1951)[《伊希斯》43,60-62(1952)]。

FINIVNT
Sententiæ Hippocratis Et Item Commentationes
Galeni In Eas Ipfas Sententias Editæ Laurentio
Laurentiano Florentino Interprete Viro Cla
riffimo Quas Antonius Mifcominus
Ex Archetypo Laurentii Diligenter
Aufcultauit,& Formulis Imprimi Curauit.
FLORENTIAE
Anno Salutis .M.CCCCLXXXXIIII.
Decimofeptimo. kal. Nouembris

图 74　希波克拉底的《格言集》，第一个单行本，它是佛罗伦萨的劳伦提乌斯·劳伦提亚努斯（Laurentius Laurentianus of Florence）翻译成拉丁语的《格言集》和盖伦的评注，由安东尼奥·米斯科米尼（Antonio Miscomini）于 1494 年在佛罗伦萨印制。不包括扉页共计 98 页；我们复制的是科洛丰版 [《奥希里斯》5，100（1938）]〔承蒙大英博物馆恩准复制〕

蒂塞拉印的，另外两次是其他版本，分别印于 1494 年和 1496 年（参见图 74）。[120]

　　以后还印了大量多种语言的版本。在利特雷主编的《希波克拉底全集》中[121]、大英博物馆的目录中以及巴黎的国家图书馆（the Bibliothèque Nationale）中，可以找到一个很长但仍不完整的清单。

　　由于许多原因，我们自己对《格言集》的传承的说明也是不完整的。首先，我们只能谈论希波克拉底的评注者，对

[120]　克莱布斯，第 116.1 号—第 116.6 号，第 520.1 号—第 520.2 号。
[121]　利特雷主编；《希波克拉底全集》，第 4 卷，第 446 页—第 457 页。

于他们,我们清楚地知道他们或者是《格言集》的译者或者是它们的评注者。应当把这里提到的翻译和评注看作仅仅是大量翻译和评注的样本。造成如此缺陷的更深层的原因是这样一个事实,间接和隐蔽的评注者大概比直接和显见的评注者多许多。换句话说,许多所谓评注或者高级评注显得比人们假定有独立见解的著作更有创见。在任何时代都是这样;从肯定是致力于 X 的书籍中,甚至从引证了 X 的书籍中,并不能追溯 X 的传统。不仅剽窃者,而且一般来说普通的人常常渴望隐藏他们著作的来源,就如同尼罗河隐藏它的源头一样;他们窃取的越多,他们就越不愿意承认他们所受的恩惠。

关于其他希波克拉底著作的传承,而且的确,关于任何古代科学著作的传承,都可以写一篇类似的文章。人们会发现这些著作在流行方面有很大差异。《格言集》是最流行的;其他古代就已失传或者被忘却的著作则代表了另一个极端。每一个故事的模式都是相同的,尽管主人公可能完全不同。传统在不同国度、不同种族和不同宗教中传播。它所经历的主要语言历程是希腊语、叙利亚语、阿拉伯语、拉丁语、希伯来语、各国的本土语言;所经历的主要宗教历程是异教徒、伊斯兰教徒、基督教徒、犹太教徒。

第十五章
科斯岛考古

希波克拉底的存在完全决定了古代希腊医学的发展,而且这种发展与科斯岛有着如此密切的联系,因而花点时间从考古学方面对这个主题进行探讨是值得的。

尽管科斯岛很小,但它是许多医生的出生地[1],这一点非常令人困惑。希波克拉底和他的同胞似乎更多的是在远离科斯岛的希腊其他地方行医,而在科斯岛本土的行医活动相对较少。如果我们 *stricto sensu*(从严格的意义上)把希腊定义为爱琴海诸岛以及周边的海岛——西面是名副其实的希腊,北面是巴尔干诸国(the Balkans),东面是爱奥尼亚,南面是克里特岛,那么我们会发现,科斯岛靠近这个地区的东南角,希波克拉底派的医生们则在该地区的东北角亦即色萨利、马其顿和色雷斯行医。如果有人要把临床描述中所提到的患者的名字以及对病例进行观察的地点编成一个表,那么他就会发现,希波克拉底派的经验的绝大部分是在(上面所定义地区的)北部获得的,没有多少是在科斯岛获得的。在希波克拉底名下的文集中,只有两处提到科斯岛的患者,第

---

[1] 参见索引中"Cos"(科斯岛)这个条目。

1 处提到"一个科斯岛男人的姐妹"患了肝肿大，[2]第 2 处提到科斯岛的狄迪马科斯（Didymarchos）。[3]第 2 个病例是在科斯岛观察的，但我们不能说第 1 个也是在这里观察的，因为"一个科斯岛男人的姐妹"可能已经漫游到远离家乡的地方了。另一本书[4]曾两次推荐"涩味的和非常黑的"科斯酒[5]，但是，酒很容易输出，如果那里的酒确实不错，那么我们可以假设，岛外的人也像岛内的人那样经常会饮用它。因此我们就会面对一个矛盾的情况：希波克拉底派的医生被说成是代表科斯学派或科斯行业协会，然而，就我们所能确定的他们的实践范围而论，他们的活动却是在别的地方。

为了解释这种矛盾的情况，我们来简略地考察一下科斯岛的历史。我们已经（在本书第 336 页）指出，这个岛物产丰富，主要出产葡萄和丝织品，不过，众所周知，在希波克拉底时代及其以后的岁月中，那里的繁荣也不是什么新奇的事物。科斯岛并不是那片仙境似的大海的诸岛中的一个新贵。由于科斯岛的黑曜岩储量巨大，它在石器时代就已经是一个商业中心了。[6] 许多黑曜石都采自科斯岛本地，也有许多质地更纯的产自小岛海利（Hyali）[7]，它位于科斯岛与尼多斯半岛之间。黑曜石贸易使这个地区（科斯岛和尼多斯）具

885

---

〔2〕《流行病学》（二），XXIII。

〔3〕《论预断》（一），XXXIV。

〔4〕《论内科疾病》（De morbis internis），XXV，XXX。

〔5〕科斯岛的酒享有盛名。斯特拉波在《地理学》，第 14 卷，2，19 中说："科斯岛到处都有水果，但是像希俄斯和莱斯沃斯岛一样，它最著名的就是它的酒。"

〔6〕黑曜石是一种火山玻璃，非常硬而且非常锋利，是（石器时代）制造工具的一种绝好的材料。

〔7〕Hyali 来源于 hyalos，意为结晶岩；这个岛的名字来自它的主要财富来源。这个岛现在名为伊斯特洛斯（Istros）。

有某种地位优势；它不仅创造财富，而且使得文化和学术的昌盛成为可能。我们可以肯定，早在多里安人入侵以前，医生在科斯岛已经从业很久了。

多里安人大约是于公元前9世纪从克里特岛来的，他们取代或赶走了卡里亚原住民。有可能正是多里安人引入了对阿斯克勒皮俄斯的崇拜，从而使医术获得了新的声望。另一方面，科斯岛明显位于多民族的汇聚中心，因此它的商业价值必然是国际性的。科斯岛的商人与希腊和克里特岛、卡里亚和爱奥尼亚以及亚洲和欧洲等地的人做生意。他们与爱奥尼亚城邦的贸易关系非常密切，以至于尽管多里安人是领主，科斯岛本身仍在某种程度上变成了爱奥尼亚的一个城邦。无论如何，比较高级的是爱奥尼亚文化而非多里安文化，而且爱奥尼亚方言被认为是文雅的语言。

对于任何种类的科学努力而言，科斯岛的繁荣和它所享有的国际交流都是这些努力成功的极好条件。唯一需要的就是一个天才人物的介入，因为他的介入能提供某种诱发因素。阿斯克勒皮俄斯传人的一支希波克拉底家族创造了这个有利的环境。因而，毫不奇怪，他们创建或者重新创建的医学学派曾经非常活跃，若不是由于战争的灾难，该学派仍会继续活跃下去。

波斯征服者大概促进了这个岛的爱奥尼亚化。在大流士（波斯国王，公元前521年—前485年在位*）的统治时期，科斯岛成了波斯辖地的一部分，有教养的人们热爱他们的希腊同胞而痛恨他们的波斯领主，他们自然而然地聚集在

---

* 原文如此，与第七章略有出入。——译者

爱奥尼亚教师周围，并且影响了爱奥尼亚的语言和生活方式，这代表了那时和那里希腊的最高理想。在公元前 479 年米卡利海战胜利后，他们抛弃了波斯人的束缚马上或不久之后就在爱奥尼亚人的说服下加入一个反对波斯的雅典联盟。结果，他们卷入了伯罗奔尼撒战争，站在雅典一方。的确，希波克拉底的儿子塞萨罗斯参加了命运多舛的西西里远征（公元前 415 年—前 413 年）。这个时期对科斯岛来说是一个悲惨的时期，因为这个岛在一场地震后变成了废墟[8]，此后不久又遭到斯巴达人的入侵。

我们可以假设，科斯岛上年轻的希波克拉底学派的成员处在米卡利海战与伯罗奔尼撒战争开始之间那半个世纪的和平时期。希波克拉底在那个时期接受教育，并且显露了他的天才，但是，他和他的弟子的工作是在其他地方进行的。

----

[8] 公元前 413 年—前 412 年的地震当然不是第一次地震，而且正如我们将要看到的那样，它也不是最后一次。神话学证明了这个岛是一个地震中心这一坏名声。波吕波特斯（Polybotes）是与诸神作战的大力士之一，他被波塞冬（海神）追赶，横渡大海来到科斯岛。海神被激怒了，使科斯岛的一部分裂开，并把波吕波特斯扔到裂开的地方，把他埋在了下面！这个流行的神话的创作者们并不是随便选择科斯岛的；他们选择科斯岛是因为他们知道这里不稳定。

战争所引起的动乱[9]对科学研究来说是不幸的，因此希波克拉底和其他阿斯克勒皮俄斯的传人离开了他们的故乡科斯岛，开始背井离乡的生活，这一点也不令人惊讶。这可以说明希波克拉底的学说主要是在科斯岛以外地区形成的这一矛盾的情况。它还可以说明另一种矛盾的情况，即虽然有阿斯克勒皮俄斯传统，但希波克拉底的实证主义依然持久不衰。无论阿斯克勒皮俄斯的影响多么强大、多么普遍，希波克拉底派的医生却避开了这种影响；他们不允许自己被神秘仪式毁灭，相反的情况却发生了，科斯岛的阿斯克勒皮俄斯神庙为了其宗教目的最终利用了希波克拉底的名望。

我们无法断定对阿斯克勒皮俄斯的崇拜从何时开始在科斯岛兴起，那里最古老的神庙的遗址属于公元前 3 世纪，或者说属于公元前 4 世纪末。德国考古研究所（the Archaeological Institute of Germany）的研究人员在 1898 年以及以后诸年中对这个遗址进行了彻底的发掘；第一次世界大战以后，当佐泽卡尼索斯落入意大利人手中时，意大利考古

[9] 科斯人的多样性使得这些动乱加剧了。他们是亲希腊的人，但在程度上有差异，我们或许可以肯定，多里安的同情者并没有被消灭，其中的许多人就是前斯巴达人。那场同盟者战争（Social War）证明了这一点，该战争开始于公元前 357 年，而且主要是针对雅典保护国的。科斯岛人与公元前 377 年—前 353 年在位的卡里亚国王摩索拉斯结为联盟，摩索拉斯既反对雅典人也反对波斯人。他们于公元前 355 年与雅典缔结了一个和平协议。在公元前 346 年以前，科斯岛仍在卡里亚人的统治下。此后不久，它就落入亚历山大大帝的统治之中。在亚历山大去世后，科斯岛的同情之心在马其顿、叙利亚和埃及之间摇摆不定。这个岛的主要荣耀是在托勒密家族的统治下获得的。公元前 3 世纪上半叶，两位诗人——一个是科斯岛的菲勒塔斯，另一个是他的弟子叙拉古的忒奥克里托斯，给她增添了荣誉。在罗马时期，科斯岛享有某种有限的自主，是亚洲行省的一个 *libera civitas*（自由城邦）。公元 41 年—54 年在位的罗马帝国的皇帝克劳狄（Claudius）在他的医生科斯岛的色诺芬（Xenophon of Cos）的影响下同意给予这个岛多方面的特权。

学家进行了新的发掘(参见图 75)。圣所不在有围墙的科斯城之内,而坐落在该城以西大约 1.5 英里的山坡上。它建在三层人工平台之上,在最上层,人们仍然可以看到陶立克式的阿斯克勒皮俄斯神庙的遗迹,它的较短的两边各有 6 根柱子,较长的两边各有 11 根柱子。在中间的平台上有一些较小的神庙。底层平台是周围有柱廊供公众散步的地方,并且有一口圣井。在圣井附近有一个小型的由医生 C. 斯特提尼乌斯·色诺芬(C. Stertinius Xenophon)[10]奉献给尼禄(皇帝,公元 54 年—68 年在位)的庙,庙中的尼禄以医神的模样出现。

最早提到这座阿斯克勒皮俄斯神庙的是相对较晚的斯特拉波(活动时期在公元前 1 世纪下半叶)的《地理学》[11],书中写道:"在(科斯城)郊区有医神庙,这是一座非常著名的神庙,庙中充满了大量还愿祭品,其中有阿佩莱斯的作品《安提柯》(Antigonos)。"神庙中有大量铭文,其中很多都被保存下来了;它们记录了洁身礼仪式、出席宴会的邀请函以及向科斯岛医生表示敬意的政令,等等,许多医生在外国服务期间获得了荣耀。斯特拉波提到的"还愿物"大概比其他铭文更为丰富,它们是另一组纪念物的代表,在各个国家和各个时代的圣所中十分常见。因疾病、虚弱或其他不幸而忧

---

〔10〕 C. 斯特提尼乌斯·色诺芬就是注释 9 中提到的那个医生。他是克劳狄和大阿格丽品娜(Agrippina)的御医,而且属于一个古老的阿斯克勒皮俄斯家族。科斯岛的第一个色诺芬是科斯岛的普拉克萨戈拉(活动时期在公元前 4 世纪下半叶)的学生;参见阿尔多·内皮·莫多纳(Aldo Neppi Modona):《古典时代的科斯岛》(L' isola di Cos nell' antichità classica),第 128 页。莫多纳的著作中复制了刻有色诺芬题词的石碑。
〔11〕 斯特拉波:《地理学》,第 14 卷,2,19。

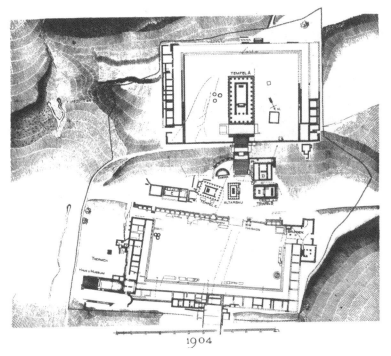

图 75　德国考古学家 1904 年绘制的医神庙平面图。图中展示了三个逐级递增的平台，图的上部是最上面一层。后来意大利考古学家发掘出第四层平台，图中底部呈现了这一层［复制于保罗·沙茨曼（Paul Schazmann）：《医神庙》（*Asclepieion*，Berlin，1932），另页纸插图 37］

心忡忡的人们都会求助于神并且立下誓约；如果他们得到医治并且病痛消除了，他们会用还愿物来表达他们的感激之情。这些纪念物的规模、价值和内容有很大差异，它们所表现的可能是医神、作为其标志的蛇、代表其恩典的器械，或者是患者，尤其是他的身体被医治的部分。在古老的医疗还愿物中，有一些表现的是一个怀孕的妇女、婴儿、眼睛、子宫和

587

图76　还愿祭品。一个人拥抱着他前面的一只硕大的静脉曲张的腿。[《德国考古研究所通报(雅典卷)》(*Mitt. krl. deut. Archaeol. Inst., Athenische Abt.*) 18 (Athens, 1893),另页纸插图 11。]原件保存在雅典国家博物馆(the National Museum)

膀胱、乳腺癌、浮肿的身体、脱肠,等等。[12] 我把所知道的最漂亮的医疗还愿艺术品复制在本书中(参见图 76)。它展示了一个老人用他的手臂抱着一只硕大的血管肿胀的腿。还愿艺术品在各地十分常见,因而我们可以认为,它们展现了人性的特点;它们在天主教堂中特别丰富,例如在斯特拉波时代,去卢尔德的朝觐者可能很容易想象到科斯岛的医神庙是什么样。我之所以称它们展现了人性的特点,是因为几乎

---

[12] T. 迈尔－施泰内格(T. Meyer-Steineg)和卡尔·萨德豪夫的《医学史概述》(*Geschichte der Medizin im Ueberblick*, Jena, 1921) [《伊希斯》4, 368 (1921 – 1922)];第 2 版(1922)[《伊希斯》5, 188(1923)]复制了许多这类还愿物。另可参见威廉·亨利·德纳姆·劳斯(William Henry Denham Rouse):《希腊的还愿物》(*Greek Votive Offerings*, 480 pp., ill.; Cambridge, 1902),或者劳斯为《宗教和伦理学百科全书》撰写的词条,见该书第 12 卷(1922),第 641 页。

可以肯定地把模仿排除在外：一个把一副拐杖送到卢尔德圣
所的感恩的患者，可能已经以同样的精神把它们送到科斯神
庙或埃皮道鲁斯神庙了（参见图77）。

　　对希波克拉底派的医生所使用的治疗方法，我们有了一
定的了解；正如前几章业已表明的那样，这些方法是理性的，
而且其理性程度令人惊讶。另一方面，除了还愿物告诉我们
的（微不足道的）有关科斯岛医神庙所实施的医疗情况外，
我们对其他一无所知。然而，很有可能医神庙在一定的程度
上受到控制，而祭司们则受到活跃于他们附近地区的世俗者
的实践以及希波克拉底理想的限制，以至于他们的方法比其

图77　向安菲阿拉俄斯还愿。医治的场面（雅典国家博物馆）［复制于马克西姆·
戈尔斯（Maxime Gorce）和拉乌尔·莫尔捷（Raoul Mortier）主编的《宗教通史》
（*Histoire générale des religions*, Paris: Quillet, 1944），第2卷，第137页］

他医神庙的方法更为理性(或更少非理性),他们运用常识较多,运用巫术较少,或者说,他们不是很明显地运用后者的。[13] 不能过多地重申,神庙的实践(庙宿、休息和信赖)本质上是理性的和非常好的;埃皮道鲁斯以及其他地方的非理性活动都因人们的轻信和祭司们的贪欲而不断增加。

我们所能说的只是,在科斯岛所出土的还愿牌没有一个可以与埃皮道鲁斯所出土的那些还愿牌相比。这里有三段埃皮道鲁斯的铭文:

889

克利奥(Cleo)怀孕5年了。在她已经怀孕5年之后,她来向神祈福,并且在圣堂(Abaton)[14]之中睡下。当她离开并走出神庙区域以外时,她生下一个儿子,这个孩子一出生,就用泉水给自己洗澡,并且能和他妈妈一起走。为了报答她所得到的恩惠,她在她的还愿物上刻下这样的话:"值得赞美的不是巨大的牌匾而是神,克利奥的子宫承受负担已过五载,直到她夜宿神庙,神才使她恢复了正常。"

有一个托罗涅(Torone)人的身体中有些水蛭,他在睡觉时走入一个梦境。他似乎看到,神用一把刀切开他的胸部,并且取出那些水蛭,放在他的手上,然后又把他的胸部缝合好。当梦醒时,他扔掉了手中的水蛭并且康复了。他的继母曾把这些水蛭放在他喝的药中,并且骗他喝药,致使他把它

[13] 我假设,科斯岛的医神庙是受阿斯克勒皮俄斯的传人指导和约束的。古代较晚的证人则做出了相反的假设:医生是从神庙那里获得他们最初的知识的。因此斯特拉波(活动时期在公元前1世纪下半叶)指出:"据说,希波克拉底所应用的营养学主要来源于科斯岛的还愿牌上所记录的疗法。"(《地理学》,第14卷,2,19)老普林尼在《博物志》(*Natural History*)第29卷,1(2)和4中做了类似的陈述。它们很可能是错误的,但我并不排除有益的影响在神庙与医疗机构之间相互交流的可能性。

[14] Abaton 意指未受践踏的、神圣不可侵犯的(地方),即至圣之地。

们吞了下去。

有一个人用一条巨蛇治好了自己的脚趾。他的脚趾奇痛无比,令他苦不堪言,白天,他被神庙的圣职人员带到神庙外面,安排在一个座位上。当他入睡时,有条蛇从圣堂中出来,用它的舌头治愈了他的脚趾,随后又返回圣堂。当患者醒来时,他已经好了,他说,他看到这样一个情景:似乎有个漂亮的年轻人把一种药敷在他的脚趾上。[15]

我们已经三次(主要是本书第 332 页)提到与阿斯克勒皮俄斯在一起的蛇。蛇的出现以及它们的医疗用途证明这种崇拜有着悠久的历史。医神阿斯克勒皮俄斯的主要象征是一根权杖和一条蛇,蛇一般是缠绕在权杖上的。我们不必为这些象征的确切含义而烦恼,因为古人的解释众说纷纭,而现代的学者最多也不过是把一系列猜想堆积在一起。情况正是这样。一个威严的老人满脸胡须,手持一根粗权杖,权杖上缠绕的一条蛇似乎正在滑动——这毫无疑义就是阿斯克勒皮俄斯,不要再问更多的问题(参见图 78 和图 79)。[16]

---

〔15〕引文摘自埃德尔斯坦:《阿斯克勒皮俄斯——证言的收集与解释》(第 1 卷),第 423 节,《埃皮道鲁斯石碑(一)》(Stele I of Epidauros),第 1 号、第 13 号和第 17 号病例。这一石碑描述了 20 个病例;石碑的顶端写着:"神和好运。阿波罗和阿斯克勒皮俄斯治疗的病例。"

〔16〕当美军的医疗队组建时,它选择用一根权杖和**两条**缠绕在权杖的蛇作为它(镶在制服上等)的徽章。这是一个错误,因为蛇杖并不是医神阿斯克勒皮俄斯的权杖,而是商业和通信之神赫耳墨斯(Hermes,墨丘利)的权杖。

图 78　阿斯克勒皮俄斯和他的主要象征———一条缠绕在权杖上的蛇；柏林博物馆收藏的铜像［复制于 W. H. 罗舍尔：《希腊-罗马神话详解词典》(*Ausführliches Lexikon der griechischen und römischen Mythologie*, Leipzig, 1884-1890)，第 1 卷，第 636 页］

图 79　向阿斯克勒皮俄斯的蛇致敬（柏林博物馆收藏）［复制于戈尔斯和莫尔捷主编的《宗教通史》，第 2 卷，第 135 页］

科斯岛的医神庙在希腊和罗马时代享有盛名,但是它在4世纪落入基督教反传统观念者的手中之后遭遇不幸,并于554年被地震所毁。

对考古学证据可以用两个地方传说加以补充,即使我们不想逐字逐句地接受这些传说,我们至少也愿意把它们当作科斯岛的子孙对他们同胞中最杰出者的感激和热爱的标志。

第一个传说涉及古代的一棵悬铃树,它长在这个岛的主要城镇的市场上。[17] 据称,希波克拉底曾在树荫下讲学。这棵树肯定非常老,它的枝干伸向四周,覆盖了整个集市;它被从医神庙运来的大理石柱子支撑着。它可能是与希波克拉底同时代的,或者,它是在希波克拉底时代同一地点的另一棵树的分支。谁能告诉我们呢? 人们会想起客西马尼园(the Garden of Gethsemane)* 中那些古老的树,方济各会的教父们说它们是与耶稣同时代的。确实,科斯岛的这棵树至少比耶路撒冷的那些橄榄树古老4个世纪。

在远离科斯岛东南海岸的地方,有一个小岛名为帕莱奥尼希(Palaionisi);据说希波克拉底曾在该岛的偏僻地方完成了他的某些著作。[18]

简而言之,两个邻近的地区——科斯岛和尼多斯是医学的发源地;阿斯克勒皮俄斯式的希波克拉底家族属于科斯岛,由于这个事实,这个岛比它的大陆邻居更为著名,而且几乎使后者黯然失色。希波克拉底医学开始于科斯岛,但其发

[17] 一张描绘这种树的精美图片构成“洛布古典丛书”《希波克拉底》第4卷的扉页插图;书的第lix页描述了它。

　*　耶路撒冷城东橄榄山上的一个花园。——译者

[18] 这个故事是当地人于1844年讲给德国考古学家路德维希·罗斯(Ludwig Ross,1806年—1859年)的。

展主要是在希腊地区的北部。有可能，这个学派的成员仍留在科斯岛并延续了希波克拉底开始的光荣传统。在公元前3世纪，医神庙（或者一个新的比以前更大的医神庙）的修建增加了宗教疗法的声望。科学医学和宗教疗法可能在科斯岛共同存在，就像当今它们在波士顿那样。

　　研究希腊医学的学者比那些研究希腊诗歌的学者幸运多了，因为他们可以看到希波克拉底成长和向往的地方，他们可以坐在一棵古老的悬铃树的树荫下，想象这位大师在25世纪以前曾坐在这里，而要想象荷马当时的周围环境却是不可能的。

　　在对科斯岛的历史和考古进行研究时，我参照了以下出版物：

　　弗朗西斯·休·亚当·马歇尔（Francis Hugh Adam Marshall）：《希腊大地上的发现》（*Discovery in Greek Lands*，Cambridge，1920），第82页—第84页［《伊希斯》*4*, 59（1921–1922）］。

　　卡尔·萨德豪夫：《科斯岛和尼多斯》（"Cos and Cnidos"），载于《医学史年鉴》*2*, 13–19（1930）［《伊希斯》*15*, 199（1931）］。

　　德意志帝国考古研究所（Archäologisches Institut des deutschen Reiches）：《德国在科斯岛的发掘和研究成果》（*Kos. Ergebnisse der deutschen Ausgrabungen und Forschungen*），第1卷；保罗·沙茨曼：《医神庙》（folio，110 p.，57 pl.，1 map；Berlin，1932）。

　　阿尔多·内皮·莫多纳：《古典时代的科斯岛》

（Rhodes，Memorie dell' Istituto storico di Rodi，1933），第 1 卷
（folio，240 pp. ，18 pls. ，2 maps）。

埃玛·J. 埃德尔斯坦和路德维希·埃德尔斯坦:《阿斯
克勒皮俄斯——证言的收集与解释》(2 vols. ; Baltimore:
Johns Hopkins University Press, 1945)［《伊希斯》*37*, 98
（1947）］。

第三篇
公元前 4 世纪

第十六章
柏拉图与学园

一、政治背景

新世纪(公元前 4 世纪)的开始是凄凉的。伯罗奔尼撒战争于公元前 404 年以雅典的投降而告结束。斯巴达赢得了胜利,但是倘若没有在诸多城邦中安置驻军并且获得寡头政治集团亦即颇有势力的当地"通敌分子"小集团的帮助,它就无法统治希腊。雅典已被降伏了,斯巴达人的统治却非常难以持续,不仅在阿提卡,在每一个地方都是如此。

同时,经济状况也像政治状况一样发生了快速而深刻的变化。在战争期间,阿提卡的农田被毁坏了;小户农夫成了主要的牺牲品;一个新的大地主、制造商和银行家阶级出现了。让我们暂停一下,回想他们之中的一个人——帕森(Pasion),他曾经是个为银行家们工作的奴隶,但作为对他的热情和忠实的奖励,他们给了他自由。帕森开始了他自己的银行业务并且开办了一家制造盾牌的工场,而且成为他那个时代最富有的人;他对雅典的捐赠也得到了回报,他获得了这个城市的市民权。当他于公元前 370 年去世时,他解放了的奴隶弗米恩(Phormion)娶了他的遗孀,接手了他的生意,负责照顾他的两个儿子阿波罗多洛(Apollodoros)和帕西克勒(Pasicles)。阿波罗多洛把他祖传的财产大部分挥霍掉了。由于帕森、他的企业和家族卷入的相应官司以及伊索克拉底和狄摩西尼的演说,使我们得到了相当多的有关他们的信息。帕森的一生非常像当今靠自我奋斗而成功的百万富翁,这也使我们知道,当资本主义在雅典成长时,这个城邦以及希腊其他部分的政权正在衰败。

　　长期战争的另一个后果是出现了相对庞大的老兵群体,他们已经失去了对各种用于和平用途的技能的兴趣,而且很难被重新同化。他们中的许多人变成了雇佣兵,随时准备参加埃及、小亚细亚和波斯的其他民族的战争。我们稍后会看到他们中的一群人被遗弃在底格里斯峡谷的情形,他们不得不艰苦奋战,在色诺芬的领导下打回老家去。

　　相比于他们之前的雅典人,斯巴达人在更短的时间内积聚了更多的对他们的仇恨,导致其霸主地位只持续了三十几年(公元前 404 年—前 371 年)。伊巴密浓达(Epaminondas)领导的底比斯人把公众对斯巴达人的敌视当作资本并把它们凝聚在一起,他是他那个时代最伟大的战略家和最著名的人物之一,并且导致(公元前 370 年)反斯巴达的阿卡迪亚联盟(Arcadian League)的建立。伊巴密浓达曾四度侵袭伯罗奔尼撒半岛,并且于公元前 362 年在(阿卡迪亚的)曼提尼亚的他最后一次获胜的战斗中阵亡。尽管斯巴达被打败,但她拒不接受媾和条件,随之更大的麻烦出现了,希腊的独立几乎结束,希腊各城邦落入不断强大的马其顿帝国的势力范围内。

　　这一概括限于这些重要的事实,而没有考虑许多小的战争、政治阴谋、联盟的建立和打破、勇敢者的英勇行为以及贪婪的胆小鬼和卖国贼的罪恶行径。希腊政治生活的根基如此复杂，以至于要对之做出清楚的说明需要可观的篇幅；也许必须解释每个城邦中发生的麻烦以及它们之间相互关系的无穷变迁。关键在于政治的网络正在破裂并且分崩离析，导致衰落变得不可挽回和不可逆转。

但精神生活仍在继续，尽管在这个领域也可以发现疾病的症状。神秘仪式，尤其是埃莱夫西斯的那些神秘仪式，颇为活跃；俄耳甫斯教几乎成为国教。从埃及和亚洲输入的外来的神比以前更受欢迎。虽然有雅典的伊索克拉底（公元前436年—前338年）的努力，但国家的统一却未能实现，希腊人唯有在他们的迷信方面是统一的。

二、斯科帕斯和普拉克西特利斯

菲狄亚斯代表了雅典较早的雕塑学派，这个学派的风格是恬静而拘谨；在它之后，又出现了斯科帕斯学派和普拉克西特利斯学派，它们的作品展现了更多的个性、感性和激情。帕罗斯的斯科帕斯（Scopas of Paros）的活动至少从公元前394年持续到公元前351年（几乎完全覆盖柏拉图时代）；他最后的作品之一是哈利卡纳苏斯的摩索拉斯陵墓的带状装饰。

雅典的普拉克西特利斯（Praxiteles of Athens）属于较年轻的一代，他出生于大约公元前390年，那时斯科帕斯为（阿卡迪亚的）泰耶阿（Tegea）神庙承担的装饰工作已经完工。从普拉克西特利斯标明日期的作品可以断定，他活跃于这个世纪中叶（公元前356年—前346年）。他的作品格外地优雅。他（在尼多斯）的阿芙罗狄特的雕像，是芙丽涅（Phryne）[1]身体的理想体现，它已经成为完美的象征。不过，他的杰作是奥林匹亚的赫耳墨斯（Hermes of Olympia）雕像。以这种最简单的方式回忆一下这些辉煌的业绩就足够了，人们应当记住，美的创造与政治的混乱并非无法共存。

我们现在可以在那些充满混乱、恐怖和美的背景中介绍柏拉图了。除非我们在这样的背景中观察他，否则我们就无法充分理解他。

三、柏拉图的生平

柏拉图于公元前 428 年生于雅典。他的父亲阿里斯通（Ariston）和母亲珀里克提俄涅（Perictione）都出生于贵族之家，而他时刻不忘他的贵族血统。他接受了雅典的富家子弟所能得到的良好教育，当他大约 20 岁时，他遇到苏格拉底，并且做了 8 年苏格拉底的学生。当他的老师（于公元前 399 年）被判死刑时，柏拉图同其他弟子们避难到（大约位于雅典和科林斯中间的）麦加拉；这些弟子中有一位是欧几里得，他创建了麦加拉学派（the School of Megara）。[2] 柏拉图在那里并没有逗留很长时间，在随后的 12 年（公元前 398年—前 386 年）间，他广泛游历了希腊、埃及、意大利和西西里。公元前 387 年，他在叙拉古受到了僭主大狄奥尼修

397

---

〔1〕芙丽涅是雅典最著名的 *hetairai*（高级妓女），生于维奥蒂亚的塞斯比阿（Thespiai）。她不仅激发了雕塑家普拉克西特利斯的灵感，而且也激发了画家阿佩莱斯的灵感。据说，在亚历山大于公元前 336 年摧毁了底比斯城之后，她出资重建城墙，但条件是要刻上以下碑文来记录这一事迹："亚历山大毁坏了城墙，妓女芙丽涅重建了它们。"

〔2〕欧几里得的学说把埃利亚学派的哲学与苏格拉底的问答法和伦理学结合在一起。麦加拉学派或论辩学派（the Dialectic school）在公元前 4 世纪末以前一直默默无闻。

（Dionysios，大约公元前 430 年—前 367 年）的欢迎，狄奥尼修自诩具有文学品位，并且声称要成为一个哲学家。柏拉图在这里停留期间成为叙拉古的狄翁（Dion of Syracuse）和他林敦的阿契塔的朋友。[3] 在返回途中，柏拉图在埃伊纳岛被海盗抓去当奴隶，后来被赎回。随后不久，在公元前 387 年他步入不惑之年时，他开始在学园讲学。除了短暂的离开（于公元前 367 年和公元前 361 年两度访问叙拉古）之外，他的余生亦即他的后半生都在学园中度过。他于公元前 347 年在雅典去世，享年 81 岁。

四、学园（公元前 387 年至公元 529 年）

当柏拉图完成他的 *Wanderjahre*（漫游）之后，他感到教学是他的天职，但他并没有答应用苏格拉底那种随意的方式进行教学；他认识到在一个固定的地点建立一所学校的必要性；他可不想在街道或集市上讲学，相反，他希望在某个远离疯狂的人群、与世隔绝的乡村授课。他选择了距雅典的西大门迪皮伦门（Dipylon）约 6 斯达地的塞菲索斯（Cephissos）的

---

[3] 在下一章中，我们将考察柏拉图与阿契塔结识的结果；他与狄翁的友谊必须现在就感受一下。这种友谊对他本人、对狄翁和叙拉古都是不幸的。狄翁是狄奥尼修一世的一个亲戚和大臣；由于受到柏拉图的影响，而且可能满怀希望和美好的意愿，他试图教育这位国王及其儿子。国王的儿子（狄奥尼修二世）在而立之年，于公元前 367 年继承父亲的王位，他像其父亲一样也是一个业余爱好者，但能力较差且摇摆不定，他扮演了文学和哲学的赞助者的角色。狄翁邀请柏拉图返回叙拉古；狄奥尼修二世驱逐了狄翁并且没收了他的财产，还试图把柏拉图留下来，但却枉费心机。

狄翁在雅典生活了一段时间，并参加了学园的活动。公元前 357 年，在该学园其他成员的帮助下，他依靠武力返回叙拉古并赶走了狄奥尼修二世。这样必然轮到他接替僭主的职位，数年之后，他被谋杀了。许多这类事实都是从柏拉图的七封（其真实性尚不确定的）信中得知的，这些信是柏拉图在其晚年、狄翁去世之后写给狄翁的支持者的，他力劝他们要节制。这些信证明，柏拉图本人和学园的其他成员已经深深地卷入叙拉古政治的阴谋和罪行之中。有关归于柏拉图名下的这些信，请参见《伊希斯》*43*,68(1952)。

一块地。[4] 这个地方原来属于英雄阿卡德谟斯（Academos），[5] 因此，这所学校就称为阿卡德米（Academia）。由于柏拉图选择了阿卡德谟斯的这块土地这一偶然的原因，"academy"这个词被引入几乎每一种欧洲的语言之中；这个词的命运是语义学研究的一个很好的主题。[6]

柏拉图选择这里非常明智，因为它在很长一段时期曾是一个圣地。文学赞助者希帕库斯（Hipparchos, patron of letters，公元前 514 年被谋杀）是雅典的皮希斯特拉图（Pisistratos of Athens）的小儿子，他把这里用墙围了起来。这块地被献给雅典娜，其中有一片橄榄树的小树林，从其果实中提取的橄榄油会奖给泛雅典娜竞技会的获胜者。在大酒神节期间，人们会以盛大的仪式把解放者狄俄尼索斯的塑像抬到这里。这里有一个花园、一片小树林和一个运动场，著名的雅典军人和政治家西门（大约公元前 512 年—前 449 年）装饰了它。柏拉图把这里用来作为和他的弟子定期会见

398

---

〔4〕 根据迈克尔·斯蒂芬尼德斯（Michael Stephanides）教授（1950 年 7 月 23 日于雅典好心写给我的信，这个地方现在成为雅典的一个公共场所，俗称阿斯特里弗斯（*Astryphos*，或 *Hagios Tryphōn*），但也称作学园。这个地点现在对游人开放，但那里没有什么纪念物。

〔5〕 正是阿卡德谟斯向狄俄斯库里兄弟（Dioscuroi）〔即卡斯托耳（Castor）与波卢克斯（Pollux）〕透露了他们的妹妹斯巴达的海伦（Helen of Sparta）被藏匿的地方。因此，当斯巴达人入侵阿提卡时，他们使阿卡德米免遭破坏。

〔6〕 简略地说，"academy"这个词（及其在欧洲其他语言中的变体）相继的含义有：（1）柏拉图创建的学园；（2）高等学术研究院；（3）中等学校；（4）专科学校（如音乐学院、海军学院等等）；（5）进行教育或培训的地方的总称；（6）学术团体。

　　早期的人们觉得，"academy"是一个体面的术语，一个"充满魅力的"词；它的进一步使用（如科学院）使这种魅力增加了；但它也被滥用了。这个世界上没有什么价值的学院太多了。对任何没有忘记柏拉图的人文学者来说，"academy"是一个神圣的词。

的地方,而且他拥有邻近地区的地产。

我们可以假设,在柏拉图时代,那里已经有一些建筑,例如一个类似小教堂的建筑或缪斯神殿(用来供奉缪斯女神的神庙),也许还有几间供教师和学生使用的宿舍,以及一些为了聚会、授课和仅供正式场合一起吃饭用的大厅。考虑一下雅典的气候,很有可能,相当多的教学是在小树林或柱廊中进行的,在那里,人们既可以避免阳光的暴晒,又可以享受室外的环境。

除了根据柏拉图、他的弟子以及后继者们的著作可以做出的判断外,我们对教学的本身并不比对这个具体的组织有更多的了解。很有可能,苏格拉底的问答法在很大程度上(尤其是在初期)仍被使用着,而且这里的讨论比讲课多,有点类似于我们当今大学中的所谓研讨会那样的形式。一切都是非正式的和尝试性的。柏拉图本人的品格是魅力的中心;学生们从或远或近的地方来向他求学,就像他们以前向苏格拉底和其他著名的教师求学那样,但这是他们第一次来到一个固定的地方。对他们来说主要的吸引力来自柏拉图,而他们到学园来就像今天的学生去上大学一样。

作为一个学校,学园并不是新鲜事物,因为在它建立的许多世纪以前,不仅在希腊,而且在巴比伦、埃及和克里特等地区就已经有了学校。事实上,哪里有政府,哪里就需要为其部门培养办事人员;哪里有教会,哪里就需要培养教士和侍僧;哪里有商铺和银行,哪里就需要培养会计。学园的新颖之处在于它所提供的那种教学方法。柏拉图延续了智者的传统和苏格拉底的传统,他的兴趣不在于教人们阅读、写作和算术,甚至也不怎么教经商之道。他的目标相当高,他想启发学生们,引起他们对知识和智慧的爱,使他们成为哲学家或者成为政治家;也许除了逻辑和数学之外,他不讲授其他专门的知识,而是讲授知识的原理、教育的原理以及伦理学和政治的原理。学园不是一所政府为其管理的需要而创办的学校;它是一所哲学和政治的高等学校,独立于政府部门,而且常常与之发生对立。也许可以把学园称作第一个高等学术机构;它是一个私人机构。[7]

　　不同年龄的学生聚集到这里,并不是为了获得使他们有权从事某一职业的学位或证书;他们不用通过任何考试,而且除了在教师和同学们的良好愿望中隐含的荣誉以外,他们也无法获得其他荣誉。这就是学园最有价值的特点。教师和学子们都是无偏见的,就像学者们所能达到的无偏见一样;他们的理想是老毕达哥拉斯学派的理想——追求知识就是净化的最高境界。我们马上会看到,柏拉图并没有一直忠实于这种理想,政治热情使他背叛了他的老师苏格拉底。

五、学园晚期的历史(公元前 347 年至公元 529 年)

　　如果我们暂时把我们的主要话题放一放而来概述一下学园的历史,我们就能更好地评价柏拉图所打下的基础。在柏拉图于公元前 347 年去世后不久,他的妹妹的儿子斯彪西波(Speusippos)接替他主持学园,斯彪西波完成了该校的组织工作。以后的继任者分别是:卡尔西登的色诺克拉底(Xenocrates of Chalcedon),从公元前 339 年至公元前 315 年任学园的主持人或园长;雅典的波勒谟(Polemon of Athens),

---

〔7〕对苏格拉底的定罪意味着,保持一定的私人方式也许是必要的。柏拉图心里明白,这种教学一旦公开进行就不可能没有危险;在一个与世隔绝的地方即使不采用秘密的方式,采用私人方式进行教学也是比较谨慎的。

从公元前 315 年起接任；雅典的克拉特斯（Crates of Athens），从大约公元前 270 年起接任。到了克拉特斯时期，老学园（Old Academy）走到了尽头。它所拥有的声望不仅是由于刚才提到的它的 5 位主持人，而且也是由于诸如奥普斯的菲利普、尼多斯的欧多克索、本都的赫拉克利德、（奇里乞亚的）索里的克兰托尔（Crantor of Soli）这些学生或助理教师。我们将在后面对前三个人做更多的介绍，现在只要简略地说明一下最后一个人就够了。克兰托尔在色诺克拉底和波勒谟的指导下学习，而且是第一个对柏拉图的著作写出评注的人。在他自己的著作中，最著名的是《论悲伤》（*Peri tu penthus*），这一著作已经失传，只有部分残篇保留在西塞罗的《图斯库卢姆谈话录》（*Tusculan disputations*）以及西塞罗在其女儿图丽娅（Tullia）去世后有感而发写下的《论安慰》（*Consolation*）之中。[8]

在克拉特斯之后，学园继续开办，但在［埃奥利斯（Aeolis）的］皮塔涅的阿尔凯西劳（Arcesilaos* of Pitane，大约公元前 315 年—前 241 年）的领导下，它具有了一种不同的（怀疑论的）色彩，人们有时把阿尔凯西劳称为第二学园（Second Academy）或中期学园（Middle Academy）的创始人。阿尔凯西劳的继任者是昔兰尼的卡尔尼德（Carneades of Cyrene，公元前 213 年—前 129 年），他使这种怀疑论倾向加重了，因而又被称作第三学园（Third Academy）的创始人。雅典人把卡尔尼德作为使节派往罗马，他在那里获得了如此

---

[8]　冯·阿尼姆（von Arnim）在《古典学专业百科全书》中为克兰托尔写了一个很长的词条，见该书第 22 卷（1922），第 1585 页—第 1588 页。

　*　原文为：Arcelisaos，系 Arcesilaos 或 Arcesilaus 之误。——译者

之多的成功,以至于监察官加图(Cato the Censor,活动时期在公元前2世纪上半叶)非常惊恐,对他进行了谴责,并导致元老院把他驱逐出境。第四学园(Fourth Academy)由拉里萨的斐洛(Philon of Larissa)创建,他倾向于斯多亚主义(Stoicism)。最后,第五学园(Fifth Academy)始于阿什凯隆的安条克(Antiochos of Ascalon,公元前68年去世),他试图把柏拉图、亚里士多德以及斯多亚派的学说相调和。第五学园一般又称作新学园(New Academy)。斐洛和安条克都曾访问过罗马,而西塞罗在公元前88年听过前者的课,10年后听过后者的课。多亏卡尔尼德、斐洛和安条克,学园的各种学说才得以传播到罗马世界。西塞罗(活动时期在公元前1世纪上半叶)和瓦罗(Varro,活动时期在公元前1世纪下半叶)都是这些学说的杰出解释者。

在雅典(于公元前86年)被苏拉(Sulla)围困期间,由于需要木材,苏拉砍倒了学园的那些树。据称,学园于是搬到城里,一直到战事结束,但如果这是真的,它在城里的位置应当为人所知,但从未有人提到过这样的地方。因此我们只能假设,尽管学园被苏拉的部队毁了,它依然留在它原来的位置。不过,它的更进一步的历史在5世纪以前都是非常模糊的,到了5世纪,主要是在普罗克洛(活动时期在5世纪下半叶)主持时期,它获得了新柏拉图教育中心这样一个新的名声。学园的最后7位园长是:雅典的普卢塔克(Plutarchos of Athens)或大普卢塔克(Plutarchos the Great),他在耄耋之年于431年去世;亚历山大的西里阿努斯(Syrianos of Alexandria,活动时期在5世纪上半叶),他于450年去世;拉里萨的多姆尼诺(Domninos of Larissa,活动时期在5世纪下

半叶）；普罗克洛，他于 485 年去世；锡凯姆的马里努斯
（Marinos of Sichem，活动时期在 5 世纪下半叶）；米利都的伊
西多罗斯（Isidoros of Miletos），他是大约于 532 年开工建造
的圣索菲亚教堂（Hagia Sophia）的建筑师之一；大马士革的
达马斯基乌斯（Damascios of Damascus，活动时期在 6 世纪上
半叶），他大约从 510 年起担任园长直至 529 年，就在这一年
查士丁尼以学园是异教的学校和传授不正当的学问为理由
把学园查封了。

　　查士丁尼虽然查封了学园，但他并没有把教师们杀掉，
其中有些教师逃出来投奔波斯国王科斯罗埃斯［Chosroes，即
公正者纽希尔万（Nūshīrwān the Just），531 年—579 年在位］
的朝廷，他们大概留在胡齐斯坦（Khūzistān）的均德沙布尔，
在这里，这位国王建立了一座著名的医学院。这一点是非常
重要的，因为流放者、哲学家和医生带来希腊科学和智慧的
种子，这些种子后来在穆斯林人的保护下生长了几个世纪。
查士丁尼把门关上了，而科斯罗埃斯却打开了另一扇门，因
此科学得以继续它从雅典到巴格达的长征。

　　在受到科斯罗埃斯欢迎的哲学家之中，最卓越的就是奇
里乞亚的辛普里丘（活动时期在 6 世纪上半叶）和吕底亚的
普里西亚诺斯（Priscianos of Lydia，活动时期在 6 世纪上半
叶），也许可以说，他们是流亡的学园、波斯的雅典学园的
代表！

　　意味深长的是，在刚才提到的包括最后 7 位园长和 2 位
流亡者在内的 9 位学园成员中，只有 2 个人（普卢塔克和多

姆尼诺）是土生土长的希腊人，其余 7 个人是埃及人或亚洲人。[9]

学园延续了多个世纪。当查士丁尼关上它的大门时，它也许已经举行过建校 916 周年的校庆活动。我不知道是否能完全证明这一切，因为我们没有证据证明，在它长期存在的过程中是否一直连续，没有出现过中断。机构不像一个人那样，在任何时候的年龄都可以从当前日期减去它们出生的日期而得知；它们可能消亡许多年或许多个世纪，然后又重新出现。此外，学园在数个世纪的进程中有了相当大的变化；只可以把老学园看作柏拉图学园，它持续了一个半世纪或略短一些。对此，有人可能会回答说，每一个机构必然都会随着时间的推移而发生变迁，而且必然可以预料，它存在的时间越长，其变化也就越大。姑且记住这些评论，我们可以这样说：雅典学园这一由柏拉图创建的学园，历经了 9 个多世纪。

六、东方的影响

叙述学园的兴衰变迁的诱惑是难以抗拒的，尽管这会使我们远离我们当前的主题。这段历史就是东方的希腊化孕育的历史，它始于比柏拉图晚一代的亚历山大，历经 1000 多年的兴衰沉浮，并且在查士丁尼关闭学园时达到一个新的高峰。查士丁尼的目的本来是要捍卫基督教并反对异教，但是他的决定导致的主要后果却是滋养了东方民族并使之变得强大，他们在伊斯兰教的指导下成为基督教文化的主要挑

---

[9] 尽管拜占庭在博斯普鲁斯海峡（Bosporos）西（欧）海岸，但拜占庭的普罗克洛还是被认为是亚洲人。

战者。

应当把与这段历史相对的部分,即希腊的东方化,也考虑进去,当我们这样思考时,这段历史就会变得更令人惊讶。东方的影响促进了希腊文化的起源和发展;希腊智慧是在东方的摇篮中哺育成长的,而且在其成长过程中,它一次又一次地受到其野蛮的朋友或敌人之榜样的激励。在前几章中,读者已经为讨论前希腊文明或毕达哥拉斯和德谟克利特学说的东方根源做好了准备。显然,柏拉图也受到东方的影响,但就他而言,这种影响是有限的而不是持续的;此外,要把他的直接借用与他无意中通过毕达哥拉斯、阿契塔、德谟克利特或者他自己的弟子欧多克索和奥普斯的菲利普的那些借用加以区分,也是不可能的。

尽管柏拉图并不像希罗多德那样对野蛮人很友善,但与其弟子亚里士多德相比,他已经友善多了。他曾赴埃及考察,参观令他叹为观止的遗迹,并且获得了一些有关埃及的科学和宗教、礼仪和生活方式的知识。他认识到埃及文明比希腊文明古老得多。他在《蒂迈欧篇》[10]中以梭伦[11]和老迈的埃及祭司之间谈话的方式,对这一点进行了简洁的表述。赛斯的祭司说:"唉,梭伦呀梭伦,你们希腊人永远是儿童,你们中间一位老人都没有。"听了这番话以后,梭伦问:"你这么说是什么意思?"祭司回答说:"你们每一个人在心灵上都是年轻的。你们既没有从古老传统沿袭下来的古老

101

---

[10] 《蒂迈欧篇》,22B。

[11] 梭伦(约公元前 638 年—约公元前 558 年)是雅典著名的立法者,七哲之一。在完成他的法典后,他离开雅典,用 10 年时间游访埃及、塞浦路斯和吕底亚,在吕底亚他曾与克罗伊斯进行过著名的谈话。在他回来后不久,庇西特拉图获得最高权力,梭伦制定的宪法被废除,两年以后亦即大约公元前 558 年他离开人世。

信念,也没有因年代悠久而古老的知识。"这位老祭司对待他这位著名的希腊来访者的态度,与欧洲主人对待他们的美国客人的态度大致是相同的;他随后友善地解释了埃及社会的那些优点,它的不同等级的划分,等等。梭伦感到惊异,柏拉图更感到惊异。

柏拉图没有在美索不达米亚的亲身体验,但他提到过亚述(尼诺斯帝国)的法律。他的星辰神秘主义(astral mysticism)很有可能来源于迦勒底。至于波斯,她是他的民族的传统敌人,每个受过教育的希腊人都对她有些了解。柏拉图受到德谟克利特和欧多克索的激励,他比大多数人对此了解得更多;他读过克特西亚斯和希罗多德的记述,也许还读过其他史学家的记述,而他们对阿契美尼德帝国的揭示使他获得巨大的满足。在他看来,波斯的专制制度和有序状态远比雅典的民主制度和混乱状态更好。《国家篇》[12]中潘菲利亚人厄尔(Er the Pamphylian)的神话就起源于迦勒底-伊朗。

这一文献[13]把人类的神话称作某种腓尼基人的传说(Phoinicicon ti),这一神话好像与卡德摩斯传说和其他不同的传说很相像。

柏拉图的最后一些对话中隐藏的二元论思想可能也是来源于伊朗宗教,尽管我们必须承认,其来源是间接和模糊的。柏拉图的著作中提及琐罗亚斯德,但只提到过一次。[14]

---

[12] 《国家篇》,第 10 卷,616。

[13] 同上书,414。

[14] 《阿尔基比亚德篇(上)》(121E-122A),其真伪值得怀疑。在 14 岁时,这个年轻的波斯人被传授了"霍罗马佐斯(Horomazos)之子琐罗亚斯德"的祆教。

依照古代的传说，当柏拉图已经老迈时，他接受了一个迦勒底客人的拜访，但他变得焦躁不安，为使其情绪平静下来，请来一个色雷斯笛手为他演奏。不久之后他便去世了。其他一些人则会说，当这位大师撒手人寰时，许多袄教徒在场。他们注意到，他是在一个纪念阿波罗的日子中逝世的，而且他活了九九八十一岁，因而他们得出结论认为，柏拉图肯定曾是一位英雄（一个超人），他们会供奉他以示纪念。

在柏拉图哲学与数论派（Sāmkhya）和吠檀多派（Vedanta）哲学之间有许多相似之处，但没有证据表明，柏拉图曾受到印度的影响。

参见里夏德·赖岑斯坦（Richard Reitzenstein）和 H. H. 舍德尔（H. H. Schaeder）：《古代伊朗与希腊融合之研究》（*Studien zum antiken Synkretismus aus Iran und Griechenland*，355 pp.；Studien der Bibliothek Warburg 7；Leipzig，1926）；约瑟夫·比德兹和弗朗茨·居蒙：《希腊的博学之士》（2 vols.；Paris：Les belles lettres，1938）[《伊希斯》*31*，458-462（1939-1940）]；J. 比德兹：《黎明女神或柏拉图与东方》（256 pp.；Brussels：Hayez，1945）[《伊希斯》*37*，185（1947）]；西莫内·彼德勒芒（Simone Pétrement）：《柏拉图、诺斯替教徒和摩尼教徒学说中的二元论》（*Le dualisme chez Platon*，*les Gnostiques et les Manichéens*，354 pp.；Paris：Presses Universitaires de France，1947）；弗朗茨·居蒙：《不朽之光》（558 pp.；Paris：Geuthner，1949）[《伊希斯》*41*，371（1950）]。

七、形相论[15]

我们不打算描绘柏拉图哲学的细节,但我们必须讨论形相论*,它是柏拉图哲学的核心,并且主宰着柏拉图在每一个主题上的思想。

我们用我们的眼睛所看到的对象仅仅是表面现象,就像洞穴中的阴影一样。[16] 如果有什么是真实的,那么必定有一些东西确实存在。这些东西就是"形相"或"形式"。[17]对于每一种存在或对象都有一个对应的形相,这个形相就是它的发源地或起因。例如,我们可以看见"马",所有这些"马"都是有差异和不完善的;无论它们看起来多么健壮,它们不可避免会变得虚弱,而且不久或以后都会死去。然而,马的形相,或者我们说的"理想的马"是完美的和永恒的。感觉到的马像影子一样是暂时的和不存在的,而理想的马既看不到也摸不到,但它却真实地存在;它是所有可能的已出生或未出生的马的原型。

这种理论能使人们对所有对象依据其实在加以分类,而不是仅仅考虑它们容易消逝的现象。它有助于我们理解似乎是普遍的变化和衰退的规律,而且它会给我们提供一些新的思维和行动的原则。可感觉的世界是易腐蚀的和会死的,

---

[15] 在指柏拉图的形相时,我将大写这个词的词首字母,以便把这种特殊的和崇高的含义与其通常的含义区别开。

　* 形相(Idea),又译"相",相应地,形相论(the theory of Ideas)又译"相论"。——译者

[16] 正如《国家篇》第 7 卷的开篇即 514 及以下的比喻那样。我们就像洞穴中的囚徒一样,仅仅因为看到射入洞内墙上的影子才意识到外面发生的事件。

[17] 柏拉图使用的词分别是 hē idea(形相)和 to eidos(形式,形态)。第二个术语从语义上讲有点奇怪,因为它的本义是"所看到的东西",而形相是无法看到的。我们所有的抽象术语必然都有具体的来源。

但由于形相是非物质的,因而是不会腐蚀的和永恒的;形相的世界是真实的和永恒不变的。形相不仅是某物的本质存在,它也是该物的定义和名称;因此,我们在同一时间既得到了知识的工具又获得了其正确的基础。形相并不是想象之物,而是有生命和永恒的存在;它们就是形式、模式、发源地、标准;同时,它们也像不可思议的名称。

形相使得它们自己很容易被分类和分级。最高级的形相就是善的形相,它非常接近于神。

关于物质对象我们可能会有一些观念,但是真正的知识只能建立在非物质的形相的基础之上。因此,科学的目的就是研究、理解和认识这些形相。真正的哲学家就是这样的人,他的心灵能超越转瞬即逝和给人误导的现象而把握这些形相,他会从对最完美和最高级的形相的沉思中获得他最大的奖赏。我们来听听这个曼提亚(Mantineia)的智慧女人狄奥提玛(Diotima)是怎么说的吧:

> 我亲爱的苏格拉底,这种在对美的沉思中度过的生活,就是人最应当过的生活;如果你有机会去体验这种沉思,你就会觉得,与它相比,黄金、华装艳服甚至你和许多人正惊讶地凝视的那些可爱的人们(lovely persons),[18]以及你们不惜废寝忘食以便总可以看到并与之相伴一生的这些心爱之物,都不足挂齿!无上的美本身是质朴、纯洁、未被凡人的皮肉色泽以及所有与人相伴的毫无价值和虚幻的形影玷污的,它是神圣、本然、无可比拟和纯然一体的,我们将怎样来想象它

---

[18] 这段译文引自雪莱(Shelley),像柏拉图的许多译者一样,雪莱隐瞒了一个事实,即在希腊文中非常明显,"lovely persons"不是指妇女,而是指美少年和英俊的小伙子。柏拉图主义很容易导致虚伪。

呢？如果有人可以凝视这种美并且与它生活在一起，而这会成为我们的追求，那么，这种生活可能是什么样呢？你不要以为，只有他才会有这种特权，也不要以为那只是美德的幻象和影子，因为他接触的不是影子而是真实的本体；培育和促进美德的人就会得到神的崇爱，而如果他获得了这样的特别待遇，他本人就会不朽。[19]

如果一个人具有关于美德的真正知识，也就是说，他真正看到了美德的形相，他就是有道德的人，因为已经获得这种纯粹知识的人不可能愿意做错的事。[20]

我们已经提到最美的一篇对话《斐多篇》，因为我们曾引用柏拉图令人感动的关于苏格拉底之死的记述（参见本书第 266 页—第 270 页）。这篇对话的目的是要说明这位哲学家幸福地离开了人世。灵魂的形相意味着它的不朽。讨论导致这一结论：形相是万物的唯一原因和知识的唯一对象。形相论有助于证明灵魂的不朽，反之亦然。

亚里士多德在《形而上学》中把这样两种观念归于柏拉图的名下：[21]（1）在形相（或形式）与万物之间存在着实体；（2）形相是数。在柏拉图的对话中找不到这两种观念，不过，这种归因依然可能是正确的，因为我们可以假设，亚里士多德在柏拉图授课时从他的口中获悉这两种观念，而柏拉图所讲的课并未完全呈现在他的著作中。每一个伟大的教师所讲授的东西都比他可能写下来的多得多。

---

[19] 引自雪莱所译的《会饮篇》（211），该译文重印于《影响诗歌灵感的柏拉图的五篇对话》（*Five Dialogues of Plato Bearing on Poetic Inspiration*, Everyman's Library）。

[20] 美德是幸福的条件，邪恶或罪恶是一种错误的考虑。按照柏拉图的意思，真正有道德的人是熟悉善之形相的辩证学家。

[21] 亚里士多德：《形而上学》，991。

形相论是逻辑实证主义的来源,也是共相问题的来源,波伊提乌(活动时期在 6 世纪上半叶)对共相进行了阐释,圣安瑟伦(St. Anselm,活动时期在 11 世纪下半叶)则对此进行了更清晰的阐释[共相在物先(*universalia ante rem*)],共相主导了中世纪的思想。与圣安瑟伦同时代的贡比涅的罗瑟林(Roscelin of Compiègne,活动时期在 11 世纪下半叶)说明了相反的理论,即唯名论[共相在物后(*universalia post rem*)],但这种理论在被奥卡姆的威廉(William of Occam,活动时期在 14 世纪上半叶)复兴以前并没有什么进展。[22] 柏拉图的观点吸引了诗人和形而上学家,他们幻想它可以使神启的知识成为可能;不幸的是,它却使世俗的科学知识变得不可能了。柏拉图的从普遍到特殊、从抽象到具体的方法,是一种直觉的、快捷的但难结果实的方法。说它是难结果实的是因为,它是不可行的,或者用我们现代的术语来说,它不是"可操作的";[23]抽象的善并没有什么益处,而且人也不可能骑上一匹理想的马。相反的方法[唯名论,现代方式(*via moderna*)]是从已知的特殊事物达到普遍性不断增加的抽象概念,这种方法虽然缓慢但却富有成果;它非常循序渐进地为现代科学开辟了道路。尽管科学具有难以置信的生产力和权威,但柏拉图主义并没有死亡,而且永远不会死亡,因为总会有一些不耐烦的形而上学家想为他们的探索提供普遍的和直接的回答,而且总会有(我们希望)一些诗人选择

———————————

[22] 参见《科学史导论》,第 3 卷,第 81 页—第 83 页、第 549 页—557 页。

[23] 关于操作主义的定义,请参见达格伯特·D. 鲁尼斯(Dagobert D. Runes):《哲学词典》(*Dictionary of Philosophy*,New York:Philosophical Library,1942),第 219 页[《伊希斯》*39*,128(1948)]。

梦想而不选择现实。

非常奇怪的是,那些形而上学家和诗人们常常被称作"现实主义者"。也许,若称他们为"理想主义者",则含糊的意味会略少一些。[24] 这也是一种新的误解的原因,因为有大量头脑简单的人认为,理想是理想主义者的专利。"理想主义者"更喜欢理想而不是现实,并且试图根据前者来说明后者。从这种意义上说,柏拉图是他们的原型。从事科学的人有他们自己的理想,但他们并不会让理想屈服于现实;他们的理想产生于现实,而且是人们可能希望渐进探索的现实的极限。我们不能因人们被动的和无法控制的理想而赞许他们,只能因他们主动的思考和切实的行为而赞许他们。无根据的理想只会导致做作、玩世不恭和怀疑论。

柏拉图哲学与各种印度智慧之间的相似之处有很多,而且很明显;但并不能由此推断,肯定是其中的一方借用了另一方的思想。记住这些就足够了:希腊与东方之间难以确定的接触已经存在数个世纪了,而人类的精神是一致的。已知一些前提,例如可见世界的假象和某个不可见世界更显著的现实性,人们必然会得出类似的结论。

柏拉图的著述

一、文献概要

在这一概要中,我们只举柏拉图所有或大多数著作的少量通用的版本。

---

[24] 理想主义者这个模棱两可的词有时被理解为是现实主义者的反义词。

　　最早印刷出版的柏拉图著作是马尔西利奥·菲奇诺翻译的拉丁语版(folio；Florence，1483-1484)。希腊语第一版由 A. P. 马努蒂乌斯(A. P. Manutius)和马可·穆苏鲁斯(Marco Musurus)编辑，由阿尔蒂涅印刷厂(Aldine press)30年以后(Venice，1513)印刷出版(参见图80)。希腊语-拉丁语对照本由亨利屈斯·斯特凡尼(亦即亨利·艾蒂安)印刷出版(3 vols.，folio；Paris，1578)，其中的拉丁语新译本由 J. 塞朗尼(J. Serranus)翻译(参见图81)。这一版非常重要，因为它的页码标注重复出现在每一个科学版本中。指出柏拉图一段话出处的最佳方式，就是引用这一著作的标题并指出它属于斯特凡尼版的哪卷、哪页(标题已经给出，卷数就多余了)。

　　最好的希腊语版是约翰·伯内特编辑的那一版(5 vols. in 6；Oxford：Clarendon Press，1899-1906)。

　　第一个法译本是由安德烈·达西耶(André Dacier，1651年—1722年)翻译的：《柏拉图文集》(*Les oeuvres de Platon*，2 vols.；Paris，1699)。纪尧姆·比代协会(the Association Guillaume Budé)出版了希腊语-法语对照本(Paris，1920 ff.)。

　　第一个英译本译自达西耶的法译本(2 vols.；London，1701)。第一个译自希腊语的英译本是由弗洛耶·西德纳姆(Floyer Sydenham)和托马斯·泰勒(Thomas Taylor)翻译的(quarto，5 vols.；London，1804)。最著名的英译本是贝列尔学院(Balliol)院长本杰明·乔伊特(Benjamin Jowett，1817年—1893年)翻译的(4 vols.；Oxford，1871；5 vols.；1875；etc.)。在"洛布古典丛书"中也有一些希腊语-英语对照本(1914 ff.)。

406

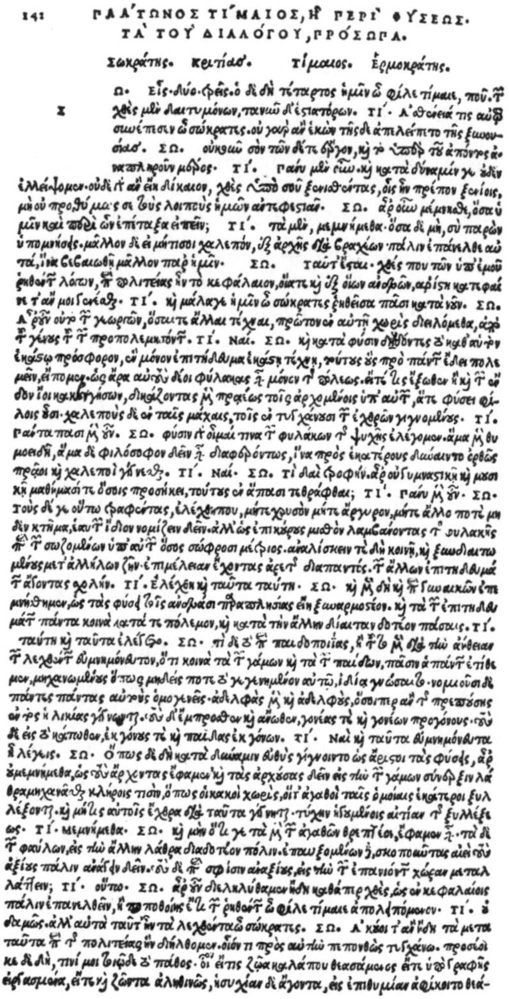
141 ΠΛΑΤΩΝΟΣ ΤΙΜΑΙΟΣ, Η ΠΕΡΙ ΦΥΣΕΩΣ.
ΤΑ ΤΟΥ ΔΙΑΛΟΓΟΥ, ΠΡΟΣΩΠΑ.
Σωκράτης. Κριτίας. Τίμαιος. Ἑρμοκράτης.
ΣΩ. Εἷς, δύο, τρεῖς. ὁ δὲ δὴ τέταρτος ἡμῖν ὦ φίλε Τίμαιε, ποῦ τῶν χθὲς μὲν δαιτυμόνων, τανῦν δ᾽ ἑστιατόρων.

图 80 柏拉图文集希腊语第 1 版(Venice,1513)中的一页,这一版由奥尔都・马努齐奥(维基奥的奥尔都,1449 年—1515 年)* 和克里特人马可・穆苏鲁斯(1470 年—1517 年)编辑。这页是《蒂迈欧篇》的开始(17A-19B)。比较一下图 60[复制于哈佛学院图书馆馆藏本]

* 即前面提到的马努蒂乌斯。——译者

ΠΛΑΤΩΝΟΣ

ΑΠΑΝΤΑ ΤΑ ΣΩΖΟΜΕΝΑ.

PLATONIS

opera quæ extant omnia.

EX NOVA IOANNIS SERRANI IN-
terpretatione, perpetuis eiufdé notis illuftrata: quibus & metho-
dus & doctrinæ fumma breuiter & perfpicuè indicatur.

EIVSDEM Annotationes in quofdam fua illius interpretationis locos.

HENR. STEPHANI de quorundam locorum interpretatione iu-
dicium, & multorum contextus Græci emendatio.

EXCVDEBAT HENR. STEPHANVS,
CVM PRIVILEGIO CÆS. MAIEST.

图 81　亨利·艾蒂安印刷出版的柏拉图著作希腊语-拉丁语对照本（3 vols. , folio；Paris，1578）的扉页。它的页码标注重复出现在每一个科学版本中，指出柏拉图一段原文出处的最佳方式，就是指出它在斯特凡尼版的哪一页 [复制于哈佛学院图书馆馆藏本]

也可参见弗里德里希·阿斯特(Friedrich Ast):《柏拉图哲学词典》(*Lexicon platonicum*, 3 vols.; Leipzig, 1835 - 1838);凸版重印本(Berlin,1908)。在乔伊特译本的第5卷中有一个英文索引。阿斯特详尽的词典和乔伊特的索引都参照了斯特凡尼本的页码,因而可以和任何一版标有这些页码的柏拉图的著作一起使用。

二、柏拉图的著作与年代顺序

柏拉图的著作一览表不断变化,因为其中有些著作的真实性是有疑问的,其中包括《苏格拉底的申辩》以及25篇到28篇对话,还有13封信(其中的7封信可能是真作)。

还有一些伪作,但(非常了不起的是)没有失传的著作。这意味着柏拉图的著作很早而且一直得到人们的欣赏。

对柏拉图著作的年代顺序曾经而且还将有无休止的争论,但是,人们 *grosso modo*(大致)在以下基础上达成普遍一致。

1. 苏格拉底的对话——《欧绪弗洛篇》、《卡尔米德篇》、《拉凯斯篇》(*Laches*)、《吕西斯篇》(*Lysis*)、《克里托篇》以及《申辩篇》(*Apology*)是柏拉图最早的著作,那时他完全在苏格拉底的影响下,而且试图忠实地再现后者的思想。

2. 第二组。关于教育的对话。这些对话对诡辩进行了批判:《普罗泰戈拉篇》、《欧绪德谟篇》(*Euthydemos*)、《高尔吉亚篇》、《斐德罗篇》、《美诺篇》(*Menon*)、《会饮篇》、《国家篇》、《斐多篇》、《克拉底鲁篇》(*Cratylos*)。

3. 第三组。《巴门尼德篇》、《斐莱布篇》(*Philebos*)、《泰阿泰德篇》、《智者篇》(*Sophist*)、《政治家篇》(*Statesman*)。

4. 最后一组(晚年作品)。《蒂迈欧篇》、《法篇》(*Laws*,

这是他最后一部也是他最长的一部著作）。

这个清单并不完整，但对一个大致的年代顺序来说已经足够了。把它再简化一下也许更为明智，可以说柏拉图在其事业初期写了苏格拉底对话录，晚期写了《蒂迈欧篇》和《法篇》，在中期写了其余作品。

值得注意的是，除了《申辩篇》和那些尚存疑问的书信以外，柏拉图的所有著作都是用对话体写的，我们会把这当作柏拉图的典型方式牢记在心。它能使作者说明一个问题的不同侧面甚至保留他自己的判断，或者至少在读者面前掩饰其判断。因而我们就有了像《普罗泰戈拉篇》那样没有结论的对话。

在除《法篇》以外的所有对话中，苏格拉底都是"剧中人"之一；在《巴门尼德篇》《智者篇》《政治家篇》和《蒂迈欧篇》中他都出现了，但都处于次要地位。而在早期的"苏格拉底的"对话中，他都是主要的发言者，而且在这些对话中我们会更相信我们是在聆听真正的苏格拉底的谈话。在晚期的对话中，我们受邀去听评论者们愿意称作"柏拉图化的"或"理想化的"苏格拉底的谈话，但这些谈话似乎往往是低劣的和退步的。

对话有时被神话打断，例如《国家篇》中开始部分的阿特兰提斯神话和结尾部分的厄尔神话，以及《政治家篇》中的神话；它们更经常被一些陈述打断，这些陈述如此之长，以至于读起来像是演说，而且其他谈话者几乎被忘记了。对话的形式使我们能够从多个角度来看论证，似乎允许我们围着论证回转，但这往往是一种错觉而非现实。许多对话尤其是政治对话,可能是教条式的,而且引入不同对话者的异议,似乎只是为了从另一方面阐明相同的教条。这种形式的另一个缺点是,它导致了重复和冗长,并且会危及主题的统一性。

柏拉图的风格是黄金时代雅典散文的完美体现,这个时期的希腊语仍是非常纯的。这种风格轻松而优雅,有时很幽默,有时富有诗意,比喻丰富,行文流畅,而且经常会有一些出人意料之处。尽管许多论证很枯燥,柏拉图还是常常设法使他的读者感到惊讶以吸引其注意力。当读者有能力阅读他的希腊原文著作,并且能很流利地阅读时,情况尤其如此。

必须承认,许多写来赞扬柏拉图的魅力的词语是虚伪的,因为写这些词语的人的希腊语知识根本不充分。你要评价任何原文在文学上的优点以及作者的思想和谈话方式的奥妙之处,就必须对他的语言非常熟悉。你必须对词汇和语法有非常深入的了解,这样你就不会再考虑它们,而只会考虑生动流畅、韵律、比喻以及思想及其措词之间有趣的结合。没有评价能力的人对柏拉图风格的赞扬,所采取的是一种奇怪的假充内行的形式;决不应低估这种偏好的力量;它有助于滋养对希腊理想的热爱并保持希腊语教师的活力。

三、政治学·严重背叛[25]

就我们从柏拉图的著作所能做出的判断而言,柏拉图在

---

[25] 在我对柏拉图政治学的评价方面,我得到以下著作的多方面帮助:沃纳·菲特(Warner Fite):《柏拉图传说》(*The Platonic Legend*, 340 pp. ; New York: Scribner, 1934);本杰明·法林顿(Benjamin Farrington):《古代世界的科学与政治》(*Science and Politics in the Ancient World*, 243 pp. ; New York: Oxford University Press, 1940)[《伊希斯》33, 270–273(1941–1942)];尤其是卡尔·R.波普尔的《开放社会及其敌人》(2 vols. ; London: Routledge, 1945);新版一卷本(744 pp. ; Princeton: Princeton University Press, 1950),我参照的是第 1 版。

学园中的教学肯定在很大程度上是关于政治问题的,或者我们不妨说是涉及政治学和伦理学的,这两个学科曾经(而且仍将)非常密切地联系在一起。好的公民,更不用说好的政治家,首先必须是一个好人。在柏拉图的著作中,只有三部主要讨论政治学,但这些著作的总体篇幅是相当长的。他中年时的著作《国家篇》说明了他的政治理想;后来,有些思想在《政治家篇》中做了更明确的阐述,在他走到生命的终点之前,他完成了他最大部头的著作《法篇》。[26]《法篇》实际上就是使他的政治梦想顺应人类弱点的一种尝试。它包含大量的对公共和私人生活的每一方面实行具体管理的有益见解,而且因此对希腊和罗马的立法产生了重大影响。在柏拉图以前,已经起草和制定了许多法典,但在他那个时代以前,很难说有什么法哲学,因而可以说,他是法学的奠基者。

　　若想理解柏拉图的思考,你就必须记住他的思想在其中发展的政治环境。他是伯罗奔尼撒战争之子;他不仅见证了雅典的彻底失败,而且也见证了民主的衰落;在他青年时期最敏感的岁月里,他看到那些最初是由下层民众,后来是由贵族所犯下的罪行;他 24 岁时正逢三十僭主当道(公元前404 年—前403 年),他们的苛捐杂税如此之重,以致民主人士最糟糕的行为都能得到人们的宽恕和原谅。在此之后,情况变得越来越恶化了。公元前 399 年,他的老师苏格拉底被判处死刑,而柏拉图不得不离开这座城市。柏拉图是一个富有的人,他与某些寡头政治集团的成员有联系;政治混乱使

_109_

---

[26] 在乔伊特的译本中,《国家篇》为 338 页,《政治家篇》为 68 页,《法篇》为 361 页,总计 767 页。其他著作的篇幅都不超过 100 页。

他非常痛苦,他的朋友以及他尊敬的老师被判刑令他难以忍受。他那个时代的雅典并不是一个适于沉思的地方;远一些的斯巴达和克里特岛似乎更为适合。当他撰写《国家篇》时,他已经失望了,并且从现实逃到乌托邦的梦想之中了。政治上的绝望是他的动力。我们从自身的经验非常了解这种力量可能有多大;政治热情往往是非常极端和非常强烈的,以致它们会使一个人的心中充满痛苦和仇恨,并且驱使他去实施一些令人不可容忍的行为。柏拉图观察到他周围的罪恶和动乱,他本人由于失望和挫折而备受煎熬。事态演变得每况愈下,我们可以假设,只有有闲之士才会光顾的学园成了不满分子的摇篮。《法篇》的作者是一个愤愤不平的老人,心中充满了政治怨恨以及对民众尤其是对他们的煽动者的恐惧和仇视;他的偏见已经定型了,他变成一个老教条主义者,他除了自己个人的倒影外什么也看不见,除了他自己思想的回音外什么也听不见。最不幸的是,他这个雅典贵族竟然赞赏斯巴达人,而打败其祖国并且使其遭到羞辱的正是斯巴达人。柏拉图(像我们一样)见证了一场社会革命,而他根本无法容忍它。他主要关心的是:人们怎样才能阻止它?

对我们来说,他对斯巴达人的赞赏尤其难以理解,由于我们能够在如此久之后把雅典和斯巴达加以比较,因而我们的判断自然是公正的和客观的,倘若我们问自己他们各自给世界带来了什么,总会有一个决定性的回答。我们从雅典所获得的益处是巨大的,而从斯巴达所获得的益处是微不足道的。对与柏拉图同时代的人来说,这一点并不像对我们那样是显而易见的。首先,他们饱受战争和动乱的祸害、军事失利和治国无方的痛苦；而我们则不必承受这种可怕的负担，并且我们可以集中精力思考雅典文学与科学的遗产以及斯巴达在精神方面的无能。这个伟大的雅典人对斯巴达美德的赞扬，使我们想起一些心怀不满的美国人（他们在任何意义上都不是伟大的人）对他们自己的政府如此仇恨，以致他们宁愿赞美法西斯主义者和纳粹。[27] 这种困惑依然存在，因为柏拉图是一个哲学家，而那些美国人不是，然而，政治热情会使最优秀的人变成白痴。

不过，一个哲学家的疯狂有可能带有某种特定的哲学色彩。我们已经看到了，柏拉图的世界观是受形相论支配的：变化的可见世界仅仅是无变化的不可见世界的一个不完善的复制品。这种模式会非常自然地自动扩展到政治事件上，它对衰退和腐化过程的说明，比任何其他模式都更触目惊心。雅典的政治是一个散发着恶臭的大杂烩。柏拉图发明了一个政治乌托邦，并且把它当作庇护所。根据推测，他的被称作乌托邦的理想国[28]是要描述一个理想的城邦，一个根据定义是完美的并且不会变化的城邦。这个天上的城邦会避免日益腐化和日益堕落的规律。人们想知道，柏拉图会怎样设计这样的城邦，并且把这个不可见之物变得可见和切实可行呢？他怎么会自以为这个诞生在他头脑中的城邦等

---

[27] 为了进行更确切的比较，想象一下我们被德国人打败了，因为我们的备战太晚了，或者因为他们在我们之前制造出原子弹，并且想象有一位哈佛大学的行政管理学教授开始赞扬和吹嘘纳粹的学说……

[28] 原来的标题是 *Politeia ē peri dicaiu*，即论国体或论正义。第一个词译成英语也许应是"polity"（国体）；译成"republic"（共和国）多少会产生一些误导，但这种译法已被广泛接受了，不易修改。对"republic"应该根据它的本来意义 *res publica*（国家）来理解。

同于神的城邦,怎么能不加批判就把它当作一种最终的完美模式永远接受下来?

无论如何,在他的心中,变化和腐化是相等的。也许可以说,每一个保守分子也这样认为,不过,在柏拉图那里,这种相等是得到他的形相论证明的。这样一种形而上学的论证成了决定性的证明,不是吗? 更值得注意的是,柏拉图似乎相信,建立一个完美而理想的国家是可能的,而且这样的国家是切实可行的并且能持续存在,政治变迁也许可以被阻止。他也许还试图阻止天球的运转。

我们来更详细地考虑一下他的乌托邦。柏拉图所创造的作为一种理想模式的国家是很小的,它像雅典一样小甚至比它还小。它怎样使自己与世界的其余部分相隔绝,以便避免传染上它们的不道德呢?

它的居民被分成三个阶层:统治者、士兵或保卫者和其他人。其他人至少占总人口的 80%;我不清楚那里面是否包括奴隶。[29] 这三个阶层是自然分类而不是人为分类的;《国家篇》把它们与三种驱使人的躯体的灵魂——理性、勇气和欲望[30]进行了比较;统治者是国家的"理性",较低层的人没有别的只有欲望。也许这样说更正确:柏拉图之国家中

[29] 这里不必讨论奴隶的问题。奴隶原来是战俘,他们被剥夺了生活的权利,他们选择做奴隶,这样总比死好。奴隶制不仅被柏拉图和亚里士多德,而且被 16 个世纪以后的人如圣托马斯·阿奎那(St. Thomas Aquinas,活动时期在 13 世纪下半叶)当作一种自然的制度而接受下来。参见《科学史导论》,第 2 卷,第 916 页。从柏拉图的观点来看,民众与奴隶在精神层次上是相同的。

[30] 即 nus,thymos 和 epithymia。这三种"灵魂"分别对应于盖伦生理学的三种元气(pneumata)——心灵元气(psychic spirits)、生命元气(vital spirits)和天然元气(natural spirits),它们在哈维时代以前甚至更晚的时期构成生理学的基础。把整个国家与人的身体加以比较是柏拉图哲学的一个特征。

的公民只分为两个阶层——其中一个是统治者及其辅助者，另一个是被统治者。的确，前一个阶层的两类人的差异并不很大，而且从其中一个过渡到另一个也没有什么困难；例如，当辅助者年纪大了，不再适于军事工作而更适于沉思时，他们可能会升到上层；然而，在统治者与大众之间存在着一个无法逾越的深渊。他们不是被暂时的阶级或功能的差异分开，而是被永久的种族或种姓差异分开。（把柏拉图的阶级划分与印度的种姓加以比较是完全正确的，但没有必要假设柏拉图知道印度种姓的存在。）[31]

在《政治家篇》中，国家的统治者被比作人类的牧羊人。这个比喻以及类似的比喻在柏拉图的著作中出现过多次：统治者是牧羊人，保卫者是牧羊犬，民众是羊群。统治者的技能与管理和饲养牲畜的人的技能并无本质差异。

统治者也许会声称："L'Etat c'est nous.（我们就是国家。）"的确，他们就是国家，因此他们的阶级作为一个群体只能被它自身而不能被其他阶级控制。它根据自己的智慧认识到，对于其他人亦即人口中的大多数人来说什么是最好的。

为了确保世袭的寡头政治集团的自我控制以及它对国家（亦即对它自己）的忠诚，必须防止导致混乱和腐化的影响，在这些影响中最主要的是财欲和色欲。因此，国家的精英必须接受共产主义，不仅在财产方面，而且在妻子和子女

---

[31]　柏拉图在《蒂迈欧篇》24 中描述了埃及的种姓制度。关于与印度种姓的对比，请参见 E. 塞纳尔（E. Senart，1847 年—1928 年）：《印度的种姓制度》（Les castes dans l'Inde，Paris，1896，1927）[《伊希斯》11，505（1928）]；以及 J. H. 赫顿（J. H. Hutton）：《印度的种姓制度》（Caste in India，Cambridge：University Press，1946）[《伊希斯》39，107（1948）]。

方面也要实行共产主义。这并不意味着放荡或滥交，而是说没有任何一个男人可以声称某个女人属于他自己；所有的上层国民都是同胞兄弟；孩子们则是大家共同的孩子，他们的家庭就是国家。

在黄金时代，许多令人称奇的作品不仅是由建筑师和雕塑家们创作的，也是由工匠们创作的，在柏拉图眼里，这些工匠是没有地位的。任何一类的劳动者都是牧群的成员；按照定义，他们是低级的畜生，只想填饱他们的肚子；他们没有理想，只有欲望。

奇怪的是，柏拉图认识到诸如爱金钱或爱家庭这样的人类热情具有导致分裂的本质，但却没有认识到其他热情可能同样是危险的。人类固有的热情之一就是对权力的热爱；对金钱的热爱仅仅是对权力的热爱的一个方面；人们热爱金钱，只不过是因为金钱所赋予他们的权力。柏拉图对财产非常担心，但他主要担心的是金钱的形式即黄金和白银，如果金钱失去了货币的价值，如果它失去了购买的权力，人们是否会丧失他们的贪欲？当然不会，他们的贪欲会使自己适应新的环境。对权力的欲望不可能被根除。即使当精英毫无疑问已经是民众的主人时，他们彼此之间仍将会有（当然，已经有过）权力冲突。柏拉图肯定见证过许多被归于阿克顿勋爵（Lord Acton）名下的这一名言的众多例子："权力导致腐败，绝对的权力导致绝对的腐败"；不过，没有证据表明他得出了这样的结论。

柏拉图为使精英意志坚定而对财产和家庭予以抵制，有人把这种做法比作强迫天主教牧师和修道士接受贫困和贞操。这种比喻在许多方面是不合理的。可能确实是这样，牧师的苦行生活实际上不仅是一个修行和自我控制的问题,而且也是与俗人分开和对苦行生活进行更全面控制的一种方法。然而,其目的是纯粹宗教性和互惠性的;它不会或者不应与任何政治和经济控制最微小的愿望混在一起。牧师和修道士不是国家的管理者而是它的仆人。

必须强调,柏拉图的全面共产主义只与上层有关;下层的人不需要任何高尚的道德,只要他们保持平静、顺从和坚持适当的观点,[32]就可以随心所欲地放纵他们的欲望。

对柏拉图式的共产主义只能这样理解:它是一种对他那个时代不断成长的资本主义的贵族式反动。对一个老贵族来说,受到 *nouveaux riches*(暴发户)的挑战和取代是很痛苦的,这些暴发户常常不仅是没有礼貌的人和下等人,有些甚至是奴隶。[33] 对任何精英来说,感到自身受到新的阶级的排挤也是很痛苦的。如果金钱能够破除出身高贵的人与其他人之间的自然差别,那么,必须让金钱走开。更难理解的是柏拉图的妇女和儿童的共产主义,亦即他实际上要消灭"最高贵的"人的家庭观念。《国家篇》是一个不满的狂热者的著作,然而很难相信他竟会把他的狂热和残忍推向极端。柏拉图终生未婚,但他有父亲和母亲以及一个他自己的家庭。人们可能不禁想问,他的父母是不是虐待过他? 一个善良的人的狂热一般都有一定的原因。对柏拉图的财产共产主义,可以根据他的幻灭和他对滥用财力的厌恶来解释;但

───────────

[32] 即 *Doxa alēthēs*。坚持适当的观点,亦即要正统和公正,这只不过是顺从的更深层的形式。

[33] 参见前面(本书第395页)有关帕森的故事,这位以前的奴隶成为雅典最富有的人,并且用他的善行换来了荣誉。

对他的妇女和儿童的共产主义却不能用这种方式来解释。对此，除了用性变态解释外，我无法用其他方式来解释。

是否有这样出身高贵的人，他在心灵深处没有遭受过金钱之祸所带来的痛苦，并且希望他能根除它？是否有这样出身高贵的人，他在痛苦时得不到家庭之爱的安慰？一个人怎么能既消灭生活中最大的罪恶同时又摧毁其最大的幸福呢？但柏拉图却这样做了，或者至少他试图这样做。

（一）柏拉图的政治学问题

描绘一个理想之国的轮廓已经足够了，但是一个有自尊的哲学家和辩证学家必然要证明这样一个国家可能确实存在而且能够持续下去。人们在哪里能找到一个有资格享有较高地位而又不会滥用其职权的精英阶层？当精英的人数非常少（比如占总人口的五分之一或更少）时，除非精英阶层非常强大，足以捍卫其巨大的特权免遭绝大多数人的剥夺，否则它就难以维持这些特权。

精英是一种自然的精华，它总会存在，对精英来说，最需要的就是使之强大和团结。柏拉图是第一位优生学家。[34] 人应该出身于好的血统，并且应当像饲养小牛那样抚养人。上层的贵族家庭提供了良好的血统。人们可能会再次对柏拉图的天真感到惊讶。无论好的出身与好的品格可能会有多么高度的关联，我们永远也不能确保一个出身好的人 *ipso facto*（因此）就是一个好人。柏拉图本人就可以举出许多完

---

〔34〕更确切些说，柏拉图是第一位优生学理论家。优生学观点在两个世纪以前已被贵族诗人泰奥格尼斯（Theognis，活跃于公元前544年—前541年）表述过了。参见 M. F. 阿什利·蒙塔古：《泰奥格尼斯、达尔文与社会选择》（"Theognis, Darwin and Social Selection"），载于《伊希斯》37, 24-26（1947）。

全不可信赖和可鄙的贵族的名字。

不过,我们姑且假定我们出身于好的血统;这里的优生学问题大概就是使这个血统尽可能保持纯洁。国家需要多少,最高贵的家庭就应该生出多少孩子,不要超过这个需要。然而,这些孩子具有良好出身还不够,还必须对他们进行非常仔细和严格的教育。柏拉图非常相信教育在影响成长方面的价值,因而他把《国家篇》的相当大的篇幅用于教育:《国家篇》在很大程度上是关于政治教育的专题著作,这是一种意味着只面向统治阶级的教育。

未来的统治者必须既强健又文雅,这种双重目标必须时刻牢记在心。与之对应的两个教育部分就是体育和音乐。前者包括有助于使人健壮并成为优秀的武士的各种体育锻炼;后者并不仅仅意味着我们所理解的音乐,它还指 *bonae litterae*,亦即一般意义上的人文学。[35] 音乐对于灵魂来说就像体育对于身体一样重要。音乐是非常有条理的。在理想国中没有爵士乐,只有一些有特定曲调的能促进活力和德行的音乐。这种看法同样也适用于纯文学和诗歌;只有某些诗歌是可以接受的,而对荷马这个"希腊的教育家",则要把他从这个城邦中驱逐出去。[36] 希腊的古典作品,应当经过审查并经过改编以适应优秀的共产主义者的需要后,再传授给年轻人。毫无疑问,诗歌、艺术和音乐一定要服从于政治需要。"神圣的"柏拉图本来要把几乎所有希腊文学扫地出门或使之残缺不全! 他本来要禁止当我们谈到希腊的辉煌时

---

[35] 所谓"识音律者"(*musicos anēr*),我们应称之为人文学者,但柏拉图的人文学者是受轻视和被贬低的,因为其思想自由是非常有限的。

[36]《国家篇》,398A。

我们所想到的(除数学以外的)一切东西。在这方面,他与那些伟大的文学艺术鉴赏家,如托马斯·鲍德勒(Thomas Bowdler)和阿道夫·希特勒,大概处于同一水平。

柏拉图醉心于政治之中,但对经济却思考得很少。贸易和商业会留给下层阶级。上层阶级的人以什么为生呢?也许他们是地主或奴隶主,但下层阶级的人难道不为他们工作吗?为这样的基本问题而担心是不值得的。可是,亚里士多德评论说,[37]《法篇》中的武士达5000之众,[38]"如果这么多的人无所事事而要受人供养,再加上他们的妻子及其仆从……这就需要一个像巴比伦那样大的地域……"亚里士多德总结说:"在构造理想时,我们可以依照我们的愿望进行假设,但对于不可能之事则应避开。"

对于在《国家篇》中(或者在《法篇》中更适度地)描述的这样一种国家,柏拉图怎么能一时想象它具有实际的可能性呢?即使可能把它建立起来,如何能把它维持下去呢?我们稍后将回过头来讨论领导阶层的问题,现在我们可以说,即使那种疯狂的国家最早的统治者足够聪明并且有能力使之得以维持,谁能确保他们的继承者也有这样的智慧?有人可能会反驳说,这种理想国是一种乌托邦,一种想象的世界;但我们肯定可以预期,一个哲学家的梦想应当具有某种一致性

---

〔37〕 亚里士多德:《政治学》,1265A,14。

〔38〕 在《法篇》737中,柏拉图把公民的数额(亦即全体精英的总数)限制在5040人(而不是5000人)。这个数字要保持不变,孩子的生育量只能依据满足人口的稳定来定! 这个限度是根据柏拉图的一个数字命理学幻想决定的:5040 = 21×20×12 = 35×12×12。5040这个数有多达59个除数,其中包括除11之外的从1到12的数;而且它差不多可以被11除尽(《法篇》,738,771)。如果柏拉图知道5040 = 7!,那么他对于那个数字的热情可能会更高一些。

和逻辑性。柏拉图的思想是一种关于稳定和无变化的思想，但他却认为理想国本质上是不稳定的。

我们在这里暂时停一下，并且问问自己他是从哪里获得灵感的。主要的根源是他对雅典政治的仇视以及他对克里特和斯巴达的多里安人制度的赞赏。他把后者理想化是不公平的，而这种理想化像对前者的仇视一样强烈。他的政治学知识并非全部是理论性的。在他的旅行期间和他的政治生活的变迁中，他观察到只存在他的头脑中的完美城邦与世界中的现实城邦之间的无数变种。他把后者分为六组：君主专制政体，君主立宪政体，寡头政治，民主政治，混乱，僭主政治。这些形式也许会前后相继，经历了全部过程后又会再次开始循环。这是一个非同寻常的社会研究，因而或许可以说，柏拉图是第一个社会学家和第一个制度史研究者。在《法篇》中，[39]他为我们描述了波斯的衰落和毁灭的历史，这是对其历史最早的分析。此外，当他担任狄奥尼修的顾问时，他获得了大量经验知识，但必须承认，他对叙拉古政治事务的干预对所有相关的人来说都是不幸的。

柏拉图并不缺乏政治经验——他绝不是这样的人，可是，他是一个教条主义非常严重的人，以致他无法从其政治经验中受益。而他的政治仇恨太深、他的梦想太强烈了，以至于变迁和短暂的现实也难以影响他。

柏拉图政治学的基本教条就是国家具有无上的权威。只有国家可能是完美的和自给自足的，个人只是它不完美和不完全的复制品。只有国家可能是无变化的和持久的，个人

[39]《法篇》，694-698。

不过是前后相继的匆匆过客。因此，个人必须服从国家，而且如果需要，必须为国家而献身；这就是彻底的共产主义和集权主义学说。

然而，除非国家是由神创造的，否则它怎么能完美呢？当它是柏拉图所创造的时，它必然是不完美的，如果不允许批判和改变，怎么能使它趋于完美呢？

集权主义国家（相对于民主国家）的主要缺陷就在于，获得独立和真实的批评即使不是不可能，也是非常困难的。柏拉图没有像我们今天那样清晰而强烈地认识到这一点，我们也许可以原谅他。[40] 我们应向圣托马斯·阿奎那（活动时期在 13 世纪下半叶）表示敬意，是他首先在其对亚里士多德《政治学》的评论中有力地断言，每一个群体都要顺应其成员，每一个政府都要顺应其侍从。当我们想到，甚至在圣托马斯时代之后集权主义的灾害依然在作祟，而且从未像在我们的时代这样达到如此严重的程度和使用如此残忍的方式（一种"科学的"方式），柏拉图就更可以被原谅了。

（二）领导者

柏拉图清楚地认识到，只有统治阶级是不够的；这个阶级必须有一个首领，一个绝对领导。没有一个领袖，它就不能生存。随之而来的问题是：谁将成为领袖？他所得出的结论是，哲学家应当成为国王或国王哲学家，否则，"我们的国家就永远不会得到安宁，我想，全人类也不能免于灾难"。[41]

---

〔40〕 参见沃尔特·布拉德福德·坎农（1871 年—1945 年）论社会环境的自我平衡控制的观点，载于《伊希斯》36，260（1946）。这些观点可能会在某个方面令柏拉图高兴，因为它们在生理学和政治学之间以及微观世界与宏观世界之间，引入了一种新的类比。

〔41〕 《国家篇》，473。同样的思想在《国家篇》中一次又一次被重申，共表述了 6 次。

柏拉图从叙拉古什么也没学到吗？他是如何想象这样一种关联的可能性呢？除了柏拉图以外，哪个哲学家曾希望成为一个国君呢？一个国王怎么能使自己从其固有的热情和日常的焦虑中完全解脱出来而成为一个哲学家呢？除非有奇迹，否则，一个人不可能同时肩负这些不同的天职。

　　他认为，通过设计培养未来领导者的教育制度，就可以解决这个问题。《国家篇》用了相当多的篇幅来讨论这一点，其结果就是教育理论和教育实践的彻底堕落。

　　无论如何，一旦领导者被选定，就应绝对服从他，甚至在最小的事情上服从他。

　　关于远征部队需要有多方面考虑并需要制定许多规则。总的原则是，无论男女武士都不能没有指挥官；任何武士无论是在开玩笑还是在严肃的情况下，都不能养成按照自己的意愿自行其是的习惯，无论是在战时还是在平时，他都应依赖和服从他的长官，甚至在最细微的事情上都要听从长官的指导。例如，当他接到命令时，他或应立定，或应前进，或应操练，或应洗澡，或应用餐，或应在夜间起床站岗，或应传递消息；当遇到危险时，除非有长官的命令，否则不应追击或撤退。总之一句话，不要教心灵懂得去了解或理解如何不受别人的影响做任何事，也不要使她养成这样的习惯。[42]

　　绝对的领导者们处在暴力镇压的持续危险之中，他们不能容忍最接近他们的随行人员的自主性和独创性。他们被

[42]《法篇》，942。引文引自贝列尔学院院长本杰明·乔伊特（1817年—1893年）的标准英译本，以后凡指引自此译本时均简称"乔伊特译本"。这段话出现在斯特凡尼版（3 vols.；Paris：Henri Estienne，1578），第2卷，第942页，以及乔伊特译本（第3版），第4卷，第330页。

伪君子和阿谀者包围着,这些人天性平庸而懦弱。在哪里能
找到他们的继任者呢? 这是一个难解之谜。最好的实际解
决办法就是,相信遗传,并根据国家的某种组织法来决定继
任者,就像根据神权决定专制君主那样,然而,即使这样也是
一种非常危险的冒险。

没有安全的挑选统治者的方式,而且在实践中,如果统
治者不是世袭的,那么通常都会是这种情形,他自己挑选自
己,攫取权力,用他的人格魅力和他毫不留情的防卫手段威
吓反对者。

波普尔在其杰出著作[43]最出色的部分之一指出,柏拉
图以提出"谁将统治国家?"这个具有预示性的问题的方式,
表述了这个政治学问题,从而在政治哲学中导致了长久的混
乱。这个聪明的富有创意的问题更确切地说应当是:"我们
怎样组织政治机构才能避免无德无能的统治者造成太多的
损害?"

像通常一样,在这里必须再次回到教育问题上,因为仅
有最好的机构还是不够的。这些机构必须有人管理,而所需
要的优秀人才只能通过适当的教育来培养。教育不再以培
养领导者这一错误的柏拉图的宗旨为目的,而是以培养优秀
人才这一正确的宗旨为目的。在时间的历程中,这些人中最
优秀者,或者更确切地说,最具有政治家才能的人,将会或者

---

〔43〕 波普尔:《开放社会及其敌人》,第 1 卷,第 7 章。约翰·斯图尔特·密尔(John
　　　Stuart Mill)在《逻辑体系》(System of Logic,1843)和《妇女的隶属》(The Subjection
　　　of Women,1869)中说明了这种宪法抑制的必要性,他指出:"谁会怀疑在一个善
　　　良人的完全统治下会有伟大的美德、伟大的幸福和伟大的爱情? 但在同时,还需
　　　要适合的法律和制度,不是为了对付好人,而是为了对付坏人。"密尔问:"谁会
　　　怀疑?"波普尔就怀疑,而且有充分的理由。

可能会成为统治者,即使这样,他们的权力也必须通过宪法控制予以限制。

(三)政治与数学

我将在下一章讨论柏拉图的数学,其中少数评论涉及他的政治思想的数学化,这些评论可以提前。今天讨论政治问题的数学家会从统计学或经济学角度探讨这些问题,但这不可能是柏拉图的方法,因为他对统计学甚至连模糊的概念都没有,而且对任何经济事物都不感兴趣。他似乎未曾想到过,经济因素也许会影响个人生活和公共生活,不过,他不可能忽视财政困难给家庭或国家造成的麻烦;当这些麻烦出现时,它们太显著、太尖锐,不可能被忽略。我想知道,他是否从未遇到过财务方面的债务问题,无论是他自己的或是其他人欠他的?这些债务难道对他来说是无意义的吗?

他的方法不是(我们意义上的)算术法,而是几何法。世界(宇宙)的秘密在于其秩序和尺度。柏拉图把这种观念扩展到每一个国内或政治的事物上,而且,他的这种扩展是没有节制的。在一个完美的城邦中,一切都必须依照规则;没有可预见的变化,因而也就没有机会、没有选择、没有想象。城邦将像一台机器那样发挥其功能。《法篇》的某些章节用如此之多详细的规定和如此琐碎的限制来管理私人生活,以致在现代人看来它们是令人反感和讨厌的。

柏拉图有时会用一些好像几何符号的词进行论证;在这方面,可以把他看作今天的符号(或数理)逻辑学家的鼻祖。

(四)理想国中既无自由也无真理

考虑一下理想国的数学模式,显而易见,它没有给自由留下什么余地。自由是对德行的否定。每个人必须知道自己的位置并且留在那里。他必须知道他的义务并履行其义务。他无法选择他的地位和义务。统治者自己也没有自由；尽管没有人能控制他，他是自我控制的。每个人必须恪守本分。在这个限度内才能达到社会一致。

在《法篇》中，[44] 年轻人被禁止对城邦的规定提出批评。年老的人可以提出批评，但只有当年轻人不在场时才能这样做。

教育处在审查机构的控制之下。对于公民，无论老幼都不能使他们有机会阅读任何未经国家批准的读物，听任何非正统的谈话或不适当的音乐。

当沃尔多·弗兰克（Waldo Frank）访问莫斯科时与一个年轻的机械师聊天，并向他说明"在纽约每天早晨的报纸上，人们都可以找到对所有可能的问题的每一种可能的、有细微差别的判断"。[45] 这个年轻人回答说："我看不出这有什么用。每一个问题都有一个正确的答案。在我看来，如果报纸每天发现了每一个重要问题的正确观点，而且只把这个正确的观点刊登出来，它们就为老百姓做了许多有益的事了。当只可能有一种观点是正确的时，刊登许多不同的观点有什么意义？"这个答复可能会令柏拉图感到高兴，如果有人问他什么是正确的观点时，他会毫不犹豫地回答说："国家的观点。"

幸运的是，在其梦想之外柏拉图并不是一个独裁者，即使他是一个独裁者，技术上的不可行也会使他的独裁有所减

---

〔44〕《法篇》，634D。

〔45〕 沃尔多·弗兰克：《俄罗斯的黎明》（*Dawn in Russia*，New York：Scribner，1932），
　　　 第163页。

弱。当现代政府设法控制新闻、电报、电话、广播和电视时，法国人所说的 *bourrage de crâne*（哄骗）就很容易做到，但在古代就没有这么容易。柏拉图的审查制度必然是不完备的，而且他的审查网络也必然布满了漏洞。

对自由的破坏意味着不可避免地对真理的破坏。如果只为公民提供有益的思想成为统治者的责任，那么这些思想一定是经过筛选和分等的。当只告诉百姓一部分消息时，谎言就会盛行，但柏拉图并没有就此止步。"适宜的假话"和冠冕堂皇的谎言[46]不仅对欺骗百姓，而且对欺骗精英自己可能都是必要的。毫无疑问，独裁者必然会撒谎，或者他的助手们必然会为他撒谎（这是一回事）。柏拉图如何把这个结论与他哲学家兼国王的理论相协调呢？由于哲学家是热爱真理的人，而国王又必须撒谎（即使是偶尔为之），那么他身上的哲学家的角色如何接受这一点呢？对真理的追求和绝对权力的行使完全是水火不相容的。

正如波普尔指出的那样：

苏格拉底只有一个值得尊敬的继承人，那就是他的老朋友、伟大一代的最后一人安提斯泰尼。柏拉图是苏格拉底的最具天赋的学生，但很快就被证明也最不忠实。他像他的舅父那样背叛了苏格拉底。除了背叛苏格拉底之外，这些人还试图使苏格拉底牵连到他们的恐怖活动中，只是因苏格拉底拒绝而没有成功。柏拉图企图让苏格拉底参与建立他那个有关被束缚的社会之学说的宏伟尝试；而且他毫不费力地做成了，因为苏格拉底已经死了。

---

[46]《国家篇》，414B，389B。

我当然知道,甚至对批评柏拉图的人来说,这个判断都似乎过于严厉。然而,如果我们把《申辩篇》和《克里托篇》看作苏格拉底的遗愿,并且,如果我们把他老年时的这些遗言同柏拉图的遗言《法篇》加以对照的话,那么,我们就很难做出别的判断了。苏格拉底已被判罪,但他的死并不是发起这次审判的人的本意。柏拉图的《法篇》却补上了缺失的意图。在那里,他冷酷地和细心地阐述了宗教审判学说。自由思想、对政治制度的批评、给青年讲授新观念、引进新的宗教实践甚或新的宗教观点的尝试,全都被宣判是死罪。在柏拉图的国家里,苏格拉底是不会有机会公开为自己辩护的;他肯定会被提交给秘密的夜间议事会,以"治疗"他那有病的灵魂,并最终对它进行惩罚。[47]

在柏拉图那里,永恒的形相代表着先验的真理,从这种真理观出发,柏拉图逐渐向宣传、审查和善意的撒谎的层次堕落。乍看上去,绝对真理与明显的谎言之间似乎有一条鸿沟,但柏拉图却架起了一座桥梁,而且看来并没有认识到他自己的虚伪。把他的反常与科学工作者的观点比较一下:科学工作者认为,我们要竭尽全力通过不断获得近似真理的知识去接近真理;我们并不主张我们已经掌握了真理,但我们在追求它并且与它日趋接近;我们并不是从握有全部真理开始的,但我们会获得越来越多的真理。要做到这一点,没有自由是不可能的。真理并非像柏拉图所认为的那样是一种我们已经与之远离的理想,它是一种我们正稳步趋向的理想。真理是一种目标和极限,纯粹的民主也是如此。

---

[47] 波普尔:《开放社会及其敌人》,第 1 卷,第 171 页。

（五）柏拉图的宗教

118

在柏拉图的理想国中，他"创立了一种与现行的宗教大相径庭的宗教，并且提议要强迫所有公民信奉他的神，违者以死刑或监禁论处。在他所构想的严厉体制下，所有自由讨论都被排除在外。而他态度中的关键之处在于，他并不太在意一种宗教是不是可信的，但却在意它是否在道德上有用；他准备通过有教育意义的寓言提升道德；他还谴责流行的神话，并非因为它是谎言，而是因为它无助于正义"。[48]

（六）缺乏人性的柏拉图

柏拉图的冷酷的尽善尽美的理想以及他的共产主义，不仅必然仇视自由，而且必然仇视各种形式的个人主义。奇怪的是，他对个人主义的攻击是转弯抹角和很不坦率的。如果尽可能简洁地来表述他的观点，那就是：人们可能会用个人主义反对集体主义，用利己主义反对利他主义。[49] 柏拉图的（我们希望是无意识的）把戏在于，使这每对概念中的第一个概念和第二个概念分别等同于另一对概念中的相应概念（即使个人主义等同于利己主义，使集体主义等同于利他主义）；这样，有人就会得出结论说，个人主义与利他主义是不相容的（证毕）。一个人必须是共产主义者，否则他就是一个自私的畜生！但与之相反的是，从圣托马斯到我们时代的整个政治进步的趋势，却是把个人主义（信仰自由）与利他主义结合在一起。

柏拉图不仅拒绝个人主义，而且不尊重个性。这一点在

---

[48] 约翰·巴格内尔·伯里（1861 年—1927 年）：《思想自由史》(*History of the Freedom of Thought*, New York, 1913)，第 35 页。

[49] 相关的详细论述请参见波普尔：《开放社会及其敌人》，第 1 卷，第 87 页。

前面所引的《法篇》中的段落以及其他许多地方已经显示得很清楚了。[50] 我们再从这部书中引一段话作为例子：

第一流的和最高级的国家、政府和法律的形式，可以这样来概括，在这样的国家里，非常流行这样一句古代谚语："朋友共享一切。"无论是否有或将会有这样的地方：在这里妇女、孩子和财产是公有的，私有的和个人的东西完全被排除在生活之外，天生属于私人的东西如眼、耳和手已变成公用的了，人们以某种共同的方式看、听和行动，所有人在同一场合都一起表态歌颂和谴责、一起感到快乐或忧伤，任何法律都会使城邦达到最高的团结——无论这一切是否可能，我都要说，任何按照其他原则行事的人都不会创建出比这更合理、更恰当或在道德方面更高尚的国家。[51]

把这位仇视个人主义的作者推崇为人道主义的大师是很荒谬的，而有些盲目崇拜者居然走得更远，把他看作原始基督徒。柏拉图让个人完全服从于国家，以致他的哲学几乎变成无人性的哲学。而他在自欺中陷得太深了，他竟然曾赋予《国家篇》另一个标题《论正义》，而且他把这部著作的相当多的篇幅用于讨论抽象的正义。

什么是正义？为了国家的利益就是正义。对一个城邦而言，当等级制度已被确立并且永恒不变，每个人都留在他特有的位置上，并且阶级统治和阶级特权原则被所有民众温顺地接受，这时它就是正义的。井然有序和持久不变的城邦就是永恒正义的象征。柏拉图对正义的定义被用来巩固他

---

〔50〕 参见前面所引的《法篇》，942。
〔51〕 《法篇》，739；乔伊特译本，第 5 卷，第 121 页。也可参见《国家篇》，462，以及乔伊特索引的各个地方。

的集权主义观念,而流行的和常识性的正义观念则是与它恰恰相反的;因此,我们还会在这个范围内继续思考。

在柏拉图的著作中,偶尔也会有对人性的感触,尤其是在早期的苏格拉底的对话中,例如,在《高尔吉亚篇》中,他曾论证说,忍受非正义比使它无限期地延续下去要好,不过,他从未认为人性思想超越了使他的梦想具体化的城邦思想。在他看来,应该让人性为那种城邦而牺牲,否则,城邦就会衰退和垮台。

他不可能理解的是:正义绝不应与爱相分离。没有正义的爱是不稳定的和危险的,而没有爱的正义是没有人性的。抽象的正义往往会危险地趋向非正义。

我们不能因柏拉图是非基督徒而责备他,但是他为他的政治教条主义而牺牲了伯里克利、德谟克利特、苏格拉底的丰富的理想以及高尔吉亚的弟子埃莱阿的阿尔基达玛(Alcidamas of Elaia)、吕科佛隆(Lycophron)和安提斯泰尼的理想,[52]对此应当予以谴责。正是由于这种荒唐的牺牲,我把这一节的标题命名为"严重背叛"。这种背叛不仅是对雅典民主的背叛,而且也是对那位曾是他的第一个导师、他曾爱戴的大师的背叛。实际上,柏拉图的许多反对民主的论点都是借苏格拉底之口说出的;他使他的这位年迈的导师说了

------

[52] 埃莱阿(埃奥利斯)的阿尔基达玛指责奴隶制是违背自然法的。而按照吕科佛隆的观点,"法律仅仅是彼此对正义的一种约定和保证,它无力培养出善良而有正义感的公民"(亚里士多德:《政治学》,1280B 10)。

　　雅典的安提斯泰尼是苏格拉底的一个学生、犬儒学派的创立者,苏格拉底去世时他在场。他曾在雅典城外的一个名为快犬(Cynosarges)的运动场进行讲学,这个运动场是供非纯雅典血统的人使用的,而他本人就是一个"不纯的"雅典人,因为他的母亲是色雷斯人。他在雅典去世,享年70岁。

一些与其教导截然相反的话。是不是柏拉图的自我幻想的能力太强了,以致他不再能区分真正的苏格拉底和他自己的想象所虚构出来的苏格拉底了?[53]

还有比这更严重的背叛吗?柏拉图并没有否定他的导师,但他实际所做的比这糟得多;在其晚年的著作中,他用漫画式的方式描述苏格拉底,导致一种巨大的扭曲。我们再重申一下,苏格拉底是一个民主主义者、个体主义者和平等主义者。柏拉图则逐渐走到所有这一切的对立面;苏格拉底的主要目的就是教人进行自我批评,而且他总是很愿意承认自己的无知;与之相反,柏拉图是无所不知的大师,是人们必须绝对服从的哲学王,是理想国的创造者,依据定义,这样的国家是完美的,因此只要变化就不可能不带来耻辱。

不过,还有另一种背叛,对此柏拉图无须负责,这种背叛很接近于法国作者朱利安·邦达(Julien Benda,1867年—)*在其《学者的背叛》[54]中所描述的那种情况。我想说的是,在背叛我们的学者中,有许多人是解释柏拉图政治思想的评论者,但他们给我们提供的是一种完全错误的描述,因为他们掩饰了他的集权主义以及他有关财产、妇女和孩子的共产主义思想。

我最好还是再次引用一段波普尔的论述:

---

[53] 读者也许会提出异议:你怎么知道呢?是这样,真正的苏格拉底是在柏拉图笔下和色诺芬笔下描述一致的那个苏格拉底,柏拉图在其早期的苏格拉底对话中,详细说明了这个真正的苏格拉底的才华。

* 朱利安·邦达(1867年—1956年),法国小说家和哲学家,曾发表《伯格森主义——一种变幻的哲学》(1912)和《论伯格森学说的成就》(1917)等文对伯格森哲学进行抨击,其最重要的著作是《学者的背叛》。——译者

[54] J. 邦达:《学者的背叛》(Trahison des clercs,Paris,1927)。

柏拉图的哲学王的理念真是人类渺小的纪录！它与苏格拉底朴素的人道相比,有如云泥之别:苏格拉底提醒有责任心的政治家不应因其卓越、权利或智慧而忘乎所以,并且提醒他应该认识到,最为要紧的是,我们都是脆弱的人类。从反诘法、真实和理性的世界到柏拉图的哲人王国,相差何其遥远:哲人因其具有的不可思议的影响力而使他凌驾于芸芸众生之上;但还没有高到可以不利用谎言的地步,为了获得凌驾于信众之上的权力,他也不会忽视巫师们的卑鄙交易,忽视他们兜售禁忌——关于血统的禁忌。[55]

四、《蒂迈欧篇》

我将在后面分析柏拉图的科学思想,不过,现在谈一下大多数学者认为是其主要科学著作的《蒂迈欧篇》也是很适当的。这部《蒂迈欧篇》并没有涉及严格意义上的科学,它所涉及的是宇宙论,亦即,它是关于宇宙的整体、秩序和完美的研究。我们所理解的科学关注的是有限的客体,它的成功和巨大的创造力应归功于它审慎的和严格的限制。宇宙论正相反:它涉及的是整个宇宙,因而无论宇宙论者可能纳入其研究的科学要素的总量有多少,人们都会认为,宇宙论者是形而上学家而非科学工作者。

对《蒂迈欧篇》来说,尤其是这样。数千年以来,许多评论者都把这部著作看作柏拉图智慧的顶峰,而现代的科学工

---

〔55〕波普尔:《开放社会及其敌人》,第 1 卷,第 137 页。

作者只会把它看作无知和鲁莽的典型。[56]

　　在柏拉图步入晚年时,亦即在其生命的最后 20 年期间,他开始撰写一个三部曲——《蒂迈欧篇》、《克里底亚篇》(Critias) 和《赫莫克拉特斯篇》(Hermocrates)。他完成了《蒂迈欧篇》,但却(在一个句子中间)突然中止了《克里底亚篇》,至于第三部著作,他甚至没有动手去写。这一个系列是对从史前时代直到未来世界的描述。后两部是关于政治的,当他的笔记日益增多时,他可能认识到原有的框架太狭小了。于是,他把它放弃了,并且开始创作他最后也是最长的一部著作《法篇》。显然,如果开始为未来立法,并且想制定得非常详细,创作量必然会大大增加,远远超出原来对话的范围。

　　《蒂迈欧篇》因其主要的谈话者洛克里斯的蒂迈欧 (Timaios of Locris) 而得名,对于他,我们无法确认他实际是

---

[56] 这部著作有数不清的版本。英语读者可以使用乔伊特译本,第 3 卷,或者 R. G. 伯里(R. G. Bury)的(英语-希腊语对照的)版本,见"洛布古典丛书",《柏拉图》(Plato),第 7 卷(1929),第 3 页—第 253 页,也可参见由弗朗西斯·麦克唐纳·康福德(Francis Macdonald Cornford,1874 年—1943 年)翻译并附有连续的评注的《柏拉图的宇宙论》(Plato's Cosmology,394 pp. ;London:Kegan Pau,1937)[《伊希斯》34,239(1942-1943)]。对科学史家来说,康福德的版本是最便利的。另可参见海因里希·奥托·施罗德(Heinrich Otto Schröder):《盖伦对柏拉图〈蒂迈欧篇〉的评注残篇。附录二:摩西·迈蒙尼德〈格言集〉的前言与保罗·卡尔文集》(Galeni in Platonis Timaeum commentarii fragmenta. Appendix II. Mosis Maimonidas Aphorismorum praefatio et excerpta a Paulo Kahle tractata,140 pp. ;Corpus medicorum graecorum,Suppl. 1;Leipzig,1934)。

哪个人,也许他是诗歌的产物。[57]《蒂迈欧篇》是这个三部曲的宇宙论基础。其论证大致可以分为三部分(括号中的阿拉伯数字指其相对长度):(i)引论(8),其中包括七哲中最聪明的梭伦所讲的阿特兰提斯神话;[58](ii)严格意义上的宇宙论(42),包括宇宙灵魂的创造、元素理论、物质和感觉对象理论;(iii)生理学(23),包括正常生理学和病理生理学、人的灵魂和身体的产生。第二部分是主要部分,它比其他两个部分加起来还要长。它讨论了物理现象的本质,生成和变化,原型和复制(可见的世界只不过是真实世界的表象);还讨论了创世,世界的身体及其灵魂,理性与必然性的合作,等等。对该书的充分分析需要相当多的篇幅,而且只会岔开读者的思路。

《国家篇》中所描述的理想城邦被假设实际上存在于远古,在史前的雅典。不过,《蒂迈欧篇》的目的是要把理想国与整个宇宙的构造联系在一起;国家仅仅是宇宙的政治方面;人类的道德仅仅是宇宙智慧的显现。

宇宙塑造者(dēmiurgos)并不是造物主,而像阿那克萨戈拉的理性那样,是一个整顿者。我们不妨把他称作神圣理性;有序的宇宙从它合乎理性的意义上讲是神圣的。物质与精神的区分并不是十分清楚的,因为这二者都可以根据宇宙

---

[57] 人们曾尝试确定,洛克里斯[亦即洛克里伊壁犀斐里(Locri Epizephyrii),在意大利的布鲁蒂乌姆(Bruttium)的东南部]的蒂迈欧是一个老毕达哥拉斯主义者,他曾是柏拉图的老师,并且用多利斯方言写了一部专论《论宇宙和自然的灵魂》(Peri psychas cosmu cai physios)。新柏拉图主义者把该作品当作真作,但现已证明它是伪作,而且不早于公元1世纪。它绝非《蒂迈欧篇》以前的作品,而是对《蒂迈欧篇》的概括。

[58]《蒂迈欧篇》,20 E。这个神话是德尔塔(Delta)的赛斯的一个老祭司讲给梭伦的。我们已经提到过他们的谈话(见本书第401页)。

智慧来表述。不过,在《蒂迈欧篇》中还有另一种形式的二元论,即大宇宙(*macrocosmos*)和小宇宙(*microcosmos*)的区分。德谟克利特已经进行了这种区分(参见本书第 251页),但柏拉图又使这种区分有了很大的发展。

宇宙就像一个单一的生命体,星辰有规律的运动就是对它的合理性的证明。宇宙的灵魂相当于人的灵魂,它们都是神圣的和不朽的。

行星和恒星是形相最高的代表,可以把它们称为神。天文学是智慧、健康和幸福的基本知识。星辰运动所表现的神圣的数学,在音乐和数论中也可以找到其踪迹。当人们死去时,他们的灵魂会回到他们原来所属的星辰。[59]

占星术的谬论曾经对西方世界造成许多伤害,在今天它依然毒害着愚钝的人,这种谬论就是来源于《蒂迈欧篇》,而柏拉图本人的占星术则是巴比伦占星术的一个分支。为对柏拉图公正起见,必须补充一句,他的占星术依然停留在宁静的和精神的层次,还没有堕落到卑鄙的占卜的地步。对他沉思的心灵而言,行星就像显示时间步伐和宇宙灵魂之节奏的完美的钟表。

由于行星的数量很多,这些周期节律是非常复杂的,但是,已知其中一组行星的组合,那么可以预料,经过一段时间间隔之后,这同样的行星组合会再次出现。这个间隔就是以完满数(36,000 年或 760,000 年?)来度量的大年。[60]

在小世界与大世界(小宇宙和大宇宙)之间以及我们的

---

〔59〕《蒂迈欧篇》,42 B。

〔60〕《国家篇》,546 B;《蒂迈欧篇》,39 D。

身体与宇宙的身体之间富有诗意的类比,可能传播得非常
远。[61] 这种类比主导着柏拉图的思想,而且很大程度上由
于他的缘故,这种类比支配着许多中世纪的思想家,甚至支
配着像列奥纳多·达·芬奇这样的"近代"人物。这种类比
最令柏拉图感兴趣的方面当然就是:他梦想的完美城邦是神
圣城邦的一个象征。《蒂迈欧篇》是从宇宙论上对《国家篇》
的证明。

　　宇宙是由土、水、气、火这 4 种元素构成的,其中第二项
和第三项是第一项和最后一项的比例中项。[62] 这些元素都
具有立体形态,都可以用不同的几何要素来解释,而且它们
分别对应于 4 种正多面体。[63]

　　柏拉图在叙拉古遇见洛克里的菲利斯蒂翁(参见本书第
334 页),并且可能受到后者的影响,或者说,如果他对实验
科学不那么抵触,他也许会受到影响。菲利斯蒂翁并不只是
一个追随恩培多克勒的理论家;他也是一位卓越的解剖学
家,他曾进行过解剖甚至进行过活体解剖。他认为,心脏是
生命的主要管理者,他对活的心脏的观察非常敏锐。他发
现,心室的死亡早于心耳[我们的确知道,右心耳是心脏最
后死亡的部分(*ultimum moriens*)],肺动脉的 C 形(或半月
形)瓣膜比主动脉的 C 形瓣膜脆弱(尤其在肺循环的血压只
有体循环的血压的三分之一时更是如此)。菲利斯蒂翁的观
察结果是令人惊讶的,因为它们意味着要进行一定量的实

---

[61] "大年"和"小宇宙与大宇宙"的概念,大概也来源于东方,来源于巴比伦。
[62]《蒂迈欧篇》,31 B 及以下。
[63]《蒂迈欧篇》,53 C 及以下。卡尔西吉没有翻译这种有关元素与柏拉图多面体
　　的古怪的比拟,他的译本和评注都没有提及这一比拟。

验,而我们把它们归功于他是基于这样的假设:他是希波克拉底派关于心脏的专论的作者。[64]

食物和血液在身体中的循环类似于水在地下的循环,[65]或者,"类似于宇宙万物使每一物趋向同类的运动"。[66]

柏拉图认识到三组疾病。第一组是由 4 种元素的变更引起的;第二组是由来源于这些元素之体液的变质引起的;第三组是由元气、黏液和胆汁引起的。[67] 这第三组疾病使人想起与印度草医学中的三种体液的比较。由于柏拉图的思想和印度医生的思想是同样模糊的,这种比较毫无结果。[68]

消失的海岛阿特兰提斯[69]在直布罗陀以西的某个地方,它导致相当多的特别不合理性的思考。例如,当大西洋测高法已广为人知,并且地质学家基于某种可靠的观察基础开始阐述关于消失的海岛或大陆的假说时,有人就会想到柏

---

〔64〕利特雷编的这一专论《论心脏》(*Peri cardiēs*)见于《希波克拉底全集》,第 9 卷,第 76 页—第 93 页,但这一版很不完整。更好的版本是弗里德里希·卡尔·翁格尔(Friedrich Karl Unger)编辑的版本(Utrecht, thesis, 1923)。参见 G. 勒布克(G. Leboucq):《古代的人类心脏解剖——洛克里的菲利斯蒂翁与〈蒂迈欧篇〉》("Une anatomie antique du coeur humain. Philistion de Locres et le Timée"),载于《希腊研究评论》(*Revue des études grecques*)57, 7-40(1944),其中包含约瑟夫·比德兹编辑的新版的《论心脏》。

〔65〕关于水在地下(*perirrhoē*)的循环,请参见《斐多篇》,111 D-E。

〔66〕《蒂迈欧篇》,81。

〔67〕《蒂迈欧篇》,82-84。

〔68〕参见迪伦德拉·纳思·雷(Dhirendra Nath Ray):《印度草医学中的三体液原理》(*The Principle of Tridosa in Āyurveda*, 376 pp. ; Calcutta: Banerjee, 1937)[《伊希斯》34, 174-177(1942-1943)];让·菲约扎:《印度医学的传统学说》(*La doctrine classique de la médecine indienne*, Paris: Imprimerie nationale, 1949)[《伊希斯》42, 353(1951)]。

〔69〕《蒂迈欧篇》,24 E。

拉图已经走在他们的发现的前面！许多地质学家试图描绘柏拉图梦想的实际景象，他们为此浪费了自己的时间。

　　波兰的一位逻辑学家温森蒂·卢特斯拉夫斯基（Wincenty Lutoslawski），在其不同寻常的著作《柏拉图逻辑学的起源与发展》[70]中，使这种反常达到极限。卢特斯拉夫斯基在柏拉图的著作中发现了对精子的预见，[71]以及对水的真实构成的预见，即 3 个原子，其中有两个是一种气体的原子，另一个是其他原子。[72] *Risum teneatis*（可笑吧）？这表明对柏拉图的崇拜可能会达到何等地步。如果柏拉图没有仪器就能领先于列文虎克（Leeuwenhoek）和拉瓦锡（Lavoisier），那么他就不是一个科学工作者了，而是一个魔术师或奇迹制造者。卢特斯拉夫斯基使我想到这样一些人，他们从《圣经》或《古兰经》中解读出科学预见；但无论如何，如果那些圣典直接得到了神的启示，而神能够预知未来，那么那些人的努力比卢特斯拉夫斯基的做法更合乎逻辑。认为柏拉图也具有这样的能力，但又不主张他具有神性，那就会陷入根本性的矛盾之中。

　　如果有一个与我们同时代的人，他受过良好的教育，并且是一个像卢特斯拉夫斯基那样卓越的哲学家，他能够从《蒂迈欧篇》中解读出这些东西，那么我们也就不会对古代

---

〔70〕温森蒂·卢特斯拉夫斯基：《柏拉图逻辑学的起源与发展（以及对柏拉图风格和他的著作的年代顺序的说明）》（*Origin and Growth of Plato's Logic, with an Account of Plato's Style and of the Chronology of His Writings*, 565 pp.; London, 1897），参见第 484 页。在这部书中，作者试图以其对柏拉图风格的 500 种特性的系统研究为基础，将柏拉图的著作按年代顺序来排列。

〔71〕《蒂迈欧篇》，91 C。

〔72〕《蒂迈欧篇》，56 D。

和中世纪的学者那些富于幻想的解释感到惊讶了。由于神圣的柏拉图有着巨大的名声,他的《蒂迈欧篇》没有被当作一种富有诗意的幻想,而被当作一种宇宙论的福音。它的特别晦涩吸引了许多人;这种晦涩在一定程度上可能是故意的,但在很大程度上是由于柏拉图自己的思想中所存在的混乱;这是那种可以被称作神谕的晦涩,而且愚钝的人会把它作为对神性和确定性的证明。怀疑论哲学家和诗人弗利奥斯的提蒙(Timon of Phlios)[73]构想出一个新的动词 *timaiographein*,指按《蒂迈欧篇》的神谕式风格写作,或做出预言。叛教者尤里安(活动时期在 4 世纪下半叶)把《蒂迈欧篇》与《创世记》相对立,而学园的最后几位园长之一的普罗克洛(活动时期在 5 世纪下半叶)则想销毁除《蒂迈欧篇》和《迦勒底神谕》(*Chaldean Oracles*)以外的所有书籍。[74]

　　《蒂迈欧篇》对后世的影响是巨大的,而这种影响基本上是有害的。卡尔西吉(活动时期在 4 世纪上半叶)把《蒂迈欧篇》的绝大部分翻译成拉丁语,这一译本在 8 个多世纪里一直是使用拉丁语的西方人所知道的唯一的柏拉图的著作。[75]尽管如此,柏拉图的名声依然对他们产生了影响,因此,拉丁语版的《蒂迈欧篇》变成某种柏拉图式的福音书,许

[73] (伯罗奔尼撒半岛东北的)弗利奥斯的提蒙曾在欧几里得在麦加拉创办的学校学习哲学;经过多年的漂泊之后,他在雅典定居以度余生,他在这里去世时已过耄耋之年。他写了一些所谓讽刺诗(*silloi*),并因此被称作 Sillographos(讽刺作家)。

[74] 意味深长的是,普罗克洛保留下来的这两部著作都是东方的。的确,在《蒂迈欧篇》中,东方的学问多于希腊的智慧。

[75] 更确切地说,在大约 1156 年《美诺篇》和《斐多篇》翻译出版以前,卡尔西吉不完整的《蒂迈欧篇》的译本一直是拉丁语中唯一可以找到的柏拉图的著作。亨利·艾蒂安版的《蒂迈欧篇》见对照本第 3 卷,第 17 页—第 92 页;卡尔西吉的翻译和评注在 53 B 停止了。

多学者都愿意逐字逐句地对之加以解释。[76]《蒂迈欧篇》的科学上的错乱被误解成科学真理。大概除了圣约翰这位神的《启示录》(Revelation)以外,我再也想不到其他比《蒂迈欧篇》的影响更有害的著作了。不过,《启示录》被当作一部宗教著作,而《蒂迈欧篇》却被当作一部科学著作;当有人向我们灌输用科学的外衣包裹的错误和迷信时,这些错误和迷信是最危险的。

五、柏拉图式的爱情

我们在《法篇》[77]中会读到:"人类的所有事物都受三种需要和欲望的驱使,如果他们受到它们的正确引导,他们最终将走向美德;如果他们受到错误的引导,他们将走向反面。"这三种欲望即与生俱来的饥饿、口渴和后来萌生的性欲。在《蒂迈欧篇》[78]中,柏拉图指出:"人类有两性,后来被称作男人的就是占有优势的性。"在该书的结尾,他介绍了一种奇异的性理论。他的胚胎学是以某种附录的形式出现的,对性本身的讨论则是某种对动物的反思,而性被当作一种引起躁动的因素:

在男人身上的生殖器官因此而变得不受节制、自行其是,仿佛一头不可理喻的动物,在其疯狂的情欲的驱使下想要支配一切。在女人身上,由于同样的原因,当到了适当的生育年龄而又长时间没有生育,所谓母体或子宫中渴望分娩的生灵就会变得焦躁不安,为此而生气;它会在身体中到处乱爬,堵塞呼吸的通道并阻碍了呼吸,从而使身体达到极度

---

[76] 参见本章的最后一小节,对中世纪《蒂迈欧篇》传承的概括。

[77]《法篇》,782 D。

[78]《蒂迈欧篇》,42。

的痛苦,此外,还会导致各种疾病;直到两性的情欲和爱情使男女相结合为止。[79]

在同一著作的另一个部分,在提到性激情后,他说:

如果他们能控制这些情感,那么他们就将过上恰当的生活;如果他们被情感控制,他们就不会有恰当的生活。一个在其注定的寿限中过着完美生活的人,死后将再次回到他原来所属的星球的住所,并且将再次获得一种得到祝福而惬意的生活;但是无论谁如果做不到这一点,那么他将在第二次降生时被变成女人;如果在变成女人后他仍旧怙恶不悛,他的恶性将决定他每次的转世,他会不断地变为与他的恶性相近的野兽;除非他向他体内相同和相似的循环屈服并且受到理性力量的制约,从而使后来附着于他的累赘的火、水、土、气纷乱而无理性的混合物,重新回到他原初和最佳的状态,否则,他的转变不会使他的灾难终止。[80]

在《会饮篇》中,狄奥提玛在谈话中说明,性欲是我们渴望永生的激情中最低等的形式。柏拉图认识到婚姻和生儿育女的必要性。在理想国中,最高尚的人的性关系在一些严肃的场合要有所克制,并且要依据人口统计的需要加以调节。柏拉图并没有认识到,夫妇之爱涉及两个人之间的一种特别亲密的关系,彼此都需要对方许多的关爱和柔情,如果幸运的话,他们就会获得巨大的回报。他认为短暂的婚姻生活有点类似于一个畜产业者的感受。他似乎并没有想到,婚姻并不仅仅是一个性生活便利和优生的问题,婚姻是两个人

---

[79]《蒂迈欧篇》,91;"洛布古典丛书",第7卷,第249页。

[80]《蒂迈欧篇》,42 B;"洛布古典丛书",第7卷,第91页。在《蒂迈欧篇》的结尾(91—92),作者再次表述了类似的有关男人转变成女人或转变成动物的观点。

之间的一种关系,是一种心灵的沟通;对丰富的个性与和睦的婚姻的发展来说,长期的婚姻才有价值,而且越长越好;幸福与持久的婚姻是对生命最大的祝福。

　　理想主义的柏拉图怎么会不考虑这样的问题?理由很简单,当他把性欲理想化时(他常常这样做),当他思考肉体与精神之间的搏斗时,当他对爱情采取一种浪漫的观点时,他的经验是同性恋的而不是异性恋的。"柏拉图式的爱情"对我们来说有两种含义:第一种含义是指(狄奥提玛所表述的)把美与对理想的沉思结合在一起的强烈渴望,第二种含义是指没有性欲的纯精神的友谊。当我们想到第二种意义上的柏拉图式的爱情时,我们往往会想到一个男人与一个女人之间纯精神的友谊;然而,柏拉图想到的却是一个男人与一个少年之间纯精神的友谊。柏拉图对他的爱是男色关系的升华;在《会饮篇》[81]中,真正的爱被称作爱恋少年的正确方法(to orthōs paiderastein)。

　　柏拉图不一定是生理学意义上的男色者,但他几乎可以肯定是一个同性恋者。他一辈子没有结婚,尽管他偶尔谈到男女之间的性关系,但他在谈论时没有任何激情;他的温柔的情感只限于他的同性恋关系。他是有些仇视女人的人。他的著作多次向我们展示了这一点。例如,可以把色诺芬在《回忆苏格拉底》中对克珊西帕的文雅记述[82]与柏拉图在《斐多篇》中的粗鲁记述加以比较。色诺芬说话的方式像一

---

[81]《会饮篇》,211 B。
[82] 在《回忆苏格拉底》第 2 卷第 2 章中,苏格拉底责备了自己的长子朗普洛克莱(Lamprocles),因为他对其母亲发脾气,并且对她无感恩之心。

个一家之长,而柏拉图对情景的描写则像一个厌恶女人的人。[83] 在其他方面可以做得温文尔雅的柏拉图,竟然在《国家篇》中把妇女和神圣的婚姻当作牺牲品,对此人们怎么能相信呢? 不过,对一个同性恋者来说,承认妻子和子女是公有财产相对比较容易。

　　为了对柏拉图公平起见,必须补充一句,在他的最后著作《法篇》中,男色关系是受到谴责的。[84] 从他的辩护中还可以表明,男色关系在雅典是相当普遍的,在他所赞赏的国家例如克里特岛和拉克代蒙,人们对这种关系甚至习以为常。宙斯和伽倪墨得斯*(Ganymedes)[85]的故事是男色关系的神圣榜样,按照柏拉图的观点,这一故事是在克里特岛发明的。有可能,在雅典,男色关系在贵族、无所事事的富人和老于世故的人之中,比在较为低微的人之中更为平常,但无论如何,异性恋必然是主流而非例外,否则,这个种族可能已经消失了。希腊人像我们一样尊重婚姻和渴望生儿育女,也许比我们有过之而无不及,因为当其父亲去世时,需要男性后代延续家族崇拜和完成宗教仪式。柏拉图著作的基调是

---

[83] 就在苏格拉底喝毒药之前,他的妻子克珊西帕走了进来。一进来"她就发出了常能从女人嘴里听到的叫嚷:'哎,苏格拉底,这是你和你的朋友们能够进行的最后一次谈话了。'苏格拉底瞥了一眼克里托并且对他说:'克里托,让人把她送回家去。'于是,克里托的几个仆人把这个嚎啕大哭、捶胸顿足的女人带走了"(《斐多篇》,60)。然后,苏格拉底又谈了一些别的事情。上面引述的就是整个故事。在这一记述中,苏格拉底把他可怜的妻子打发走的做法是野蛮和粗鲁的,令人难以置信。

[84] 《法篇》,636 C,836 C。

　*　在希腊神话中,伽倪墨得斯是为宙斯等奉酒的美少年,深得宙斯的宠爱。——译者

[85] Ganymedes 已经成了为男人提供服务的男妓的绰号。这个词在罗马时代一定很常用,因为它已经变得陈旧,并且在拉丁语中被错误地写作 catamitus[因而才会有 catamite(娈童)这个英语词]。

同性恋的,但在与他同时代的其他作者例如色诺芬的著作中,情况并非如此。我们可以假设,在希腊,一般正常的男人像我们时代的男人一样,他们倾向于爱恋女人和生儿育女。

尽管这些问题还没有对科学史产生直接影响,但有必要把它们澄清,因为这样我们才能评价柏拉图的个性,并且评估他的评注者们的虚伪。这些评注者中的大多数人都喜欢把他的同性恋掩盖起来,就像他们把他的全面共产主义掩盖起来那样。英语译者发现,掩饰同性恋含义很容易,因为像"心爱的"这样的形容词既可以指女人也可以指男人,而希腊语使用的阳性分词就没有给这样的模棱两可留下任何余地。译者们可能试图以需要对男青年表示尊敬为由来证明他们的谨慎。然而,避开原文比煞费苦心地曲解它更好一些;说谎是不可原谅的,而用于说明一种错误的理想主义的谎言,是所有谎言中最糟糕的。

参见戴维·穆尔·鲁宾逊(David Moore Robinson)和爱德华·詹姆斯·弗拉克(Edward James Fluck):《希腊爱称研究及其对男色关系的讨论》(*Study of the Greek Love-Names Including a Discussion of Paederasty*, 210 pp.; Baltimore: Johns Hopkins University Press, 1937);沃纳·菲特:《柏拉图传说》(New York: Scribner, 1934);汉斯·凯尔森(Hans Kelsen):《柏拉图式的爱情》("Platonic Love"),载于《美国意象》(*American Imago*)3(110 pp., Boston, 1942)。

六、结论

柏拉图是一个诗人和形而上学家,他还是一个艺术家,可以令人惊叹地娴熟运用一种文学形式,即黄金时代的希腊散文,它的优雅几乎是令人难以置信的。我们将在下一章讨论他的科学活动,不过在这里我们可以指出,他不是一个科学工作者,他是一个宇宙论者、一个形而上学家、一位先知。柏拉图哲学的历史,就是一个漫长的由一系列模糊、误解和搪塞构成的历史。

　　我们自己对他的政治幻想和性爱幻想的讨论也许看上去超出了一本论述科学史的著作的范围,但评注者们对他的反常的规避和掩饰还是值得我们注意的。在世界文献中,也许除了对《旧约全书》中某些伤风败俗的诗句普遍的视若无睹外,再没有什么可以与这些评注者们的做法相比了。仿佛神圣的柏拉图不可能做错事,如果有人怀疑他,怀疑者本人就不可能不成为一个被怀疑的对象和绊脚石。阿威罗伊学说的经历也是一系列的误解,但与柏拉图的情况却有天壤之别。柏拉图通常被捧上了天,他的过错被隐藏和掩饰起来,而伊本·路西德(Ibn Rushd)*被描绘得比其本人实际上差多了。不过,这两个个案有一点是共同的,即学者的判断都被流行的结论束缚和扭曲了。这种结论总的来说是赞同柏拉图而谴责阿威罗伊的;或者,说得更清楚些,对柏拉图表示敬意变成一个有关良好教养和良好习惯的问题,而当人们无论在什么情况下提到阿威罗伊时,都要谴责他。一个绅士自然就是一个柏拉图主义者,而每一个阿威罗伊主义者或多或少都是一个激进分子和麻烦制造者。

　　这种不加批判的赞扬意味着虚伪和谎言。不能一方面

---

*　伊本·路西德(1126年—1198年),拉丁语名字为阿威罗伊,他是阿拉伯中世纪哲学家、自然科学家、医生和法学家。他因对亚里士多德著作的注释而闻名,主要著作有《矛盾的矛盾》。——译者

赞美一个人具有神圣的智慧,另一方面又宽恕他的无知;这样是不诚实的。

如果记住有关柏拉图的传说在很大程度上是由对文字的先入之见造成的,那么,事态还不像它看起来那么糟。柏拉图的语言非常优美也非常难懂,以致内容被忽视了,美被误解为正确,晦涩被误解为深奥。当柏拉图去世时,他在希腊文化中占有几乎像荷马那样高的地位,并且像后者一样支配着希腊的教育。

这是一个巨大的误解:柏拉图对个人或个性并不感兴趣,因此,我们并不能说他是一个真正的人道主义者,但是拜占庭和佛罗伦萨的人道主义者们却认为他是他们的导师。他们对此非常确信并且非常渴望保护他们的信念,以致他们始终拒绝去了解他的著作中那些证明他缺少人性的明显证据。

柏拉图有权有他自己的观点,我们不应当因他表述这些观点而责备他,但是,那些评论者们却把他的思想中所有令人不快的东西掩饰起来,对此应当予以严厉的批评。他们的态度颇为令人费解。受委托来培养其国家未来的统治者的教师们,可能会喜欢柏拉图的贵族政治假设,甚至会喜欢他的集权主义方法,对此我们可以理解;但是,他们怎么能对他的共产主义和爱恋娈童的思想,对他缺乏对妇女的尊重和温柔,以及其他与他们的偏好完全不一致的情况视若无睹呢?柏拉图怎么能做了错事而不受处罚呢?[86]

---

[86] 1950年,希望使美国国务院丢丑的美国政治家们含沙射影地说,国务院的许多官员是共产主义者和同性恋者。是否可能这些官员只不过是一些柏拉图式的绅士?

　　柏拉图是一个伟大的诗人并且具有一定的智慧,但他并不总是一个可靠的领路人,在许多情况下他是非常不可靠的,而且会把我们领向深渊。幸亏那些对他大加赞赏的人并没有步他的后尘。也许,最好应当像柏拉图对待荷马那样对待他——给他带上花冠,然后把他从城邦中驱逐出去。但绝不应这样做,我们不应仿效他这些最糟糕的方式。应当允许他留下并且使他享有发言权。让他留下吧,我们来观察他,并且实事求是地向其他人介绍他——他有时是伟大的,有时则不是。

　　神学家和哲学家可能会掩饰他的反常,但对从事科学工作的人来说,这是一种不可宽恕的过失。一种以谎言为基础的 *paideia*(教育)是很糟的,这样的教育表面上看起来越好,对人的诱惑力就越大,因而危害也就越大。

　　对柏拉图的崇拜是西方人文学的重要组成部分,对他做出批评需要相当大的勇气。查尔斯·克劳福德(Charles Crawford)在其学位论文《论〈斐多篇〉》(*Phaido*, London, 1773)中的论述,使他成为第一个这样做的人;克劳福德是剑桥的一个反抗女王的年轻人,但急躁的言行和冗长的论述把他的著作毁了(参见图82)。我们应该向乔治·格罗特(1794年—1871年)表示敬意,他写了一部长篇著作《柏拉图与苏格拉底的其他朋友》(*Plato and the Other Companions of Sokrates*),[87]旨在以此作为他的《希腊史》的续篇和补充;格罗特钦佩柏拉图,但并不害怕对他进行批评。

　　前面已经提到近年来的一些著作,它们通过引用柏拉图

---

[87] 共3卷(London, 1865)。

的话揭示了柏拉图的本来面目，其中最重要的是菲特（1934 年）的著作、法林顿（1940 年）的著作以及波普尔（1945 年）的著作。

沃纳·菲特（1867 年—）* 是普林斯顿大学（Princeton University）的伦理学教授。他在一封（1944 年 7 月 1 日寄自新泽西州霍普韦尔）写给我并令我感到荣幸的长信中，概述了他的《柏拉图传说》所受到的批评。其中有些批评者谴责该书诬蔑柏拉图，其他一些人则因他说了一些每个人都知道是真实的情况（但除了格罗特以外，没有人在出版物中谈到

A

DISSERTATION

ON THE

PHÆDON of **PLATO:**

OR

DIALOGUE OF THE

IMMORTALITY of the SOUL.

WITH

Some general OBSERVATIONS upon the
Writings of that PHILOSOPHER.

To which is annexed,

A PSYCHOLOGY: or, An Abstract In-
vestigation of the NATURE of the SOUL; in
which the Opinions of all the celebrated Metaphy-
sicians on that Subject is discussed.

By CHARLES CRAWFORD, Esq.
Fellow Commoner of Queen's College, Cambridge.

LONDON:
Printed for the AUTHOR:
And sold by T. EVANS, No. 54, in Pater-noster-Row;
WOODFALL and Co. Charing-Cross; and R. DAVIS,
the Corner of Sackville-Street, Piccadilly.
MDCCLXXIII.

图 82　英语文献中的珍品。对柏拉图哲学的第一次抨击，查尔斯·克劳福德所著，1773 年出版［复制于哈佛学院图书馆藏本］

它们）而谴责该书出言不逊。在信的结尾他指出："如果我重写《传说》，我将尝试在侧重点方面做些修改。毕竟，所有'敌意'与其说是针对柏拉图的，莫如说是针对他的解释者的。在第 8 章以后，尤其是在第 9 章至第 11 章，我更感兴趣的是展示一幅科学理论家的图像，而不是进行否定的批评。但是，作为一个 77 岁高龄和已退休 9 年的人，我只能让这部

---

* 沃纳·菲特（1867 年—1955 年），美国哲学家，曾担任印第安纳大学、普林斯顿大学的哲学教授，著有《柏拉图传说》等多部著作。——译者

著作保持现在的样子了。"

同样的评论也适用于本章,本章的目的是要破除诸多代诨媚者所创造的错误的柏拉图形象。*Amicus quidem Plato sed magis amica veritas*(我爱柏拉图,但我更爱真理)。[88]

七、论古代和中世纪的《蒂迈欧篇》的传承

直到 12 世纪中叶,在柏拉图的全部著作中,西方的博学之士也只知道《蒂迈欧篇》,因而,柏拉图对他们来说只不过是,或主要是《蒂迈欧篇》的作者。简略地回顾一下这一重要著作的传承是值得的。

《蒂迈欧篇》也是第一部引起评论者注意的著作。(奇里乞亚的)索里的克兰托尔(大约活跃于公元前 300 年)撰写了第一篇从柏拉图主义观点对该著作的评论,评论的摘录被普卢塔克和普罗克洛保留下来。其他对《蒂迈欧篇》进行过评论的希腊人有:阿帕梅亚的波西多纽(活动时期在公元前 1 世纪上半叶),(卡里亚的)阿弗罗狄西亚的阿德拉斯托(Adrastos of Aphrodisias,活动时期在 2 世纪上半叶),盖伦(活动时期在 2 世纪下半叶),[89]拜占庭的普罗克洛(活动时

---

[88] 这个句子常常被人引用,但能追溯出其来源者寥寥无几。它来源于阿摩尼奥斯·萨卡斯(Ammonios Saccas,活动时期在 3 世纪上半叶)写的亚里士多德传记,其希腊语和拉丁语版由 A. 韦斯特曼(Ant. Westermann)编入《第欧根尼·拉尔修的〈名哲言行录〉》(*Diogenis Laërtii vitae philosophorum*, Paris:Didot,1862),第 2 部分,第 10 页。阿摩尼奥斯把这句话用于苏格拉底而不是柏拉图;但在无数的引语中都写成了:"我爱柏拉图。"

[89] 盖伦对《蒂迈欧篇》有两篇评论,其中第二篇的希腊文本失传了,但以阿拉伯语的形式被保存下来,它们最近被保罗·克劳斯(Paul Kraus)和理查德·沃尔泽(Richard Walzer)编入《盖伦对〈蒂迈欧篇〉的摘要及其他对话录残篇纲要》(*Galeni compendium Timaei Platonis aliorumque dialogrum synopsis quae extant fragmenta*,130 pp. +67 pp. in Arabic;London:Warburg Institute,1951)[《伊希斯》*43*,57(1952)]。

期在 5 世纪下半叶），以及他的学生亚历山大的阿斯克勒皮俄多托（Asclepiodotos of Alexandria，活动时期在 5 世纪下半叶）。新柏拉图主义哲学家们对这一著作非常熟悉。希腊传承到此为止。

　　拉丁传承从卡尔西吉（活动时期在 4 世纪上半叶）开始，他于大约公元 53 年中期前把《蒂迈欧篇》翻译成拉丁语。后来被翻译成拉丁语的柏拉图对话是《美诺篇》和《斐多篇》，但在大约公元 1156 年以前它们并未被翻译过来。这一传承的主要代表人物有：约翰·斯科特·埃里金纳（John Scot Erigena，活动时期在 9 世纪下半叶），孔什的威廉（William of Conches，活动时期在 12 世纪上半叶），伯纳德·西尔韦斯特（Bernard Silvester，活动时期在 12 世纪上半叶），大阿尔伯特（活动时期在 13 世纪下半叶），穆尔贝克的威廉（William of Moerbeke，活动时期在 13 世纪下半叶），以及圣托马斯·阿奎那（活动时期在 13 世纪下半叶）。我发现，在 14 世纪，除了巴黎的让·博内（Jean Bonnet，活动时期在 14 世纪上半叶）撰写的对话《哲学家的秘密》（*Les secrets aux philosophes*）外，再没有其他类似的著作；该对话可能是对《蒂迈欧篇》的反思，其中的两个对话者分别名为普拉西德（Placides）和蒂迈欧。我在我的《科学史导论》中论述 14 世纪上半叶的部分对此著作进行了讨论，但该书也可能写于 13 世纪末；可以肯定，它早于 1304 年。《蒂迈欧篇》的拉丁传承并非总能很容易地摆脱新柏拉图主义传统。

　　阿拉伯传承与拉丁传承有一定的重叠，就像拉丁传承与希腊传承重叠那样。阿拉伯传承始于叶海亚·伊本·巴特里克（Yahyā ibn Batriq，活动时期在 9 世纪上半叶），他把《蒂迈欧篇》翻译成阿拉伯语;另一个译本据说是侯奈因·伊本·伊斯哈格(活动时期在 9 世纪下半叶)翻译的;而叶海亚·伊本·阿里(Yahyā ibn ʿAlī,活动时期在 10 世纪上半叶)则对(无论哪一个)译本进行了校对。

　　把其中的一个译本归于侯奈因·伊本·伊斯哈格名下可能是由于某种误解。侯奈因曾把盖伦对《蒂迈欧篇》涉及医学部分的评论翻译为古叙利亚语,并把一部分翻译为阿拉伯语。侯奈因的阿拉伯语翻译是由他的侄子侯拜什·伊本·哈桑(Hubaish ibn al-Hasan,活动时期在 9 世纪上下半叶)[90]完成的。这一译本大概是麦斯欧迪(al-Masʿūdī,活动时期在 10 世纪上半叶)在其《校勘与补遗书》(Kitāb al-tanbīh)中所犯的错误的另一个来源,在该著作中,他把一部与《蒂迈欧篇》本身不同的医学《蒂迈欧篇》归于柏拉图的名下。我们可以有把握地假设,医学《蒂迈欧篇》只不过是《蒂迈欧篇》的医学部分,在侯奈因所译的盖伦的评注中,它被与其他部分分开以示区别。[91]

　　无论《蒂迈欧篇》的阿拉伯译本怎样,[92]阿拉伯哲学家都是通过《亚里士多德的神学》(Theology of Aristotle,5 世纪下半叶)和其他新柏拉图主义的著作了解该书之精髓的。这种传统是非常混乱的,有人把柏拉图的观点与普罗提诺

---

[90] 参见戈特黑尔夫·贝格施特雷瑟所编的侯奈因译作目录(1925),译作第 122 号 [《伊希斯》8,701(1926)]。

[91] 参见卡拉·德沃所译的麦斯欧迪的《告读者》(Le livre de l'avertissement,Paris,1897),第 223 页,以及他关于阿弗拉顿(Aflātūn)的词条,见于《伊斯兰百科全书》第 1 卷(1908),第 173 页—第 175 页。

[92] 在圣索菲亚教堂(Aya Sofia)有一本《蒂迈欧篇》阿拉伯语译本的手稿,编号 2410。就我所知,该版本仍未出版。

(Plotinos)和其他人的思想混淆在一起。

侯奈因·伊本·伊斯哈格写了一篇题为《阅读柏拉图著作之前应读的书》("That Which Ought to Be Read Before Plato's Works")的专论。[93] 这个标题会使人想起士麦那的塞翁(Theon of Smyrna,活动时期在 2 世纪上半叶)用过的一个标题,*但塞翁对柏拉图的介绍仅限于数学。

这一概述虽然简短,但足以说明在希腊语版和拉丁语版的柏拉图著作刊行之前柏拉图传统的变化。

对其他柏拉图著作的研究会导致类似的结论。例如,普罗克洛(活动时期在 5 世纪下半叶)曾用希腊语对《国家篇》进行过评注;侯奈因·伊本·伊斯哈格(活动时期在 9 世纪下半叶)把《国家篇》译为阿拉伯语,伊本·路西德(活动时期在 12 世纪下半叶)用这种语言对它进行了评注,马赛的萨米埃尔·邦·朱达(Samuel ben Judah of Marseille,活动时期在 14 世纪上半叶)和约瑟夫·卡斯皮(Joseph Kaspi,活动时期在 14 世纪上半叶)分别用希伯来语对它进行了评注。曼纽尔·克里索罗拉斯(Manuel Chrysoloras,活动时期在 14 世纪下半叶)把它的希腊语文本翻译为拉丁语,杰米斯图斯·普莱桑(Gemistos Plethon,大约 1356 年—1450 年)在向佛罗伦萨的学者解释柏拉图与亚里士多德之间的区别时肯定提

---

[93] 这是卡拉·德沃的说法,见于《伊斯兰百科全书》第 1 卷,第 174 页,但吉赛贝·加布里埃利(Giuseppe Gabrieli)在《侯奈因·伊本·伊斯哈格》("Hunáyn ibn Isháq")[《伊斯》6,282-292(1924)]中并没有证实这一点。

* 士麦那的塞翁(约 70 年—约 135 年),希腊哲学家和数学家,据说是托勒密的老师。他曾写过一些有关数学和哲学的评论,有三部是关于柏拉图的著作,但其中两部已经失传,只有《理解柏拉图所需的数学知识》(On Mathematics Useful for the Understanding of Plato)留传至今。——译者

到了它。

中世纪(希腊语、阿拉伯语、拉丁语和希伯来语的)柏拉图传统是极为复杂的,每一本著作都会介绍少许新的事物和新的名字。

柏拉图的声望突飞猛进地增长,最初是在 9 世纪和 10 世纪拜占庭帝国复兴时期,随后是在沙特尔学派(School of Chartres,11 世纪,12 世纪上半叶)的支持下,最后是在佛罗伦萨柏拉图学园(the Platonic Academy of Florence)的支持下。《蒂迈欧篇》的声望是按比例增长的,许多学者被误导,把该书的幻想当作绝对真理接受下来。这种错觉妨碍了科学的进步;时至今日,《蒂迈欧篇》仍是晦涩和迷信的来源。

第十七章

柏拉图时代的数学和天文学

我们已经熟悉了柏拉图这个人，他是一位哲学家、政治学家和伦理学家，现在该问一下我们自己他属于哪类科学家了。

他的思维方式与希波克拉底和修昔底德的思维方式有着巨大的差异，甚至与希罗多德的思维方式也有着巨大的差异。我们已经认识到，柏拉图是一个典型的"唯心论"哲学家，据说，他的知识或智慧来自天上，像鹰一样俯视着下面的对象。一个可敬的形而上学家的知识完全从天上开始，并且是从天上到地下的；与之相反，一个科学家的知识却是从地球表面的日常事物开始，然后缓慢地向天上发展的。这两种观点有着根本性的差异。的确，柏拉图居然会说科学家只有意见而没有实质的知识，因为知识只能从抽象的理想导出，而从物质对象中只能产生可疑的和不确定的意见，不会产生比这更有价值的东西。

他的哲学带有数学思想的色彩，这些数学思想是从他的毕达哥拉斯学派的朋友们，尤其是从昔兰尼的塞奥多罗和他林敦的阿契塔那里获得的。我们已经谈到过塞奥多罗，他是一个年迈的长者（参见本书第 282 页），我们马上要回过头来谈阿契塔。我们可以假设,柏拉图接受过良好的数学训练;尽管苏格拉底并不关心数学,但他喜欢使用很容易运用于数学问题的论证形式。因此,就有了这样一种似非而是的情况,即柏拉图数学训练的基础部分来自肯定不是数学家的苏格拉底。

第一部分 数学

柏拉图对数学的总的态度,在《国家篇》中得到充分的说明:

"格劳孔(Glaucon),这正是我们的法律中应该规定的那一类知识,而且我们应当劝说那些将要担任国家最高职务的人们开始学习算术并掌握它,不是作为业余爱好,而是要进行深入的研究,以达到用纯思维对数的本质进行反思的程度;学习的目的不是为他们当商人和小贩要进行的买卖做准备,而是要运用于军事上,运用于灵魂上,以便于灵魂本身从世代交替的世界转向本质和真理。""说得好极了。"他回答说。我又说:"再补充一句,我们已经提到算术的学习,当然,对我来说这种学问中存在着某种美好的东西,如果是为了追求知识而不是为了经商,那么它在许多方面对我们的目的有益。"他问:"你指的是哪些方面?""在我们所谈到的那些方面,算术有着强大的引导灵魂向上的作用,它会驱使灵魂对纯数字进行探讨,绝不默许任何人在讨论中提出与可见和可触摸的具体事物相关的数字。"[1]

无论这段引文在数学方面的重要性如何,由于其法学倾

---

[1] 柏拉图:《国家篇》,525 C-D,保罗·肖里(Paul Shorey)译,见"洛布古典丛书"。

向,它具有典型的柏拉图特点。在柏拉图的眼中,数学是非常重要的,以至于"应当有一个法律"使数学的学习成为将要成为政治家的人的必修课(我想知道我们自己的政治家如何适应这一点)。

当柏拉图谈到数学时,他所想的当然是纯数学,这种纯数学能使我们洞察永恒的真理,而且能提供最好的方法使人的灵魂升华以便接近善的形相,并接近神。柏拉图对"应用数学"的厌恶达到极端的程度,以致蔑视或许除直尺和圆规以外的任何工具的使用。[2]

他的总的观点在"神总在研究几何学"这一命题中得到完美的表述(神原来是一个数学家!)。[3] 学园门上传说的题词"非数学家请勿入内"就是这种观点的一个例证。[4]

在数学领域中可以充分地理解柏拉图的形相,有可能,他正是从他在那个领域中关于形相的构想出发,冒险把它扩展到整个思想领域。如果我们把圆定义为一个封闭的平面曲线,曲线上的每一点到圆心的距离都是相等的,这样我们就创造了一个形相、一个理想的或完美的圆(*autos ho cyclos*),人们所画出的任何一个圆都无法达到它那样完美的程度。这一点也适用于每一个数学定义;我们可以定义一条切线,但即使用最精密的工具也无法画出这样一条线,它与

---

〔2〕 有关这一问题的讨论,请参见希思:《希腊数学史》(第 1 卷,第 287 页—第 288 页,1921)。

〔3〕 这是普卢塔克的观点,他在他的《席间闲谈》第 8 卷第 2 节《为什么柏拉图说神总在研究几何学》(*Quaestiones convivales*, lib. VIII, 2: *Pōs Platōn elege ton theon aei geōmetrein*)中讨论了这一命题。

〔4〕 关于这一传说的拜占庭文和阿拉伯文的历史,请参见《科学史导论》,第 3 卷,第 1019 页。

一个圆只有一个交点。理想的圆是有意义的,但理想的马却没有意义。而按照亚里士多德的观点,柏拉图把数学问题(*ta mathēmatica*)置于略低于纯粹形相的位置,并且认为它们是介于纯粹形相与实际事物之间的,因为三角形的形相只有一个,而“理想的三角形”却有很多。[5] 这似乎有点牵强。尽管这是一种诡辩,我们还是可以有把握地假设,柏拉图的形相论具有某种数学根源,而且我们可以把它的系统阐述当作柏拉图不适当和不合理地把每一事物数学化的一个证据。

　　柏拉图对数学知识的贡献主要是哲学性的;他改进了对数学元素的定义并增加了这些元素的逻辑严密性。要估价这些贡献的程度和它们的独创性是不可能的。学园非常重视数学讨论,其主要成果就是增加了数学的严密性,但这不能绝对归因于这位导师或这个学派的任一成员,从某种程度上说它是集体的成就。

　　柏拉图是否发明了几何分析?具有高度可能性的是,希俄斯的希波克拉底做出了此项发明(参见本书第 277 页)。不过,柏拉图可能对它进行了改进,或者对它进行了更清晰的说明(课堂的讨论很容易导致这一结果),也有可能他是第一个认识到需要用某种综合法对这种分析加以完善的人。

　　分析实例:假如我们要证明 A 等于 B。我们设 A 等于 B,那么,由于 B 等于 C,C 等于 D,D 等于 E,因此 A 等于 E。如果并非如此,则该定理就被归谬法否定。

　　但是,即使 A 等于 E,这个定理也还未被证明,还必须用

〔5〕希思:《希腊数学史》(Oxford,1921),第 1 卷,第 288 页;《亚里士多德的数学》(*Mathematics in Aristotle*, Oxford: Clarendon Press, 1949)[《伊希斯》*41*, 329 (1950)]。

被称作综合的反向推理过程使分析得以完善。

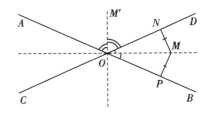

图83　与两条相交的直线等距的所有点的轨迹

综合：如果 A 等于 E，E 等于 D，D 等于 C，C 等于 B，那么，A 等于 B。

柏拉图也可能是问题分析的发明者(或改良者)。

假使要找出与两条相交的直线等距的所有点的轨迹。考虑相交于 O 点的两条直线 AB 和 CD(参见图83)，假设我们发现一点 M，它与这两条线等距。这意味着，如果我们从 M 点向两条直线各画一垂线，线段 MN 和 MP 是相等的。我们再画一条线 OM，并把三角形 OMN 和三角形 OMP 加以比较，这两个三角形是全等的；因此，角 NOM 等于角 MOP。所以，OM 是锐角的二等分线。如果从钝角中的点 M' 来考虑，也能获得类似的结果。

下一步就是画出轨迹，亦即画两条等分线。

最后是进行综合，这种综合就是要证明：(1)二等分线上的任何一点与这两条直线等距，(2)任何其他的点都不与这两条直线等距。

或者假如要我们从点 A 到圆 C 画一切线(这个圆和这个点在同一平面上)(参见图84)。设 AT 为切线，则半径 CT 是从 C 到 AT 的最短距离，且角 ATC 为一直角。AC 所对直角顶点的轨迹是一个圆，AC 就是该圆的直径。我们来作这个圆。它与圆 C 相交于 T 和 T' 两点，因而我们可以画出两条切线 AT 和 AT'。

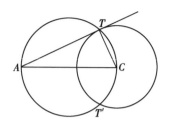

图 84　从一个点画出一条与圆相切的线

综合:我们现在必须证明 AT 和 AT′ 确实是切线,并且除此之外没有其他的切线。

柏拉图是否发展了这些方法？或者,它们是在学园或其他地方,由他的弟子在他参与或没有参与的情况下发展的？要断定这一点是不可能的,但是,柏拉图或学园的发明或者对发明的严密阐述,看起来似乎是非常可能的。

我们已经说明,毕达哥拉斯主义者在音程中所发现的数学规律给柏拉图留下了深刻的印象。因此,数学一方面与音乐联系在一起,另一方面与天文学联系在一起。那么,会不会有人得出这样的结论:天文学中存在着某种音乐？这是一种令人陶醉的思想,它导致柏拉图得出他的天体和谐或世界灵魂和谐的构想。[6]

434　　　读者都很熟悉中世纪的七艺观念,人们一般会把七艺追溯到波伊提乌(活动时期在 6 世纪上半叶),但在圣奥古斯丁(活动时期在 5 世纪上半叶)那里已经能够发现有关它们的论述。[7] 实际上,(就四学所涉及的范围而言)这种观念

---

〔6〕《蒂迈欧篇》,35-36。

〔7〕 亨利·伊雷内·马鲁(Henri Irénée Marrou):《圣奥古斯丁与古代文化的终结》(*Saint Augustin et la fin de la culture antique*,Paris:Boccard,1938)[《伊希斯》*41*,202-204(1950)],主要见于第 211 页—第 275 页。按照下面将要引用的他林敦的阿契塔(活动时期在公元前 4 世纪上半叶)已失传专论之残篇中的观点,毕达哥拉斯数学已被分为 4 个分支:算术、几何学、天文学和音乐。这种划分与四学的划分是完全一样的。

更为古老。文科七艺构成了(而且仍然构成着)某种通识教育(*encyclios paideia*)。[8] 随着时间的推移,它们的数量和内容不断发生着变化。按照我们最熟悉的中世纪组合,七艺被分为两组:即三学(语法、逻辑学和修辞学)与四学(算术、几何学、音乐和天文学)。这意味着中等或高等通识教育完全是数学化的教育。[9] 这种观念往往被归于柏拉图的名下,尽管我们不能把这种观念追溯到比柏拉图时代更古老的时期,但称它为毕达哥拉斯主义的观念更为正确。柏拉图构想了某种数学的四学,但非常奇怪的是,其中并不包含音乐。它包含算术、几何学、测体积学、天文学;测面积学与测体积学之间的区分或平面几何与立体几何之间的区分,显露出当时数学不成熟的迹象。人们所熟悉的四学(包含音乐而没有测体积学)的划分,是由阿契塔勾画出其轮廓的(参见以下引文),后来这种划分消失了;只是到了我们这个纪元的第一个世纪它才重新出现在伪克贝(pseudo-Cebes)的《还愿匾》(*Pinax*)中和科尔多瓦的塞涅卡(Seneca of Cordoba,活动时期在 1 世纪下半叶)的著作中,随后出现在塞克斯都·恩披里柯(活动时期在 2 世纪下半叶)以及波菲利(活动时期在 3 世纪下半叶)的著作中,后来又出现在圣奥古斯丁(活动时期在 5 世纪上半叶)、马尔蒂亚努斯·卡佩拉(Martianus Capella,活动时期在 5 世纪下半叶)、波伊提乌(活动时期在 6 世纪上半叶)、卡西奥多鲁斯(Cassiodorus,活动时期在 6 世

---

[8] 这是个希腊术语,哈利卡纳苏斯的狄奥尼修(活动时期在公元前 1 世纪下半叶)使用过它,普卢塔克(活动时期在公元 1 世纪下半叶)等也使用过它。

[9] 我们称它为高等通识教育;在中世纪,完整的通识教育是专业教育如医学和法律的入门,也是最高等的教育如哲学和神学的入门。

纪上半叶）、塞维利亚的伊西多尔（Isidore of Seville，活动时期在 7 世纪上半叶）以及其他人的著作中。柏拉图并没有提倡中世纪的四学，但正是他导致了高等通识教育的数学化。

正多面体的发现有时也被归功于柏拉图。这意味着什么呢？毫无疑问，在他以前人们就已经知道正多面体；在远古，人们就已经知道最简单的正多面体。而梅塔蓬图姆的希帕索（参见本书第 283 页）或者其他喜欢摆弄五角星形或五边形的毕达哥拉斯主义者，已经知道最难认识的正十二面体。因而我们可以假设，毕达哥拉斯主义者知道 5 种正多面体。他们可以通过把 4 个、8 个或 20 个等边三角形放在一起、把 6 个正方形放在一起或者把 12 个五边形放在一起构成这些正多面体。这并不是十分困难的事情。但他们能否认识到最多只有 5 种正多面体呢？这种认识是大概由泰阿泰德所完成的发现的关键，泰阿泰德把这一发现告诉了他的朋友柏拉图。柏拉图对这一理论是否有独创性的贡献？这一点是非常令人疑惑的。考虑一下，一边是四元素，一边是 5 种正多面体，这两组事物被以某种方式必然地联系在一起，它们不应当有联系吗？柏拉图把正四面体（棱锥体）与火联系在一起，把正六面体（立方体）与土联系在一起，把正八面体与气联系在一起，把正二十面体与水联系在一起。那么，对第 5 种立体应该怎样处理呢？这很容易。柏拉图把它与整个宇宙联系在一起。[10]

有人论证说，由于柏拉图假设土的微粒是立方体、火的微粒是棱锥体等，因而他是一个原子论者。这是一种诡辩。

---

[10]《蒂迈欧篇》，55–56。

毫无疑问,柏拉图和阿那克萨戈拉、亚里士多德一起站在反原子论者这一边。他拒绝真空存在的可能性。[11] 他所感兴趣的只是作为宇宙论类比工具的正多面体,而不是作为"原子"的正多面体。四元素理论是荒谬的,试图使四元素与 5 种立体相吻合的尝试更是加倍荒谬。

人们对另一种神秘的幻想进行了无数评论,这就是《国家篇》中的几何数或婚姻数。[12] 这个数之所以被称作"婚姻"数,是因为柏拉图在使用一种相当朦胧的语言,把它与那个生育完美的统治者们所需要的时间联系在一起。"神圣的生育有一个由某个完满数(arithmos teleios)组成的周期",而这个完满数是由这样一种神喻的方式来决定的,以至于对该数字的解释是变化多端的。确实有两个数而不是一个数需要确定,胡尔奇(Hultsch)和亚当(Adam)以不同方式得出了同样的这两个数。为了举例我们引用他们的解,而并不重视它,因为无论我们是否知道这些数字都无关紧要。这两个数字是 $216 = 2^3 + 3^3 + 4^3 = 2^3 \times 3^3$,* $12,960,000 = 60^4 = 3600^2 = 4800 \times 2700$。

第一个数字 216 也许可以表述为以日计算的人类怀孕期的最短时间。至于那个较大的数字 12,960,000,它"代表了宇宙生命中当前正在经历的两个极长的时期,在这期间,

[11]《蒂迈欧篇》80 C。《科学史导论》,第 3 卷,第 148 页。参见保罗·弗里德兰德(Paul Friedländer):《柏拉图〈蒂迈欧篇〉中关于原子的构造与毁灭的观点》(Structure and Destruction of the Atom According to Plato's Timaeus, University of California publications in philosophy 16,4 fig.;1949),第 225 页—第 248 页[《伊希斯》41,58(1950)]。
[12]《国家篇》,第 8 卷,546 B-D。
    * 原文如此。——译者

世界的盛衰变迁交替出现,3600² 这种组合意味着柏拉图在《政治家篇》中所描述的均匀的循环,而 4800×2700 这种组合则意味着不同的循环"。[13]

让我们从另一个角度来探讨这个问题。3600 这个数是六十进制中的一个单元,这暗示着它可能来源于巴比伦:$12,960,000 = 3600 \times 3600 = 360 \times 36,000$,亦即每年有 360 天的 36,000 年;[14] 按照贝罗索斯(活动时期公元前 3 世纪上半叶)的观点,36,000 年这个周期是一个巴比伦周期持续的时间,它后来被称作大柏拉图年(*magnus platonicus annus*)。此外,

来自尼普尔和西巴尔的神庙图书馆以及亚述巴尼拔图书馆的所有乘法表和除法表,都是以 12,960,000 为基础的。这种一致几乎不可能是偶然的。我们必然会得出这样的结论:柏拉图,说得更准确些,他紧紧追随的毕达哥拉斯,从巴比伦人那里借用了他那著名的数和全部思想,这种思想对人类生活产生了决定性的影响。[15]

有一点是很清楚的:几何数几乎可以肯定来源于巴比伦,但我们不必为柏拉图对它的解释或现代对柏拉图解释的解释而担忧。这是《蒂迈欧篇》所造成的典型的伤害,许多学者绞尽他们可怜的脑汁,甚至可能已经被神圣的柏拉图用

〔13〕参见《政治家篇》,270。詹姆斯·亚当(James Adam):《柏拉图的〈国家篇〉》(*The Republic of Plato*, Cambridge, 1902),第 2 卷,第 201 页—第 209 页,第 264 页—第 312 页。关于这个几何数,也可参见《科学史导论》,第 1 卷,第 115 页;希思:《希腊数学史》,第 1 卷,第 305 页—第 308 页。

〔14〕在柏拉图时代,360 天为一年的思想已经极为过时了。

〔15〕H. V. 希尔普雷希特:《尼普尔神庙图书馆中有关数学、度量衡学和年代学的泥板》(Philadelphia, 1906),第 31 页。

如此严肃的术语给他们出的难题逼得心神不宁、精神错乱了。我们不应模仿他们，而应该把对柏拉图之谜的解答丢给智者，或者更恰当地说丢给傻瓜。[16]

即使柏拉图没有做出数学发现（尚无证据证明他做出过任何这样的发现），他大概也可以算是一个新式的数学家，当然，他无疑是一个业余数学家。[17] 即便如此，他对数学发展的影响仍然是巨大的。普罗克洛（活动时期在 5 世纪下半叶）在其对欧几里得《几何原本》第 1 卷的评论中非常简洁地指出这一点：

由于他对整个数学尤其是几何学的热情导致它们的重大进步，当然，在他充满数学例证的著作中，以及在试图激起那些研究哲学的人们对这些学科的敬佩之情的任何地方，这一点都非常显而易见。[18]

可能没有比这更好的评价了。正是由于柏拉图，高等文科才得以数学化。他的数学热情是富有感染力的。一个人在懂得数学以前必须热爱它，否则，他可能永远也不会去学它；这就是柏拉图向其他人传授的那种信念。虽然他在数学上无所建树，但是他培养出了数学家。

---

[16] 柏拉图轻率地对（来自形相的）真正的知识与（我们会称作科学知识的）意见进行了区分。真正应该区分的是理性的、可证明的知识与（不可思议的和无意义的）伪知识。在许多昏头昏脑的柏拉图主义者看来，几何数的获得标志着智慧的顶峰，但所谓几何数是绝对无意义和无价值的。

[17] 朱利安·洛厄尔·库利奇（Julian Lowell Coolidge）:《伟大业余爱好者们的数学》（The Mathematics of Great Amateurs, Oxford: Clarendon Press, 1949）[《伊希斯》41, 234-236（1950）]。这本令人喜爱的书的第 1 章全部用来讨论柏拉图（第 1 页—18 页）。

[18] G. 弗里德莱因（G. Friedlein）:《普罗克洛对欧几里得〈几何原本〉的评论》（Procli in primum Euclidis elementorum commentarii, Greek text; Leipzig, 1873），第 66 页，第 8 行—第 14 行；希思:《希腊数学史》，第 1 卷，第 308 页。

　　他一而再、再而三地表示，一个有身份的人应该懂得数学，正是由于这个原因，数学成了英国公立学校所保持的古典传统的一个基础的部分。大部分孩子把学习数学看作必不可少的事情，就像他们吃鱼肝油一样；这是一个痛苦的过程，但人们必须顺应它；不过，有些人非常热情地迷上了它。柏拉图是他们的启蒙者和领路人——至少在这方面，他是一个很好的领路人。

　　不幸的是，柏拉图在以下这一点与其他业余爱好者甚至天才的业余爱好者并无不同，即他的热情辜负了他，并且导致他严重地滥用数学。对他的这种滥用，我们在这一章以及前一章中已列举出足够的事例。他是一个极端的数学家。

　　柏拉图在学园开创的这种数学传统被他的继任者延续下去，学园在数个世纪中一直是数学家的摇篮。我们现在来谈谈与他同时代的受过他影响并且反过来又影响他的人。这是一种很奇特的情形：他们是真正的数学家，而他并不是，但他们或许要把他们的职业归功于他，因为无论如何，是他培养了这个职业。

　　对实际从事数学史研究的人来说，从柏拉图转向真正的数学家、从连篇的空话转向珍贵的成果是一种巨大的解脱。接下来我们将把我们的讨论限制在泰阿泰德、萨索斯的莱奥达玛（Leodamas of Thasos）、尼奥克利德（Neocleides）、莱昂（Leon）、阿契塔以及他们当中最伟大的欧多克索。

一、泰阿泰德

　　我们对泰阿泰德（约公元前 415 年—约公元前 369 年）的生平所知不多，甚至不知道他父亲的名字，但我们知道他是一个雅典人,是苏格拉底和昔兰尼的塞奥多罗的学生,并且与柏拉图和阿契塔是同时代的人。

以《泰阿泰德篇》为标题的对话,是柏拉图最优秀的对话之一,这是在苏格拉底去世前不久,年轻的数学家泰阿泰德与昔兰尼的塞奥多罗和苏格拉底的谈话。他们的谈话并不是从开篇起直接叙述的。在他们的对话前还有一个序曲,描述了公元前369年在麦加拉,欧几里得在自己的房前与麦加拉的忒尔西翁(Terpsion of Megara)进行的谈话。欧几里得告诉忒尔西翁[19],当他去港口时,他遇到了泰阿泰德,由于在科林斯附近为雅典人的战斗中负了伤,泰阿泰德正在被送往雅典,在伤痛和痢疾的折磨下,泰阿泰德已经奄奄一息。他们称赞了泰阿泰德的勇气和天才,欧几里得回想起他记录下来的一次特别的对话,他的仆人为他们读了这一对话。由此而言,《泰阿泰德篇》是一个对话中的对话。鉴于柏拉图认识这个人,我们可以信赖他对泰阿泰德的具体描写。塞奥多罗用以下这些话把他介绍给苏格拉底:

好吧,苏格拉底,我结识了一个非常出色的雅典青年,值得推荐给你,也值得你关注。如果他长得俊美,我就不敢赞扬他,以免你猜测我与他有恋情;但他并不俊美,如果我说他长得很像你,你千万不要生气;他塌鼻暴眼,只不过他的这些特征没有你那么显著。[20]

在对话的结尾处,苏格拉底对泰阿泰德说,他的"塌鼻"是他的特征。因此,即使我们对泰阿泰德并不十分了解,我

〔19〕麦加拉的忒尔西翁,苏格拉底去世时其在场的弟子之一(参见《斐多篇》,59C)。
〔20〕乔伊特译本,第4卷,第195页;《泰阿泰德篇》,143。

们仍能凭借我们的想象力辨认出他。

从这一对话我们还可以推断,泰阿泰德不仅是一个数学家,而且还是一个哲学家,他对感官所感知的数与心灵所构想的数进行了区分。这没有什么可大惊小怪的,因为那个时代的每一个数学家都是一位哲学家。

此外,我们可以肯定,他是一个毕达哥拉斯主义者,因为他的荣誉来源于无理数理论和正多面体理论,而这两个理论都与毕达哥拉斯学派有关。

在前面介绍泰阿泰德的老师昔兰尼的塞奥多罗(参见本书第282页—第285页)时,我们已经谈到无理数的早期历史。泰阿泰德继续详尽地阐述了这一理论;他引入对不同种类的无理数(中项线、二项线、余线)的区分,《几何原本》第10卷对这些无理数进行了描述。[21] 尤其是该卷命题9(若两个正方形的边长之比不等于一个平方数与另一个平方数之比,则它们的边长不是可公度的)肯定应归功于他。简而

438

---

[21] 泰阿泰德为欧几里得在《几何原本》第10卷中对无理数的详细分类奠定了基础,这种分类是很麻烦的,而且,尽管它很准确,但已经过时了。按照欧德谟(活动时期在公元前4世纪下半叶)的说法,泰阿泰德把中项线、二项线、余线这三种特定的无理数分别与算术平均、几何平均和调和平均联系在一起。由于我不喜欢使用未定义的术语,在这里,按照欧几里得《几何原本》第10卷给出(多种无理数中的)这三种无理数的定义,命题21:由仅是正方可公度的两有理线段所包含的矩形是无理的,且与此相等的正方形的边也是无理的,我们称后者为**中项线**(*mesē*)。命题36:如果把仅正方可公度的两有理线段相加,则其和是无理的;我们称此线段为**二项线**(*ec duo onomatōn*)。命题73:若从一有理线段减去一与此线仅正方可公度的有理线段,则余线段为无理线段,我们称此线段为**余线**(*apotomē*)。

　　实例:"黄金分割"的两条线段都是余线(欧几里得:《几何原本》第13卷,命题6)。

言之,他为包含在《几何原本》第 10 卷中的知识奠定了
基础。[22]

在正多面体理论方面,据说泰阿泰德发现了正八面体和
正二十面体,而且他是第一个撰写讨论 5 种正多面体著作的
人。事实上,这个说法的前一部分不可能是正确的。更早的
毕达哥拉斯主义者已经知道这两种多面体,而且大概能用 8
个或 20 个(用皮革、木头或石材切割成的)等边三角形来构
造它们了。也就是说,使 3 个、4 个或 5 个(大小相等的)等
边三角形围绕一个共同的顶点排列,它们就能形成立体角,
把 4 个、6 个或 12 个这样的立体角组合在一起,就能构成正
四面体、正八面体和正二十面体。这是一回事,但几何学构
造则完全是另一回事。他们甚至认识到这一点,即正多面体
有 5 种,除此之外不可能有更多种正多面体。

泰阿泰德是第一个撰写论述 5 种正多面体著作的
人。[23] 他写了多少?就无理数而言,我们可以把《几何原
本》第 10 卷的一部分归功于他,但具体是哪一部分难以确
定;至于正多面体,我们可以用同样不太准确的方式把该书
第 13 卷的一部分归功于他。对他来说,研究正多面体是很
自然的,正多面体的数学构造隐含着无理数。如果他写过有

---

[22] 有关讨论请参见希思:《希腊数学史》,第 1 卷,第 209 页—第 212 页;欧几里得:
《几何原本》(Cambridge),第 2 版(1926),第 3 卷。流传至今的帕普斯(Pappos,
活动时期在 3 世纪下半叶)对《几何原本》第 10 卷的评论(111 年—112 年),只
有艾布·奥斯曼·迪米什奇(Abū ' Uthmān al-Dimishqī,活动时期在 10 世纪上半
叶)的阿拉伯语译本;这个阿拉伯语文本由威廉·汤姆森(William Thomson)编辑
和翻译(Cambridge,1930)[《伊希斯》16,132—136(1931)]。古斯塔夫·容格
(Gustav Junge)为该书增加了一篇(德语的)有关无理数理论的历史论述。
[23] 这是一个后来的证人苏达斯(活动时期在 10 世纪下半叶)所说的,这一传说似
乎是可信的。

关这 5 种多面体的著作,那就意味着他知道除了这 5 种之外不可能有更多种正多面体。他能知道吗? 为什么不能呢? 毕竟,欧几里得给出的证明[24]已经非常简单了,以至于在这里我们完全可以拿来就用(不过,为了更清晰,我将用我自己的方式来表述)。

只能有 5 种正凸多面体。

1. 在每一立体角中平面角的和小于 4 个直角。只有把立体角绕其顶点完全平铺时才能达到最大值(4 个直角);而如果这样,立体角就不复存在了。

2. 如果表面为等边三角形时,那么它们可以围绕一个点排列如下:

(i)当围绕这个点的是 3 个三角形时,构成的多面体将是一个正四面体或棱锥体(有 4 个面);

(ii)当围绕这个点的是 4 个三角形时,构成的多面体将是一个正八面体(有 8 个面);

(iii)当围绕这个点的是 5 个三角形时,构成的多面体将是一个正二十面体(有 20 个面)。

(围绕这个点的不可能是 6 个三角形,因为 6 个这样的角将等于 4 个直角。)

3. 如果表面为正方形,只能有 3 个面围绕同一点排列,而构成的多面体将是一个正六面体(立方体,有 6 个面);

4. 如果表面为正五边形,只能有 3 个面围绕同一点排列(因为一个正五边形的角等于一个直角的 6/5),构成的多面体将是一个正十二面体(有 12 个面)。

[24]《几何原本》,第 13 卷,命题 18。

5. 不可能再有其他的多面体,因为正六边形的角等于一个直角的 4/3,3 个这样的角就等于 4 个直角了。

6. 因此,只能有 5 种正多面体,它们分别有 4 个、6 个、8个、12 个和 20 个相等的面。

有必要在证明的开始加上"凸"这个词,因为很久以后发现有非凸的其他一些正多面体存在;这些多面体称作星形多面体,它们相对于正凸多面体,有点像五角星形相对于五边形。1810 年,路易·普安索(Louis Poinsot,1777 年—1859年)发现了 4 种星形多面体,亦即 3 种十二面体和一种二十面体;1813 年奥古斯丁·柯西(Augustin Cauchy,1789 年—1857 年)证明,这 9 种多面体就是正多面体系列的全部;他的证明是严格的但证明起来比较难。约瑟夫·贝特朗(Joseph Bertrand,1822 年—1900 年)把这一证明简化了,他证明,每一个星形多面体的顶点必然是一个同中心凸多面体的顶点。因而,考虑 5 种毕达哥拉斯多面体就足够了,而且考察它们,并按照不同方式把它们的顶点组合,就可以获得其他正多面体。[25]

回到那 5 种正凸多面体,只能有 5 种这样的多面体这一发现,无论是否由泰阿泰德完成的,必然都十分令人惊讶和震惊。对多边形的研究并不是这一发现的先导,因为正多边形的数量是无限的。如果一个正多边形有 n 条边,人们很容易就能构造出 $2n$ 条边、$4n$ 条边等等的其他多边形。从无数

[25] 加斯东·达布(Gaston Darboux):《学术颂歌》(Eloges académiques,Paris,1912),第 33 页。正多面体思想的另一种扩展,导致所谓阿基米德多面体观念。这样的多面体有 13 种,其中每一种的立体角都是相等的;构成面均为正多边形,但它们并不都是同种多边形。

多边形向非常少的只有 5 种的这一小组多面体的过渡是很奇特的。这种非同寻常的和突然的限制在柏拉图看来是一种数学之谜,它需要某种哲学的解释。如果正多面体限制在 5 种,这 5 种多面体(后来被称作柏拉图多面体)的每一种必然具有某种确定的含义。它们不可能与行星有关,因为行星有 7 颗。柏拉图自己想到 4 种元素;那么,第 5 种多面体可能代表整个宇宙。这种理论拼凑,再加上为剩余的多面体寻找其含义,是数字命理学家和其他神秘主义数学家所发明的类推的典型;他们必须常常改变他们的游戏规则,以便证明他们想要证明的东西。在柏拉图对正多面体的解释中,柏拉图滑向了中国宇宙论者的水平。

二、莱奥达玛、尼奥克利德和莱昂

这 3 位数学家标志着在学园的影响下的几何学发现的进展及其组织的发展,关于他们,我们所知道的仅仅是普罗克洛在其对欧几里得《几何原本》第 1 卷的评论中所告诉我们的那些信息,这些信息很不充分,令人干着急。

普罗克洛说:

大约在同一时期,萨索斯的莱奥达玛、他林敦的阿契塔和雅典的泰阿泰德使定理的数量增加了,并且把它们置于某种更为科学的语境中;然后,比莱奥达玛年轻的尼奥克利德和他的弟子莱昂[活动时期在公元前 4 世纪上半叶],创造出比他们的前辈更多的成就,这些成就如此之多,以至于莱昂有能力把(由于其数量和其实用性而非常重要的)《几何原本》(*ta stoicheia*)诸卷汇编起来,并且能发现一些区别(*diorismoi*),从而可以说明一个题什么时候是可解的、什么时候是不可解的。[26]

这就是他关于莱奥达玛和莱昂的全部论述,不过,关于莱奥达玛他又补充说:"柏拉图向他解释了分析方法,据说,这使得他(莱奥达玛)有能力在几何学方面做出许多发明。"这一信息是不充分的和模糊的,但它有助于我们认识到与柏拉图同时代的年轻人进行了许多几何学研究。在新定理的发现方面,更为重要的是,在用一种单一的综合法使这些定理更好地结合成一个统一的整体方面,他们之间存在着一种竞争关系。关于阿契塔,普罗克洛没有说更多,但幸运的是,我们从各种其他来源可以了解到许多有关阿契塔的信息。

三、他林敦的阿契塔

在柏拉图于公元前388年第一次访问西西里岛的时候,他认识了毕达哥拉斯主义者阿契塔;阿契塔在他林敦是一个非常重要的人,因为他不仅是一个哲学家和数学家,而且还是一个政治家(或国务活动家)和将军。据说他通过他对狄奥尼修的影响救了柏拉图的命。在柏拉图最后一次访问西西里岛(公元前361年—前360年)时,阿契塔依然健在。

从阿契塔失传的著作的残篇可以断定,他是一个具有丰富而复杂的个性的人。其中的一个残篇说明,后来在**四学**中具体化的数学的学科分类,已存在于早期毕达哥拉斯主义者的心中,或者至少,已存在于阿契塔自己的心中了。

在我看来,数学家(*hoi peri ta mathēmata*)已经得出正确

---

[26] 参见 G. 弗里德莱因:《普罗克洛对欧几里得〈几何原本〉的评论》(Leipzig, 1873),第66页和第211页;维尔·埃克(Ver Eecke):《普罗克洛对欧几里得〈几何原本〉第1卷的评论》(*Commentaires de Proclus sur le premier livre d'Euclide*, Bruges:Desclée De Brouwer,1948)。

的结论,因而他们对每一种个体事物的本质有一种可靠的观念并不奇怪;这是因为,能够得出这样正确的有关宇宙本质的结论,他们必然也能认清特殊事物的本质。因此,他们把有关星辰的速度、它们的升起和落下的明晰的知识,把有关算术几何学和球面几何学以及相当重要的有关音乐的明晰的知识传给我们;因为(数学)知识的这些分支似乎是姐妹学科。[27]

阿契塔是一个天文学家,他的这一声望在诗人贺拉斯(公元前65年—前8年)时代依然不减当年,贺拉斯在其一卷诗歌中对此进行了赞扬。[28] 阿契塔对宇宙的界限或无限性进行了沉思,并且得出结论说,它必然是无限的。在他的数学成就中,最令人惊讶的是他解决了著名的倍立方问题。希俄斯的希波克拉底把这个问题简化为在两条给定的直线的连比中寻找两个比例中项。阿契塔借助3个旋转曲面的相交确定了这两个比例中项。其中的两个曲面即柱面和环面(或圆环面)与内径零点的相交构成了一条倍率曲线。该曲线穿过第三个曲面即直角锥面的那个点,给出了问题的解。这是倍率曲线应用史上的第一个例子。阿契塔的大胆令人大为惊奇。

在力学方面阿契塔是一个富有创造力的人。据说他发明了一个飞行玩具—— 一只木鸽子,但是,在它落下来以后就没有再继续它的飞行。在亚里士多德的《政治学》中,我们发现,那里很有趣地提到了另一件玩具:

---

[27] 阿契塔的残篇见于狄尔斯:《前苏格拉底残篇》,卷1⁴,第330页—第331页;英译本见希思:《希腊数学史》,第1卷,第11页。

[28] 贺拉斯:《歌集》(*Odes*),第1卷,28。

儿童们总须有事可做,阿契塔的响器就是一个极好的发明,由于小孩子总是不能安静下来,父母可以用这种响器来供他们的子女娱乐,以防止孩子们打破家中的任何物品。[29]

假如这段逸事提到的就是我们所说的阿契塔,那么它是很有趣的,不过它无助于我们对他的数学天才的评价。制造出飞行的木鸽子大概是一项非常卓越的成就,但是,制造一个好的响器并不需要力学方面的天才。

阿契塔是否写过一本有关力学方面的著作(而它当然是第一部这类著作)?我们不知道。他是不是理论力学的奠基者?[30]我们没有权利做出这样的论断。我们所能说的只是,他(在力学这个词原始的意义上)对力学感兴趣;正是在他改进有关音乐的数学研究的时候,他可能看到了力学与数学之间可能的关系;[31]他发现了一个数学问题的力学答案,[32]他可能还想到把数学应用于力学。我们只能到此为止,不能再多说了。无论如何,这位西西里岛的哲学家和数学家是他的一个更伟大的同胞——叙拉古的阿基米德(活动时期在公元前3世纪下半叶)的某种榜样。

---

[29] 亚里士多德:《政治学》,1340 B;乔伊特译本见于牛津英语版《亚里士多德文集》(Oxford English Aristotle)。这一信息出现在一段对儿童音乐教育的讨论中。我们无法担保,亚里士多德提到的阿契塔就是我们所说的他林敦的阿契塔。这个名字是很常见的。

[30] 在我的《科学史导论》第1卷第116页,我的陈述是不谨慎的。

[31] 他以不和谐、半音和全音这三个音阶为基础,给出了表示四度音阶之音程的数值比;参见希思:《希腊数学史》,第1卷,第214页。

[32] 即前面已经提到过的倍立方问题。若想理解他对那一非凡之解的发现,我们必须非常具体地从力学方面来考虑它。

四、尼多斯的欧多克索

如果我们信任第欧根尼·拉尔修(活动时期在 3 世纪上半叶),我们就没有理由不相信他记述的内容,欧多克索的生平是众所周知的,对国际关系的研究者来说,它具有非同寻常的意义。他的生卒年代不详,但我们可以假设它们分别大约是公元前 408 年和公元前 355 年。[33] 欧多克索是埃斯基涅的儿子,出生于尼多斯;他师从阿契塔学习几何学,师从洛克里的菲利斯蒂翁学习医学。在 23 岁时(大约公元前 385 年),他旅行到雅典,并且成为柏拉图的一个学生(学园已于公元前 387 年开学);他的旅行费用由塞奥麦冬(Theomedon)医生支付。他非常穷,因而在比雷埃夫斯登陆之后,他就一直待在那里,每天步行去雅典。过了两个月这样的生活之后,他返回尼多斯;后来,他又与尼多斯的医生克吕西波一起到埃及旅行,带了一封阿格西劳(Agesilaos)给奈克塔纳比(Nectanabis)的引见信,[34] 阿格西劳把他推荐给祭司们(有学问的人们)。他在埃及待了 16 个月,适应了他的主人们的生活习惯(他把胡须和眉毛剃掉了),他在那里撰

---

[33] 据假定,他的活动高峰期大约在公元前 367 年。参见乔治·德·桑蒂拉纳 (George de Santillana):《欧多克索和柏拉图——年代学研究》("Eudoxus and Plato, A Study in Chronology"),载于《伊希斯》32, 248-262(1940-1949),他会把这个时间推后 10 年。没有接触过第欧根尼·拉尔修的《名哲言行录》第 8 卷 86-91 的研究者们,将会在桑蒂拉纳的论文第 251 页中找到相关的文本。

[34] 阿格西劳,公元前 398 年—前 361 年任斯巴达国王,色诺芬的朋友。奈克塔纳比[奈克塔勒比(Nekht-har-hebi)]是塞比奈特王朝(Sebennite dynasty,大约公元前 378 年—前 350 年)的第一任国王,该王朝是在公元前 525 年被波斯征服之后和公元前 332 年被亚历山大征服之前,在埃及重建的并无稳定的独立性的本土王朝之一。奈克塔纳比的统治时期大约是从公元前 378 年至公元前 364 年。把这些事实放在一起,它们暗示着欧多克索是在公元前 378 年至公元前 364 年之间去埃及的,但在那里只停留了 16 个月。

写了他的《八年轮历》(*Octaëtēris*)。他从埃及去了基齐库斯
(Cyzicos),在(马尔马拉海)普洛庞提斯南岸登陆,并去了附
近的其他地区,以做教师(*sophisteuonta*)为生,随后返回他的
故乡,并进入哈利卡纳苏斯的摩索拉斯的朝廷。[35] 后来,他
又访问了雅典,但这次他不是作为一个穷学生而是作为一位
由其弟子陪同的大师去那里的。柏拉图宴请他以示敬意。
在他返回尼多斯后,他帮助其同胞制定法律,并且得到他们
极大的尊敬。

雅典的阿波罗多洛(活动时期在公元前 2 世纪下半叶)
说,他于 53 岁时去世(如果我们把他的出生定在公元前 408
年,那么他逝世的这一年就是公元前 355 年)。按照阿尔勒
的法沃里努斯(Favorinos of Arles,活跃于 117 年—138 年在
位的哈德良皇帝时代)* 的观点,当欧多克索在埃及与赫利
奥波利斯的克努菲斯(Chonuphis of Heliopolis)在一起时,神
牛埃皮斯(Apis)舔了他的斗篷,祭司们论证说他会成为一个
名人但不长寿。(第欧根尼转述了阿波罗多洛和法沃里努斯
的以上陈述。)

埃及祭司的预见在欧多克索的年龄方面得到了不完全
的证实(因为活到 53 岁还不算很短命),在他的声誉方面得
到了完全证实。他被认为是他那个时代最伟大的数学家和
天文学家,即使在对整个科学史进行最简洁的概述时也必然

---

[35]　摩索拉斯于公元前 377 年至公元前 353 年任卡里亚国王。

　*　法沃里努斯(活动时期在 2 世纪)是罗马帝国时期的怀疑论哲学家和修辞学家,
　　出生在高卢的阿尔勒,但从早年起就开始其在希腊、意大利和东方之间的终身旅
　　行,他以博学和善辩闻名于雅典和罗马,最重要的著作是 10 卷本的《皮罗隐喻》
　　(*Pyrrhonean Tropes*),但除论文《论流放》外,其余著作仅存有一些残篇。——译
　　者

要谈到他。知道柏拉图的人更多一些,但从科学的观点来看,柏拉图时代应被称作欧多克索时代。

从以下这三个方面的成就来看,欧多克索完全应获得其在数学上的声望:他的一般比例论、黄金分割和穷竭法。基于这三个方面,他理应被称作各个时代最伟大的数学家之一。

由于昔兰尼的塞奥多罗和雅典的泰阿泰德在无理数方面的革命性发现,一种新的比例理论已成为必不可少的了。毕达哥拉斯主义者已经观察了数与线之间的对应关系(例如三角形数、平方数以及毕达哥拉斯定理等)。两条线段的比也许可以用两个整数 m 和 n 的比来表示,反之,m/n 也许可以表示具有单位长度 m 和 n 的两条线段的比。现在新发现的线段或数,亦即无理数(alogos)[36],不是整数,而且不能用任何整数的比来表示。毕达哥拉斯的数学结构因此正在坍塌。在这种情况下,出路只有两个:要么拒绝几何与算术之间的对应关系;要么承认有一种新的数,即无理数。第二种选择比非数学家们所能想象的要复杂得多,因为这不仅意味着对这些数的定义和对它们存在的证明,而且也意味着,需要证明可以像其他数那样运用无理数,并要证实已经包含或可能包含无理数因素的几何学证明是合理的。换句话说,必须扩展数的观念,以便把无理数包括在内,而且也必须扩展长度的观念,以便即使某些线段的长度是无理数,有关任何线段的定理依然是正确的。这就是欧多克索在其一般比例

[36] 正方形的对角线就是一个无理线段;边长为 1 个单位长度的正方形的对角线为无理数 $\sqrt{2}$。

理论中所完成的扩展,后来,欧几里得在其《几何原本》第 5
和第 6 卷中又对此进行了发展。不可能非常精确地说出,在
这方面泰阿泰德做出多少贡献,欧多克索做出多少贡献,但
传统上认为,后者的贡献是决定性的。

　　什么是黄金分割? 按照普罗克洛的观点,[37]有关"分
割"的(ta peri tēn tomēn) 定理是从柏拉图开始的,而泰阿泰
德把分析方法应用于这些定理之上。更有可能的是,这些定
理是由泰阿泰德或其他数学家发现的,而柏拉图把它们应用
到他自己的想象上了。在" the section"(hē tomē) 中定冠词的
这种奇怪的使用一定是指一种非常特殊的分割,几乎可以肯
定是指一段直线按中末比分割的,[38]在构造五边形和十二
面体时必然要进行这样的分割。后来,这种非同寻常的分割
被[路加·帕乔利(Luca Pacioli) 于 1509 年]称作神圣分割,
再后来又被称作黄金分割。[39] 黄金分割这个术语获得了巨
大的成功,此种特别分割是美的一种奥秘这一观念,被许多

---

[37] 弗里德莱因的版本,第 67 页,6。

[38] 欧几里得:《几何原本》,第 2 卷,命题 11;第 6 卷,命题 30。为了帮助读者回忆,
以下是《几何原本》第 2 卷的命题 11:"分一已知线段,使它和一小线段所构成的
矩形等于余下线段上构成的正方形。"或者,用代数的语言讲,已知线段 a,把它
分为两个部分 x 和 $a - x$,从而使得

$$a/x = x /(a - x) 。$$

其解是很容易的(参见图 85)。已知线段
AB 等于 a,在 B 点作一等于 a 的垂线,以
它作为圆 C 的直径。连接 AC,则 AC 与圆
周相交于 D。以 AD 为半径的圆与线段
AB 相交于 E,从而把它按中末比分割。它
的证明是非常简单的,我们无须引证。

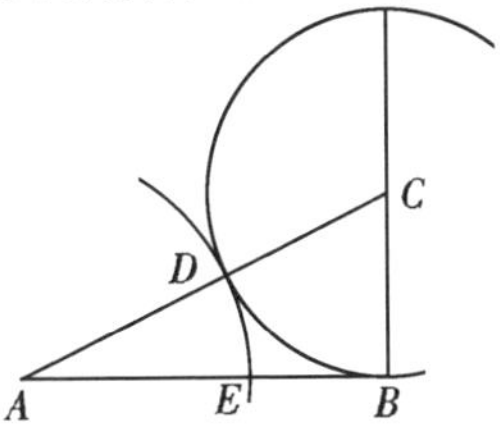

图 85

[39] G. 萨顿:《疑问 130:黄金分割这个术语或与其等价的术语何时在其他语言中出
现?》("Query No. 130. When Did the Term Golden Section or Its Equivalent in Other
Languages Originate?") ,载于《伊希斯》42,47(1951) 。

艺术家和神秘主义者玩弄了。[40]

　　欧多克索对黄金分割理论的贡献使他获得了一些声望和吸引力，但他最杰出的数学成就还是一般比例论和穷竭法。

　　穷竭法是第一种真正的无穷小法，它以一种严格的极限概念为基础。由于发明了这一方法，欧多克索成为积分的古代先驱之一。在他以前，有人就计算过简单面积的积分，例如，圆与圆的面积之比等于它们直径的平方之比[41]这一结果毫无疑问业已得出。的确，据说希波克拉底已经证明了这一定理。他是如何证明的呢？

　　欧几里得给出的证明是以欧多克索所发明的穷竭法为基础的，因而我们可以假设，它实质上是欧多克索的证明。

　　已知两个面积分别为 A 和 B、半径分别为 a 和 b 的圆；我们断言 $A/B = a^2/b^2$。

　　以前业已证明，圆内接相似多边形之比等于圆的直径的平方之比。[42] 证明这一点很容易，困难的是越过这个界限。

　　（1）我们在圆 A 和圆 B 中分别内接面积为 A' 和 B' 的正多边形，使其边的数量如此之多，以至于差 $A-A'$ 和 $B-B'$ 为任意小。

　　（2）我们必须证明

$$a^2/b^2 = A/B。$$

[40] 有关的一般讨论，请参见 G. 萨顿：《对称原则及其在科学和艺术中的应用》（"The Principle of Symmetry and Its Applications to Science and to Art"），载于《伊希斯》4，32-38(1921)。
[41] 欧几里得：《几何原本》，第 12 卷，命题 2。
[42] 欧几里得：《几何原本》，第 12 卷，命题 1。

我们先假设这一等式为假,从而有

$$a^2/b^2 = A/C。$$

C 是否能比 B 小呢?

我们可以减小 $B - B'$ 的差,从而使得

$$B - B' < B - C \text{ 或 } B' > C。$$

等式

$$a^2/b^2 = A/C = A'/B'$$

是矛盾的,因为

$$A > A', C < B'。$$

还可以同样的方式证明,C 不可能大于 B。如果 C 能够既不小于又不大于 B,那么,$C = B$,定理得到证明。

可以把这一方法加以推广,但古人们未能这样做。穷竭法是一种严格而特殊的方法;一种特别的证明必须用每一个事例来阐明。它的应用使得欧多克索可以严格证明德谟克利特所发现的有关棱锥体和圆锥体的体积的公式。[43]

到了公元前 4 世纪中叶,主要是由于泰阿泰德和欧多克索的努力,几何学已经被提高到一个相当高的接近欧几里得水平的层次。现在,我们跨过直观发现的阶段,在逻辑方面有过良好训练的数学家已不再满足局部的结果;他们需要严密。柏拉图对这方面的发展有什么贡献呢?若要说明这一

---

[43] 阿基米德在其(只是到了 1906 年才被海贝尔发现的)《方法》中说:"当我们以前已经用这种方法获得有关问题的某种知识时,提供证明当然比在没有任何先行知识的情况下找到该种证明更为容易。就圆锥体的体积是等高的圆柱体体积的三分之一、棱锥体的体积是等高的棱柱体体积的三分之一这些定理来说,其证明是由欧多克索首先发现的,但首先对上述这些图形做出如此断言的是德谟克利特,尽管他没有给出证明,这就是我们丝毫不应减少理应归于德谟克利特的荣誉的原因。"此段文字由 T. L. 希思翻译,见于他的《阿基米德的〈方法〉》(The Method of Archimedes,152 pp. ; Cambridge,1912),第 13 页。

点是不可能的。他可能坚持清晰性和完备的逻辑，但主要的成就即纯数学成就并不是他获得的。他可能帮助了数学家，数学家们没有他依然可以成功；而他没有数学家就一事无成。

第二部分　天文学

在柏拉图时代，天文学方面的成就像数学方面的成就一样辉煌，它们主要是由同一个人即尼多斯的欧多克索完成的。我们必须讲述的历史是相当复杂的。我们将首先讨论那些被归功于巴比伦天文学家的成就。在希腊，必须把天文学史分为三个部分：天文学先驱时代、欧多克索时代、柏拉图和奥普斯的菲利普时代。

一、西丹努斯

为了说明巴比伦天文学家在希腊天文学发展中所起的作用，我们必须考虑更早一些时期的情况。按照托勒密（活动时期在 2 世纪上半叶）的说法，[44]尼西亚的喜帕恰斯（活动时期在公元前 2 世纪下半叶）把自己对恒星的观察结果与一个世纪以前阿里斯提吕斯（Aristyllos，活动时期在公元前 3 世纪上半叶）和提莫恰里斯（Timocharis，活动时期在公元前 3 世纪上半叶）在亚历山大所做的其他观察进行了比较，并且得出结论说，所有星辰都在稍微向东移动，也就是说，他发现了春分点岁差。喜帕恰斯假设，星辰在黄经方向上的位移亦即岁差，一年总计为 45″或 46″，一个世纪将为 1°10′。（托勒密将岁差修正为每年 36″，或者更确切地说，一个世纪将

---

[44]《天文学大成》（*Almagest*），第 7 卷，1–2。

为 1°,但是,喜帕恰斯更接近真理,每年岁差的实际值是50″.26。)喜帕恰斯能否注意到数量上仅为 1°的差异? 能,这并非不可能的事,但是,如果他可获得更古老的观察结果,[45]而且可获得巴比伦人所进行的精确观察的结果,对他来说,发现岁差会更容易一些。托勒密参照了迦勒底人在公元前 244 年、前 235 年和前 229 年所进行的观测的结果。[46]有人提出这样的理论,不仅喜帕恰斯已经掌握早期的东方观测结果可供他使用(这是完全有可能的),而且岁差早在公元前 379 年就已经被巴比伦天文学家西丹努斯发现了。[47]

可以肯定,迦勒底的天文学家们收集了大量极为精确的

115

---

[45] 然而,认识到这一点是令人震惊的,即尽管相对于喜帕恰斯来说,托勒密所基于的基础多了三个世纪,但他对岁差的确定却比喜帕恰斯错了 26%。喜帕恰斯是一个非常严谨的观察者,托勒密则是一个很粗心的观察者。比这更糟的是,《天文学大成》中的"星表"(Catalogue of stars)不是以新的观察结果为基础的,而是从喜帕恰斯的星表中推导出来的,经度按照相同的常量增加了。由于托勒密对岁差的错误估计,他的"星表"的实际时期是公元 58 年,而他自己的观察结果是从 127 年至 151 年。参见克里斯蒂安·H. F. 彼得斯(Christian H. F. Peters)和爱德华·鲍尔·诺贝尔(Edward Ball Knobel):《托勒密星表》(*Ptolemy's Catalogue of Stars*,Washington,1915)[《伊希斯》*2*,401(1914—1919)]。

[46] 《天文学大成》,第 9 卷,第 7 页;第 11 卷,第 7 页;海贝尔(Heiberg)版,第 1 卷,第 2 部分,第 268 页、第 267 页和第 419 页;哈尔玛(Halma)版,第 2 卷,第 171 页、第 170 页和第 288 页。

[47] 在发表于《亚述学杂志》*3*,1-60(1926)[《伊希斯》*10*,107(1928)]的文章《基丹纳、喜帕恰斯和岁差的发现》中,保罗·施纳贝尔为这种理论进行了辩护。关于西丹努斯或基丹纳(*Cidēnas*),请参见威廉·克罗尔(Wilhelm Kroll):《希腊天文学抄本目录》(*Catalogus codicum astrologorum graecorum*),第 5 卷,第 2 部分,第 128 页;约瑟夫·黑格(Joseph Heeg),同上书,第 8 卷,第 2 部分,第 125 页—第 134 页;W. 克罗尔为《古典学专业百科全书》撰写的词条,见该书第 21 卷(1921),第 379 页;按照这一词条,至少是活跃于公元前 2 世纪末期的基丹纳发现了这个等式:251 个朔望月 = 269 个近点月。在大英博物馆中有一些在基丹纳以后于公元前 103 年 12 月 22 日用楔形文字编写的月球活动表。克罗尔推断,基丹纳可能是托勒密提到的迦勒底天文学家之一,但这样会使他的活动时期最早也只在公元前 244 年,因此,于公元前 379 年"发现"岁差的基丹纳必然是另外一个人。

观测资料。其中,我们知其名的最早的天文学家是公元前491 年活跃于巴比伦的纳蒲里亚诺(亦即纳蒲,巴拉图之子)和活跃于大约公元前 379 年的西丹努斯;他们按照两种不同的体系创制了月球活动表;随后出现了一些迦勒底天文学家,他们的观测结果被记录在《天文学大成》中。几乎可以肯定,喜帕恰斯熟悉这些观测记录,它们促进了他本人的探索,尤其是他对岁差的发现。[48]

应当注意的是,一旦把时间上相距足够长的星辰表加以比较,这一发现就不可避免。进行那些比较的天文学家不可能注意不到,所有黄经度都增加了同样的量;这个量是非常小的,一个世纪大约为 $1°24'$,三个世纪为 $4°12'$,四个世纪为 $5°36'$。无论观测结果多么粗糙,人们迟早有一天会注意到岁差(我说的不是解释岁差,那是另一回事)。

我们不得不引入另一个评论,即使这样会迫使我们进行更多的预先考虑也得这么做,否则,我们就无法离开这个话题。岁差,就像它被喜帕恰斯发现那样,终于被人们认识到了,并且被托勒密公布了,[49]对恒星经度的更多的观测将会证实它,因此人们似乎可以期望,这样一个基础性发现将得到强有力的证实。但情况根本不是这样!大多数托勒密的追随者不再讨论它,只有亚历山大的塞翁(活动时期在 4 世

---

[48] 参见 J. K. 福瑟林汉姆:《迦勒底天文学给希腊人带来的益处》(“The Indebtness of Greek to Chaldaean Astronomy”),载于《天文台》(*The Observatory*) 51,第 653 期(1928);重印于《史料与研究》(*Quellen und Studien*)[*B*] 2,28—44(1932);A. T. 奥姆斯特德:《波斯帝国史》(Chicago:University of Chicago Press,1948),第 453 页—457 页;奥托·诺伊格鲍尔:《有待证实的巴比伦人对岁差的发现》,载于《美国东方学会杂志》70,1—8(1950)。

[49]《天文学大成》,第 7 卷,1—2。

纪下半叶)和普罗克洛(活动时期在 5 世纪下半叶)提到过它,但后者否认它,而塞翁在接受托勒密所确定的岁差值(每个世纪 1°)的同时指出,岁差是被局限在沿着 8° 弧上的一种摆动,这意味着岁差会在大约 8 个世纪的时间中逐渐积累,然后就反过来。普罗克洛承认了类似的观点:回归点并不是在整个圆周上运动,而是在其中的某些经度内往复运动。

塞翁因而成为"二分点颤动"(trepidation of the equinoxes)理论的首创者,虽然它是错误的,但却流行了很长时间。尽管许多天文学家试图找出某种妥协的解决方法,但由喜帕恰斯发现并得到托勒密解释的连续岁差理论与颤动理论是矛盾的。印度天文学家阿耶波多(Āryabhata,活动时期在 5 世纪下半叶)接受了颤动说,他也许成了连接塞翁和普罗克洛与第一位谈及颤动的阿拉伯作家萨比特·伊本·库拉(活动时期在 9 世纪下半叶)之间的桥梁。必须指出,大多数穆斯林天文学家都拒绝了颤动观念,这点值得赞扬;法干尼(al-Farghānī,活动时期在 9 世纪上半叶)、巴塔尼(al-Battānī,活动时期在 9 世纪下半叶)、阿卜杜勒·拉赫曼·苏菲('Abd al-Raḥmān al-Ṣūfī,活动时期在 10 世纪下半叶)和伊本·尤努斯(Ibn Yūnus,活动时期在 11 世纪上半叶)都是如此。但不幸的是,查尔卡利(al-Zarqālī,活动时期在 9 世纪下半叶)和比特鲁吉(al-Biṭrūjī,活动时期在 12 世纪下半叶)却倡导这种错误的观念,由于他们的影响是相当可观的,因而他们在很大程度上应当为这种观念在穆斯林天文学家、犹太教天文学家和基督教天文学家中的传播负责,他们的影响如此之大,以致约翰·沃纳(Johann Werner,在 1522 年)和哥白尼（Copernicus）本人（在 1543 年）仍然接受它；第谷·布拉赫（Tycho Brahe）和开普勒曾对岁差的连续性和规则性提出过怀疑，但他们最终拒绝了颤动说。[50] 在牛顿在其《原理》（Principia，1687）中对分点岁差做出说明以前，这个问题不可能完全被阐述清楚。

令人难以理解的是，这个错误的颤动理论竟然能够持续。在我们这个纪元的初期，观测的时间跨度仍然太短，不足以准确无误地对岁差进行测量，但是，随着一个又一个世纪的消逝，不能再让任何不确定性继续下去了。从《天文学大成》所记录的恒星观测结果[51]到哥白尼所做的观测，这期间几乎流逝了 15 个世纪，经度差总计为 21°。[52] 这样的差额怎么能根据颤动理论来解释呢？如果不根据岁差差额的稳步积累，怎么能对它进行说明呢？[53]

岁差和颤动理论的兴衰变迁，正确与谬误的对立，是人类惯性的最好的例子。这有助于我们保持谨慎的态度，而不过于乐观。科学的事实相对来说是真实的和明确的，如果确定这些事实都如此困难，我们就不应期望其他领域会有太多进展，我们因此必须十分谦逊、十分耐心。

---

〔50〕 有关颤动的历史的详细论述，请参见我的《科学史导论》，散见于各处；有关的概述见该书第 2 卷，第 18 页、第 295 页、第 749 页和第 758 页；第 3 卷，第 1846 页。

〔51〕 托勒密"星表"的确切年代是公元 58 年；参见《伊希斯》2，401（1914–1919），另请参见前面的注释 45。

〔52〕 岁差的准确值大约是 50″. 26。因此，1 个世纪的岁差为 5026″ ＝ 84′ ＝ 1°24′；15 个世纪总计为 21°。

〔53〕 对此有人也许会反对说，只要岁差没有得到（像牛顿那样的）说明，任何人都无法肯定岁差会在同一方向上无限延续：它也许会积累到例如 8°、80°或 150°，然后停下来或发生倒退。

二、科学天文学的先驱：菲洛劳斯、希凯塔和埃克芬都

菲洛劳斯是与苏格拉底同时代的人；希凯塔和埃克芬都比他年轻，而且都是叙拉古人；希凯塔大概活跃于公元前4世纪，而埃克芬都则肯定活跃于这个时期。在以前的一章（参见本书第288页—第291页）中，我已经对他们的观点做出说明，因为把希凯塔和埃克芬都与菲洛劳斯联系在一起谈更为便利，但我们应当记住，他们思想的果实的确是出现在柏拉图时代。可以把这些思想概述如下：宇宙是球形的和有限的；地球未必是宇宙的中心，它是一颗像其他行星一样的星球，它围绕着它自己的轴向东自转。[54] 柏拉图知道他们吗？他曾在《斐多篇》中提到过菲洛劳斯；[55] 考虑到他与毕达哥拉斯学派和西西里岛的联系，他大概听说过其他人，但他没有提及过他们。

三、科学天文学的奠基者：尼多斯的欧多克索与他的同心球理论

我们在前面已经概述过欧多克索的生平，并且告诉读者，他（在公元前378年—前364年间的某个时期）在埃及度过了16个月，并且被有学问的祭司群体接纳了。在此之前，他曾在学园求学，并且熟悉了毕达哥拉斯的天文学。但这并没有使他满足，由于他是一个非常缜密的人，因而可能对缺乏观察资料特别不满。他不仅通过交流获得了埃及人的观测资料，而且自己进行了新的观测，在奥古斯都（Augustus，皇帝，公元前27年—公元14年在位）时代，他使

---

[54] 对北极上方的观察者来说，这是逆时针的运动。
[55]《斐多篇》，61D。

用过的位于赫利奥波利斯（Heliopolis）与色塞苏拉（Cercesura）[56]之间那个天文台，仍然会引起人们的注意。后来他在他的故乡尼多斯建立了另一座天文台，在那里他观测了老人星，那时，这颗星在纬度较高的地区是看不到的。

欧多克索在埃及逗留的时间相对较长，因此使他具有了埃及天文学的知识，但是，他熟悉更丰富的巴比伦天文学吗？没有证据表明他曾到美索不达米亚和波斯旅行过，不过，对于这个古代世界他具有渊博的知识，并且对它进行了详细的描述[《地球巡礼》（Periodos gēs）]，无论就这类主题还是就这么大的范围而言，他的这一描述都是首次。从流传至今的片段可以断定，欧多克索的地理学中不仅包含大量的大地测量学资料和地形学资料，而且还有关于博物学、医学、民族学和宗教的信息。例如，他注意到拜火教的重要性，而普卢塔克关于伊希斯和奥希里斯的知识有一部分就是从他那里获得的。[57] 他远远超过了公元前5世纪的地理学家们，在这方面，他是昔兰尼的埃拉托色尼（活动时期在公元前3世纪下半叶）的先驱。

即使欧多克索没有到美索不达米亚旅行，在尼多斯居住也能使他享用来自无论是波斯还是迦勒底的亚洲甘泉，因为尼多斯（以及它的相邻地区哈利卡纳苏斯和科斯岛）是一个

---

[56] 色塞苏拉位于尼罗河西岸，在该河分为三条主要的分支的岔口处，在这里，尼罗河形成了向东的分支即佩卢西亚河（Pelusiac）、主河道以及向西的分支即卡诺皮克河（Canopic）。

[57] 弗里德里希·吉辛格（Friedrich Gisinger）在《尼多斯的欧多克索对地球的描述》（Die Erdbeschreibung des Eudoxos von Knidos，Stoicheia 6，142 pp.；Leipzig，1921）中对欧多克索的《地球巡礼》的残篇进行了编辑和说明。有关欧多克索思想的东方来源，请参见 J. 比德兹：《黎明女神》（Brussels：Hayez，1945），第24页—第37页[《伊希斯》37，185（1947）]。

头等的世界性中心。有一本关于坏天气预报 (*cheimōnos prognōstica*) 的著作, 其作者可能是他, [58] 而那些预报肯定起源于巴比伦。他把 12 个希腊的主要神祇与黄道十二宫等同起来。这一点很有意思, 但我们不会强调它, 因为无论他对埃及天文学和巴比伦天文学多么熟悉, 他的功绩在另一个方向上。毫无疑问, 通过学习东方的观测方法使他获益匪浅, 他也曾把迦勒底占星术作为消遣, 但是没有哪个东方的天文学家对他的重要成就亦即同心球理论有过启发。[59]

　　该理论的目的是要对天体在任何时间的位置提供数学说明, 或者我们可以使用一个希腊色彩很浓的短语说, 它的目的是要"拯救现象" (*sōzein ta phainomena*)。只要所涉及的是恒星, 这种说明就很容易, 但行星的轨道是非常令人费解的, 如何说明行星呢? 它们有时似乎会静止、逆行, 有时似乎又沿着一种欧多克索研究并被他称作 *hippopedē* 或马镣的奇异曲线运动, 这种曲线是一种球面双纽线, 看起来像数字 8。这是一个很棘手的几何学或运动学问题。欧多克索必须找出一种圆周运动或球形运动的组合, 它具有这样的性质, 使得单个的行星例如水星或金星, 似乎在空中沿着马镣形的轨迹运行。

　　欧多克索对这个问题的解答是希腊数学天才和他个人天才的典范。水星被假设位于一个以地球为中心的天球的赤道上, 并且以恒定的速度围绕它的一个直径轴运行 (出于

---

[58] 该文本见于《希腊天文学抄本目录》, 第 7 卷 (1908), 第 183 页—第 187 页; 也可参见该书第 8 卷, 第三部分, 第 95 页。

[59] 我们从亚里士多德的《形而上学》(1073 B, 17–1074 A 15) 和辛普里丘 (活动时期在 6 世纪上半叶) 对《论天》的评论中知道了这个理论, 并且知道该理论属于欧多克索。

老毕达哥拉斯主义的成见,所有这类运动都必须是圆周运动和匀速运动)。我们以该直径的两极 AA' 来命名这个直径。如果该直径的位置没有变化,那么水星(M)就会沿着环形的轨迹围绕地球运行,但是我们不妨假设,直径 AA' 并非固定的,而是在另一个以恒定角速度围绕直径 BB' 转动的同心球的携带下运动;这样,M 的视运动将是以角速度 ω 围绕 AA' 和以角速度 ω' 围绕 BB' 的两种旋转的组合。如果这还不足以"拯救现象",我们可以假设直径 BB' 不是固定的,而是在第三个以角速度 ω'' 围绕 CC' 轴转动的同心球的携带下运动的;这样,M 的视运动将是以角速度 ω、ω' 和 ω'' 分别围绕轴 AA'、BB' 和 CC' 的三种旋转的运动合成。没有必要在这第三个天球处停下来;一旦这一原则被接受,需要多少辅助性天球或无星(anastroi)天球就可以使用多少。因而,可以这样来陈述这个问题:已知任一天体的视轨迹,要找出足够多的以地球为中心并具有角速度 ω、ω'、ω''……和分别以 AA'、BB'、CC'……为轴的天球来说明它。当答案找到后,只要愿意,就可以经常对它加以核查,事实上,每一次把计算出的天体的位置与观察到的天体的位置加以比较时,就是对它的核查。如果这两个位置不一致,那么,或者通过改变辅助天球的速度和轴,或者通过增加一个新天球,就可以对结果加以修正。

为了说明所有天体的运动,欧多克索不得不假设存在的同心球不少于 27 个,[60] 每个天球都以某一确定的速度围绕

---

[60] 要说明恒星的视轨道,需要一个天球;要说明太阳和月球的视轨道,各需 3 个天球;要说明 5 个行星的视轨道,各需 4 个天球。总计:27 个天球。

某一确定的轴转动。这种构想的大胆是惊人的。这是用数学观点说明天文现象的第一次尝试；这种说明是非常复杂的（因为它需要考虑 27 个天球以不同的速度围绕不同的轴的同时运动），但这种说明是充分的和精彩的。它的确以足够的近似值"拯救了现象"。这种解决方法的设计包含一种先进的球面几何学知识；有可能，欧多克索本人对它的发展做出了贡献，因为他极为需要它。

同心球理论是希腊理性主义的一个杰出实例。欧多克索引入的天球的数量，根据其运动学目的的需要而定；他并没有考虑这些天球的真实存在，或者考虑它们运动的原因。他也许会说，这些天球是否存在或者它们为什么运动并不重要；唯一重要的是，想象中的它们具有共同"拯救现象"的作用。这一理论使得人们可以从运动学上对观测结果进行重新创造和证实。

尽管这是一个卓越的理论，但它也不可避免是不完善的；欧多克索能够获得的观测结果本身在数量和精确性方面都是不充分的。他关于天体的规模和距离的思想是非常粗略的。例如，我们从萨摩斯岛的阿利斯塔克（活动时期在公元前 3 世纪上半叶）那里获知，他认为太阳的直径是月球直径的 9 倍。

欧多克索写过两本天文学著作，题目分别是《镜像》（*Mirror*，亦即 *Enoptron*）和《现象》（*Phainomena*），后一本书是关于天空的描述，并且成为索罗伊的阿拉图（活动时期在公元前 3 世纪上半叶）著名的天文学诗歌的来源。[61] 喜帕恰斯（活动时期在公元前 2 世纪下半叶）年轻时曾对欧多克索的《现象》和阿拉图的《物象》（*Phainomena*）进行过评论，非常奇怪的是，这一评论是喜帕恰斯完整地流传至今的唯一文本。喜帕恰斯纠正了欧多克索的某些错误，例如，后者认为，北极被某个特别的星体占据着；而喜帕恰斯指出，北极未被任何星体占据，但是有 3 颗星（天龙星座的 α 星和 κ 星，以及小熊星座的 β 星）接近北极，极点与它们形成一个四方形。

按照第欧根尼·拉尔修的说法，[62] 欧多克索是在埃及写作《八年轮历》的。这也许是指欧多克索曾尝试讨论或修改克莱奥斯特拉托斯引入的 8 年周期（参见本书第 179 页），但我们不知道他修改的性质。

不过，这些是次要的问题。欧多克索的声望基于他所发明和发展的同心球理论，有鉴于此，肯定应该把他当作科学的天文学的奠基者和所有时代最伟大的天文学家之一。

四、柏拉图和奥普斯的菲利普的天文学想象·拜星教引入西方世界

在呼吸了欧多克索理性主义的纯净空气后，再次回到柏拉图精华的低层次会让人感到极度震惊。柏拉图坚持认为，"每一行星总是沿着相同的轨道而不是沿着许多轨道运动，它们只有唯一的一个圆形轨道，变化仅仅是表面的。我们假

---

[61] 被阿拉图保留下来的《现象》是现存最早的希腊人关于天文学的专论。欧多克索的描述有一部分来源于德谟克利特，并且直接或间接地来源于巴比伦天文学家。

[62] 第欧根尼·拉尔修：《名哲言行录》，第 8 卷，87。

设最快捷的行星运动得最缓慢,或者相反,最缓慢的行星运动得最快捷,都是错误的",[63] 而且,"这些运动只能通过理性和思想来理解,而不能通过观察来理解"。[64] 也就是说,他认识到,宇宙是一个有秩序和有规律的整体,但它的秩序和规律不能直接从现象中推导出来。[65] 欧多克索业已证明,如果可用某种运动学体系来描述天体的运动,这些运动是非常有序的;人们也许不知道它们的原因或者导致它们的规则,但可以肯定存在这些规则(自然规律)。

　　柏拉图与欧多克索的关系并不清楚。后者与前者是同时代的人,但比前者年轻,并且一度是前者的学生,但后来离开了,或许他被这位导师拒绝了,或许他对其哲学感到厌恶。在欧多克索与学园之间肯定有着相互的影响。柏拉图没有一处提到过欧多克索。我猜想,他们可能无法相互理解,因为他们说着不同的语言。

　　前一节已经说明欧多克索的天文学观点,这些观点是具有最高水平的科学观点。欧多克索所能支配的观测资料无论在数量还是在精确性方面都是不充分的,但他的方法是非常出色的。另一方面,《蒂迈欧篇》(以及《斐多篇》《国家篇》和《法篇》)中所表述的柏拉图的观点是非科学的;柏拉图对这对那做出断言,但他什么也没有证明,而且他的语言

450

---

[63] 《法篇》,第 7 卷,822。

[64] 《国家篇》,第 7 卷,529。

[65] 按照索西琴尼(儒略·凯撒的天文学家)的说法,罗得岛的欧德谟(活动时期在公元前 4 世纪下半叶)断言,柏拉图曾向天文学家提出一个问题,即要查明"为说明行星的视运动必须假设什么样的匀速和有序的运动"(辛普里丘对《论天》的评论,见海贝尔版,488,20–31)。欧多克索解决了这个问题;极有可能是他而非柏拉图陈述了这个问题。

往往像任何占卜者一样是含混不清的。他的天文学知识来源于毕达哥拉斯学派;他的知识绝不是最新的,因为它不仅落后于欧多克索的知识,而且落后于晚期毕达哥拉斯主义者如菲洛劳斯和希凯塔的知识。我们来简单地概述一下他的知识。

　　宇宙是球形的;地球位于宇宙的中心,地球也是球形的并且是静止不动的,出于对称的原因它停留在那里(中心)。宇宙的轴线和地球的轴线穿过它们共同的中心。宇宙外层的天球 24 小时围绕轴线以恒定的速度旋转,这一点有恒星的运动为证。太阳、月球以及其他行星在外层天球运动的带动下旋转,但它们还有它们自己的其他圆周运动。由于这些独立的运动,行星的实际轨道在黄道带中是螺旋形的。行星的角速率是按照下列顺序递减的:月球,太阳,与太阳一起运行的金星和水星,火星,木星,土星。它们与地球的距离的顺序也是这样,这些距离可以从两个等比数列推导出来:1,2,4,8;1,3,9,12,*它们与地球的距离分别为:月球,1;太阳,2;金星,3;水星,4;火星,8;木星,9;土星,12。

　　《蒂迈欧篇》[66]指出,金星和水星在与太阳相对的方向上运动。[67] 柏拉图知道月球、太阳、金星和水星的运行周期(他认为最后这三者的运行周期是相同的,即都是 1 年),[68]

---

　　* 原文如此。——译者

　〔66〕《蒂迈欧篇》,38 D。

　〔67〕 这可能会使人想起本都的赫拉克利德(活动时期在公元前 4 世纪下半叶),按照他的理论,金星和水星围绕太阳运转。

　〔68〕 我们可以根据地球的周期(亦即根据太阳的周期,如果地球处在宇宙的中心的话)来回忆一下实际的周期:水星,0.24;金星,0.62;地球(太阳),1;火星,1.88;木星,11.86。

但他不知道其他行星的情况,他还谈到大年,[69]在此时八重循环(七个行星的循环再加上外层天球的循环)都回到了它们的起点上。大年等于 36,000 年。[70] 他是怎样测量出来的?他什么也没测量,只不过仿效了巴比伦传统(参见本书第 71 页)。

我们不考虑那些把行星与正多面体或者把行星与音符联系在一起的想象,亦即天球的和谐。无论如何,《蒂迈欧篇》中提到的天空的音乐是人类的耳朵所听不到的。这也许是由于行星的相对速度所致,然而它只存在于世界的灵魂之中。不要指望我去解释这些神秘的事物。

按照亚里士多德的说法,柏拉图认为地球围绕其轴转动;而按照塞奥弗拉斯特的说法,"在其晚年,柏拉图后悔赋予地球以宇宙中心的地位,因为它没有权利获得这样的地位"。这两种说法导致争论,但是我们有理由拒绝它们,因为它们与柏拉图著作不一致,而他的所有著作都保留至今。

柏拉图的天文学的成就,像他的数学成就一样,源于一系列的误解:哲学家们认为,他是借助他的数学天才而获得他的成果的;数学家不愿意讨论这些成果,因为他们认为这些成果应归功于他的形而上学的天才。他所讲的都是一些谜语,没有人敢承认自己不理解他,因为他们担心这样会被认为是蹩脚的数学家或蹩脚的形而上学家。几乎所有人都被骗了,或者是由于其无知和自负,或者是由于其对昏庸的

---

[69]《蒂迈欧篇》,39。

[70] 按照托勒密(错误的)假设,岁差每个世纪总计为 1°(《天文学大成》,第 7 卷,2),36,000 年正好是岁差周期结束的时间。这是一种巧合,因为柏拉图并不知道岁差。36,000 是几何数的一个因数。

权威的盲从。柏拉图传统在很大程度上是一个搪塞推诿的
链条。

五、《伊庇诺米篇》

我们还应谈一下一个题为《伊庇诺米篇》[Epinomis，或
《夜间议事会》(Nocturnal Council)或《哲学家》
(Philosopher)]的简短对话。正如它的主标题所暗示的那
样，它是《法篇》的一个附录。[71] 第二个标题中提到的夜间
议事会是一种秘密的审查团体，它必须确定法律是否得到遵
守。也许可以描述说，《伊庇诺米篇》是有关这个议事会成
员之教育的讨论；但由于这一目的只出现在第一段和最后一
段，读者很可能会把它忘记。按照第欧根尼·拉尔修和苏达
斯的看法，《伊庇诺米篇》是由柏拉图的一个学生奥普斯的
菲利普[72]在他去世后撰写或出版的。菲利普曾经是柏拉图
晚年时的秘书(anagrapheus)；他编辑了《法篇》，把它们分为
12 卷，并且增加了《伊庇诺米篇》。还有许多其他著作归于
他的名下，这些著作分别讨论数学(例如多角数和平均值)、
天文学[例如行星的距离、天文历(parapegma)即天文数据表
或历书]、光学、气象学、伦理学等。他是《伊庇诺米篇》的作
者吗？抑或仅仅是其编者？如果他是其编者，他编辑的成分

---

[71] 参见《法篇》，第 12 卷，966－967。谈话者是相同的，有斯巴达人麦吉卢
(Megillos)、克里特人克利尼亚(Cleinias)和几乎参与所有谈话的雅典客人。他
们谈话的地点是在克里特岛，从前一天开始(《法篇》，第 1 卷，625)，他们从克诺
索斯走到岛中央艾达山(Mount Ida)山脚下的宙斯神庙，边走边谈。

[72] 亦即 Philippos ho Opuntios。奥普斯大概是东洛克里斯(Locris Opuntia)的一个地
方，位于埃维亚湾(Euboic gulf)。奥普斯的菲利普被认为与门代(Mende)的菲利
普是同一个人，门代在马其顿王国塞尔迈湾(Thermaic gulf)的西海岸。他大概出
生在门代，后来移居到奥普斯和雅典。参见《古典学专业百科全书》中的详细词
条，见第 38 卷(1938)，第 2351 页—第 2366 页。

有多大？要回答这样的问题是不可能的。我们必须按照我们发现《伊庇诺米篇》时那样理解它（文本本身并没有为作者或编者的身份提供任何线索）。从形式和内容看，它是柏拉图的，尽管它比柏拉图的其他著作更多毕达哥拉斯主义色彩。除了具有更强的毕达哥拉斯主义色彩的注释外，《伊庇诺米篇》的天文学在本质上与《蒂迈欧篇》的天文学是一致的，它涉及的是天文学的形而上学而不是严格意义上的天文学。

《伊庇诺米篇》的主要目的是强调天文学对获得真正的智慧的重要性。正如已故的一位古代宗教史大师弗朗茨·居蒙指出的那样，《伊庇诺米篇》是"亚洲拜星教（stellar religion）传布给希腊人的第一个福音"。[73] 这种宗教诞生于巴比伦，在这里，祭司也是天文学家，而且这里的天空异常晴朗，十分适合观察。阿契美尼德帝国（the Achaimenian empire）初期（居鲁士大帝统治时期，公元前 559 年—前 529 年），其疆土包括巴比伦，当时，被称作波斯僧的波斯祭司和被称作迦勒底人的当地祭司传播了这些思想。因此，这种宗教就是从这两种来源（波斯人和迦勒底人）传给讲希腊语的人们，《伊庇诺米篇》则是其第一部用希腊语写成的福音。

《伊庇诺米篇》的论点远不是清晰的，但我们将简要地说明其中的一些突出的思想。数是极为重要的，这一点无论在哪里也不如在天体、恒星、太阳、月球和行星的规则运动方

---

〔73〕弗朗茨·居蒙（1868 年—1947 年）：《希腊人和罗马人的占星术和宗教》（*Astrology and Religion among the Greeks and the Romans*, New York, 1912），第 51 页。该书的大幅增补本以《不朽之光》（*Lux perpetua*, Paris: Geuthner, 1949）［《伊希斯》*41*, 371（1950）］为题在作者去世后出版。

面更为显著。5 种正多面体等同于 5 种元素,而第 5 种元素叫作以太。[74] 灵魂比肉体更为古老也更为神圣。秩序等同于智慧,而无序等同于缺乏智慧;天体运动的完美秩序代表最高的智慧。"空中列强"共有 8 个(7 颗行星和第 8 层天球),它们是同样神圣的。行星必定是神。埃及人和叙利亚人(指巴比伦人)早在数千年以前就知道这一点;我们应当在对他们的知识和宗教加以改进之后接受它们,就像希腊人常常从野蛮人那里借用某种东西时所做的那样。在按照古老的传统对古代的诸神表示应有的崇敬的同时,对可见的神亦即天体的崇拜也可能成为一种国教。这种宗教会使希腊人有一种神圣和谐的幻想,并且会给他们提供一种普遍的和无形的纽带(desmos)。请注意,在柏拉图的其他著作(《斐多篇》《蒂迈欧篇》《法篇》)中已经谈到许多占星术想象。这里的新颖之处就在于其宗教特点,即天文学和虔敬的综合体,这是一种占星学的国教观念。

　　智慧的目的是沉思数字,尤其是天国的数字。我们自己的灵魂或宇宙灵魂以及天上的秩序为我们的理解所揭示的那些东西,就是最美的事物。[75] 对星辰的崇拜必然会被引入到法律之中。

---

[74] 在《蒂迈欧篇》中,第 5 种正多面体等同于整个宇宙。在《伊庇诺米篇》,一开始是按以下顺序提到这些元素的:火、水、气、土、以太,但后来又按照一种更"合乎逻辑的"顺序(从有灵性到愚钝)提到它们:火、以太、气、水、土(981,984)。奇怪的是,以太被排在了第二位,而没有被排在第一位。

[75] 人们不禁会想到康德的论述:"有两种事物使人的意识充满了与日俱增的惊奇和敬畏,这就是天上的星辰和自身中的道德律",见《实践理性批判》(Critique of Practical Reason, Riga. ,1788)[《伊希斯》6,479(1924)],但是,像康德这样的理性神秘主义者的这些话给人留下的深刻印象,是《伊庇诺米篇》的非理性的作者无法与之相比的。

天文学不仅是科学知识的高峰,它也是一种理性神学。夜间议事会的成员应当接受数学教育,这种教育会引导他们走向天文学和宗教。城邦的最高长官不是哲学家,而是天文学家,亦即神学家。

在《伊庇诺米篇》中,(打扮成极端理性主义的)非理性的陈述如此之多,以至于对它们的讨论可能既冗长又没有意义。不过,有一种观点我愿意提一下,因为它比其他观点更令我疑惑,而且没有得到多少注意。作者批评愚昧的人把主动精神(自由)与智慧联系在一起;[76]然而,真正的智慧是由不断重复的秩序来表征的;行星通过它们运动的永恒精确性显示至高神的智慧。我们也许会像柏拉图一样承认行星运动是上帝存在的显示,但不会承认行星本身也是神。考虑一下通俗的关于时钟的论证。时钟的机械装置和规则运动显示存在着一个时钟制造者。没有人曾经说过,时钟制造者存在于时钟之中或者时钟本身就是时钟制造者。然而,按照新的占星教(astrologic religion)的观点,行星不仅显示上帝的存在,它们本身也是神,每一个行星都用神的智慧控制着它们自身的运动,并且永远重复这样的运动以证明其自身的智慧。这有意义吗?但是,这一论点被新学园和斯多亚派接受

---

[76]《伊庇诺米篇》,982。

了,而且我们发现,西塞罗非常清晰地阐述了这一论点。[77]
这种思想的传播,大概是由于以下这种错误的归纳导致的:
动物的灵魂或智慧在它们自身之中;我们也许可以说动物有
智慧,或者它是一个智慧的生物;但是,它的智慧不是通过它
的运动的有规律和准确来显示的,而是通过这些运动的不可
预料性来显示的。

　　意味深长的是,占星教的第一部希腊语福音《伊庇诺米
篇》并不含有任何普通意义上的占星术内容。该著作偶然提
到过[78]血统的神性(*to theion tēs geneseōs*),但它并不明确,而
且也不能证明作者已经接受实用占星术(practical astrology)
的这一基本假设:一个人的命运是由他出生(或母体受孕?)
的时间决定的,并且可以通过研究他的星象来推断。[79] 在
巴比伦,从远古时起,人们就在运用有关天罚的或世俗的占
星术了,至于希腊人,如果他们同样认真地对待天文学和占
卜,占星卜卦(astrologic divination)就不可避免会出现。

---

[77]《论神性》(*De natura deorum*),第 2 卷,16。西塞罗借学园派的盖尤斯·奥勒
　　留·科塔(Gaius Aurelius Cotta)之口讲了这一点,《论神性》这一对话被假设大约
　　于公元前 77 年在他的家中进行(这一对话写于大约公元前 45 年):"因此很有
　　可能,星辰具有非常的智慧,因为它们居住在天国之中,而且被海洋和陆地潮湿
　　的蒸气滋润,它们在广袤太空的旅行中变得更加纯洁。星辰的秩序和有规律又
　　是它们的意识和智慧最清晰的证明;因为有规律并且和谐的运动未经设计是不
　　可能的,这种运动不含有任何偶然或意外变化的痕迹;星群的秩序和永恒的规律
　　暗示着这既不是一个自然过程,也不是一种偶然性,因为它是高度合理的,而偶
　　然性偏爱变化但讨厌规律;由此可以推断,星辰是出于它们自己的自由意志并且
　　是由于它们的智慧和神性而运动的。"引自 H. 拉克姆(H. Rackham)的译文,见
　　"洛布古典丛书"。
[78]《伊庇诺米篇》,977 结尾。
[79] 星象(*hōroscopos*)这个词及其同源的词是很晚才形成的。马尼利乌斯(Manilius,
　　活动时期在 1 世纪上半叶)、塞克斯都·恩披里柯(活动时期在 2 世纪下半叶)
　　以及亚历山大的克雷芒(大约 150 年—220 年)都使用过这个词,但我没有找到
　　更早的使用这个词的例子。

如果我们相信恒星或行星是神,并且它们与我们之间有交流,我们就只能得出这样的结论:它们必定会影响我们。我们能看见它们这一事实充分证明这种交流的存在,因为这意味有某种事物从它们那里传给我们。[80] 只有在做出某些如上所述的那种假设,并且通过接受一系列约定来确定"科学的"星象成立之后,占星卜卦才会变为可能。[81]

无论如何,在《伊庇诺米篇》中首次得到解释的占星教,逐渐成为异教世界亦即希腊语和拉丁语世界的最高宗教。古代的神仍然受到人们的崇拜,古代的神话依然被诗人和艺术家所颂扬,但是,对理性的人而言,除非是从传说的角度和朦胧的诗意来考虑,否则他们不可能再默认它们。与神话的幼稚和罪恶相比,星辰崇拜似乎是高度理性的。不仅《伊庇诺米篇》,而且一般而言毕达哥拉斯和柏拉图的思想都提供了一个哲学的基础,在此之上可以极为牢固地建立起这种新的宗教,以致大多数知识精英的成员都把它看作一种科学。

[80] 1933 年 5 月 27 日在芝加哥进行的一次戏剧性的实验证明恒星的作用传输到了地球。在哥伦比亚世界博览会(the Columbian World Fair)期间,这个主题为"进步的世纪"的博览会的照明用灯,被 40 年前从大角星(star Arcturus)来的光点燃了! 大角星的光是通过威斯康星州(Wisconsin)威廉斯湾(Williams Bay)耶基斯天文台(Yerkes Observatory)的望远镜收集到的,并且被集中在光电管上;由此获得的电流被大大增强并且送到芝加哥,参见《科学通讯》(Science News Letter)23,307(1933)。

[81] 早期的这段历史是模糊的。尼多斯的欧多克索断言,对于从一个人的生日来预见他的一生的迦勒底人,不应该给予任何信任(西塞罗:《论占卜》,第 2 卷,42,87),但是,我们不能由此得出结论说,迦勒底人的规则已经希腊化了。有人告诉我们,罗得岛的帕奈提乌(Panaitios of Rhodes,活动时期在公元前 2 世纪下半叶)拒绝了占星术,我们可以假设,与他同时代的人喜帕恰斯(活动时期在公元前 2 世纪下半叶)也是这样,但究竟是谁发明了星相法则呢? 现存最早的关于占星术的专论是《四书》(Tetrabiblos),该书被认为是托勒密(活动时期在 2 世纪下半叶)所著;我们时代的占星术家仍在使用这一专著! 参见《伊希斯》35,181(1944)。

这种"异教徒的科学"对罗马帝国最优秀的人才的影响非常之深,以至于基督教自己都不可能完全把它消除掉。的确,直至今日,我们最古老和最普遍的制度之一仍在体现这种影响,它调节着每个人的劳作和休息,这种制度就是星期。每个星期中天的总数起源于占星术,它们在绝大多数欧洲语言中的名称都是行星的名字。[82]

---

[82] 参见弗朗西斯·亨利·科尔森:《星期——论七日周期的起源和发展》(133 pp.;Cambridge,1926)。公元前不久,七日周期在罗马帝国非正式地传播;渐渐地,它又在整个世界内传播,这是文化趋同的一个仅次于十进制的最显著的例子。没有人对这种传播进行规划,但它却发生了。也可参见所罗门·甘兹:《星期的起源或希伯来文献中的星期》("Origins of the Planetary Week or the Planetary Week in Hebrew Literature"),载于《美国犹太研究学会学报》(*Proc. Am. Acad. Jewish Research*)18,213-254(1949)。

第十八章
色诺芬

我是把简短的这一章当作插曲来写的,读者也应当这样去读。一个讨论 *stricto sensu*(严格意义上)的科学史的学者也许会忽略色诺芬或者用一段话就把他打发了,但是,如果我们考虑通识教育(我们当然希望这样做),我们必须用更多的篇幅来论述他。的确,色诺芬不仅试图改进他自己时代的教育,而且他对以后诸代人的教育,例如晚至伊丽莎白女王时代甚至我们时代的教育,都产生了很强的影响。此外,他延续了修昔底德的传统,而且是苏格拉底最出色的弟子之一。一种绝妙的文学手段——黄金时代的雅典散文,在他那个时代完善了,而且色诺芬运用它达到了炉火纯青的程度。

色诺芬是格里卢斯(Gryllos)之子,雅典乡下人,大约于公元前430年出生,大约于公元前4世纪中叶在科林斯去世。第欧根尼·拉尔修谈到他时说:"色诺芬在许多方面都是一个非凡的人,他尤其喜爱马匹、打猎和军事艺术,他是一个喜欢奉献祭品的虔诚的人,熟悉宗教礼仪,而且是苏格拉底忠实的弟子。"[1]这段简短的描述非常出色,它以一些奇

---

〔1〕第欧根尼·拉尔修:《名哲言行录》,第2卷,56。

闻逸事结束,这有助于我们认识他究竟是哪种类型的人。例如第欧根尼告诉我们,苏格拉底和他是怎样走到一起的:"据说,色诺芬在街上偶然遇到苏格拉底,后者用他的手杖挡住路,并且问在哪里可以买到生活必需品。色诺芬告诉了他。苏格拉底又问:'要成为一个诚实的人应该往哪里走?'色诺芬不知如何回答。苏格拉底说:'那么,跟我来吧,我会指给你。'"这难道不是一个很迷人的故事吗?它暗示着,当苏格拉底见到一个好人时,他有足够敏锐的洞察力能够识别出这个人。我们不禁会回想起基督是如何召唤彼得(Peter)和安得烈(Andrew)、雅各(James)和约翰(John),而他们又是如何听从他的召唤并跟随他而去的,因此这个故事给我们留下的印象就更深刻了。

　　色诺芬是一个有钱人,他可以纵情满足自己骑马和打猎的嗜好,而且可能受雇于雅典的骑兵部队,但没有什么固定的职业。由于赋闲在家,因此他于公元前401年加入小居鲁士征召的希腊雇佣军,小居鲁士要利用这支雇佣军征讨他的哥哥和君主阿尔塔薛西斯。小居鲁士在库那克萨战役中被击败并被杀死,希腊军队不得不设法逃回家乡,这对他们来说是最好的结局。在将军们被谋杀后,色诺芬被推举担任最高指挥官,他成功地带领 10,000 人返回特拉布宗。公元前399年年初,他把剩下的希腊军队移交给那时驻扎在亚洲的一位斯巴达将军。大概正是从这时起,他被他出生的城邦放逐了,他受到这样的放逐是理所应当的。他留下来继续为斯巴达人服务,并且成为阿格西劳(斯巴达国王,公元前399年—前360年在位)亲密的仰慕者,阿格西劳是他那个国家最优秀的将军和最高贵的人。色诺芬在阿格西劳的领导下对波斯人作战,并且和阿格西劳一起回到希腊,他还(在斯巴达的特遣部队中)参加了科洛那亚(Coroneia)战役。[2] 在此期间,色诺芬结了婚。公元前394年,他的儿子们都已长到该在斯巴达接受教育的年龄了。后来,斯巴达人在奥林匹亚附近的斯奇卢斯(Scillus)给了他一个大庄园,他在那里过着乡绅一样的生活,管理他的财产,骑马、打猎和写作。他的许多著作都是他生活在斯奇卢斯的那20年间撰写的。当然,他在那里写成他最著名的作品《长征记》,时间是在公元前379年—前371年之间,而在此期间,战争的交替变迁使他失去他的财产并且迫使他在科林斯开始新的生活。公元前369年,雅典人与斯巴达人签订和约,重新接纳色诺芬为他们的一员;他的儿子最后在雅典骑兵中服役。[3]

我们并没有提供色诺芬的全部军事记录,但是很清楚,作为一个骑兵和军事家,他已获得相当多的经验,这些经验不仅是他年轻时从库那克萨到黑海的著名行军中获得的,而且也是从为他的国家的敌人的服务中获得的。他是斯巴达式教育和风纪的重要敬慕者,而且在公元前360年阿格西劳去世后不久,他便为之写了一篇颂词。

---

〔2〕斯巴达人在阿格西劳的指挥下,于公元前394年在科洛那亚(维奥蒂亚西部)打败了一个靠波斯人的黄金资助的希腊(底比斯人、科林斯人、阿尔戈斯人和雅典人)的联盟。

〔3〕他的长子格里卢斯在公元前362年的曼提亚战役中阵亡;按照一种传说,正是他使底比斯将军伊巴密浓达受到致命的创伤。在那次战役中,雅典人与斯巴达人和其他希腊人结成联盟抵抗底比斯人。伊巴密浓达的获胜并非决定性的。

一、色诺芬的著作

色诺芬的著作[4]多种多样，非常丰富（参见图 86）。除了一两部著作之外，其余的几乎都不是在他参与军事活动（公元前 401 年—前 394 年）以前写的，因而它们肯定是属于公元前 4 世纪。他的许多著作是在斯奇卢斯（公元前 394 年—前 371 年）撰写的，不过，直到他去世前几年，他一直坚持写作。我们将很快把他的著作列一个清单，并且为科学史家附加一些简短的评论。

图 86　色诺芬《文集》（ *Opera* ）的希腊语初版（folio；Florence；Giunta，1516）没有扉页，只有这个目录表。这些标题（而不是著作本身）被译成拉丁语［复制于哈佛学院图书馆馆藏本］

---

［4］色诺芬总是一个受人欢迎的作者，而且他的著作的手稿、版本和翻译的数量非常之多。其希腊语文集的初版由卢卡·安东尼奥·琼塔（Luca Antonio Giunta）于 1516 年在威尼斯出版（1527 年再版）；完整的拉丁语版于 1534 年在巴塞尔出版；希腊语版由埃德加·卡迪尤·马钱特编辑（5 vols.；Oxford，1900-1910）。在所有古典著作丛书例如“比代丛书”或“洛布古典丛书”中，色诺芬的著作都被收录了。参见古斯塔夫·绍佩（Gustav Sauppe）：《色诺芬词典》（*Lexicologus Xenophonteus*，156 pp.；Leipzig，1869）。

我们从三本论述打猎和马术的一组著作(第 1 部—第 3 部)开始,因为据猜测,其中的第一本写于他年轻时,在他离开雅典去亚洲以前。

1.《狩猎》(*Cynēgeticos*)是一部论述打猎尤其是打野兔的专论,其中也包含了狗的饲养的内容;这是我们所知的第一部这类著作。

2.《马术》(*On Horsemanship*, *Peri hippicēs*)被认为是所有文献中第一部论述这个主题的著作,直到 1931 年才有 B. 赫罗兹尼出版的赫梯人关于马术的专论。[5] 这是由一个喜欢马并且有长期养马经验的人写的著作。

3.《骑兵指挥官的职责》(*Hipparchicos*),这是前一著作的续篇,论述马术在军事目的各个方面的应用。

由于有保罗·路易·库里埃(1772 年—1825 年)娴熟的翻译,法国读者对色诺芬论述马术的著作(第 2 部和第 3 部)非常熟悉。库里埃使用了地道的法语,而且他既是一个骑手也是一个希腊学家。

色诺芬最著名的著作是两部论述亚洲事物的著作(第 4 部和第 5 部)。

4.《长征记》(*Cyru Anabasis*,参见图 87)记述了他一生中最大的冒险。10,000 名希腊雇佣兵参与的小居鲁士的造反,他们在库那克萨的战败,以及他们撤退到特拉布宗,是这类编年史著作中的第一部,而且依然是一部杰出的军事回忆

---

[5] 参见本书第三章,注释 66。另一位法国的希腊学家、骑手爱德华·德勒贝克(Edouard Delebecque)改进了保罗·路易·库里埃(Paul Louis Courier)对《马术》的翻译,参见爱德华·德勒贝克:《色诺芬·骑术》(*Xenophon. De l'art équestre*, 195 pp.;Paris:Les belles lettres,1950)。

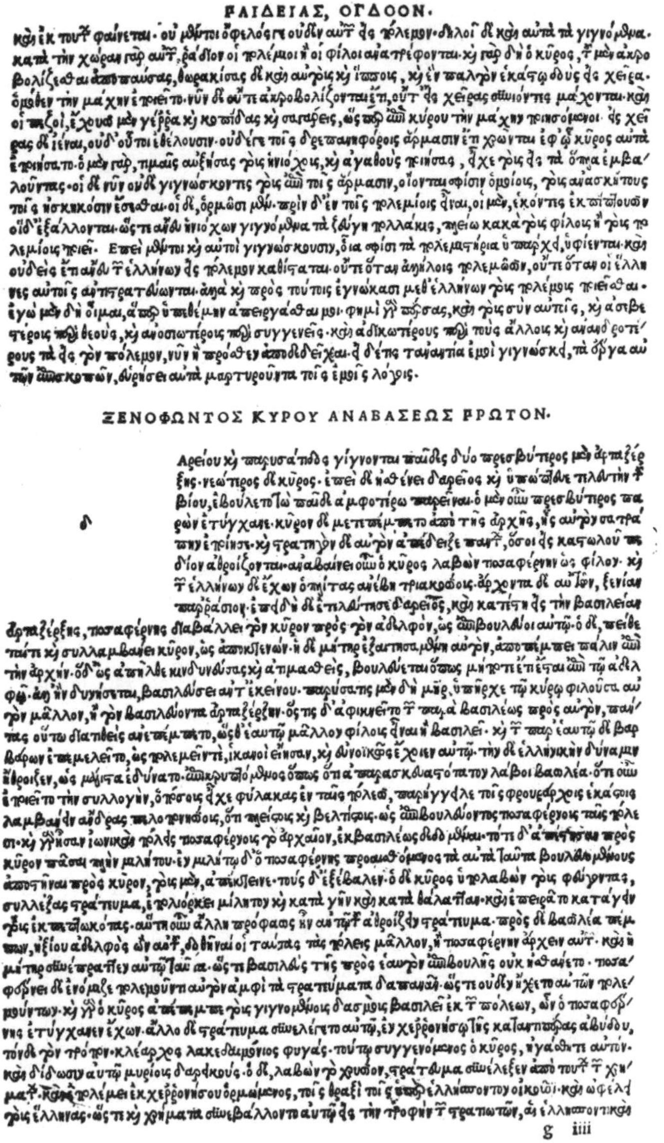

458

ΦΑΙΔΕΙΑΣ, ΟΓΔΟΟΝ.

ΞΕΝΟΦΩΝΤΟΣ ΚΥΡΟΥ ΑΝΑΒΑΣΕΩΣ ΠΡΩΤΟΝ.

g iiii

图 87　希腊语初版的《长征记》的开篇。方形空白处印着一个小写的 δ，以作为对预期会在这里画一个漂亮的大写字母的画匠的提示[复制于哈佛学院图书馆馆藏本]

录；它也是对他们所穿越的地区——亚美尼亚高原的第一次描述。该书充满了许多稀奇古怪的细节，涉及鸵鸟[6]、随军外科医生[7]、有毒的蜂蜜[8]、文身[9]、查利贝斯人的制铁业[10]、图书销售[11]。他用自己的例子说明，一个军官必须公正、大度、虔诚、爱护士兵并赢得他们的爱戴。在他所处的情况下，指挥的困难特别大，因为这 10,000 人是完全不同类型的人的组合，他们是从希腊各地招募来的冒险者，是某种流离失所者，他们除了某种基本的希腊精神外没有什么共同的品质，在与野蛮人为伍时，他们的孤独感把这种希腊精神强化了。需要一个军事天才把这些绝望的人团结在一起。[12]

《长征记》是一部文学杰作，它足以使作者流芳百世。不过，他在多个世纪中最流行的著作不是《长征记》，而是

---

〔6〕原文为：*Struthoi ai megalai*；《长征记》第 1 卷，第 5 章，2。古代的美索不达米亚和古代的中国都有鸵鸟存在，这已被遗物证明，因此，它们出没于小亚细亚并不令人惊讶。它们是什么时候消失的？它们的（自然的）栖息地限于阿拉伯半岛和非洲。参见伯特霍尔德·劳弗（Berthold Laufer）：《美索不达米亚的鸵鸟蛋壳杯与古代和现代的鸵鸟》(*Ostrich Egg-shell Cups of Mesopotamia and the Ostrich in Ancient and Modern Times*, 51 pp., ill.; Chicago, 1926）[《伊希斯》*10*, 278（1928）]。

〔7〕《长征记》，第 3 卷，第 4 章，30。

〔8〕同上书，第 4 卷，第 8 章，20-21。

〔9〕同上书，第 5 卷，第 4 章，32。

〔10〕同上书，第 5 卷，第 5 章，1。

〔11〕同上书，第 7 卷，第 5 章，14。色诺芬提到，在黑海的色雷斯海岸发现许多正准备装船的莎草纸手稿。与在柏拉图的《申辩篇》26 E 中的另一奇怪陈述比较一下。其中提到，用一德拉克马（古希腊银币名称——译者）就可以在剧场贵宾席买到载有阿那克萨戈拉观点的书籍。

〔12〕考虑到色诺芬（按照他自己的说法）在那场史诗般的撤退中所扮演的角色的重要性，就会对这一点感到非常莫名其妙：西西里岛的狄奥多罗（活动时期在公元前 1 世纪下半叶）描述了这一事件（《历史丛书》，第 14 卷，25-30），但连提都没有提一下色诺芬！

FRANCISCI PHILELFI PRAEFATIO IN XE-
NOPHONTIS LIBROS DE CYRI PAEDIA
AD PAVLVM SECVNDVM PONTIFICEM
M A X I M V M.

d

　　IV MIHI MVLTVMQ VE CV.
pietì aliquid ad te ſcribere pater bea
tiſſie, quod uel obſeruantia in te mea
uel acerrio tuo grauiſſimoqʒ iudicio
dignum poſſet iure exiſtimari: Xeno
phon ille Socraticus, qui non minus
ob nitorem & ſuauitatem orationis, quam ob doctrinæ
magnitudinem atqʒ præſtantiam, Muſæ Atticæ meruit
cognomentum : tempeſtiue ſeſe in octo his libris obtu
lit, qui de Cyri Perſarum regis & uita & inſtitutione, q̄
græci pædiam uocant : inſcripti ſunt : Quid enim ad
ſummum chriſtianæ totius & religionis & reipublicæ
principem , Paulum Secūdum pontificem Maximum
ſcribi a Franciſco Philelfo couenientius poterat , quam
de ſapientiſſimi & clariſſimi principis rebus ge
ſtis & diſciplina? Et eni cū tria ſint gubernadæ reipubli
cæ genera, populi, optimatū , regis : quis ambigat hūc
principatum cæteris antecellere : qui ſub unius præſtā
tiſſimi uiri ſapiētia & uirtute ſit cōſtitutus ? Scimus hūa
na ſtudia noſtra oia ad finē quēdā , ut appetitū bonū re
ferri oportere . Ita nauis gubernator portū ſibi propo
nit : q̄ uem ubi attigerit : cōquieſcit. Ita medicus ipſe
bonam tū…ı…n. Ita perſuaſionem orator. Ita ipera
tor uictoriam ſuum ſibi finem ſtatuit . Eadem quoque
ratione

图 88　弗朗西斯科斯·菲勒弗斯（Franciscus Philelphus）于 1467 年把《居鲁士的教育》（Cyropaedia）翻译成拉丁语；该书由阿诺都斯·德·维拉（Arnoldus de Villa）于 1474 年在罗马出版，全书一册，共计 146×2 页，这是唯一可以归于该印者名下的著作。有些副本印有他的名字，并且标注着 1474 年 3 月 10 日在罗马出版。该书没有扉页；这里所复制的是菲勒弗斯献给保罗二世（Paul II，教皇，1464 年—1471 年在位）的著作的第 1 页 [复制于哈佛学院图书馆馆藏本]

《居鲁士的教育》。

　　5.《居鲁士的教育》（Cyru paideia，参见图 88）是一部关于大居鲁士的传奇传记。它必然要描述的波斯的制度结构和生活方式与斯巴达的制度结构和生活方式非常相近，或者更确切地说，与这二者的理想化模式非常相近，把这二者理想化的这个人赞扬斯巴达人而鄙视雅典人的自由散漫。

　　这是世界文学史上最有价值的著作之一。我们也许可以把它称作在中世纪流行的《原理指南》[《论贵族子女的教育》（De eruditione filiorum nobilium）等] 的原型，这些著作是为了教育皇亲贵族的后代，并且使未来的统治者学习他们的职责和特权而写的。[13]

不应当(像过去那样)从字面上理解《居鲁士的教育》，因为它既含有历史事实，也混杂着历史错误。它的主要目的是为贵族政治服务，但色诺芬没有忘记他的老师苏格拉底（他从来没有忘记），因此，该书中包含苏格拉底的方法和观念，还有讨人喜欢的亚美尼亚的苏格拉底的画像，[14]它甚至闪现着一些民主观念。例如，他(实在具有讽刺意味)提到平等的言论自由(isēgoria)，而且非常认真地谈到"在波斯，权利的平等被认为是公正的"这一事实。[15] 这些矛盾之所以存在是因为色诺芬的仁慈多于他的偏见。书中有许多有趣的故事或描述，例如，面包(相对于肉等)有益，因为人们吃完了面包不需要洗手；[16]这些有趣的叙述还涉及以下话题，例如"初级共和国"[17]、动物公园或动物园[18]、财富的危险[19]、邮政体系[20]，再如"战斗与其说是由人的身体的力量决定的，莫如说是由人的心灵所决定的"[21]，以及"考虑周到的人是那些避免在被人看到时令人不快的人；自我控制的人

160

---

[13] 在我的《科学史导论》中列举了多种语言的例子，散见于各处。《居鲁士的教育》是西方人的样板；在埃及的文献中还有一些更早的例子(《导论》，第3卷，第314页)，但在我们这个时代以前，西方人对它们一直一无所知。

[14] 《居鲁士的教育》，第3卷，第1章，38。

[15] 同上书，第1卷，第3章，10；第1卷，第3章，18。

[16] 《居鲁士的教育》，第1卷，第3章，5。

[17] 同上书，第1卷，第2章，6。

[18] 同上书，第1卷，第3章，14；第1卷，第4章，5。可以与它们在古代和中世纪的等价物比较一下，参见《科学史导论》，第3卷，第1189页、第1470页和第1859页。

[19] 《居鲁士的教育》，第8卷，第2章，20；第8卷，第3章，46-47。

[20] 同上书，第8卷，第6章，17。

[21] 同上书，第3卷，第3章，19；第8卷，第1章，2。

是那些即使没有被人看到时也避免令人不快的人"[22]等至
理名言。书中有一处也许是添写。全书最令人感动的是最
后一章,[23]该章描述了居鲁士的去世和他最后的建议,并且
讨论了灵魂的不朽。把该书与柏拉图的《斐多篇》相比,色
诺芬绝不会有任何逊色。

这一希腊的教育传奇(《泰雷马克历险记》的遥远的先
驱)充满了活力和相当多的幽默,这有助于说明它流行的原
因。该书有点长,它把在作者生活的不同时期中所有唤起他
的好奇心或热情的题材(他考察过的亚洲国家、他学着去了
解的野蛮人、教育方法、服兵役和军事技术、打猎、政治以及
苏格拉底的学说)以令人愉快的方式混合在一起。如果色诺
芬写它写得相对早一些,它就会成为他的其他著作的预示;
但它似乎更可能是写于他的晚年,如果是这样,它就是以浪
漫的方式对那些著作的主要思想的总结,是一个礼貌的告别
演说。

现在,我们也许可以考察色诺芬关于苏格拉底的著作了
(第 6 部—第 9 部),这些著作大概是在斯奇卢斯写的。

6.《回忆苏格拉底》(*Apomnēmoneumata*)。这是一部为
苏格拉底辩护和回忆他的谈话的著作。我们不能按照字面
意义来接受它们,但它们为我们提供了苏格拉底的习惯的总
的说明,这一说明可能是真实的,而且可以用来完善和纠正
柏拉图的说明。在他们两个人的著作中,我们必然都接触到
回忆,但色诺芬的回忆比柏拉图的回忆使人觉得更可信。

---

[22] 同上书,第 8 卷,第 1 章,31。
[23] 同上书,第 8 卷,第 7 章,这是原始文本的最后一章。而第 8 章似乎是后来添上
　　 的,它描述了"当代的"波斯人亦即与色诺芬同时代的波斯人的衰退。

7.《苏格拉底的申辩》(*Apology*, *Apologia*)。这也是对柏拉图相同题目的著作的完善。[24] 其中有些部分重复了《回忆苏格拉底》的内容。

8.《会饮篇》(*Symposium*, *Symposion*)。它又与柏拉图的对话重名,这不可能是偶然的。我们应该假设它是在柏拉图的《会饮篇》以后写的,因为从风格上看,它比后者晚。

9.《经济论》(*Oeconomicos*, *Oiconomicos*)。这是一部苏格拉底与克里托布卢等人关于地产管理和家庭经济的对话。苏格拉底对耕作和乡村生活没有兴趣,该书记述了他与乡绅伊斯科马科斯(Ischomachos)的谈话。后者的观点显然就是色诺芬的观点;它们具有他的思想结构的典型特点:世俗、注重实用、善良温厚和生性仁慈。

色诺芬唯一专门论述信史的著作是《希腊史》(*Hellenica*)。

10.《希腊史》由两个不同的部分组成。第一部分续写了修昔底德的《伯罗奔尼撒战争史》,内容从公元前411年至公元前404年伯罗奔尼撒战争结束。第二部分则续写的是另一段历史,即曼提亚战役(公元前362年)以后的事情,不过他是以一种不同的方式续写的。色诺芬对斯巴达人的偏爱和对底比斯人的敌视表现得很明显,而且这种成见在书

---

[24] 色诺芬的《苏格拉底的申辩》比柏拉图的同名著作短很多(二者的篇幅比例为6:17),而且地位也不如后者高。在其开篇,色诺芬提到其他申辩[可能是吕西阿斯和特奥德克特斯(Theodectes)写的,不一定是柏拉图写的,因为柏拉图所写的申辩可能更晚一些]。如此之多的申辩的存在证明,苏格拉底被判处死刑是一个很大的引起公愤的事件。按照色诺芬的观点,苏格拉底坚持这样的论点:与其老了遭受痛苦和羞辱,莫如先死去。他记述了阿波罗多洛对苏格拉底受到不公正的判决而震惊,苏格拉底在回答阿波罗多洛时说:"你不愿看到我负疚而死吧?"

中出现了多次。尽管他的第二部分写到公元前 358 年,但它并没有完成。他大概又多活了几年,但不得不放下笔停止写作了。

最后一组是色诺芬的政治学著作(我们不是按照年代顺序排列的,也无法确定他的著作的确切顺序)。

11.《阿格西劳传》(*Agesilaos*)。这是色诺芬为他曾服务过并且非常钦佩的斯巴达国王所写的传记;它是在公元前 360 年阿格西劳去世后不久写成的。

12.《古代斯巴达的政体》(*Polity of the Lacedaimonians*, *Lacedaimoniōn politeia*)。这部颂扬传奇的利库尔戈斯(Lycurgos)所建立起来的斯巴达制度的著作,大概写于公元前 369 年以前;后来他又增补了一段翻案诗。

类似的政治学著作《雅典的政体》(*Polity of the Athenians*, *Athēnaiōn politeia*)以前曾归于色诺芬的名下,但几乎可以肯定,它是一部更早的著作,是公元前 423 年以前一个寡头政治的统治者写的。[25]

---

〔25〕《古代斯巴达的政体》可能是伪作,它可能是犬儒学派成员安提斯泰尼的作品。参见 K. M. T. 克赖姆斯(K. M. T. Chrimes):《归于色诺芬名下的〈古代斯巴达的政体〉》(*The Respublica Lacedaemoniorum Ascribed to Xenophon*, Manchester: Manchester University Press, 1948)[《伊希斯》42, 310(1951)]。

《雅典的政体》肯定是伪作。它是在公元前 430 年—前 424 年期间亦即色诺芬儿童时代写的,因此是现存最古老的雅典散文。它也是最古老的论述政治理论的专论,或者更确切地说,是最古老的政治学小册子。其作者之名不得而知。有人猜测,他也许是克里底亚,他是一个不配被称为苏格拉底的学生的人、公元前 404 年斯巴达人在雅典设立的三十僭主之一。克里底亚是一位著名的演说家,但无法证明他就是这本书的作者。人们只能说,作者是雅典寡头政治集团的一个成员。

参见恩斯特·卡林卡(Ernst Kalinka):《伪色诺芬的〈雅典的政体〉》(*Die pseudoxenophontische Athēnaiōn politeia*, 330 p.; Leipzig, 1913),该书包括希腊语原文、德语译文以及评论。

这两本书都以《政体》为标题,就像柏拉图的那部其标题一般被译成《国家篇》的著作一样。

13.《希伦篇》(Hieron)。这是一个想象的对话,对话者是公元前478年—前467年在位的叙拉古的僭主老希伦和抒情诗人凯奥斯岛的西摩尼德(大约公元前556年—前468年),他们谈论的话题有两个:一个僭主是否比他统治的臣民快乐?他怎样才能赢得他们的尊敬和爱戴?色诺芬可能是狄奥尼修二世就职时(公元前367年)受到启发而创作这一对话的,柏拉图曾希望使狄奥尼修二世成为一个哲学家兼国王。

14.《论方式方法》(Ways and Means, Peri porōn),著作中包含对改进雅典财政的实用建议。这是在他与他的祖国讲和很久以后,即将走到生命的尽头时写的。

他的著作没有失传,但有些冠以他的名字的著作可能是伪作。

二、柏拉图与色诺芬

阅读了前面的书单的读者将会注意到,其中有不少标题与柏拉图著作的标题相似,或者会使人想起柏拉图的著作,例如《申辩》《会饮篇》《政体》等,当然,其他许多著作都是完全独创的,例如有关亚洲和打猎的著作。柏拉图与色诺芬几乎完全是同一时代的人(柏拉图比色诺芬早几年出生,比他晚几年去世;他活了80岁,而色诺芬去世时大约75岁)。他们两人都是苏格拉底的朋友和雅典人的敌人。他们有许多共同之处,奇怪的是他们有三部著作使用了相同的标题。不过,他们之间的差异远远大于他们之间的相似之处。由于他们都是伟大的人物,完全代表了他们的那个时代和风尚,因而,把他们加以比较是很吸引人的:这是一种对比研究,它有助于我们更好地理解他们两者。

他们二人都接受了同样的通识教育,都以苏格拉底户外研讨班的高等研究课程结束学业。他们都是学者,他们借助天资和教育对最纯的雅典城邦的希腊语了如指掌。他们都接受了每个雅典人理所当然都会参加的政治学教育。此外,他们都有尽管截然不同但相等的机会学习实用政治学。一开始,他们都在雅典,然后,柏拉图进入了叙拉古的宫廷,而色诺芬则与斯巴达国王成了知己。他们生活在希腊世界大相径庭的地区,但他们的生活道路常常交叉,他们注定都要讨论同样的政治学和伦理学问题。他们二人都成为民主的敌人,柏拉图对民主的敌视日益加深,直至他生命的结束;色诺芬总是非常节制,并在他晚年与他的祖国重归于好。

这两个人都是贵族,但有很大差异。色诺芬是一个乡绅,一个保守的人,留恋往日美好的时光;柏拉图则是一个高傲的知识分子,为他人制定他们要遵守的法律。他们二者都说明了他们的贵族统治的理想,但在《居鲁士的教育》中的君主与《国家篇》中的独裁者之间存在着一种差异!他们两个人既是伦理学家也是政治学家,柏拉图像一个教授,色诺芬像一个家长。这暗示着另一个更为深刻的差异:柏拉图是一个终身未娶的单身汉,色诺芬是一个有爱心的丈夫和父亲。我们可以假设,在《经济论》中,他描绘了他自己作为丈夫和父亲管理他在斯奇卢斯的财产的亲身经历。该书对话中的农夫伊斯科马科斯无疑就是色诺芬自己,未提其名但很迷人的农夫妻子当然就是色诺芬的妻子菲勒希娅(Philesia)。作者把妻子写得比丈夫(亦即他自己)更有魅力,这是对他的诚实的重要证明。

柏拉图一般被认为是一个崇高的理想主义者,而色诺芬却被轻视,因为他朴素的虔诚,而且他太注重实用和受世俗利益所束缚,更关心好的诀窍而不是原则。不过他是一个感情深厚和心地善良之人,而柏拉图是一个空谈理论的人,教条到不人道的程度。

如果我们尝试着在他们日常的环境中去想象他们,这种对比的差异会更大,因为色诺芬是一个军人和农场主,而柏拉图是一个教授。说到前者,我们可以在安纳托利亚山区他的伙伴中看到他,或者可以看到他在他的庄园中骑马、打猎,视察他的田地、葡萄园和马厩,指导农业生产;而对于柏拉图,除了想象他在学园的院子里讨论哲学和数学、与他的同事和弟子争论之外,我们很难想象他的其他形象。

这两个人身上最有价值的东西都应归功于他们年迈的导师苏格拉底,色诺芬直到去世都忠于他,而柏拉图却傲慢地背叛了他。

三、作为教育家的色诺芬

尽管色诺芬的著作多种多样,但它们不仅在其风格方面(这一点是很自然的)而且在其内容方面,有许多共同之处。他的著作以教诲为基调。色诺芬不是一个哲学家,但他像他的导师苏格拉底一样是一个天生的和情不自禁的教育家。他相信教育的力量以及他自己在教育他人方面的能力。他的看法绝对算不上卓越,但却清晰而诚实。他试图理解他周围的小世界(而不是宇宙),并且尽可能透彻和简明地对它做出说明。他在《回忆苏格拉底》(尤其是第 4 卷)中,并且间接地在《居鲁士的教育》中,提出了他的教育理论和实践。

他的理论和实践不仅受到苏格拉底的影响,而且受到德谟克利特和毕达哥拉斯学派的影响。在离斯奇卢斯不远的地方就聚居着这样一群人,色诺芬在那里度过了他生命的 20 个春秋,这是他最快乐和最有成果的一段时光。可能从那些毕达哥拉斯派的邻居那里,他懂得了健康饮食与身体锻炼相结合的必要性、道德传统和宗教传统的价值以及数学的重要性(尽管他本人对数学兴趣不大)。对所有人来说,良好的教育是必不可少的,尤其对那些有着最好的天资的孩子更是如此。他敏锐地认识到任何教育都有 3 个基本要素:天赋(*physis*)、学习(*mathēsis*)和练习(*ascēsis*)。他对书本知识的批评[26]有助于我们认识到,在他那个时代,书籍已经非常丰富,这不仅意味着有许多这样的书被创作出来,而且意味着固定的书籍贸易也已经存在。年轻人必须接受教育以便能够表达自己的思想、增加自我控制的能力、根据环境的需要行事、变得足智多谋和有主见;他们必须为参与政治讨论和行政管理做好准备。

　　他的主要目的与苏格拉底的目的是相同的;事实上,他以苏格拉底之口说出了他自己的建议。他在维持或尝试维持他的老师的学说,对它进行解释并以他丰富的经验成果对之进行补充。他最感兴趣的是通识教育,这种教育是每一个想实现自己的意愿的绅士所需要的,他也认识到,这种教育也应当与每个学生的特有才能相适应。人有不同的才能,其中的每一种才能都可以通过适当的教育得以改善;教育家的

---

[26]　在苏格拉底与英俊的尤苏戴莫斯(Euthydemos)的对话中有很好的例证(《回忆苏格拉底》,第 4 卷)。至于书籍贸易,请参见《长征记》,第 7 卷,第 5 章,14。

任务就是关注那些优秀的天资,并且开发它们。在任何情况下,道德和宗教的教育都是根本性的。教师不应试图讲得过多,更关键的是加强学生的精神修养、形成他们自己的品质。

所有这一切在今天看来似乎并不新鲜,但苏格拉底和色诺芬是最早对这一学说进行解释的人。请记住,色诺芬著书立说的时间是在公元前 4 世纪上半叶,而我们的某些教育家直至今日仍未理解它。[27]

四、实用建筑

《回忆苏格拉底》最奇怪的章节之一是苏格拉底与阿里斯提波的对话。这位大师解释说,美是人们希望达到的目的的一种功能。

阿里斯提波问:

"难道你是说,同一事物既是美的又是丑的吗?"

"的确,我是这么说——同一事物既有利又有弊。因为对饥饿来说是有利的东西,往往对热病来说就是有弊的,而对热病来说是有利的东西,对饥饿来说却是有弊的;对赛跑来说是美的东西,往往对摔跤来说就是丑的,而对摔跤来说是美的东西,对赛跑来说却是丑的。因为一切事物,对它们所适宜的目的来说,都是既美又有利的,而对它们所不适宜的目的,则是既丑又有弊的。"

当苏格拉底断言,同一所房子可以既美观而又实用的时候,他就是在教我们理应把房子建造成什么样的艺术。

他是这样考虑问题的:

〔27〕 阿尔芒·德拉特:《色诺芬时代人文学的形成》("La formation humaniste chez Xénophon"),载于《比利时科学院学报》(Bull. Acad. Belgique, lettres, 35, fas. 10, 20 pp.; Brussels, 1949)。

"当一个人想要有一所合适样式的房子时,他不是应当想方设法尽可能地把它造得使人住在里面感到既舒畅,而又尽可能地实用吗?"

在这一点被同意后,他又问:"那么,把它造得冬暖夏凉,岂不会令人住在里面感到很舒畅吗?"

当他们对这一点也表示同意时,他就又问:"在一所朝南的房子里,太阳在冬天照进门廊里来,但在夏天,则照在我们的头上,照在屋顶上,从而给我们提供了阴凉。如果这是最好的格局,那么,我们在造房子的时候,就应当把南边的部分造得高些,从而尽可能多地获得冬天的阳光,把朝北的部分造得矮些,从而抵御冷风的袭击;总而言之,在一所房子中,房主无论什么季节都能极其愉快地住在里面,并在其中非常安全地储藏自己的东西,这样的房子就是最舒适最美好的房子。至于书画和装饰品之类,它们给人提供的乐趣倒不如它们夺去的多。"

苏格拉底说,庙宇和祭坛的最适当的位置应当是一个最容易看得到而又远离行人车辆来往的地方;因为在这样的光景中低声祈祷是愉快的,怀着圣洁的心情走近这样的场所也是愉快的。[28]

五、色诺芬关于占卜的观点

我们已经注意到远古时代显著的迷信,即对占卜的牢固信念。尽管会冒重复的危险,但我们必须再回到这个主题上,因为倘若我们不考虑这个在希腊精神生活中对希腊人非常重要但却令我们不愉快的方面,我们就无法对他们的精神

---

[28]《回忆苏格拉底》,第3卷,第8章,E.C.马钱特译,见"洛布古典丛书"。

生活有一种公平的看法。

希腊人(以及他们之后的罗马人)相信,通过对多种自然现象的观察可以解释过去和未来事件的意义。[29]《长征记》[30]也给我们提供了诸多事例,它们说明色诺芬相信占卜,并且说明在不仅为了他自己也为了他的士兵而解释征兆遇到麻烦时,占卜是必要的。这在古代文献中并非例外,而是很常见的。

在《回忆苏格拉底》中,色诺芬非常渴望证明,对他的导师苏格拉底的指控是没有事实根据的,对他的定罪是不公正的。他尤其希望说明,苏格拉底一直是一个信仰宗教和虔诚的人,他与他的人民共享相同的信仰,并且举行已被认可的仪式。最流行的是那些与占卜相关的仪式,它们是对神圣的预兆的传统解释。色诺芬列举了一些苏格拉底坚信占卜的例子:

他常常在家中献祭,也常常在城邦神庙的祭坛上献祭,他并没有隐瞒这一点;他利用占卜,这也不是什么秘密;的确,苏格拉底说"神明"指教了他,这已经众人皆知了;我认为,他们指控他引进新神就是从这种主张中推想出来的。然而,与那些信奉占卜的人们,亦即依赖占卦、神谕、巧合和献祭的人们相比,他并没有引进过什么更新的神。这些人并不相信异鸟或那些偶然遇到它们的人们会知道什么对询问者

[29] 西塞罗的《论占卜》是古代作者对占卜最出色的说明,但它相对来说比较晚,不过,读者可以在许多更早期的希腊著作中发现类似的零散论述。阿瑟·斯坦利·皮斯在《牛津古典词典》第292页—第293页对这个巨大的领域有充分的介绍。关于占卜的比较研究,请参见《宗教和伦理学百科全书》第4卷(1912),第771页—第830页。
[30]《长征记》,第6卷,第4章;以及第7卷,第8章,20。

有利,而是认为,神明借它们为媒介,把那些预示吉凶的事显示出来;苏格拉底所持有的信念也就是如此……

由于我们不可能预先知道在将来什么事对我们有利,神明就来协助我们,通过占卜向询问的人揭示事情的结局,并且教导他们怎样获得最好的结果……

当有人需要那些人类智慧所不能提供的帮助时,苏格拉底就劝他求诸占卜,因为像他这样一个知道神明用什么样的方法指导人们处理他们的事务的人,绝不会不去请教神明的指点。[31]

冈比西斯给他的儿子居鲁士大帝的解释,是对神的预示之重要性的最好说明。[32] 遵从神明的指导是每一个人尤其是国王的义务,但他怎么知道神明的指引呢?冈比西斯告诫他的儿子,一定不要听任占卜者摆布,而是要能够自己对预兆做出解释。但是怎么才能对这种解释加以核实呢?令人惊讶的是,聪明的希腊人从未向自己提出这个问题,或者至少从未给它一个圆满的答复。人们理所当然地认为,神的意愿可能隐含在任何事件之中,我们如何发现这种意愿并且确信我们已经理解了这一意愿呢?人们如何遵守一种并不清楚的命令、指令呢?

不过,我们应当记住,有智慧的人是不会受占卜者摆布的,占卜者也许既愚蠢又不诚实,而且按照他们自己的方式解释预兆。这一重要的告诫是严肃的和事关重大的;必须做出决策而且决策要尽可能地明智:征兆可以而且往往是以特

---

〔31〕《回忆苏格拉底》,第 1 卷,第 1 章;第 4 章,第 3 章,12;第 4 卷,第 7 章,10。
〔32〕《居鲁士的教育》,第 1 卷,第 6 章,1;第 16 卷,第 44 章—第 46 章。

设的方式解释的。预兆是神的无所不在和普遍指导的标志；特别的指导必须由每一个人凭借他的良知来判定。[33]

六、色诺芬的幽默

色诺芬像柏拉图以及他们的老师苏格拉底一样，能以一种简单的方式表现得非常幽默。《回忆苏格拉底》中以苏格拉底之口说的一段话就是一个很好的例子。

为了嘲弄那些不具备任何必要的资格而参选公职的人们的愚蠢和自负，他建议那些可怜的参选者应该这样向他的选民们发表演说：

"雅典人啊，我从来没有向任何人学过任何东西，即使我听到过什么人在演说和行动方面有所擅长，我也从未试图去找他们谈谈；我从来没有用心从那些知识渊博的人们中间请谁来做我的老师；相反，我一直避免向任何人学习任何知识，甚至也避免给人以任何学习的印象。尽管如此，我却要按照我随便想到的，向你们提出忠告。"

这段开场白对于那些候选公共医师职位的人们倒很合适，他们可以用这样的口吻开始他们的演说：

"雅典人啊，我从来没有学过医术，也没有找过任何医生做我的老师；因为我一直在避免向医生学习任何知识，甚至也避免给人以学习医术的印象。尽管如此，我还是求你们派我担任医师的职务，我将尽力以你们为试验品进行学习。"

这一开场白使得所有在座的人都哄笑起来。[34]

---

[33] 荷马(在《伊利亚特》第 12 卷，243)举出了一个很好的合理地理解预兆的例子：eis oiōnos aristos, amynesthai peri patrēs(最好的预兆就是为祖国而战)。每一个有教养的希腊人都会记住这句话：预兆是自己应验的。

[34]《回忆苏格拉底》，第 4 卷，第 2 章，4-5。

第二个例子附带地表明,那时公共医师或城邦医师[35]的公职已经存在,由于这个公职后来消失了,只是在相对比较晚的 13 世纪亦即中世纪时代才重新出现,因而这一点就更值得注意。[36]

七、色诺芬的影响

色诺芬已经有了非常大的影响,其部分原因是由于他的教育意向,部分原因是由于他所讲述并且讲述得非常好的动人的故事,还有部分原因是由于他的仁慈、人道与作风纯朴。他是一个天性温厚的人,他的散文轻松流畅,令人惬意,他因此获得"雅典蜜蜂"的绰号。昆提良找到一个很好的短语来形容他的风格:*jucunditas inaffectata*(行云流水,欢快舒畅)。由于这种特性,对许多代人来说,色诺芬成了语言大师。这种特性也是一种严重的障碍,因为许多学生没有做好阅读《长征记》的充分准备,他们感到单调乏味,以致他们对它的记忆是相当痛苦的。不过,他们对《长征记》的判断与对色诺芬的判断是不相关的。所有经典作品都会以同样的方式成为折磨人的工具,但这是对坏学生和坏老师的惩罚,仅此而已。

色诺芬的影响在古代的时候就已经相当大了。有人论证说,他有关亚洲的著作,主要是《长征记》,说明对付亚洲人相对来说比较容易,并且使马其顿国王有了征服亚洲的野心。我们可以肯定,年轻的亚历山大大帝研读过这些著作;

---

〔35〕 原文为:*Ho tēs poleōs iatricos*。请与《居鲁士的教育》(第 1 卷,第 6 章,15;第 8 卷,第 2 章,24)中提到的健康、公共医师和诊所管理委员会比较一下。军队必然要使用外科医生,这也许导致任命城镇医师的现象。

〔36〕《科学史导论》,第 3 卷,第 1244 页和第 1861 页。

从另一方面讲,色诺芬对理想的亚洲君主政治的描述则是对希腊王国迷人的预示。罗马的绅士们研读了色诺芬著作中有关打猎、家庭经济、伦理学和政体方面的著作。他们从中为他们的大多数疑问找到了清晰的答案,而且这些答案的语言既简明又具体。

在拜占庭帝国复兴期间,人们不仅研究色诺芬的著作,而且也模仿它们文雅的风格。约翰·辛纳穆斯(Joannes Cinnamos*,活动时期在 12 世纪下半叶)在文学上主要就是以希罗多德和色诺芬为榜样的。他的著作被以下这些早期的希腊文化研究者翻译成拉丁语:佛罗伦萨的波焦(Poggio of Florence),阿雷佐的列奥纳多·布鲁尼(Leonardo Bruni of Arezzo),托伦蒂诺(Tolentino)[安科纳(Ancona)]的弗朗切斯科·菲莱福。1530 年—1630 年期间的英国绅士们阅读了《居鲁士的教育》,并且试图从中找到他们自己问题的答案。这是世界文学史上第一部历史小说,它不仅使英国绅士也使法国绅士感兴趣,而且的确也使欧洲每一个文明部分的绅士们感兴趣,并且使他们都受到了教育。《居鲁士的教育》是一种有关苏格拉底学说和政治学的手册,同时也是一本介绍东方的指南。后来,人们更喜欢《长征记》(我不知道其确切的原因),但是色诺芬一直是希腊和希腊文化的杰出教师之一。作为教育家,他比柏拉图做了更多有益的事,而所造成的负面影响却比柏拉图小。

---

* 原文为 Ioannes Cinnamos,现根据本卷索引改正。约翰·辛纳穆斯是拜占庭史学家,曾担任曼努埃尔一世(Manuel I,1143 年—1180 年在位)的秘书。——译者

第十九章
亚里士多德与亚历山大——吕克昂学园

一、马其顿势力的增长

我们现在走向一个新的时代——亚里士多德时代，这个时代在许多方面不同于以前的柏拉图时代，尽管它们前后相继并且彼此贯通。这个时代的政治背景不再是旧式的希腊政治，而是马其顿政治。这就需要稍微说明一下。

如果看一下地图就会发现，马其顿是巴尔干半岛上的一个国家，位于色萨利以北、伊利里亚（Illyria）以东和色雷斯以西。地图并未指明这些国家的边界，但用大写字母表示的它们的名称指明了它们的大体位置。没有比这更好的办法了。况且，这些边界无论是否存在，都不是永久的，马其顿诸国王经常会拓展他们的疆土。例如，它最终包含哈尔基季基半岛，这是爱琴海西北端的一个三足式半岛（一个小型的伯罗奔尼撒半岛），相对于与严格意义上的马其顿王国的关系而言，这个地区与爱琴海诸岛的关系更为紧密。马其顿王国的居民并非一种特殊的人种；并没有什么马其顿人种，有的只是色雷斯人和伊利里亚人[阿尔巴尼亚人（Albanian）]的混合体。他们并不讲希腊语，但是很难给他们自己的语言下定义。他们的语言属于印欧语系，但可能既不同于希腊亚语族的语言,也不同于斯拉夫语系的语言。色雷斯方言与小亚细亚西北部(普洛庞提斯以南)的人所讲的弗利吉亚语相关;而在今天,伊利里亚语的代表是阿尔巴尼亚语。[1] 尽管如此,由于马其顿南部靠近色萨利和伊庇鲁斯,希腊流亡者早在古代就到达这里,而且有过一场从(伯罗奔尼撒半岛的)阿尔戈斯而来的大规模的移民运动。希腊移民的多利斯方言很快渗入到原住民的词汇之中。我们可以假设,一个来到雅典的马其顿的希腊人,即使他本人受过良好的教育,也很容易被集市中的那些妇女发现是外乡人。

马其顿人受到这样一个王朝的统治,按照某些人的观点,这个王朝开始于阿尔戈斯的卡拉努斯(Caranos of Argos,大约公元前 750 年);按照另一些人的观点,它开始于也是阿尔戈斯人后裔的佩尔狄卡斯一世(Perdiccas I,公元前 700年—前 652 年在位)。对于他们的历史,在第 6 位国王[2]阿敏塔斯一世(Amyntas I,公元前 540 年—前 498 年在位)以前,我们知之甚少,即使是阿敏塔斯一世本人,由于他是波斯人的同盟者,也没有引起人们多少关注。这样,一个国王接着一个国王,只有当第 22 任国王统治时,情况才发生了变化。这第 22 任国王就是腓力二世(公元前 359 年—前 336年在位)。这些马其顿的国王都是希腊人,不过他们都与当

---

[1] A. 梅耶和马塞尔·科昂:《世界的语言》(*Les langues du monde*,Paris,1924)第 47页和第 52 页[《伊希斯》*10*,298(1928)]。

[2] 如果佩尔狄卡斯一世是第一位国王,卡拉努斯(Caranos)是第九位国王,那么所说的这位国王就是第六位国王。我所依据的是 A. M. H. J. 斯托克维(A. M. H. J. Stokvis)的一览表,见他的《史学手册——地球上所有国家的谱系和编年史》(*Manuel d'histoire,de généalogie et de chronologie de tous les états du globe*,3 vols.;Leiden,1888-1893),第 2 卷,第 448 页—第 450 页。

地的妇女结婚,他们身上的希腊血统一再地与当地人相混合。因此,我们会听说,腓力二世的母亲只是到了老年才学习希腊语,而腓力二世则接受了希腊教育。当他于公元前360年获得权力时,他对希腊的情况非常了解:政治混乱,间或会有一些不稳定的休战;结盟、联盟破裂并被新的联合替代;除了寄希望于一位具有无上权力的统治者的命令以外,和平没有指望。腓力二世决心要成为这样的统治者。在他被扣押在底比斯期间,他观察到一些新的军事方法;他不仅掌握了它们,而且对它们进行了改进。他创建了一支职业军队,并且教它以新的编队[马其顿方阵(Macedonian phalanx)]行进和作战。这是一种步兵与骑兵的组合,步兵在中间,骑兵在两翼,经过训练,协同行进和作战。马其顿兵法通常有着不可抗拒的力量,在数个世纪中它一直是最好的军事方法。它非常简单,但它的实现却需要有非同寻常的将才的天赋,它的价值在很大程度上取决于高级军官所能表现出的天才:在训练场上慢而稳,在战场上更为快捷,就像许多即兴创作可能要求的那样。腓力二世设法结束了他与山区部落之间的长期争斗,并且创建了一个统一的国家。他有许多机会在多瑙河以南和黑海以西他自己的地盘上锻炼他的军队,并且逐渐扩大了这个范围,增进了他自己的王国的团结。在此之后,他准备去对付混乱的希腊。我们没有必要讲述他的作战史。

　　希腊人,尤其是雅典人对马其顿王国的兴起有什么反应呢?我们必须记住,在他们眼中,腓力二世尽管接受了希腊教育,但他不是一个纯希腊人;他虽然不是一个野蛮人,但却是一个外国人。他的野心逐年变得日益明显。到那时,对每个领袖都不耐烦的希腊人会俯首听命于一个外来者的统治吗？[3] 在雅典有两大派。第一派由老伊索克拉底（公元前436年—前338年）领导，用现代术语也许可以称之为合作者派。第二派受到雅典最伟大的演说者狄摩西尼（公元前385年—前322年）的鼓舞。他发表了许多充满火药味的演说，在这些演说中他谴责了腓力二世不祥的图谋，并且要保卫希腊自由免受其害。[4] 在这些重要的演说的第四篇中，他建议也许可以要求波斯来帮助他们捍卫希腊的自由，抵抗马其顿帝国主义。连年不断的内战使得希腊世界饱受蹂躏超过一个世纪，而波斯人的入侵又使这些内战恶化，因为波斯总是想进行干预，而为霸权而战的这个或另一个团体很容易受到波斯黄金的影响，并且愿意与国家的敌人结盟以达到自己的目的。因而希腊内战总在某种程度上被国际化了。从腓力二世即位以来，这种局面改变了；不久，附近就有了两个外来的强国：波斯和马其顿，早在希腊人之间的战斗开始之前，伴随它们之间的争斗而来的宣传运动、外交阴谋和背信弃义的渗透就已经存在了。希腊人离开某个外国的保护就无法团结在一起。问题是，在这两个敌人和未来的保护者中哪一个才更危险？半希腊的马其顿，还是完全东方的波斯？

---

〔3〕 顺便说一句，奇怪的是独裁者常常是外来者、外国人，想一想吧：马其顿人腓力二世，科西嘉人拿破仑，阿拉伯人穆罕默德·阿里，奥地利人希特勒，格鲁吉亚人斯大林。

〔4〕 这些演说被称作《斥腓力王篇》（Philippica），在欧洲各种语言中"philippic"（痛斥）这个词就是唤起对它们的记忆的一种线索。这个词一般被用来指充满抨击色彩的谴责某个特定领导者的政治演说。尤其是，它往往被用来指西塞罗抨击马可·安东尼（Mark Antony）的多篇演说。林肯、伍德罗·威尔逊（Woodrow Wilson）以及富兰克林·罗斯福（Franklin Roosevelt）都曾成为许多痛斥的靶子。

狄摩西尼和他的党羽认为他们自己比其他人更爱国，或许他们是这样的。两大派都认识到迫切需要国家的统一。"合作者派"主张，除非由马其顿来统治，否则统一是不可能的或者是维持不下去的；另一派则要既为国家的独立又为国家的统一而斗争。从长期来看，合作者们似乎是正确的：使民族的自由和国家的统一协调一致是没有希望的或者是不可能的。不用说，腓力二世并不认为他自己是一个征服者，正相反，他认为自己是一个消除无政府状态、维护希腊统一和希腊文化的斗士。

由于他训练精良的部队，他在多次战役中打败了他的敌手，最后一次是公元前338年（维奥蒂亚）的海罗尼亚战役。伊索克拉底的最后作品是他写给腓力二世的贺信，祝贺腓力二世取得了这次胜利，这是他可以分享的一次胜利，因为他本人也通过这一胜利最终战胜了狄摩西尼。几天之后，他这个年近百岁的老人快乐地去世了。狄摩西尼参加了海罗尼亚战役，在此之后他又活了16年，经历了许多兴衰变迁；他最终到［地处阿尔戈利斯（Argolis）海岸萨罗尼科湾（Saronic Gulf）的］卡劳里亚（Calaureia）岛的海神庙避难，于公元前322年自杀身亡。

现在回到卡劳里亚，公元前338年，和平出现了，从而导致希腊联盟的建立，它代表着（除斯巴达以外的）所有希腊城邦，而它的盟主和保护人就是腓力二世。不久以后，腓力二世开始在小亚细亚展开军事行动，把希腊殖民地从波斯人的统治下解放出来，但是，公元前336年，他47岁、在位第24年时被谋杀，这些军事行动也因此而停止。他的儿子亚历山大三世（Alexandros III）继承了他的王位，而亚历山大三世后来则以亚历山大大帝之名被后人铭记。腓力二世是马其顿帝国的缔造者,正是由于他,才使得亚历山大大帝的冒险和成就成为可能。亚历山大的许多素养(如对科学和文学的热爱)在他身上已经有所体现,但是它们被纵欲和寡廉鲜耻掩盖了。他被谋杀可能就是他周围的腐败导致的一个恶果。[5]

海罗尼亚战役标志着希腊独立的终结,因而这一时期——亚里士多德时代的背景,就是作为政治实体的希腊的衰落和毁灭。我们注意到这个伟大国家的极大痛苦;她曾向世界奉献出她最宝贵的财产之一——民主理想,她在实现这些理想的艰苦努力中死去了。但希腊精神是不朽的,即使这个国家的自由已经无望并且丧失,它仍然创造出令人惊叹的成就。

二、亚里士多德的生平

哈尔基季基半岛更像是爱琴海北部的一个岛屿,而不像是马其顿的一部分。主要的交流通路是海路,就像其他小岛上的情况一样。这个半岛很早就成为希腊移民的殖民地,他们来自哈尔基斯[Chalcis,因而它才有哈尔基季基

---

[5] 如果与他同时代的希俄斯的泰奥彭波斯(活动时期在公元前 4 世纪下半叶)的《腓力王》(*Philippica*)保留下来,我们可能会对他有更多的了解。《腓力王》(不要把它与狄摩西尼的著名演说相混淆)是有关腓力二世的生平、事实上是有关整个希腊的历史的,它是色诺芬著作的续篇,其叙述从公元前 362 年至公元前 336 年。这是文学上无价值的作品的一个典型例子,不过,泰奥彭波斯是一个见多识广和直言不讳的人。他是心理学史的奠基者之一,塔西陀(活动时期在 1 世纪下半叶)的先驱。尽管他认为腓力二世乃世界已知的最伟大的人,他并没有奉承后者,相反,他对后者的弱点及其亲密伴侣的放荡生活进行了令人厌恶的描述。参见 R. H. 艾索纽斯·维歇尔(R. H. Eyssonius Wichers):《泰奥彭波斯残篇》(*Theopompi Chii fragmenta*,308 pp.;Leiden,1829)。举例来说,可参见残篇 249 用报应的手法对腓力二世宫廷腐败的描写。

(Chalcidice)这个名称][6];它早期的希腊文化属于爱奥尼亚文化,它与爱琴海的其他爱奥尼亚殖民地和亚洲海岸有着自然联系。哈尔基季基半岛是为了共同防御而建立起来的不同于希腊联盟中的一个成员。它的主要敌人是波斯和马其顿王国;它离马其顿非常近,而且显而易见是其自然领土的一部分,因此必然会激起马其顿人的贪欲。长话短说,它最终被腓力二世征服和吞并,据说腓力二世用马其顿老兵取代了希腊殖民者。

正是在这个地区,亚里士多德于公元前384年出生。他的出生地是斯塔吉拉市(Stageira),该市坐落在圣山半岛(the Mount Athos peninsula)最东端正北面的圣山。在他出生时,哈尔基季基半岛或者至少它最东部的地方,仍然是独立的并属于爱奥尼亚人;无论如何,即使在马其顿人征服这里以后,爱奥尼亚文化仍然是较为先进的文化。因此,可以把亚里士多德称作一个爱奥尼亚哲学家;正如我们马上将要看到的那样,对他来说,马其顿哲学家这个称号可能同样是适当的。

关于他的母亲,我们除了知道她名叫菲斯蒂丝(Phaistis)外,其他一概不知。他的父亲是尼各马可(Nicomachos),属于一个医生世家;尼各马可成为阿敏塔斯二世(Amyntas II,马其顿国王,公元前393年—前370年在位)的御医,随后从斯塔吉拉搬到那时的马其顿首都[当时还不是派拉(Pella)]。他的儿子亚里士多德于是在马其顿

---

[6] 哈尔基斯是埃维亚(Euboea)岛的主要城市;它位于埃夫里波斯海峡(Euripos)的最窄点,正是这个海峡把埃维亚岛与大陆上的维奥蒂亚分开了。在哈尔基斯该海峡非常狭窄,早在公元前411年就有人架设了桥梁。

接受教育,而且必然对宫廷生活有一定了解。亚里士多德年轻时受到爱奥尼亚、马其顿和医学这 3 种因素的影响。第一种和第三种因素对塑造一个未来的科学家非常有好处。

当他 17 岁时,他被送到雅典去完成他的教育(这个常规的过程对马其顿的亲希腊人士和哈尔基季基半岛的爱奥尼亚人具有同样的吸引力)。亚里士多德在以后的 20 年中(公元前 367 年—前 347 年)都在雅典度过。关于这一点,常常会有这样一种说法:他于公元前 367 年进入学园,做了柏拉图 20 年的学生,直到柏拉图去世。这种说法当然是错误的。亚里士多德开始在雅典生活时是柏拉图的弟子,柏拉图赏识他的早熟和他朝气蓬勃的活力;他称亚里士多德为好学者或有才智的人(*anagnōstēs*, *nus*)。考虑到亚里士多德的求知欲,很有可能,他听过其他老师例如伊索克拉底的课,而且他肯定与雅典人一起受到在集市或雅典元老院(Areiopagos)就能够获得的雄辩术和政治学的教育。他肯定听过狄摩西尼的一些演说。[7] 一个有着他那样的独创性和热情的人不可能 20 年只做柏拉图的学生,他不过是学园的一个成员,并且不时去拜访那里;根据他失传的著作的残篇我们所能做出的判断是,他是一个柏拉图主义者,至少直到柏拉图去世时是这样,但他是有所保留的,而且这种保留与日俱增。他成为学园的成员时,乃是该学园存在的后半段时

[7] 狄摩西尼于公元前 351 年发表了他第一篇抨击腓力王的演说,并于公元前 349 年—前 348 年当(哈尔基季基半岛的)奥林索斯(Olynthos)受到腓力王的威胁时,发表了 3 篇有关保卫奥林索斯的演说。亚里士多德必然会和与他的出生地如此接近的城市的命运发生联系,但他的教育又把他置于马其顿一方。狄摩西尼与亚里士多德是完全同时代的人(他们的生卒年代相同,都是公元前 384 年—前 322 年)。

期；它已经放弃其苏格拉底的特点，成为极端柏拉图主义的非苏格拉底学园。在年迈的导师与他的这位杰出弟子之间偶尔会出现一些冲突；请注意，在他们之间有 44 岁的差异，这是一种巨大的差异，柏拉图比他年长两代而不是一代。按照第欧根尼·拉尔修的说法，[8]亚里士多德在柏拉图仍在世时就退出学园，因而据说后者有这样的评论："亚里士多德踢开我，就像小马驹踢开生育它们的妈妈一样。"这种情况以及这一评论本身看起来都是真实的。[9]当然，不可能说亚里士多德何时不再是一个柏拉图主义者了，即使我们有他所有早期的著作并且它们都注明了日期，也不能这样说；柏拉图主义与非柏拉图主义之间的界限还没有完全确定下来。

我想这样来说：亚里士多德花了 20 年的时间在雅典学习和研究；在最初几年中，他是学园的正式学生，后来，他常常作为毕业生或校友、作为教师和其他学园成员的朋友来这里。学园是他重聚的主要中心，因为在这里他不仅能找到昔日的导师，还能找到许多志趣相投的人，他可以与他们一起讨论哲学和科学问题。学园成员的身份并不是（像它今天那样）那么正式，它是非正式的；一个往日的已经扬名的学生毫无疑问总是很受欢迎的。

当柏拉图去世时，他的外甥斯彪西波被推选担任学园的园长（*scholarchēs*），他领导该校 8 年（公元前 348 年或前 347

---

〔8〕 第欧根尼·拉尔修：《名哲言行录》，第 5 卷，2，R. D. 希克斯（R. D. Hicks）译，见"洛布古典丛书"。

〔9〕 我在《里希诺》杂志（*Lychnos*，Uppsala，1945）第 253 页讲的故事更难以置信，但仍然是可能的。

年—前339年）。这一选择是否令学园的某些其他成员不高兴呢？无论如何，亚里士多德和他的朋友色诺克拉底决定离开；他们接受了一位学友——阿塔纽斯（Atarneus）的统治者赫尔米亚（Hermeias）的邀请。

我们必须讲述一下赫尔米亚的故事，因为它例证了那个时代（以及所有时代）生活的变化无常、复杂多样和难以预料。宦官赫尔米亚的事业从货币兑换商开始，他是一个金融奇才，后来变得非常有钱有势。他拥有（密细亚西北的）特洛阿斯（Troas）的大部分领土，并且以（和莱斯沃斯相对的）阿塔纽斯的僭主著称。到目前为止，他的故事并不是十分不寻常的；类似的事情在每个地方都会出现。以下情况更具有他自己背景的特点。他曾经是学园的一个学生（这与货币经纪业相容吗？为什么不呢？许多金融家都是哈佛人），并且一直是柏拉图的一个伟大的敬慕者，而且可能曾请求柏拉图就治理国家提供意见和帮助。柏拉图不是最伟大的政治学大师吗？学园的另外两个校友埃拉斯托（Erastos）和科里斯库（Coriscos）都是（特洛阿斯的）斯凯普希斯（Scepsis）人，他们均为赫尔米亚的助手，并且试图在柏拉图的指导下建立一个更完善的政府。[10] 他们实际上已经在阿索斯（Assos）[11]建立了一所新的学校（并把它称作学园的分校）。在斯彪西波被选为学园的园长之后，亚里士多德和色诺克拉底加入了阿索斯学校，后来，卡利斯提尼（Callisthenes）和塞奥弗拉斯

472

---

〔10〕柏拉图的第6封信就是致赫尔米亚、埃拉斯托和科里斯库的，R. G. 伯里翻译并编辑，见"洛布古典丛书"；《柏拉图全集》，第8卷（1929），第456页—第461页。

〔11〕阿索斯属于赫尔米亚的领土。它是一个固若金汤的要塞和海港，位于莱斯沃斯对面。阿索斯是斯多亚派哲学家克里安提斯（Cleanthes，活动时期在公元前3世纪上半叶）的出生地。

特也随他们而来。亚里士多德在阿索斯度过了 3 年的时光（公元前 347 年—前 344 年），并且成为赫尔米亚的密友之一。他与赫尔米亚的侄女和养女皮蒂亚斯（Pythias）结了婚。大概是借助于亚里士多德，赫尔米亚与腓力二世进行谈判以便与马其顿帝国结盟。由于密细亚或多或少受波斯宗主国管辖，因而赫尔米亚的谈判从波斯人的观点看是叛逆的行为。为波斯人效力的罗得岛的雇佣兵队长门托（Mentor）邀请赫尔米亚去参加一个会议，然后把他逮捕并送交大王。赫尔米亚受到审问和拷打，让他交代与腓力二世的关系，但是，他并没有像狄摩西尼所预言的那样，说出他的秘密和他与阿尔塔薛西斯·奥克斯（Artaxerxes Ochos，公元前 359 年—前 338 年在位）的合作者的名字，而是拒绝开口。大王被赫尔米亚的勇气所感动，想对他暂缓处刑并对他友好相待，但大王的顾问阻止了他的宽宏大量。随后，他询问赫尔米亚有什么最后要求，赫尔米亚回答说："我希望我的朋友知道，我没有做任何从哲学上看是羞耻和卑鄙的事。"赫尔米亚被钉在十字架上处死了，死刑是于公元前 344 年在苏萨执行的。亚里士多德在德尔斐捐建了一座纪念碑，以歌颂他的朋友的英勇就义，并为它写了两组对句作为碑文。他还写了一首长诗作为纪念，诗歌采取的是赞扬美德的颂歌的形式。这是一首赞美歌，亦即一首礼拜赞美诗，其用意就是对赫尔米亚表示敬仰。这首（16 行的）诗和那一碑文都保留下来，它们有助于我们对作为诗人的亚里士多德有一个公正的看法。

在其逗留阿索斯期间，亚里士多德会时不时地乘船到附近的（莱斯沃斯岛的）米蒂利尼去旅行，这里是他的新朋友塞奥弗拉斯特的故乡。他在阿索斯和米蒂利尼的这 3 年硕果累累;这段时间使得亚里士多德能够进行许多(例如在动物学领域的)观察,并且使他得以发展自己的哲学。亚里士多德在阿索斯发现了自我。

腓力二世需要给他自己的儿子亚历山大请一个私人教师。也可能,赫尔米亚向他推荐过亚里士多德;无论如何,他知道亚里士多德,而且亚里士多德作为一个谈判代表和阿索斯学校的领导者的价值肯定已被认识到了。皇室的邀请被接受了,亚里士多德出发去了腓力二世的居住地派拉。亚里士多德从公元前343年起担任亚历山大的私人教师直至公元前340年,这一年这个年轻的小伙子(只有16岁)不得不接替他(对军事职责漠不关心)的父亲的王国摄政王的职位。从公元前340年至公元前335年这段时间,除了知道亚里士多德住在马其顿王国境内外,我们并不清楚其具体的居住地。也许他仍然留在派拉,在这里他一定是一个受尊敬的客人,或许,他又回到斯塔吉拉。总之,他有很好的机会思考他的新观念。他的私人教师的工作迫使他尽可能清晰和简洁地阐明他的知识和学问;当年轻的王子没有时间上更多的课时,他的私人教师就有更多的时间进行更深入的沉思。

当年轻的王子继承腓力二世的王位时,亚里士多德仍旧是他的顾问和朋友,至少在卡利斯提尼被监禁和去世以前是如此。在亚历山大继承王位后不久,并且当他镇压巴尔干和希腊的起义之时,亚里士多德回到雅典去实现他的宏伟目标:创建一所新的学校和研究中心——吕克昂学园(公元前335年)。

当亚历山大大帝这颗流星于公元前323年走完其令人惊骇但短暂的轨迹时,雅典的反亚历山大派又恢复了他们的活力与仇恨。国王对吕克昂学园的支持和他对亚里士多德的仁慈使后者受到牵连。亚里士多德的敌人想起来，他曾写过纪念赫尔米亚的赞美歌，于是他受到有邪恶言行的指控。亚里士多德不想让雅典人重复他们在判处苏格拉底死刑时所犯下的不可宽恕的罪孽，宁愿到（他自己的故乡哈尔基季基的母城）哈尔基斯避难。几个月后，他因病在那里去世，这一年是公元前 322 年（狄摩西尼自杀也是在这一年）。

亚里士多德曾结过两次婚，第一次是与阿索斯的皮蒂亚斯，他和她生了一个女儿，名字也叫皮蒂亚斯。他的第二任妻子是赫皮利斯（Herpyllis），她为他生了一个儿子，起名尼各马可，与她的医生公公的名字相同。这个名字因题献给他的《伦理学》（亚里士多德唯一的伦理学专著，其真实性毋庸置疑）而名扬千古。

按照第欧根尼·拉尔修的说法，亚里士多德"说话口齿不清……他的小腿修长，他的眼睛很小，而且他的服饰、戒指和发式惹人注目"[12]。我们应该对这些尚不充分的描述感到满足，因为没有他的雕像流传下来。确实，奥地利语言学者弗朗茨·施图德尼茨卡（Franz Studniczka）主张，保存在维也纳艺术史博物馆（the Kunsthistorisches Museum in Vienna）的大理石头像是可信的亚里士多德肖像，但他的论证不能令人信服而且是没有价值的。[13] 他评论说，维也纳的那尊头像会唤起人们与梅兰希顿（Melanchthon）和亥姆霍兹

[12] 第欧根尼·拉尔修：《名哲言行录》，第 5 卷，1。

[13] F. 施图德尼茨卡：《亚里士多德的肖像》（Das Bildnis des Aristoteles, 35 pp. , 3 pls. ; Leipzig, 1908）。我在《里希诺》杂志（1945）第 249 页—第 256 页对此进行了讨论。施图德尼茨卡的报告是学究式愚钝的典范，但它却欺骗了许多语言学家，包括耶格，见他的《亚里士多德》（Aristotle）第 322 页（参见下面的注释 16）。

（Helmholtz）的对比，但即使这样也并没有证明它所表现的就是亚里士多德！

通过亚里士多德丰富的著作以及第欧根尼·拉尔修发表的他的遗嘱，[14]我们对他的精神个性比对他的体貌特征有更多的了解。那份遗嘱表明，亚里士多德是一个好家长，对妻子感恩戴德，对孩子和仆人关心。它是一份充满朴素的人性的文献。

三、亚里士多德鲜为人知的方面及其早期的柏拉图主义著作

亚里士多德的著作也许可以分为3组：（1）从他作为学园成员时开始[15]的早期著作；（2）博学的编辑作品，大概从吕克昂学园开始；（3）他在阿索斯、派拉和雅典任教期间撰写的一系列专题著作。

他所有完整地留传至今的著作，除第二组中的一部代表性著作《雅典政制》（*Athenian Constitution*）之外，都属于第三组。

尽管第一组的著作失传了，但它们的残篇以及古代文献

---

〔14〕第欧根尼·拉尔修：《名哲言行录》，第5卷，11-16。

〔15〕我们必须重申，这个时期的长度是难以确定的。一个人属于一个学派，在一段时间内他是它的热情成员；过了一段时间，他的热情冷却下来，他会逐渐减少参加它的会议，然后不再去开会，最终宣布他成为它的反对派。我们如何去识别诸多钟情和不满的阶段呢？一个人究竟从何时起从一个阶段转向另一个阶段呢？

对它们的提及相当多,足以使我们评价它们的内容。[16] 的确,这些失传的著作不是一下子佚失的,非但如此,在许多个世纪中,亚里士多德的声望在很大程度上都是建立在它们的基础之上。这些早期著作是为受过教育的一般公众写的,而不是为专门的学者写的。[17] 它们的形式是对话,这是柏拉图偏好的方式,而且或多或少如实地反映出学园的教学法。其中的有些著作不仅一般而言与柏拉图有关,而且与具体的柏拉图著作有关,例如,亚里士多德的《欧德谟篇》(Eudemos)来源于《斐多篇》,他的《格吕洛斯篇》(Gryllos)来源于《高尔吉亚篇》,他的《论公正》(Justice)来源于《国家篇》,他的《劝勉篇》(Protrepticos)来源于《欧绪德谟篇》。

我们来分析一下这组著作中的 3 篇:《欧德谟篇》《劝勉篇》和《论哲学》(Philosophy)。

《欧德谟篇》是一篇讨论灵魂不朽的对话,它以亚里士

---

[16] 早期亚里士多德研究的先驱是沃纳·耶格,他的 bahnbrechend(开创性的)著作于 1923 年在柏林问世。当我们提到它时,我们指的是其英译本:《亚里士多德·他的发展史的基础》(Aristotle. Fundamentals of the History of His Development, 410 pp.; Oxford: Clarendon Press, 1934)。另可参见埃托尔·比尼翁(Ettore Bignone):《鲜为人知的亚里士多德与伊壁鸠鲁哲学的形成》(L'Aristotele perduto e la formazione filosofica di Epicuro, 2 vols.; Florence: Nuova Italia, 1936);约瑟夫·比德兹:《古代文献的异常毁灭》(Un singulier naufrage littéraire dans l'antiquité, 70 pp.; Brussels: Office de Publicité, 1943)[《伊希斯》36, 172(1946)]。

　　残篇由瓦伦丁·罗泽(Valentin Rose)编为《亚里士多德著作残篇》("Aristotelis fragmenta qui ferebantur librorum", Leipzig, 1886),并由理查德·沃尔泽编为《为教学选编的亚里士多德对话残篇》("Aristotelis dialogorum fragmenta in usum scholarum selegit", Florence: Sansoni, 1934)。

[17] 西塞罗(活动时期在公元前 1 世纪下半叶)在罗马纪元 700 年(即公元前 54 年)写给阿提库斯(Atticus)的信中称它们为 exōtericos(大众化的),见《致阿提库斯》(Epistolae ad Atticum), IV, 16。

多德的朋友塞浦路斯的欧德谟(Eudemos of Cypros)[18]命名,欧德谟于公元前 354 年战死。当我们对一个我们所爱的人的去世感到悲痛时,我们就会情不自禁焦虑地自问:身体的死亡是不是最终的死亡? 亚里士多德接受了柏拉图的这一理论,即人的灵魂来自天空,而且当它摆脱对它的束缚时,它会回到那里。

《劝勉篇》[19]是一篇为塞浦路斯的王子塞米松(Themison)而写的专题著作(而不是对话),劝勉他学习哲学并且用哲学的观点来看待生活。人类生活的所有不完美的方面都会在先验的世界中变得完美;死亡是逃避现实而进入一种更高级的生命。灵魂被肉体束缚是我们所有的烦恼和痛苦的原因。哲学家要尽可能使自己摆脱世俗世界的纠缠,这种纠缠只会阻止他回到神那里。在《劝勉篇》与《伊庇诺米篇》之间有许多相似之处,作者们都饮用了同样的柏拉图之泉,否则,就是其中的一个模仿了另一个。[20]《劝勉篇》由于其不同寻常的名望而令我们非常感兴趣。西塞罗以*Hortensius*[21](《哲学的劝勉》)为题编了一个拉丁语改写本。它影响了扬布利柯(活动时期在 4 世纪上半叶)和叛教者尤

---

[18] 塞浦路斯的欧德谟系柏拉图的弟子,他是狄翁为反对小狄奥尼修而起义所征募的学园成员之一。欧德谟在公元前 354 年叙拉古附近的一次战斗中阵亡。不应把他与一个年轻人罗得岛的欧德谟(活动时期在公元前 4 世纪下半叶)相混淆,后者大约活跃于公元前 320 年,是亚里士多德的弟子,而且可能是《欧德谟伦理学》(*Ethica Eudemia*)的编辑者。

[19] 即 *Protrepticos eis philosophian*,对(学习)哲学的劝勉。

[20] 奥普斯的菲利普(活动时期在公元前 4 世纪上半叶)像亚里士多德一样是柏拉图的弟子。他可能比亚里士多德年长或年幼。《伊庇诺米篇》可能是在《劝勉篇》写成后不久或在此之前完成的。

[21] *Hortensius* 是与 *protrepticos*(劝勉)同义的拉丁语词,但在别处不常用;通常的形式是 *hortatorius*。

里安（活动时期在 4 世纪下半叶），而且西塞罗的版本给圣奥古斯丁（活动时期在 5 世纪上半叶）留下了深刻的印象。圣奥古斯丁 19 岁时开始阅读《哲学的劝勉》，正是这部著作激励他去研究智慧。[22] 它难道不是一份非凡的财富吗？年轻的亚里士多德是唤醒圣奥古斯丁的人。请注意他们之间的时间间隔几乎达 8 个世纪之久，而他们的取向大相径庭。亚里士多德倾向于科学，而奥古斯丁却倾向于救世主。

　　从残篇来判断，业已失传的亚里士多德最长的著作是 3 卷本的《论哲学》这一专著。亚里士多德回到七哲们和早期德尔斐铭文的沉思之上［例如，认识你自己（gnōthi sauton）］，他在第 1 卷中说明他的学说永世轮回的观念，[23] 在第 2 卷中他批判了柏拉图的形相，在第 3 卷中他概述了一种拜星神学。在第 3 卷中，他设想灵魂就像天体那样，被赋予自发的和永恒的运动，[24] 每一个灵魂都有自己的意志。这样，他又延续了《蒂迈欧篇》和《伊庇诺米篇》奇怪的偏差，按照这些著作，天体规则的周期性运动被认为是对它们的理性和神性的证明。看起来，在他撰写他的对话时，亚里士多德已经把天空的第 5 种要素（或以太）看作构成灵魂的实体

---

[22] 圣奥古斯丁：《忏悔录》（Confessions），第 3 卷，4；第 8 卷，7。

[23] 我们今天的现代人能够阅读 3000 年的哲学兴衰变迁史，但我们不得不像曾是现代人时的亚里士多德那样，想象同样的循环重复。

[24] 专业术语是 endelecheia，意指连续性、持久性，它被所有编者与 entelecheia（完整的、全部的现实）混淆了。这在博尼茨的《亚里士多德索引》中并没有发生！参见比德兹：《古代文献的异常毁灭》，第 33 页—第 37 页。

了。[25] 对于这一点,我觉得很难理解。他认为行星具有神性是因为它们的运行有规律,在此之后,他怎么能把它们看作与人的灵魂相似呢?灵魂的运动可是无法预见的呀!他认为星辰和灵魂具有自主性,也许,这种思想使他误入歧途。在这一专著中,他的宇宙论与《蒂迈欧篇》的宇宙论相似,但有着一个显著的差异:神性不像柏拉图理解的那样是先验的,而是确实存在于天体之中。智慧的主要来源是对恒星和行星完美运动的沉思,而不再是对抽象的形相的沉思。

亚里士多德相信神的存在,这种信念有两个来源——灵魂的(如梦所揭示的)那种预言能力和星光灿烂的天空的景象。[26] 他对拜星神学的认可肯定对拜星神学在希腊化时代被普遍接受产生过强大的作用。耶格非常恰当地和完美地概括了这一情况,他写道:

星辰崇拜和先验的神的观念的确立,开创了宗教和哲学的普遍主义时代:对星辰的崇拜并不局限于任何地域或国家,它光耀地球上的所有人,而先验的神统治着人间。在这最后一波达到浪峰时,雅典文化的大潮汇入人类希腊化的汪洋大海。[27]

早期的亚里士多德哲学已经不受柏拉图哲学约束了,但还没有完全独立;他的形而上学的要素(除了拒绝形相以

---

[25] 亚里士多德后来关于灵魂的观点与其早期的柏拉图主义的观点截然不同。他最终得出的结论是,灵魂是物质肉体的"表现形式",它离开后者后不会继续存在,就像失去眼睛后视力不会存在一样。然而,在每个人的灵魂中存在某种东西,它来自外部并且是纯粹理性的一部分。当人去世时,他的灵魂的这个部分会回到吸引它的宇宙理性(神)那里。因此,存在着某种与人无关的永恒。

[26] 残篇10,通过塞克斯都·恩披里柯(活动时期在2世纪下半叶)留传下来。

[27] 耶格:《亚里士多德》,第166页。

外)仍然是柏拉图的,而且渗透着在学园中传播的迦勒底人和伊朗人的思想。这并不奇怪。他在阿索斯和派拉的教学已经使他的思想转到一个新的方向;他依次表述了他的逻辑学、数学、天文学和博物学知识,他暂时愿意按照他理解的那样去接受柏拉图的形而上学。他的处境与现代的科学家的处境极为相似,现代科学家们从事自己的研究,而不去探讨宗教思想和宗教实践,但这些却是他的家族传统不可或缺的组成部分。

这些早期著作的创作没有多少令人惊讶的地方。它们在本质上有别于他成熟时期的著作,这一事实无须说明;他是一个非凡的天才,但天赋本身必定会成长;期待它过早地成熟是愚蠢的。神童时常是这样,他们很早就达到一个较低的成熟水平,但后来却不能有更高的发展。与之相反,一个真正的天才很可能发育得比其他人缓慢。许多科学家是从发表诗歌或哲学作品开始其生涯的,以后他们会否定它们或者会把它们抛在脑后。[28] 这样的经历是非常自然的;尤其当一个人忍受了学园 20 年的虚幻思考后,这样的情况就更为自然。亚里士多德的科学求知欲、他不断增长的细致调查研究的习惯、他在阿索斯和派拉所肩负的实际责任,尤其是他自己的理性和独立性,把他从《蒂迈欧篇》的巫术中解救出来。

考虑到所有这些情况,亚里士多德的发展是正常而非异

---

[28] 克洛德·贝尔纳就是一个例子。直到不久之前,未来的科学家在中学时期所接受的大部分都是人文学科的教育。因此,他们少年时的雄心壮志是由文学典范唤起的,而他们的科学天才直到很晚才找到自己的方向。他们的情况与亚里士多德非常相似。

常的。随着他的科学知识的增加,越来越多的柏拉图式的空想从他的心灵中被清除了。

对于他早期的著作,除了在三四个世纪中它们所获得的重要地位和它们后来神秘的消失外,我们没有太多的迷惑。情况仿佛是这样,一个闻名了数个世纪的亚里士多德后来突然被另一个完全不同的亚里士多德取代了。最令我感到疑惑的是老亚里士多德的黯然失色。当他的作品享有一定的声望时,肯定会有许多抄本再现其每一部著作;但所有这些早期著作都消失了,我们甚至连一本完整的文本也没有,怎么会是这样呢?这再次例证了手稿传承的不稳固。为什么与阿基米德非常专业化的著作相比,亚里士多德通俗性著作的传承反而更没有保障呢?我们无法回答这个问题。手稿的保存是非常任意和靠运气的。

四、现存记忆中的亚里士多德及其不朽著作

科学史家可能很想说,亚里士多德的柏拉图主义著作之所以失传,是因为它们被他后来的著作取代和湮没了,但如果他这样说,他就会成为一个很糟糕的以自我为中心的例子。我们必须记住,柏拉图主义的错误观点在许多世纪中(甚至在今天)比科学事实更符合多数人的意愿。亚里士多德早期著作最终的失传是非常不可思议的,他后期著作的暂时丢失和重新发现在某种程度上是富有传奇色彩的。

以下就是所发生的情况。在亚里士多德去世以后,他的各种文件成了他的朋友和继承者塞奥弗拉斯特的财产。塞奥弗拉斯特没有像我们可能料想的那样把它们遗赠给他自己的继承者或吕克昂学园,而是赠给了他的侄子斯凯普希斯

的纳留(Neleus of Scepsis)。[29] 无论如何,纳留似乎对它们并不关心,他的继承人把其中的一部分卖给了托勒密-菲拉德尔福(Ptolemy Philadelphos,公元前285年—前247年在位),后者当时正在建设亚历山大图书馆(the library of Alexandria)。他们自己的国王佩加马的阿塔罗斯(Attalos of Pergamon,公元前269年—前197年在位)那时正在修建与之竞争的佩加马图书馆(the library of Pergamon),由于害怕其余的手稿会被阿塔罗斯没收,这些继承者们就把其余的所有手稿藏在一个洞里。过了一段时间之后,特奥斯的阿佩利孔(Apellicon of Teos)在经过斯凯普希斯的时候听说了那笔珍藏,他正在为一家雅典的私人图书馆收集图书,于是他设法获得了它们。这位阿佩利孔是一个漫步学派的成员,同时也是一个富有的图书收藏家;关于他,除了他在苏拉围攻和雅典遭到洗劫(公元前84年)前不久去世之外,其他我们一概不知。苏拉买走或夺走了亚里士多德的手稿,并且把它们运到罗马。此后不久(公元前72年)卢库卢斯(Lucullus)俘虏了一名绰号是提兰尼奥(Tyrannion)的希腊语语法学家,并且把他带到罗马,委托他整理阿佩利孔的藏书。提兰尼奥是一个受到过西塞罗和斯特拉波夸奖的能干的学者,但他似乎只为亚里士多德的手稿编了目录或对它们进行了描述,没有再做别的事,或者说,如果他开始要编辑亚里士多德的著作,他的工作还是不够的。在同一时期,罗得岛的安德罗尼科(Andronicos of Rhodes,活动时期在公元前1世纪上半叶)

---

[29] 纳留是亚里士多德和塞奥弗拉斯特的学生。他是科里斯库的儿子,而科里斯库是亚里士多德的朋友和他在阿索斯的同事。

在为亚里士多德著作的第 1 版做准备,安德罗尼科的这一版是奠基性的;所有其他版本都是直接或间接从它那里衍生出来的。我们不应得出这样的结论:在安德罗尼科于大约公元前 70 年出版亚里士多德的著作以前,他的著作仍然是不为人知的;因为在吕克昂学园肯定会有某种关于它们的口头或书面的传承方式。我认为,安德罗尼科的版本是第一个走出学园面向外界的版本。

这段历史为希腊化时代文化的进步,例如为亚历山大、佩加马、雅典和罗马的图书馆的发展,提供了有趣的间接说明。

安德罗尼科保存的著作与那些流传至今的著作大体相同。提供一个简短的清单并附上少许注释就足够了;我们将在后面对其中的一些著作进行更详细的讨论。我们按照已成为惯例的顺序列出它们,就像在贝克尔(Bekker)版(1831)和《亚里士多德》的英语版中那样。[30]

第 1 卷(第 1 页—第 184 页),工具论:《范畴篇》(*Categoriae*),《解释篇》(*De interpretatione*),《前分析篇和后分析篇》(*Analytica priora et posteriora*),《论题篇》(*Topica*),《辩谬篇》(*De sophistis elenchis*)。

第 2 卷(第 184 页—第 338 页):《物理学》(*Physica*),《论天》,《论生成和消灭》。

第 3 卷(第 338 页—第 486 页):《天象学》,《论宇宙》

---

[30] 所标的卷数指英语版,页码指贝克尔版。

（De mundo），《论灵魂》，《自然诸短篇》（Parva naturalia），[31]《论精神》（De spiritu）。

第 4 卷（第 486 页—第 633 页）:《动物志》。

第 5 卷（第 639 页—第 789 页）:《论动物的构造、动物的运动、动物的行进和动物的生长》（De partibus, motu, incessu, et generatione animalium）。

第 6 卷（第 791 页—第 858 页）:《论颜色》（De coloribus），《论声音》（De audibilibus），《体相学》（Physiognomonica），《论植物》（De plantis），《奇闻集》（De mirabilibus auscultationibus），《机械学》（Mechanica，第 968 页—第 980 页），《论不可分割的线》（De lineis insecabilibus），《论风的方位和名称》（Ventorum situs et cognomina），《论麦里梭、色诺芬尼和高尔吉亚》（De Melisso, Xenophane, Gorgia）。

第 7 卷（第 859 页—第 967 页）:《问题集》。

第 8 卷（第 980 页—第 1093 页）:《形而上学》。

第 9 卷（第 1094 页—第 1251 页）:《尼各马可伦理学》，《大伦理学》（Magna moralia），《欧德谟伦理学》。

第 10 卷（第 1252 页—第 1353 页）:《政治学》，《家政学》（Oeconomica，第 1* 页—第 69* 页，柏林科学院版，1903），《雅典政制》。

第 11 卷:（第 1354 页—第 1462 页）:《修辞学》

---

[31] 包括《论感觉及其对象》（De sensu et sensibili），《论记忆》（De memoria et reminiscentia），《论睡眠》（De somno et vigilia），《论梦》（De somniis），《论睡眠中的征兆》（De divinatione per somnum），《论生命的长短》（De longitudine et brevitate vitae），《论青年和老年》（De iuventute et senectute），《论生和死》（De vita et morte），《论呼吸》（De respiratione）。

（*Rhetorica*），《亚历山大修辞学》（*De rhetorica ad Alexandrum*），《诗学》（*De poetica*）。

除了其中的一部外，所有这些著作都属于第三组，也就是说，它们是教科书，曾作为讲稿由亚里士多德或其他人在吕克昂学园进行过宣讲。例外的是（第10卷中的）《雅典政制》，它是第二组中唯一现存的代表，是为吕克昂学园所进行的调查。亚里士多德对158个希腊政体进行了比较研究，最重要的大概就是雅典的政体，这是唯一传承至今的政体。该书包括两个主要部分：（1）从起源至亚里士多德时代雅典的政体史，每个阶段都得到明智和清晰的描述；（2）对大约于公元前330年存在的雅典政体和政府的分析。

有关这一文本的传说是很奇特的。直到1891年，关于亚里士多德对政体方面的研究，人们只知道一些残篇。那一年，在埃及发现了一部纸草书，现保存在大英博物馆中，凯尼恩对它进行了编辑，这就是《雅典政制》的初版。[32]

亚里士多德的著作从涉及的范围上看是百科全书式的。它们覆盖了逻辑学、力学、物理学、天文学、气象学、植物学、动物学、心理学、伦理学、经济学、政治学、形而上学、文学等领域。对数学虽然没有大部头的专门著作，但在不同的著作中有许多关于数学问题的讨论。

这些著作是可信的吗？这个问题比它初看上去更复杂

---

[32] 弗雷德里克·乔治·凯尼恩（1863年—）［凯尼恩是英国考古学家和语言学家，1952年8月23日去世，享年89岁。——译者］：《亚里士多德论雅典政制》（*Aristotle on the Constitution of Athens*, British Museum, 1891, third and rev. ed., 295 pp., British Museum, 1892）。全部纸草书的摹本于1891年由大英博物馆出版。凯尼恩版中有详尽的文献目录。

一些,对它也无法 *in toto*(完满地)做出回答。每一独立著作的编者都对其可信性进行了讨论,他们并非总能得出相同的结论。如果问题涉及的是文字的原创作者——每一篇文本实际是由谁写的,那么,由亚里士多德本人写的大概很少。我们甚至不能说,所有这些作品间接地呈现了他自己的学说;其中有些可能呈现的是塞奥弗拉斯特或吕克昂学园的其他成员的学说。我们所能得到的这些文本呈现了亚里士多德的思想或漫步学派的其他成员的思想;即使它们呈现的是他自己的思想,也不能由此得出结论,认为它们呈现的就是他自己的言语;除非一个优秀的学者的本意是尽力去再现大师的 *ipsissima verba*(原话),或至少再现其精髓,这又另当别论。

　　除了少数几篇被普遍认为是假冒的著作外,人们似乎一致同意,可以把那些署名为亚里士多德的著作看作体现了他的讲稿的主旨;(安德罗尼科所编辑的)亚里士多德的原稿是根据他自己(在不同发展阶段)的授课笔记或者是根据听课者的笔记整理而成的,它们经过了(或未经过)他本人的修订。这类假说的可能变化是无穷无尽的。

　　某些著作的文献,尤其是动物学的文献,可能有一部分是由这位大师自己收集的,有一部分是由他的助手和学生收集的。不过,这不会降低他的作者资格,因为在这些情况下,与其说作者完全是特定事实的发现者或是其唯一的发现者,毋宁说他是把它们组织在一起并对它们做出说明的人。

　　亚里士多德的著作的年代顺序是非常不确定的。其中有些如果不是在阿索斯或马其顿完成的,就是在那里起草的;其他作品的写作则始于吕克昂学园。其中的大部分是长期发展的成果,而且可能经过多次的规划、写作和重写。耶格教授业已证明,《形而上学》《伦理学》和《政治学》都属于这种情况。每个作者,特别是每个有长期教学经验的教师都很容易理解这一点。人们可以确定一本书完成的时间,有时可以确定它开始写作的时间,但要确定它的不同部分的写作时间,即使不是不可能也是很难的。如果有两本书在 t 和 $t+l$ 年完成,并不能由此得出结论说,第二本书绝对比第一本写得晚;事实上,第一本书可能参照了第二本书。

　　关于亚里士多德的写作或风格的许多传统观点,像关于柏拉图的那些观点一样,是武断的和以传说为基础的,唯一不同的是,那些传说是以相反的方向发展的。正是那些赞赏柏拉图风格的学究们(常常对希腊语言没有足够灵活的知识,不足以对这些细微之处做出评价),却一致认为亚里士多德的作品写得比较乏味,亚里士多德**没有**风格,如此等等,不一而足。我们看到,当文学评论家必须对科学作品做出判断时,有一种谬误常常左右他们的头脑。科学著作与虚构作品的主要差异在于内容与形式的关系。科学家更在意的是他所说的是什么,而不是他以什么方式去说;当清楚地说明了他的思想,并准确地描述了他所获得的结果时,这种成功就会使他满足。他的努力很可能在那一刻就停止了,因为他没有耐心去玩空洞的文字游戏,而从事文学的人会尝试更多额外的努力,借用更风趣的笔调、更文雅的修饰以及更优美的韵律,以使其思想的表达更加完美。在一部书的形式或风格与其内容之间,有着一种微妙的对立。在科学著作中,风格是从属于内容的;在诗歌创作中,更为自然的是相反的关系。当评论家意识到一部著作的内容有着固有的重要性、其形式精确而简洁时,他会立即得出结论说,作者未能恰当地写作。他的这一结论有时可以得到证明,因为有不少科学著作确实写得欠佳,但在更多情况下这一结论是错误的和不公正的。由于不能对内容的完美进行评价,并且对用语的那种一丝不苟的严谨感到沮丧,他断定该书"没有"写好,它"不算"是文学著作。亚里士多德的著作是科学作品,它们的内容比它们的形式重要无数倍;他对形式有时有点随意;但在另一方面我们也发现,有时作者的表述简洁而优雅,展示了这位大师的天才(ex ungue leonem)。我要说的是,亚里士多德渴望尽可能完美地写作,因为他是一个诗人,[33] 而且从未忘记他所接受的柏拉图式的教育;如果他的某些著作显得不完善和随便,这不是由于他的粗心大意,而只是由于这个事实,即他大概愿意使它们完美,但却没有机会。

许多以他的名字署名的著作之形式也许被某个文体学家改进了,但是,这个文体学家如果不牺牲某些思想,不把它们的棱角去掉,而用一些价值较低的思想取而代之,他能进行这样的改进吗?我们都同意,内容与形式就像灵魂和肉体

〔33〕 参见迈克尔·斯蒂芬尼德斯:《亚里士多德是一个诗人》("Aristotle as a Poet"),见《雅典学园的实践》(*Practica of the Academy of Athens*,1950),第 249 页—第 253 页,希腊语版。斯蒂芬尼德斯教授说,《论宇宙》写得特别优雅,该文是写给亚历山大的,他可能是亚里士多德的学生亚历山大大帝。这与威廉·卡佩勒(Wilhelm Capelle)的结论不同,卡佩勒在《新年鉴》(*Neue Jahrbücher*)*15*,529-568(1905)上指出,《论宇宙》是以波西多纽(活动时期在公元前 1 世纪上半叶)的两部著作为基础的。反思这一点是很有趣的:《论宇宙》的清晰性被著名的荷兰语言学家丹尼尔·海因修斯(Daniel Heinsius,1580 年—1655 年)用作论据来否定该著作的真实性:" Le Traité en question n'offre nulle part cette majestueuse obscurité qui dans les ouvrages d'Aristote,repousse les ignorants. (在亚里士多德的著作里,他的论述从不用极其晦涩难懂的东西赶走外行。)"〔转引自弗朗索瓦·阿拉戈(François Arago)对盖-吕萨克(Gay-Lussac)的颂词,见《全集》(*Oeuvres*)第 3 卷,第 53 页〕

一样是不可分离的,但文学批评家的表现让人觉得仿佛形式是灵魂,而实际上,一本书的灵魂是其思想亦即其内容。对科学著作而言,毫无疑问,就是如此。

必须承认,亚里士多德著作的语言已经不再是黄金时代的古雅典语了;它不仅混杂着专业术语,而且混杂着不同起源的常用术语。可以认为,亚里士多德是一种新通用希腊语(*hē coinē dialectos*)的奠基者之一。他掌握的术语是非同一般的;它们包括一些非必要的词汇,但这在他那个时代是不可避免的;淘汰一些不必要的术语并创造一些新的词汇,是科学发展的一个方面。亚里士多德的许多术语已被停止使用了,但这不是奇迹,真正的奇迹在于,在我们自己的语言中还保留了如此之多的他的术语。

五、版本、译本和索引

本书的目的不是要提供文献目录,但有必要谈一些早期的版本,因为这些版本具有重大的历史意义,也有必要宣传一些最便于参照的现代版本。

古版本大多是拉丁语版,有些有、有些没有阿威罗伊(Averroës)的评注,有关它们请参见克莱布斯《科学和医学古版书》中的第 82 号—第 97 号作品(参见图 89)。

所有古版书中最重要的是由奥尔都·马努齐于 1495 年—1498 年在威尼斯出版的亚里士多德著作的希腊语初版,该书为 5 卷对开本(参见图 90)。巴塞尔的出版商们总是与威尼斯的出版商进行竞争,因此,鹿特丹的伊拉斯谟和西蒙·格里诺伊斯(Symon Grynaeus)编辑了一套新的亚里士多德著作全集(2 vols. ,folio;Basel,1531)(参见图 91 和图

481

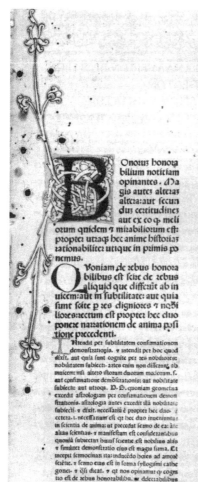

图 89　《论灵魂》的拉丁语第 1 版（Padua，1472），由伦德纳里亚（Lendenaria）的劳伦蒂乌斯·卡诺齐乌斯（Laurentius Canozius）印制，他于 1472 年—1475 年在帕多瓦工作（British Museum *Catalogue*，vol. 7，p. 907；Klebs，84.1）。该书的印制于 1472 年 11 月 22 日完成，该书为对开本，90×2 页，双栏。亚里士多德文本的每一段话分别用新拉丁语和古拉丁语各印一次，在古拉丁语文本后附有伊本·路西德的评注。我们复制了该书的第 1 页［复制于哈佛学院图书馆馆藏本］

92）。希腊语本由弗里德里希·西尔堡（Friedrich Sylburg，1536年—1596年）重编并在法兰克福（Frankfurt）出版（11 vols.；1584-1587）。第一个附有拉丁语翻译的选集于1590年在里昂（Lyons）问世。

最重要的现代版本是由伊曼纽尔·贝克尔（Immanuel Bekker，1785年—1871年）编辑的，并在柏林科学院（the Academy of Berlin）的赞助下出版，该书附有拉丁语翻译（5 vols.，quarto；Berlin，1831-1870）。[34] 贝克尔的页码标注方式在以后的几乎所有版本中都保留下来。贝克尔的希腊语版在牛津重印，[35]增加了"西尔堡索引"（11 vols.；Oxford，1837）。F.迪布纳（F. Dübner）、U. C.比瑟马克和埃米尔·海茨（Emile Heitz）编辑了希腊语-拉丁语对照的迪多（Didot）版（5 vols.；Paris，1848-1874）。

朱尔·巴泰勒米-圣伊莱尔（Jules Barthélemy-Saint-Hilaire，1805年—1895年）把他一生的大部分时光奉献给亚里士多德文集法译本（自1839年开始）的出版。尽管他的译本已不是最新的，但参照它们常常是非常值得的。

亚里士多德的著作已经翻译成英语，由W. D.罗斯（W. D. Ross）编辑（11 vols.；Oxford：Clarendon Press，1908-1931）。在前面的第477页已经简要地说明了这些卷的内容。

在"洛布古典丛书"中可以找到许多亚里士多德著作的

[34] 第1卷—第2卷（1831），希腊语版；第3卷（1831），附有拉丁语翻译；第4卷（1846），附有希腊语注释；第5卷（1870），索引。

[35] 可惜的是，牛津重印的贝克尔版没有贝克尔的页码标注。这是一个令人难以置信的失误。

希腊语和英语本,例如,《论动物的构造、动物的运动和动物的行进》(*Parts*, *Movements and Progression of Animals*, 1937)[《伊希斯》*29*, 205(1938);*30*, 322(1939)];《论天》(*On the Heavens*, 1939)[《伊希斯》*32*, 136(1947-1949)];《论动物的生殖》(*Generation of Animals*, 1943)[《伊希斯》*35*, 181(1944)]。

　　牛津版和"洛布古典丛书"中的英译本是最新的和最方便的,但它们的注解不够充分。的确需要一个新的译本(最好附有希腊原文),这样的译本要有一个学者做出充分说明,他应当既了解科学史又了解哲学史,不仅熟悉语言细节而且熟悉明确和隐含的事实。

　　索引。马可·安东尼奥·齐马拉(Marco Antonio Zimara):《亚里士多德和阿威罗伊用语疏释》(*Tabula dilucidationum in dictis Aristotelis et Averrois*, folio;Venice, 1537)[《伊希斯》*41*, 106(1950)]。与弗里德里希·西尔堡编辑的每一篇著作(1584-1587)有关的索引,都在牛津的贝克尔版(1837)中重印了。赫尔曼·博尼茨的《亚里士多德索引》编写得非常详尽(896 pp., quarto;Berlin, 1870)。这是贝克尔版的最后一卷,该书的第 1 卷—第 4 卷于 1831 年—1846 年问世。迪多版第 5 卷(932 pp.;Paris, 1874)中埃米尔·海茨编制的索引也相当详尽,该书的第 1 卷—第 4 卷于 1848 年—1869 年问世。牛津英语版《亚里士多德文集》的每一部著作都有索引。

　　特洛伊·威尔逊·奥根(Troy Wilson Organ):《英译本亚里士多德索引》(*Index to Aristotle in English Translation*, 183 pp.;Princeton:Princeton University Press, 1949)[《伊希斯》

图 90　希腊语第 1 版的亚里士多德著作中的一页，该书 5 卷 6 册，对开本，由奥尔都·马努齐于 1495 年—1498 年在威尼斯出版（Klebs，83.1）。此页选自包含工具论的第 1 卷，1495 年 11 月出版。它是《前分析篇》（*Prior Analytics*）的开始部分。请注意那充满连体字母的精美的印刷；除顶部的几行外，它看起来像手稿中的一页。版权页的内容包括威尼斯元老院授予的特权，禁止其他人出版同一版本［复制于哈佛学院图书馆馆藏本］

Fig. 91. A page of second Greek edition of Aristotle's works prepared by Erasmus of Rotterdam and Gryneaus of Heidelberg and printed by Bebel in Basel, 1531; two volumes, folio, generally bound in one. The printing is far less beautiful than that of the *princeps*. For the sake of comparison we have chosen the same text, the beginning of *Prior analytics*, which is preceded by the end of *De interpretatione*. [From the copy in the Harvard College Library.]

图 91　亚里士多德著作的希腊语第 2 版中的一页, 这一版由鹿特丹的伊拉斯谟和海德堡 (Heidelberg) 的格里诺伊斯编辑, 由巴塞尔的倍倍尔 (Bebel in Basel) 于 1531 年印制; 该书为两卷, 对开本, 一般装订成一册。其印刷远不如初版精美。为了比较, 我们选择了与《前分析篇》初版开始部分相同的段落, 它紧接着《解释篇》的结尾 [复制于哈佛学院图书馆馆藏本]

181

LIBRORVM OMNIVM QVI HOC OPERE CON
tinentur, & quos uidere nobis hactenus græce impreffos con
tigit, catalogus. Extant enim latine quidam, qui
nufquam dum impreffi fuerunt.

IN PRIMO TOMO SVNT

Greek		Latin	fol.
Πορφυρίου εἰσαγωγή.	Βιβλίου ά	Porphyrij introductio, lib. I	fol. 1
Ἀριστοτέλους κατηγορίαι	Βιβ. ά	Aristotelis prædicamentorum lib. I	4
περὶ ἑρμηνείας.	Βιβ. ά	De enunciatione, lib. I	10
Ἀναλυτικῶν προτέρων	Βιβ. β'	Resolutionum priorum, lib. II	14
Ἀναλυτικῶν ὑστέρων	Βιβ. β'	Resolutionum posteriorum, lib. II	36
Τοπικῶν	Βιβ. ά	De locis, lib. VIII	48
περὶ σοφιστικῶν ἐλέγχων	Βιβ. ά	De sophisticis redargutionibus, lib. I	75
Φυσικῆς ἀκροάσεως, ἢ περὶ κινήσεως, Βιβλία θ'		De auscultatione naturali, siue de motu, lib. VIII	84
περὶ οὐρανοῦ	Βιβ. δ'	De cœlo, lib. IIII	115
περὶ γενέσεως καὶ φθορᾶς	Βιβ. β'	De generatione & corruptione, lib. II	132
Μετεωρολογικῶν	Βιβ. δ'	De his quæ in sublimi fiunt, lib. IIII	142
περὶ κόσμου	Βιβ.	De mundo, lib. I	162
περὶ ψυχῆς	Βιβ. γ'	De anima, lib. III	166
περὶ αἰσθήσεως καὶ αἰσθητῶν	Βιβ. ά	De sensu & sensibili, lib. I	178
περὶ μνήμης καὶ τὸ μνημονεύῃ	Βιβ. ά	De memoria & meminisse, lib. I	182
περὶ ὕπνου καὶ ἐγρηγόρσεως	Βιβ. ά	De somno & uigilia, lib. I	184
περὶ ἐνυπνίων	Βιβ. ά	De insomnijs, lib. I	186
περὶ τ' καθ' ὕπνον μαντικῆς	Βιβ. ά	De diuinatione per somnum, lib. I	187
περὶ ζώων κινήσεως	Βιβ. ά	De motu animalium, lib. I	188
περὶ μακροβιότητος, ᾧ βραχυβιότητος Βιβλίου ά		De longitudine & breuitate uitæ, liber I	190
περὶ νεότητος, καὶ γήρως, ᾗ ζωῆς, καὶ θανάτου	Βιβ. ά	De iuuentute, senecta, uita, & morte, liber I	191
περὶ ἀναπνοῆς	Βιβ. ά	De respiratione, lib. I	193
περὶ ζώων πορείας	Βιβ. ά	De ingressu animalium, lib. I	197
περὶ πνεύματος	Βιβ. ά	De flatu, lib. I	200
περὶ ζώων γενέσεως	Βιβ. ε'	De generatione animalium, lib. V	202
περὶ ζώων μορίων	Βιβ. δ'	De partibus animalium, lib. IIII	232
περὶ ζώων ἱστορίας	Βιβ. κ'	De historia animalium, lib. X	255
περὶ χρωμάτων	Βιβ. ά	De coloribus, lib. I	311
περὶ φυσιογνωμικῶν	Βιβ. ά	De physiognomicis, lib. I	314
περὶ θαυμασίων ἀκουσμάτων	Βιβ. ά	De mirabilibus auscultationib. lib. I	319
περὶ Ξενοφάνους, καὶ Ζήνωνος, καὶ Γοργίου Βιβλίου ά		De Xenophane, Zenone, & Gorgia, liber I	324
περὶ ἀτόμων γραμμῶν	Βιβ. ά	De insecabilibus lineis, lib. I	327
Μηχανικά	Βιβ. ά	Mechanica, lib. I	331

IN SECVNDO TOMO SVNT

Ἠθικῶν Νικομαχείων	Βιβ. κ'	Ethicorum ad Nicomachum, lib. X	2
Ἠθικῶν μεγάλων	Βιβ. β'	Magna moralia, lib. II	36
Εὐδημίων	Βιβ.	Ad Eudemum, lib. VII	49
Πολιτικῶν	Βιβ. θ'	De rebuspublicis, lib. VIII	74
Οἰκονομικῶν	Βιβ. β'	De rebus domesticis, lib. II	115
Ῥητορικῶν	Βιβ. γ'	De arte dicendi, lib. III	125
Ῥητορικῶν πρὸς Ἀλέξανδρον	Βιβ. ά	De arte dicendi ad Alexandrū, lib. I	147
Ποιητικῶν	Βιβ. ά	De Poëtica, lib. I	158
Προβλημάτων	τμήματα λή	Problematum, sectiones XXXVIII	165
Τῶν μετὰ τὰ φυσικά	Βιβ. ιδ'	Metaphysicorum, lib. XIIII	209

图 92　希腊语第 2 版（Basel, 1531）的另一页。正文前有 8 页介绍性的文字，其中有伊拉斯谟于 1531 年在布赖斯高地区弗赖堡（Freiburg im Breisgau）写给约翰·莫尔（John More）的拉丁语献词，维罗纳的古阿里诺（Guarino da Verona）撰写的亚里士多德的传略，以及目录表（最后一个对开页），我们复制的就是这页目录。请注意，正文是从常常被加在工具论前面的波菲利（活动时期在 3 世纪下半叶）的《导论》（ Introduction ）开始的 [复制于哈佛学院图书馆馆藏本]

40,357(1949)〕。

柏林科学院出版了大量系列评论。《亚里士多德希腊注疏》(*Commentaria in Aristotelem graeca*, 23 vols., 1882 - 1909);《亚里士多德著作增补》(*Supplementum Aristotelicum*, 3vols., 1885-1903)。

关于专门的研究,人们必然总会提到所需文本最新的考证版。这些版本太多了,无法在这里一一列举。不过,参考上面列出的综合本已经可以满足大部分要求了。

六、亚历山大大帝(公元前 356 年—前 323 年)与马其顿帝国[36]

亚历山大于公元前 356 年夏天出生于派拉,比亚里士多德晚出生 28 年,他是腓力二世的儿子,他的母亲奥林匹娅斯(Olympias)是伊庇鲁斯的公主,她是一个热情而迷信的女人。我们不知道亚历山大幼年时是如何受教育的,不过,当他 13 岁时,亚里士多德受邀担任他的私人教师。家教只持续了 3 年,因为当亚历山大 16 岁时,他不得不在他父亲不在时担任马其顿的摄政者,而且他很早就参与了军事事务;当他 18 岁时,他在切罗尼埃(Chaironeia)战役中指挥了他父亲的左翼军。翌年,他父亲与克莱奥帕特拉(Cleopatra)结婚,宫廷阴谋迫使亚历山大和他的母亲逃到伊利里亚。如果这个青年人一直流亡,他会怎么样?但命运之轮很快转向了他。又过了一年,腓力二世被暗杀了,[37]于是,亚历山大在

---

〔36〕 最好的记述是威廉·伍德索普·塔恩(William Woodthorpe Tarn)的《亚历山大大帝》(*Alexander the Great*, 2 vols.;Cambridge:University Press, 1948),该书是在对所有原始资料的详细而审慎的研究之基础上写成的。

〔37〕 这次谋杀被归咎于波斯人的阴谋,也被归咎于奥林匹娅斯的嫉妒。没有一种假设可以被证明;任一假设或两种假设都可能是真的。

20 岁(公元前 336 年)时成为马其顿的国王。

　　现在我们暂时回到亚里士多德的家教生活。尽管这段生活持续的时间并不很长,但它对亚里士多德的学生产生了非常深刻的影响。亚里士多德教了他什么? 诗歌,尤其是《伊利亚特》(亚历山大一直把一本他的私人教师为他校订的《伊利亚特》放在他的枕头下面),希腊史和波斯史,小亚细亚地理,伦理学和政治学。相对于亚里士多德的课程的内容而言,渗透在它们之中的精神更为重要。我们可以肯定,教学是切合实际、实用和适度的,但也是高雅的和丰富的;亚里士多德做一个最优秀的私人教师就像柏拉图做一个最糟糕的教师那样,是非常容易的。当亚历山大不得不承担行政和军事职责时,家庭教育自然就会结束,但是亚里士多德作为一个受到尊敬的朋友和值得信赖的顾问留下来了。[38] 他们之间的友谊关系至少一直持续到卡利斯提尼被谋杀的公元前 327 年。[39]

　　有许多证据可以证明亚历山大对他以前的私人教师的友善。当他大权在握之后,他马上下令重建亚里士多德的故乡斯塔吉拉,这个地方已经被腓力二世毁坏了;当他征服莱斯沃斯岛时,他为了亚里士多德的朋友塞奥弗拉斯特而避免使它遭到抢劫;当他参观特洛阿斯的阿基里斯的墓地时,他

----

[38] 这种情况常常发生,一个王子的私人教师会随着时间的推移变成一个国王的朋友和顾问。例如,尼科尔·奥雷姆(活动时期在 14 世纪下半叶)曾是法国皇太子查理(Charles)的私人教师,后来成为查理五世的顾问(《科学史导论》,第 3 卷,第 1486 页)。

[39] (位于哈尔基季基半岛的)奥林索斯的卡利斯提尼作为历史学家陪伴亚历山大远征,他赞扬了亚历山大的泛希腊主义。他们后来吵翻了,卡利斯提尼以叛国罪被判处死刑。

与亚里士多德的侄子卡利斯提尼一同前往。他对吕克昂学园、亚里士多德个人和他的助手的科学事业提供过大量的帮助。

尽管我们的读者对军事征服没有多少兴趣，我们必须简略地概括一下亚历山大的征战，以便说明他的令人惊讶的天才。

他的征战从希腊开始，因为他必须去平息他父亲去世以后在不同地区爆发的造反。为了表明他的冷酷无情以阻止进一步的反叛，他摧毁了底比斯，只把品达罗斯的房子保留下来（这是他的典型做法）。尽管雅典对他臣服并且表示效忠，不过，狄摩西尼在波斯经费的支持下又制造了新的麻烦。亚历山大宽恕了他们；希腊联盟重新建立起来（但仍然不包括斯巴达），而亚历山大被选为其盟主。他现在可以重新开始腓力二世的征服亚洲的计划了；这个希腊文化的倡导者仍有许多事情要做，而且显而易见，只要波斯能够在希腊城邦之间煽动仇恨、怂恿造反，希腊的统一就仍然是不稳固的。

亚历山大有着一种强烈的激励人心的意识，并且知道如何唤起他的士兵的惊奇感和忠诚心，如何鼓励对他有利的迷信。他招募了一支马其顿军队，其中包括来自（除斯巴达以外的）所有希腊城邦的分遣队，在此之后，他便开始了对小亚细亚西北角的征战，他在特洛阿斯平原安营扎寨，到雅典娜神庙中拜神，以激发每一个希腊人从《伊利亚特》中所了解到的古老的荣誉感。这样，他以新阿基里斯的面貌在他的士兵面前出现了。他的第一个大战役于公元前334年在（密细亚的）格拉尼库斯河（river Granicos）附近获胜；波斯统治者们无法抵抗马其顿方阵，他们被彻底打败了。随后，亚历山大便可以畅行无阻地向南部挺进,解放一个又一个希腊殖民地。然而,现有的强大的波斯海军使他的优势受到威胁,这支海军有可能切断他与马其顿帝国和希腊的联络。因此,他决定使自己成为(小亚细亚、叙利亚或埃及)所有港口的主人。没有这些港口,波斯海军就无法开展军事活动了。这项计划以惊人的速度完成了。亚历山大率领他的部队跨过小亚细亚,然后经过奇里乞亚门山口(Cilician gates),于公元前333年在伊苏斯(Issos)[40]展开了另一次大战役,打败了大王亦即大流士三世本人统领的波斯军队的主力,而大流士三世也成了他们家族的末代君王。大流士为了乞求和平,提出放弃幼发拉底河以西的所有地区,把它们让给希腊人,但是那时,亚历山大清楚自己的实力,他不可能再抑制他的野心了。在完成对波斯帝国的征服以前,他夺取了腓尼基的港口和埃及。波斯舰队无法再发挥作用,它们被击溃和摧毁了。然后,亚历山大继续他对东方的征服战,跨过幼发拉底河和底格里斯河,并(于公元前331年)在埃尔比勒(Arbela)再次打败了大流士三世。大流士三世被他自己的人暗杀了,亚历山大对他的家人表现得非常宽宏大量。现在,再也没有什么能阻止他夺取波斯的城市了,巴比伦、苏萨、帕萨尔加德(他曾拜访过这里的居鲁士的墓地)、波斯波利斯(Persepolis,这里的奇迹般的宫殿群被烧毁了)以及埃克塔巴纳(Ectabana)。亚历山大不可能自动停下来不再继续前进;他命令他的部队越过伊朗高原,横渡奥克苏斯河和贾克

187

---

[40] 奇里乞亚的伊苏斯位于伊苏斯湾的尽头,这里是地中海的东北角。伊苏斯已在小亚细亚的范围以外,从它的北端可以通往叙利亚。

撒特斯河*(Jaxartes)，然后转向南方，向印度挺进。若不是他的士兵的失望和愤怒，他可能会无休止地继续下去。他们分乘800只船在印度河上行驶，当他们抵达印度洋时，壮观的潮汐使希腊人大吃一惊，对他们来说，这样的大潮是陌生的。在他们返回巴比伦的行程中，有一段是沿着波斯沙漠徒步而行，有一段是乘坐一支舰队的船沿着印度洋海岸驶往波斯湾和阿拉伯河(Shatt-al Arab)。这一令人难以置信的征程的幸存者们于公元前323年抵达巴比伦。

这些宏大的征服战逐渐改变了亚历山大的性格。他生性宽厚，他的宽宏大量在许多场合都得到证明。另一方面，他必然会感到尊贵；即使不是神，他也觉得他自己高人一等，是一个超人，这个词在希腊语中则指他是一个英雄。在他停留埃及期间，他用了3个星期的时间去参观西部沙漠中的阿蒙神庙，在那里，有人公开宣称他是宙斯-阿蒙的儿子。对埃及人来说，他是一个现实中的神；对亚洲人来说，他是大王的继任者、至高无上的统治者，没有人能否认他；对希腊人来说，他是希腊联盟的盟主和保护人、一个战无不胜的英雄、一个独裁者。像任何时代的所有其他独裁者一样，他也是那种无须负责的和无限权力的主要牺牲品。无论是在政府中、在辩论中，还是在酒后吐露的真言中，那些胆敢反对他的人必死无疑，而他也成了许多杀戮的直接或间接的原因：他最优秀的将军帕尔梅尼奥(Parmenion)的儿子菲洛塔斯(Philotas)于公元前330年被处死，帕尔梅尼奥本人被谋杀，曾在格拉尼库斯河救过他的命的最好的朋友克莱特

---

* 锡尔河的希腊语古称，中国称药杀河，也即叶河。——译者

(Cleitos)被他亲手处死,卡利斯提尼于公元前327年被判处死刑,还有其他一些事例。这就是亚历山大为他的荣耀付出的代价,这些可耻的行为无论多少胜利和多高的权威都无法补偿。

他只有一个朋友留下来了,这就是马其顿的赫费斯提翁(Hephaistion),阿敏托尔(Amyntor)之子,但是赫费斯提翁于公元前324年患热病而死,这位国王为此极度悲伤。当时他正在制定一个新的征服阿拉伯半岛也许还包括地中海西部地区的计划(制定这样的计划在一定程度上害了他),他患病发烧,并且于公元前323年6月在巴比伦去世,享年33岁。他显赫的事业持续了13年,在此期间,他征服了世界的很大一部分地区,尽管他宽宏大量,但也导致了无数人的死亡和不幸。

亚历山大大帝就是这样生活和去世的,他的所作所为永远不会被忘记,但也永远不会得到人们的宽恕。

亚历山大的死是幸运的,比其他征服者幸运得多,因为他没有目睹他的帝国的崩溃。他的成就是伟大的,他仅仅完成了他的伟业的开始部分,亦即最容易的部分。要巩固他的胜利成果、组建帝国以及消除无数导致冲突和衰弱的起因,还有大量工作要做。从弱者的手中窃取世界是可能的,但是,要把它完好和完整地保存下来,即使最为强大者也是不可能的。诸神对待亚历山大比他应得的待遇更为宽容,而且特许他在他辉煌的顶峰离开人世。他像一个赌徒,他把所有筹码都收集到他所坐的桌子这一边,并且在失去它们之前突然一命呜呼了。

188　　　亚历山大的帝国在他死后并没有持续多久。在随后的50 年间,他的主要官员们为了尽可能获得更多的权力而互相厮杀。到公元前 275 年,3 个新的王朝出现了,它们分别是:安提柯诸王(Antigonids)控制的马其顿和希腊地区;塞琉西诸王(Seleucids)控制的西亚地区;托勒密诸王(Ptolemies)控制的南叙利亚、埃及、昔兰尼加和塞浦路斯。希腊又分裂成它古代的组成部分,有时候,其中的有些部分会结成同盟反对其他部分。不仅这个帝国消失了,而且希腊和马其顿逐渐被吞并到新的罗马世界之中。到了公元前 200 年,希腊人和马其顿人的自由近乎终结了。在亚历山大以前,马其顿帝国已经存在了很长时间;在他之后,它又延续了不到两个世纪;它于公元前 167 年瓦解,并于公元前 146 年成为罗马帝国的一个行省。[41] 亚历山大并没有建立一个持久的帝国,但他却帮助他人毁坏了他自己的国家和他自己的世袭财产。

　　　亚历山大是否把自己误认为神了呢?如果他有一点智慧,他怎么可能这样做呢?神是否会遭遇痛苦,是否会有错觉呢?亚历山大是否梦想建立一个世界帝国呢?也许他并没有有意识地这样去做,但他的强硬对手迫使他要征服越来越多的地方。事实就是这样,他的帝国是难以控制和多样混杂的,被各种内部和外部的压力所削弱。唯一能减轻这些压力的方式就是对内或对外的战争;因而,当对国内的镇压活动延缓时,对外扩张就会继续。即使亚历山大活得更长久一

---

[41] 佩尔修斯(Perseus,公元前 179 年—前 168 年在位)是马其顿帝国第 43 位也是最后一位国王。他并不是一个平庸的国王,但他所面对的处境是没有希望的。马其顿帝国一共持续了 532 年。

些,他的余生也会浪费在持续的和徒劳无益的争斗之中。

有可能其他人把他想象为神,因为他的能力是难以估量的。埃及人承认他具有神性,有些亚洲人可能也这样认为;希腊人则有保留地接受这种看法。我们自己的文明时代中的那种对独裁者的迷信式的崇拜,有助于我们理解 24 个世纪以前的类似情况。

亚历山大非常宽宏大量,但是易于冲动。总的来说,他比亚里士多德更为宽宏,相对于柏拉图就更不用说了。这两位哲学家都把蛮族亦即非希腊人看作天生就是下等的人。因而发动一场针对他们的战争,以便肃清或制服他们等做法,被认为是适当的。希腊人生来就是自由民,而蛮族天生就是奴隶。亚历山大能够自己达到比他的私人教师更高的境界,这一点是非常值得赞扬的。[42]

亚历山大意识到人类和睦的意义,而他们二人并没有意识到这一点。他之所以在这方面具有比他们更高的道德优势,就在于他对人有更丰富的经验知识。从幼年时起,他对希腊人和马其顿人生活中的丑恶一面就已经有所了解。当这个聪颖的孩子长大时,他父亲的宫廷腐败不可能被完全隐瞒起来,使他一无所知;如果使他看清社会的人不是他的父亲,那么这个人可能就是他的母亲奥林匹娅斯。另一方面,他肯定已经认识了许多东方人,这些人都是很优秀的人。他肯定很早就发现了,希腊人对蛮族的敌视是错误的和不公平的。在他短暂但经历丰富的一生中,他有关人的经验知识一定在飞快地增加;由于人们把他奉若神明,因而把他抬到一

---

[42] 我借用了塔恩的评论,他夸大了这一点(《亚历山大大帝》,第 1 卷,第 9 页)。

489 个如此之高的地位,以至于所有不平等的人对他来说都是平等的。他站得那样高,因而他很容易容忍他们的差异并认为他们基本上是兄弟关系。

亚历山大不太可能梦想建立一个世界帝国,但几乎可以确定他梦想过天下一家(concordia)。他认识到,不应盲目地按照人的种族把他们分类,而应该理智和善意地按照他们的优点进行分类。有人或许会提出异议,其他征服者可能也具有同样的观念:为他们行为的唯一辩护可能就是主张,他们不是为了征服而是为了团结,不是为了奴役而是为了解放。[43] 情况确实是这样,不过亚历山大是他们中的第一人,他的功绩更伟大,因为对他来说,延续柏拉图和亚里士多德的有害倾向或许是很自然的。他能独立地战胜那些倾向这一事实就是对他的天才的最好证明。

他自己的祖先可能促进了他的那些有关种族融合是人类的共同任务的思想;与柏拉图不同,他不是一个纯粹的希腊人,而是半个蛮人。[44] 无论如何,他任命了东方人到总督管辖区和其他政府高级部门任职,把不同种族的士兵混编在他的军队中,使不同的群体混居在新的城市中,娶大夏国的公主罗克桑娜(Roxane)为妻,并且鼓励他周围的人与异族通婚,通过这些,他竭尽全力去实现他的新的政治理想。有可能,所有这些措施都很不充分,但它们证明了他的善良意愿,证明了一种与以前的政策有天壤之别的新政策的开始。

---

〔43〕的确,拿破仑采取了这样的态度,但希特勒没有,希特勒的目的很明确,就是要奴役非日耳曼人或者要把他们灭绝。

〔44〕那么亚里士多德呢?他是怎样的希腊人呢?他有多少蛮族的血统呢?这些是不可能知道的。

正如塔恩指出的那样："亚里士多德的国家仍然对它的国界以外的人类事物毫不关心；外国人肯定仍旧是奴隶或敌人。亚历山大改变了所有这一切。当他断言所有人都类似于同一个父亲的儿子，当他在俄庇斯（Opis）祈祷，希望马其顿人和波斯人可以成为同一国家的伙伴，他的国度的人民能够和睦生活并且团结一心，这时，他首次颂扬了人类的和睦与手足情谊。"[45]

人类的手足情谊的思想常常被归功于犬儒学派（Cynics）、斯多亚学派和基督徒，但亚历山大在他们所有人之前就提出了这种思想。[46] 我们应当记得，斯多亚学派的芝诺在亚历山大开始争战时出生，并且在这位征服者去世时年仅 12 岁。

西诺普的第欧根尼（约公元前 400 年—前 325 年）常常被认为是犬儒学派的创始人，他比亚历山大年长，如果一个著名的逸闻是真实的话，他曾在科林斯地峡（the Isthmus of Corinth）举行的希腊将军的聚会上遇到后者。那时亚历山大已经被任命为远征波斯的统帅，许多人都来向他祝贺。然而，居住在科林斯的第欧根尼并没有这样，他甚至对这位国王也丝毫不关心。"亚历山大亲自去看他，发现他正躺在阳光下。当看到许多人向他走来时，他微微抬起身，目光落在

---

〔45〕俄庇斯在底格里斯河畔。当亚历山大到达那里时，他的部队哗变了；他发表了一个阐明他的政策的演说，并且成功地恢复了他们对他的信心；参见塔恩：《亚历山大大帝》，第 1 卷，第 115 页。塞琉西帝国的国都塞琉西亚（Seleuceia）大约于公元前 312 年在俄庇斯附近修建，并且成为一个大型的商业中心，它通过一条运河与幼发拉底河相连，变成希腊文化在东部的一个前沿。

〔46〕耶格在《亚里士多德》第 24 页指出，亚里士多德早期关于亚历山大或殖民的对话，可能涉及亚历山大的种族政策并且谴责了它。

490

亚历山大身上。这位君主向他致意表示问候,并且问他是否有什么需要时,第欧根尼回答说:'有,请您站远一点,别挡住我的阳光。'"据说,这使亚历山大受到了刺激,但却又非常佩服这个人的傲慢和高贵,这个人自己一无所有反而蔑视他。当亚历山大及其随从们离开时,这些随从讥笑这位哲学家并拿他开玩笑,亚历山大对他们说:"说真的,如果我不是亚历山大,我宁愿是第欧根尼。"[47]

第欧根尼可能对亚历山大有所启示,犬儒学派的世界主义(如果它曾有过的话)是一个很晚的产物。[48]

由于他的天才和亚里士多德的教诲,亚历山大没有变成一个庸俗的征服者;如果没有不幸的环境迫使他去征服世界,他也许会成为一个比实际中的他更伟大的人。他对亚里士多德的事业感兴趣,并且准备赞助吕克昂学园,为它寻找它所需要的所有标本。[49] 他进入亚洲的远征也许可以称作第一次科学远征。他不仅带去了一些可以建造军事器械或处理供水装置或采矿事务的工程师、建筑师、地理学家和测量师,还有以卡迪亚的欧迈尼斯(Eumenes of Cardia)为首的一个秘书部门或史学研究部门,有诸如奥林索斯的卡利斯提尼、德谟克利特学派的阿那克萨库(Anaxarchos)以及他的学

---

[47] 普卢塔克:《亚历山大传》(Lives, Alexander),14,伯纳多特・佩林译,见"洛布古典丛书",第 7 卷,第 259 页。

[48] 按照塔恩《亚历山大大帝》第 2 卷,第 409 页的观点,"不存在这样的东西"。

[49] 老普林尼(活动时期在 1 世纪下半叶)的观点是这样,他对亚历山大所提供的帮助的说明(《博物志》,第 8 卷,17)似乎有点夸大;我们将在另一章引用该书。瑙克拉提斯的阿特纳奥斯(活动时期在 3 世纪上半叶)写道:"斯塔吉利亚人(Stagirite)从亚历山大那里获得了 800 名有才华的人,以推进他的动物研究。"[《欢宴的智者》(Deipnosophistai),第 9 卷,398 E]

生、创立了怀疑论学派的皮罗这样的哲学家和文人,有阿斯蒂帕莱阿的奥涅希克里托斯(Onesicritos of Astypalaia)这样的水手和传奇故事作家,有为吕克昂学园收集标本的博物学家,以及拉古斯(Lagos)之子、未来的托勒密国王[托勒密一世索泰尔(Ptolemy I Soter,约公元前367年—前282年),埃及国王],有关亚历山大的事业最可靠的信息就来自他。通过所有这一切,亚历山大展示了同样的富有理智的抱负,这种抱负会挽回21个世纪以后波拿巴(Bonaparte)的名声。

　　亚历山大的以希腊为盟主的统一世界的梦想太不成熟,以致难以实现,但是他实现了一定程度上的文化共享,尽管这种共享较为肤浅,但其痕迹绝不会被消除。这就是所谓东方的希腊化。由于他的努力,希腊的理想得以传播到西亚,并且延伸到印度甚至中国。佛教圣像就是在希腊影响下在犍陀罗(Gandhāra)发展起来的,它的起源为我们提供了希腊化最引人注目的例子。[50] 不过,能够感受到希腊化(在亚历山大之前就可以感受到,在他之后仍可以感受到)的地方主要是西亚,由于希腊化,这部分比亚洲的其余部分与欧洲联系得更紧密了。东方的希腊化是无法否认的,但也不要忘记,伴随希腊化的还有另一种相反方向的运动,对这一运动,

---

[50] A. 富歇(A. Foucher):《犍陀罗的希腊-佛教艺术》(*L'art gréco-bouddhique du Gandhāra*,2 vols. ; Paris, 1905 - 1918);《佛教艺术的起源》(*The Beginnings of Buddhist Art*, Paris, 1917)。J. P. 沃格尔:《佛教艺术》(*Buddhist Art*, Oxford: Clarendon Press, 1936)。

我们可以称作西方的东方化。[51] 由于亚历山大在巴比伦和他的继承者们在埃及和亚洲所树立的榜样,有关主权、政治*491* 和政府的新思想被引入西方。东方的希腊化在亚历山大以前很久就开始了,这一进程在希腊化时代和罗马时代仍在继续,甚至在一定程度上得到拜占庭独裁者的推动;同样,西方的东方化也绝非亚历山大时代的新鲜事物,只不过,这两种运动在这个时代都达到了顶峰。

在这样说时,必须再次强调,那时的希腊化和东方化都是极为肤浅的。这是大部分文化影响传播的方式,就像油浮在水面上那样,水并没有被改变。在东方存在着希腊的方式和方法,但是希腊理想不可能被理解,因而也不可能用来作为一种统一的纽带。主要是由于这一原因,马其顿帝国本质上是不稳定的:除了亚历山大的个人权力之外,再没有别的类似于某种黏合剂的东西把它团结在一起。

在西亚发展的希腊文化无疑是后亚历山大大帝文化;它是在罗马的保护下得以发展的,由于在罗马帝国统治之下和平的延续,且和平的时间相对也比较长,它获得了一定的稳定性。我们可以设想,在许多情况下,直到获得了罗马和平给予的某个机会,亚历山大大帝时代的种子才结出了果实。最恰当的例子就是占星教以及所有属于它的东西(如 7 天的周期),它们的历史可以追溯到柏拉图和奥普斯的菲利普时

---

[51] 与在犍陀罗出现的东方艺术的西方化相对应的是,许多世纪以后在近东地区出现的西方艺术的东方化,关于这一点,已故的约瑟夫·施特兹高夫斯基(Josef Strzygowski,1862 年—1941 年)已经举出许多例子。这种平行关系是很奇妙的:早期的佛教艺术受西方艺术家的影响,而早期的基督教艺术又受到东方艺术家的影响。

代,但在罗马时代以前,它们并没有繁荣发展。

从另一种方式亦即传说中,也可以感受到亚历山大大帝的影响。对这类影响不应轻视;传说是对现实的粗略的模仿,但它们被多数民众当作真实的事情接受下来。世界就是通过这些传说了解亚历山大的,就像它通过《伊利亚特》了解海伦和阿基里斯一样。无论在东方还是在西方,对大多数人来说,传说中的亚历山大就是真实的亚历山大。亚历山大的传奇四处传播;在 24 种语言中已经收集了 80 多个传奇版本。当穆斯林在他去世 1000 年以后征战世界时,他们帮助宣传了伟大的英雄双角(双角王)亚历山大(Alexander Dhūl-qarnain)的故事,而这个阿拉伯故事又被重译为其他语言。[52]

漫步学派不能原谅对卡利斯提尼的谋杀,他们所传播的最早的一些传说是极不利于亚历山大大帝的。他被描述为亚里士多德的一个非常好的学生,但他被他的异常的运气毁了,而且堕落成为一个残忍的暴君。后来的传说抛弃了那些政治含义,把亚历山大描绘成一个神奇的英雄和奇才,可以把所有可想象的 *mirabilia*(奇迹)都归功于他。所有这些都是没有任何科学价值的流行文学和民间传说,但它们充满了人性。

在因亚历山大的历史和亚历山大的民间传说而使之名垂千古的创造物中,我们只举一个例子——这位英雄心爱的

---

[52]《亚历山大大帝》("Iskandar-nāma"),《伊斯兰百科全书》第 2 卷(1921),第 535
页。有关伪卡利斯提尼的早期传说,请参见塔恩:《亚历山大大帝》,第 2 卷,可
通过索引查找。

战马布克法罗(Bucephalos),它在公元前 326 年的希达斯佩河战役中战死。[53] 布克法罗是它那类物种中最杰出的代表。

492

只要亚历山大大帝活着,他就会继续骑着他忠实的战马布克法罗。

七、公元前 335 年的吕克昂学园·它的创立和早期的历史

尽管在亚历山大承担了行政和军事职责后,亚里士多德肯定已不再担任他的私人教师,但亚里士多德仍在派拉(或斯塔吉拉)生活了好几年。公元前 336 年,亚历山大继承了腓力二世的王位,不久便开始了他的征战,最初是在色雷斯和伊利里亚,然后是在希腊。公元前 335 年,他成了希腊的主宰,并且开始筹划对亚洲的征战,他把其短暂生命的其余时光都投入到这一事业上了。公元前 335 年时,马其顿是按战时编制,对学者很不适合,于是,亚里士多德回到了雅典。他在那里的处境如何呢?他曾经在那里作为学园的学生、同事和朋友度过了他 20 年的年轻岁月(从 18 岁到 38 岁);现在,在时隔 12 年之后,他又随着马其顿的军队回来了。他不可能受到所有雅典人的欢迎,只会受到通敌分子的欢迎。

无论如何,他不可能回到他的老学校了,因而他在这个城市的另一个地方创建了一所新的学校。柏拉图学园坐落

---

[53] 希达斯佩[或杰赫勒姆(Jhelum)]河是印度河在旁遮普的支流之一。亚历山大在他的坐骑死亡之地附近建立了布克法拉(Bucephala)市,以纪念它。按照普卢塔克[《亚历山大传》(*Life of Alexander*),32]的观点,亚历山大"当他骑马四处走走,排列他的部分方阵,或者对他的将士加以勉励、发布命令或进行视察,这时,他不使用他最好的马克法罗,而使用另一匹马;但是,当他投入战斗时,布克法罗就会一马当先,而他则会骑着它立即开始进攻"。

在城墙的西北,迪皮伦门以外;而吕克昂学园在城墙以东,靠近通往马拉松的大道。[54] 从吕克昂学园的庭院可以看到北面的利卡贝托山(Mount Lycabettos)和南面的伊利索斯(Ilissos)河。这里是一片献给阿波罗·吕卡俄斯(Apollon Lyceios,狼神)的小树林,学园的名称吕克昂就来源于这一供奉。在雅典天气温暖的时候,教学常常在室外、树荫下或柱廊下进行。教师和学生也许会坐一会儿,随后就来回散步,因而他们就有了一个雅号——漫步学派。

柏拉图建校与亚里士多德建校有着极大的差别。柏拉图的一半生涯是作为学园的园长和圣贤而度过的;亚里士多德在52年以后在雅典相反的地方创建了吕克昂学园,他只担任了13年(而不是像柏拉图那样担任了40年)该学园的领导。柏拉图建校是一大创新,但他的教学经验相对较少;而亚里士多德开办吕克昂学园时已经50岁了,他在阿索斯和派拉获得了相当多的有关人和学生的经验。柏拉图总是梦想着伟大的国王与一流的哲学家之间的密切联系,但他的梦想没有实现。相反,亚里士多德得到了古代最有势力的国王亚历山大的支持;亚历山大给他提供了资金(这也可能属于马其顿帝国的宣传),而且,几乎同样重要的是,亚历山大还为作为这个新学校的一个组成部分的博物馆提供了许多种类的自然物的标本。如果需要任何能使教学更具体、更有效的东西,亚里士多德总可以从他的赞助者那里获取。

这一事实突出了吕克昂学园与柏拉图学园之间的根本

---

[54] 这条路通往克斐西亚(Kephissia)和马拉松。现在的拜占庭博物馆就在吕克昂学园所在地附近。

差异。差异并不在于亚里士多德如果需要某些陈列品他就能获得它们,而在于他确实需要它们,而柏拉图却会轻蔑地拒绝它们。柏拉图满足于永恒的和不朽的形相;亚里士多德需要的是能感觉得到实在的客体。关于教学的详细情况,我们知道得很少。奥卢斯·格利乌斯(Aulus Gellius,活动时期在 2 世纪下半叶)告诉我们,亚里士多德提供两类课程,早上是为接受密传知识的学生(esōterica, acroamatica)开的课,晚上是为更广泛的大众(exōterica)开的课。格利乌斯是一个晚期的见证者,但他所说的似乎是可信的。在几乎每一所学校中都有公开和不公开的课程,这二者都是为了满足正常的目的需要。

这两所学校都是教授哲学的,但柏拉图学园倾向于形而上学或先验哲学,即使在讨论诸如教育或政治这类实践主题时亦是如此。吕克昂学园是另一种意义上的哲学学校,现在我们就给出它的定义;亚里士多德所感兴趣的是逻辑学和科学;在他的指导下,吕克昂学园变成了一个个人研究甚至集体研究的机构。我们的"科学院"(Academies of Science)取名不当,"吕克昂"(Lyceum)这个名字更适合它们。不过,语言是非常多变的,没有人可以有把握地预见,已知的某些国内或国外的词语最终将会怎样被接受。"吕克昂"这个词在每一种西方语言中变得像"学园"一样流行:在法语中它被用来指所有公立高中(中学);在美国,它也得到了一定的普及,用以指组织讲座、辩论、音乐会以及各式各样的"崇德益智的"娱乐表演的自由协会。

尽管事实上柏拉图学园和吕克昂学园由于其创办者的思想观念的差异而有所不同,但人们不应夸大它们的区别,更不应忘记它们之间也有相似的地方。这两个学校都是较高级和较公正的学术机构；第二所学校的主持人是前一所学校的杰出毕业生。我们可以想象，如果学生们非常明智，他们会从一个学校走进另一个，在两个学校听课。这两个机构的历史揭示了许多相互影响的例子。在吕克昂学园中不讨论柏拉图的作品，或者在柏拉图学园中不讨论亚里士多德的作品，都是没有理由的。后来的许多评注者既对柏拉图也对亚里士多德进行了评注。

无论如何，这两个人代表了相反的两种类型，这两种类型的改变似乎是不可能的，因此有人主张，"每一个理性的人要么是柏拉图主义者，要么是亚里士多德主义者"。这一主张不可能完全被证实，但是显然，完全可以提出这样的主张。

就像我们曾讲述柏拉图学园初期的历史那样，出于同样的理由，我们现在应讲述一下吕克昂学园初期的历史。对于一个生物，除非它活着并且还在变化，否则你就不可能知道它有生命；若想了解吕克昂学园的情况，不考虑它的发展是不行的。这是某种看似矛盾的事情，因为对亚里士多德来说，他对吕克昂学园兴衰变迁的预见，不可能比一个父亲对其子女的预见更多，更不用说对其遥远后代的预见了。

亚里士多德在吕克昂学园只担任了13年的园长；在他的晚年，有两个人被认为适合接替他，一个是罗得岛的欧德谟，另一个是埃雷索斯的塞奥弗拉斯特。据奥卢斯·格利乌斯所说，[55]亚里士多德把罗得岛的葡萄酒与莱斯沃斯岛的葡萄酒进行了比较，以表明他倾向于塞奥弗拉斯特。"这两种酒都是好酒，但是莱斯沃斯的酒更甜美（*hēdiōn ho Lesbios*）。"塞奥弗拉斯特成了亚里士多德的继任者，也许可以称他为吕克昂学园的第二创建者，因为他担任了 38 年（公元前 323 年—前 286 年）的学园领导，并且完善了它的组织。他把他的部分财产遗留给吕克昂学园的托管人，并且明确说明了财产的用途；不过，他把他的藏书赠给了纳留。塞奥弗拉斯特的继任者是兰普萨库斯的斯特拉托（Straton of Lampsacos，活动时期在公元前 3 世纪上半叶），他当了 19 年的负责人（公元前 286 年—前 268 年）。吕克昂学园的黄金时代就此结束。第四位园长（*scholarchēs*）是特洛阿斯的吕科（Lycon of Troas），他担任了 44 年（公元前 268 年—前 225 年）的领导，但这一时期是相对衰落的时期。他对科学没有兴趣，他自己的兴趣仅限于伦理学和修辞学。第欧根尼·拉尔修提供了有关吕克昂学园前 4 位园长的不同寻常的信息，他向我们[56]呈现了他们的遗嘱的全文；他肯定是从某个单一的来源获得这 4 份值得注意的文件的。在吕科时代以后，这所著名的学校的历史出现了许多空白，但仍出现了几个名人，最重要的是罗得岛的安德罗尼科（活动时期在公元前 1 世纪上半叶），他活跃于大约公元前 80 年的雅典，是亚里士多德的第十位继任者。

　　一部完整的吕克昂学园的历史不应局限于园长的活动

---

〔55〕　格利乌斯：《雅典之夜》（*Noctes Atticae*），第 13 卷，5。
〔56〕　第欧根尼·拉尔修：《名哲言行录》，第 5 卷。

方面,还应当谈谈他们的同事,而且不应忘记他们与柏拉图
学园的成员们的相互影响和偶尔的合作。在亚里士多德担
任园长期间,柏拉图学园的负责人,亦即第三任领导,是他的
朋友卡尔西登的色诺克拉底,他的学生有塞奥弗拉斯特和欧
德谟、他林敦的阿里斯托克塞努斯、墨西拿的狄凯亚尔库
(Dicaiarchos of Messina)以及索罗伊的克里尔库(Clearchos of
Soloi)。在塞奥弗拉斯特的学生中有帕勒隆的德米特里,他
是亚历山大图书馆(the Alexandrian library)的创办者。

在安德罗尼科时代之后,漫步学派失去了它的特性,它
的成员不再是纯粹的漫步学派成员,而变成了斯多亚学派的
成员、学园派成员和新柏拉图主义者。诸如罗得岛的帕奈提
乌(活动时期在公元前 2 世纪下半叶)、阿帕梅亚的波西多
纽(活动时期在公元前 1 世纪上半叶)、托勒密(活动时期在
2 世纪上半叶)、盖伦(活动时期在 2 世纪下半叶)这些伟大
的思想领袖,他们只在一定程度上是漫步学派的成员;他们
研究了亚里士多德的部分著作,并且延续了他的某些倾向。

从 3 世纪开始,人们不再提园长,而是谈论评注者,阿弗
罗狄西亚的亚历山大(Alexander of Aphrodisias,活动时期在
3 世纪上半叶)是最早和最伟大的评注者之一,他是一个出
类拔萃的(ho exēgētēs)评注者,实际上,他从公元 198 年至
211 年是吕克昂学园的负责人。这时,使亚里士多德思想摆
脱柏拉图主义或新柏拉图主义的解释已经变得非常必要。
相对来说,吕克昂学园已经变得无关紧要;在我们这个纪元
的前 5 个世纪中(或者直到 529 年),雅典的主要哲学学校
就是柏拉图学园。吕克昂学园只作为一个行政实体而存在,
它已失去其哲学实体的意义;它的主要倾向是新柏拉图主义

的,而且其中还混合了其他的因素。吕克昂学园已经衰败了,而柏拉图学园变成了一所异教哲学的学校。

八、早期的评注者

亚里士多德主义的历史不仅与哲学史交叉,而且与科学史交叉,至少直到 18 世纪都是这样。如果不插入一段较长的偏离正题的讨论,我们就无法走入这一历史。我们会附带指出,使科学史论述变得如此困难的原因在于,如果不参照某一阶段之前和之后发生的每件事情,就无法对每个阶段的重要意义进行评价,而且那样的序列相当重要。在我的《科学史导论》中,我已经含蓄地说明整个古代和中世纪的亚里士多德传统。现在,我们必须满足于一个非常简略的概述。

495　亚里士多德的影响不仅通过翻译者和评注者继续传播,而且通过哲学家、神学家和科学家得以持续,他们不得不在每一阶段面对亚里士多德,并且必须要么承认他的优势,要么与他斗争。

我们已经提到阿弗罗狄西亚的亚历山大,他是一个评注者,但绝不是第一个评注者。罗得岛的安德罗尼科(活动时期在公元前 1 世纪上半叶)是第一位编辑者,自然也就是开其先河者;在同一个世纪的下半叶效法他的有西顿的波埃苏(Boethos of Sidon)、亚历山大的阿里斯通(Ariston of Alexandria)、(奇里乞亚的)塞琉西亚的克塞那科斯(Xenarchos of Seleucia)以及大马士革的尼古拉斯(活动时期在公元前 1 世纪下半叶)。在基督诞生后的第一个世纪,评注者有爱伊伽伊的亚历山大(Alexandros of Aigai),他是尼禄(皇帝,公元 54 年—68 年在位)的私人教师。到了 2 世纪,评注者的数量多得异乎寻常,如亚历山大的托勒密·切诺斯

(Ptolemaios Chennos,活跃于公元 98 年—138 年在位的图拉真和哈德良皇帝统治时期),《论宇宙》(*De mundo*) 的作者,[57] 阿斯帕修斯(Aspasios),阿弗罗狄西亚的阿德拉斯托(活动时期在 2 世纪上半叶),托勒密(活动时期在 2 世纪上半叶),盖伦(活动时期在 2 世纪下半叶),西西里岛墨西拿的阿里斯托克勒(Aristocles of Messina),赫尔米努(Herminos)。最后提到的这一位是杰出的阿弗罗狄西亚的亚历山大(活动时期在 3 世纪上半叶) 的老师,他的详尽评注的希腊原文或阿拉伯译文留传给了我们。

从阿弗罗狄西亚的亚历山大起,开启了亚里士多德学术研究的新纪元,以下这些名人就是其代表:叙利亚人波菲利(活动时期在 3 世纪下半叶),亚历山大的阿纳托里奥斯(活动时期在 3 世纪下半叶),帕夫拉戈尼亚的塞米斯修斯(Themistios of Paphlagonia,活动时期在 4 世纪下半叶),曾任学园领导的亚历山大的西里阿努斯(活动时期在 5 世纪上半叶),在 6 世纪有大马士革的达马斯基乌斯(活动时期在 6 世纪上半叶),阿拉伯人多罗斯(Doros),赫尔米亚之子阿摩尼奥斯(Ammonios, son of Hermias,活动时期在 6 世纪上半叶) 以及他的学生特拉勒斯的阿斯克勒皮俄斯(Asclepios of Tralles,活动时期在 6 世纪上半叶),活跃于雅典和波斯的奇里乞亚的辛普里丘(活动时期在 6 世纪上半叶),还有他们当中最伟大的亚历山大的约翰·菲洛波努斯(活动时期在 6 世纪上半叶)。最早的拉丁语译者和评注者是罗马的波伊提

---

[57] 威廉·卡佩勒会认为《论宇宙》写于 2 世纪上半叶,见《新年鉴》15,529–568(1905)。

乌（活动时期在 6 世纪上半叶），他与菲洛波努斯属于同一
个世纪。[58] 在希腊传承的历史中，以后诸时代出现了少数
几个著名人物，比如活跃于君士坦丁堡的亚历山大的斯蒂芬
诺斯（Stephanos of Alexandria，活动时期在 7 世纪上半叶），尼
西亚的欧斯特拉蒂奥（Eustratios of Nicaea，约 1050 年—1120
年），以弗所的米哈伊尔（Michael of Ephesos）*，米哈伊尔·
普塞洛斯（活动时期在 11 世纪下半叶）的学生，索福尼亚斯
（Sophonias，活动时期在 13 世纪下半叶）。

　　同时，亚里士多德传统也通过阿拉伯世界得以迂回地延
续，阿拉伯世界的领袖人物有：阿拉伯人金迪（al-Kindī，活动
时期在 9 世纪上半叶），波斯人或土耳其人法拉比（al-
Fārābī，活动时期在 10 世纪上半叶）和伊本·西奈（Ibn Sīnā，
活动时期在 11 世纪上半叶），尤其是科尔多瓦（Cordova）的
伊本·路西德（活动时期在 12 世纪下半叶），亦即闻名拉丁
世界的阿威罗伊。经过阿威罗伊重新解释的亚里士多德影
响了圣托马斯·阿奎那（活动时期在 13 世纪下半叶）以及
其他天主教经院哲学家，而他们的基督教解释在中世纪思想
中占有主导地位。我们不必再继续叙述这段历史，因为从这
时起的这一历史人们已经很熟悉了。

------

〔58〕 有关拉丁语的翻译，请参见阿马布勒·茹尔丹（Amable Jourdain）:《对亚里士多
德著作的拉丁语翻译的年代和起源的批判性研究》（Recherches critiques sur l' âge
et l' origine des traductions latines d' Aristote，Paris，1819；ed. 2，1843）；亚历山大·
比肯马耶（Alexandre Birkenmajer）:《对中世纪归于亚里士多德名下的拉丁文版
著作的分类》（"Classement des ouvrages attribués à Aristote par le Moyen âge latin"，
Prolegomena in Aristotelem latinum consilio et impensis Academiae Polonae litterarum
et scientiarum edita，1，21 pp.；Cracovie，1932）。

＊ 以弗所的米哈伊尔，生卒年代不详，活动时期在 12 世纪初叶或中叶，曾在君士
坦丁堡大学任教。——译者

重要的是要记住,众多学者对亚里士多德的思想进行了评论,最初是用希腊语,随后是用阿拉伯语,最后是用拉丁语和西方诸国语言。他的思想先是由异教的解释者说明,随后由穆斯林、犹太教和基督教的解释者来说明。受人尊敬的亚里士多德是一位大师,"il Maestro di color che sanno(那些了解他的人的大师),"[59]这位"武断的老师"的权威已变得不可抗拒并且束缚了人的手脚,以致阻碍了进一步的发展。现代的科学的历史是从反抗亚里士多德开始的。

九、亚里士多德哲学的若干方面

496

对一个如此长久的传统的研究呈现出许多困难,其中最大的困难是由这样的事实导致的,即这一主题随着时代变迁在不断变化。西塞罗所知道的亚里士多德不同于阿弗罗狄西亚的亚历山大所说的亚里士多德;生活在 9 世纪的金迪与生活在 12 世纪的伊本·路西德所读的亚里士多德的著作是不同的,或者他们是以不同的心境去读这些书的;13 世纪圣托马斯所赞颂的亚里士多德不同于 16 世纪的拉米斯(Ramus)或 17 世纪的皮埃尔·伽桑狄(Pierre Gassendi)所谴责的亚里士多德。常常有这样的时候:对亚里士多德的热情或对他的厌恶达到如此高的程度,以致客观的评价变得几乎不可能。现在,这种热情已经消失,即使在致力于经院哲学的机构里也不可能复兴,我们能够重新发现真实的亚里士多德,他从来不像有些人认为的那样是全知全能的,他也不像他的敌人指责他的那样是教条的和荒谬的。

我将在以下诸页讨论亚里士多德的科学观点和科学成

[59] 但丁(Dante):《地狱》(Inferno),第 4 篇,131。

就,但我们此刻必须试着对他进行全面的介绍。要做到这一点,也许最简单的方法就是把他与他往日的老师柏拉图进行比较。后者的科学训练仅仅限于数学和天文学;亚里士多德最初的科学训练是医学。他的父亲尼各马可是一个医师,这种医师传统直接从父亲传给了儿子。年轻的亚里士多德也许曾和父亲一起去给病人看病,或者在外科治疗中担当父亲的助手;无论如何,亚里士多德非常清楚,他必须从他父亲的口中学习许多东西,尤其是吸收那些经验性观点。一个受到毕达哥拉斯数字命理学鼓舞的数学家,尤其是像柏拉图这样的数学家,可能会满足于对宇宙的先验的构想;一个医生很快就会认识到一个人应当尽可能少地去假设和预言,而应小心谨慎地进行观察、记录、归纳和演绎。柏拉图是沉溺于想象和空想的人,[60]而亚里士多德则是一个注重实验和讲究实际的人。但不要忘记,亚里士多德是从一个柏拉图主义者开始其学术生涯的,而且从未完全摆脱他的某些柏拉图式的幻想。在我看来,这就是他的伟大之处;他从未像他的导师那样教条,但又渴望知道生命的奥秘,因而在他不断增长的抵制柏拉图的倾向中,又多少保留了一点柏拉图主义的残余。

亚里士多德对希腊宗教的神秘实践有过一些体验,而且像柏拉图一样,他把直觉的知识与对神秘事物的了解进行了比较,但他规避了神秘主义的不实之词。他对神附的价值和神秘的并具有治疗功能的宗教仪式的价值进行了评价,但他

---

[60]　受到柏拉图的幻想的影响,柏拉图的慈悲通常被夸大了。《国家篇》和《法篇》中的某些放纵的言论表明,他可能是非常残忍的。他的慈悲是独裁者们自吹自擂的那种值得怀疑的慈悲。

试图建立一种理性的、可传递的思想体系。他充分认识到存在着两种(直观的和推理的)知识,并且存在着两种(理智的和情感的)心理生活方式,情感生活虽然重要,但应当由自我克制来调节,而不应因疯狂的仪式而增添烦恼。他的弟子之一、索罗伊的克里尔库告诉我们,亚里士多德曾参加过一个催眠通灵会,从此确信灵魂可以与肉体分离,[61]这说明了他的开放心态;不过,他总是渴望用某种科学的方法说明事物。残留在他身上的神秘主义,与每个时代的伟大科学家们的神秘主义很相像,这些人都非常谦虚和谨慎,而且决不会对宇宙的无限复杂性漫不经心。[62]

197

　　他的一种用"目的论"这个词所表述的基本思想,也许可以被称作神秘主义的,因为无法完全证明它是正确的。这种思想是柏拉图-亚里士多德关系的典型,因为它是从柏拉图的形相或理念观念中引申而来的,柏拉图认为形相或理念先于客观存在物,宛如它们的形而上学发源地;对亚里士多德来说,形相是难以达到的目标。柏拉图倾向于把变化与腐蚀等同;相反,亚里士多德认为变化是一种朝着某个理想的运动。柏拉图否认进步的可能性,而亚里士多德却承认这种可能性。事物由其内在的潜能而变化,为了达到或接近它们的完美状态,它们常常会变化。形相或理念存在于事物的**内部**(就像人是从胚胎发育而来的那样),而不是在其外部。某一事物的命运是由其隐蔽的尚未实现的本质所预示的。

---

[61] 参见让娜·克鲁瓦桑(Jeanne Croissant)的出色研究:《亚里士多德与神秘事物》(*Aristotle et les mystères*, 228 pp. ; Liége : Université de Liége , 1932) [《伊希斯》*34*, 239(1942-1943)]。

[62] 请比较一下我在《科学史导论》第3卷第 v 页所引的爱因斯坦(Einstein)的话。

事物的演变之所以发生,并不是由于导致自然结果的质料因用一种 *vis a tergo*(后面的力)推着它们,而是终极因用某种 *vis a fronte*(前面的力)在前面拉着它们。世间存在的万物都趋向于某个终点(这是它们潜在的内部倾向);它们的发展是通过某种目的来实现的。世界由于某种先验的设计而逐渐被认识,也可以把这种先验的设计称作天意。

亚里士多德认识到,机制和目的是互补的和不可分割的两个方面,在研究自然时,必须要么寻求一种机械论说明,要么寻找初始因;有时候机制更清楚一些,有时候初始因更清楚一些。但在他那个时代,实际上任何机制(例如生理机制)都是不可想象的;因此,剩下的就只有目的论解释了。

对今天一个讲究实际的科学工作者来说,这种说明只不过是空话。他会说,询问事物"为什么"是没有意义的;尽可能仔细地回答有关"如何"的问题就足够了。亚里士多德过早地去尝试询问"为什么"的问题,并且把这个问题摆在第一位。他是否完全错了呢?这个问题也许是提得过早了,但并非没有意义的;大体上讲,它具有某种导向价值。我们还应当记住在以下这些方面他是值得赞扬的:(1)他的终极观念(目的论)是在对柏拉图的原始观念的大规模改造的基础上形成的。(2)那些目的论解释即使很不充分,仍然是非常有用的;每个科学工作者都在有意或无意地使用它们;某个器官的目的有助于我们理解和记住有关它的解剖学和生理学原理。(3)活力论者使用目的论术语,我们当中至今仍有许多活力论者;禁止活力论的观点是不可能的;它会躲避每一次打击,并且会以某种新的形式出现。(4)最后,如果你承认天意,你就不能拒绝目的论。

大自然表面的目的论迹象是十分明显的；它们是否与某种内在的实在相对应，抑或仅仅是一些假象？可以这样来描述这个问题：有关先验设计的论据成立吗？或者它只不过是似是而非的？亚里士多德是第一个使用这种论据的人，而且赋予它相当大的重要性。谁会是最后一个呢？[63] 亚里士多德的目的论是对他的天才的一种证明。

目的论观点隐含着进化的概念，进化是向一种理想的趋进，是一种进步。若想理解万物，我们必须洞察它们的目的、它们的起源及发展。亚里士多德把这些观念应用于自然史中而不是应用于人类史中；否则的话，他就会成为科学史家的一个先驱。

亚里士多德首先是一位百科全书式的人物，在某些方面除了德谟克利特之外，他是第一个这样的人。更早的哲学家们试图去解释宇宙，亚里士多德与他们有同样的雄心壮志，但他第一个认识到，这样的解释应当以尽可能全面的有关宇宙的概括和描述为先导。他不仅了解那种需要，而且更值得注意的是，他满足了这种需要。他的全部著作就像一部实用知识的百科全书，其中许多知识是由他自己或在他领导下获得的。在那部百科全书中很容易发现漏洞和错误，但令人惊

---

[63] 劳伦斯·J.亨德森（Lawrence J. Henderson）从现代化学和生理学的观点对目的论进行了出色的讨论，参见他的《自然的秩序》（*The order of nature*, 240 pp.；Cambridge：Harvard University Press, 1917）[《伊希斯》*3*, 152（1920-1921）]。"正如德国生理学家恩斯特·威廉·冯·布吕克（Ernst Wilhelm von Bruecke）指出的那样：'目的论是一位淑女，没有她任何生物学家都活不下去。但他又对自己与她一起在公众面前出现感到羞耻。'"沃尔特·布拉德福德·坎农：《探索者之路》（*The way of an investigator*, New York：Norton, 1945），第108页[《伊希斯》*36*, 259（1946）]。

讶的是,它实际上既全面又持久。

这种百科全书式的目的隐含着这样的信条,即宇宙中存在着和谐与秩序,而且隐含着这样的信念,即在我们关于它的知识中,这样的和谐与秩序应当是一目了然的。和谐是通过对第一原理(哲学、神学)的研究得到证明的,而秩序则要通过适当的分类和描述去证明。

谈到第一原理,每一个生命体中都有一个灵魂,在每一个灵魂中都有某种具有神性的东西,都有某种与纯粹理性相关的东西。神之所以存在,因为它是每一事物的必然法则和终极目的,是第一推动力。所有运动和所有生命标志着一种趋向完美和趋向神的巨大而普遍的动力;这种动力在较低形式的存在中是不明显的,但是在人类身上,随着他们的智慧水平的提高,它会变得越来越清晰。这种原理的许多部分都可能而且的确最终导致了经院哲学和神秘主义,但是在亚里士多德看来,这些崇高的思想是受他的实事求是和自我节制制约的。亚里士多德的分类实现了对科学的不同分支的首次区分,他把科学分成理论的、创造性的和实践的。理论科学的目的只是对真理的理解和沉思,其中包括数学、物理学和形而上学(第一哲学、神学)。创造性的分支涉及的是艺术。实践哲学寻求规范人的行动;它的两个主要分支是伦理学和政治学。尽管亚里士多德的分类尚不完善,但它对直到我们这个时代的整个哲学和科学的发展都产生了非常强烈的影响。[64]

---

[64] 有关科学分类更进一步的研究以及文献目录,请参见我的《科学史导论》,第3卷,第76页—第77页。

他的百科全书式的抱负与我们的抱负相比是非常初步的。他不得不相信这一抱负可以通过定义的积累来实现（这就是我在前面使用"概括"这个词的原因），而且他的定义是语词定义，并非解释性定义。对现代人来说，这的确是很不充分的，但是，人们只能从这种概括开始，然后逐渐用越来越丰富、越来越深刻的含义来充实它们。[65]

当我们知道某一事物的原因，并且它的主要原因是其本质时，就有可能获得关于它的科学知识了。[66] 我们应当知道每一种事物的变种，这意味着要进行枚举和描述。其普遍性不断增加的观念不是先验地确定的，而是来源于对愈来愈多的事物的观察。亚里士多德、他的同事以及他的弟子积累了大量的观察结果；他们提供了恰当的分析和描述以及深思熟虑的解释。他们的术语常常是自造的，但其中很多是相当恰当的，而且在现代语言之中仍被使用。不幸的是，对事物的本质的研究向形而上学敞开了大门；说明往往是冗长的，而枚举也是不完备的。亚里士多德并没有认识到它们的缺陷，而且常常用 *cai para tauta uden*（除此之外别无他物）这样的词语结束某个枚举；他自认为接近目标的程度，超出了他实际上或有可能接近目标的程度。这是十分自然的。他的学派做了非常多的事，因而这样的错觉是可以原谅的；但在

---

[65] 波普尔在《开放社会及其敌人》第 2 卷第 11 页中指出："科学并非亚里士多德所认为的那样，是通过对资料的渐进的百科全书式的积累发展的，而是通过一种更具革命性的方法发展的；科学是通过无所畏惧的观念，通过新颖和非常奇异的理论的发展（诸如地球不是扁平的，或"度量空间"不是平的之类的理论）以及通过推翻旧的理论而进步的。"确实如此，不过，开始时只能像亚里士多德那样做，而且无论从深度还是广度上讲，百科全书式的探讨在许多方面都是可实现的。

[66] 换句话说，（亚里士多德的）事物的本质与事物发展所朝向的终极阶段是同一的。它将在遥远的未来实现，而柏拉图的理念或形相则是在久远的过去实现的。

今天,这种有关完备知识的错觉绝非可以原谅的。

亚里士多德的哲学是令人满意的,因为它充满了常识而且是适度的。亚里士多德对秩序、对清晰和条理以及对 *via media*(中庸之道)的喜爱,对希腊人是很有吸引力的。在异教时代以后,当宗教热情增加时,若想保住他的哲学的声望,就必须把它与其他民族的教条主义神学相调和,许多学者,如伊本·路西德为伊斯兰教徒、迈蒙尼德为犹太教徒、圣托马斯·阿奎那为基督徒,都曾这样做过。

有时候,有人说与那些神秘主义的离经叛道之说相比,亚里士多德哲学缺乏人性、仁慈甚至理想。这非常容易使人误解。亚里士多德哲学的主要理想是科学理想,即发现真理,这种理想总是远远地领先于一般人的,但又能在黑暗中为人们提供指导。与我们的科学观相比,亚里士多德的科学观是很不成熟的,但这是不可避免的。由于他愿意折中,因而被指责为平庸;这是说他缺乏理想的另一种方式。在我看来,这是很不公平的。他在努力尝试走向真理;他不可能像我们那样清楚和强烈地认识到,尽管我们可以无限地接近真理(科学真理),但我们无法走到真理的终点。

十、工具论

非常奇怪的是,逻辑学没有包含在亚里士多德的分类之中;它被当作一种客观的哲学和科学的入门知识。不过,亚里士多德写了一系列有关逻辑学的著作,它们构成了连接他的其他著作的重要走廊。

这些著作不少于 6 部(《范畴篇》《解释篇》《前分析篇》《后分析篇》《论题篇》《辩谬篇》),它们总体上都被称作 Organon,亦即工具。这是哲学交流的工具,是非常重要的工具。在今天，没有人再使用亚里士多德的工具去研究逻辑学了，而且人们很容易发现它的缺点，主要的缺点就是赘语过多。尽管如此，它仍然是一项令人惊奇的创造，也许是我们归功于他的诸多创造中最伟大的，这样的创造实际上是最持久的。亚里士多德发明了逻辑学，并撰写了最早的关于逻辑学的专论，这些专论的复杂程度和丰富程度都是令人惊讶的。

这些专论考察和分析了 10 种论断的范畴或主题(实体、数量、性质、关系、地点、时间、所处、所有、行动、承受)，命题的量、质和转化，三段论及其正确的格，演绎(*apodeixis*)证明和归纳(*epagōgē*)证明，谬误的分类，正确推理的艺术以及与之相对的辩论术(辩证法)，等等。在亚里士多德以前，智者们对所有这些都进行过争论；在柏拉图学园和吕克昂学园，这种争论更为系统；但亚里士多德是第一个把所有这些放在一起讨论的人，是第一个使其他人认识到它们作为基础的重要性的人，也是第一个给西方世界提供它的基本工具的人。对于哲学讨论和科学讨论来说，这种工具是一把万能钥匙。

这样一种工具可能很容易被滥用，而且的确被经院哲学家滥用了；它已经而且仍在被为逻辑学而热爱逻辑学的逻辑学家滥用，但我们不能因此责备亚里士多德。另一方面，毫无疑问，他在中世纪及以后时期的巨大声望和超常的权威，在很大程度上是由于他在《工具论》中的创造。这一著作的抽象观念具有这样的双重功效：它既会使某些读者望而生畏，又会增加他们对作者迷信般的崇敬。在现代，我们常常会看到同样的荒谬景象。有些人由于对某个数学家的著作无法理解而感到惊愕，因而会以令人难以置信的消极态度去承认他的哲学观点的正确性。[67] 他们似乎认为,因为他们无法理解他的数学,所以他们也没有必要去尝试理解他的哲学,并且可以像接受前者那样接受后者。按照这种流行的观点,《工具论》的作者自然而然地就成了无所不知的大师。

---

[67] 我想到了艾尔弗雷德·诺斯·怀特海(Alfred North Whitehead),他作为哲学家的名声在一定程度上来源于他(与伯特兰·罗素合著)的《数学原理》(*Principia mathematica*,1910 ff.)[《伊希斯》8,226—231(1926);*10*,513—519(1928)]以及那部著作的深奥。

第二十章

亚里士多德时代的数学、天文学和物理学

第一部分　数学

一、数学家亚里士多德

亚里士多德在学园中或学园附近度过了他生命中的 20 个春秋，他不可避免地成为一个数学家。他不像欧多克索、门奈赫莫斯（Menaichmos）和特乌迪奥（Theudios）那样是专业数学家，但他也不是柏拉图那样的业余数学家。他的大量数学专题论文[1]从正面证明了这一点，他对使柏拉图思想丢脸的数学神秘主义和荒谬观念不感兴趣则从反面证明了这一点。他受过良好的训练，但其知识不是最新的，而且倾向于避免专业上的困难。他大概相当熟悉欧多克索的思想，但对当时的其他人如门奈赫莫斯并不怎么熟悉。他常常会提到不可公度的量，但他所引的唯一例子是所有不可公度的

---

[1]　托马斯·希思爵士把所有英译本的亚里士多德的数学文本编辑为《亚里士多德的数学》（*Mathematics in Aristotle*, 305 pp. ; Oxford: Clarendon Press, 1949）[《伊希斯》*41*, 329（1950）]。希思去世后出版的著作令人失望，因为所有文本都是按照它们表面的顺序（《工具论》《物理学》《论天》等）出版的，也就是说，随意更换了按主题进行分类的方式。不过，这部著作还是便于使用的，它说明了贯穿亚里士多德一生的数学思想的连续性。

量中最简单的,即正方形的对角线相对于其边是无理数。他主要是一个哲学家,对他所要达到的目的来说,他的数学知识已经足够了。从所有这些来考虑,他是哲学家中最伟大的数学家之一,在这方面,只有笛卡尔(Descartes)和莱布尼茨超过了他。他的科学方法的大部分例子都来自他的数学经验。

在他对科学各分支进行分类时,他认为最精确的是那些与第一原理关系最密切的学科。以此为据,最精确的是数学,而算术比几何更为精确。[2] 像柏拉图一样,他对知识感兴趣是为了知识本身、为了对真理进行沉思,而不是为了它的应用。此外,他对普遍的事物比对特殊的事物更感兴趣,对具有普遍性的原因的确定比对结果的多样性更感兴趣。

他把(所有科学共同的)公理和(与每一科学相关的)公设进行了区分。公理或公设(*coinai ennoiai*)的例子有"排中律"(任何事物要么被证实,要么被否定)、"矛盾律"(一事物不能在同一时间既存在又不存在)以及"从等量中减去等量,所余相等"。根据定义,这些公理必然是不言而喻的,它们不必断言所定义的对象的存在或不存在。我们必然理所当然地认为在算术中存在着单位或单元,在几何学中存在着点和线。对于更为复杂的事物,如三角形和切线,就必须证明其存在,最好的证明就是实际去构造它们。

亚里士多德对数学最伟大的贡献就是他对连续性和无限性的谨慎的讨论。他指出,无限性仅是潜在地而非实际地存在的。他有关那些基本问题的观点,经阿基米德和阿波罗

---

[2]《形而上学》,982 A,25-28。

尼奥斯（Apollonios）发展和阐释，成为 17 世纪费马（Fermat）、约翰·沃利斯（John Wallis）、莱布尼茨以及两个艾萨克，即艾萨克·巴罗（Isaac Barrow）和艾萨克·牛顿所发明的［与开普勒和卡瓦列里（Cavalieri）对伪无穷小的不严谨的处理形成对照的］微积分的基础。[3] 我们无法在一本旨在为非数学专业的读者写的书中详细解释这一陈述，该陈述的确是一种很高的赞誉，但公正迫使我们做出这样的陈述，在柏拉图作为一个数学家比亚里士多德更出名的情况下更要这样做，因为这种情况很不公平。亚里士多德是可靠的，但比较乏味；柏拉图是富有吸引力的，但缺少本应有的可靠性。亚里士多德及其同时代的人为欧几里得、阿基米德和阿波罗尼奥斯的辉煌成就奠定了最坚实的基础，而柏拉图富有魅力的榜样，却鼓励了数字命理学（arithmology）和数字解经法（gematria）的所有愚蠢之举，并且导致其他迷信。亚里士多德是一个正直的教师，柏拉图则是一个巫师，一个爱开空头支票的人（Pied Piper*）；柏拉图的信徒比亚里士多德的信徒多很多，这并不奇怪。不过，我们永远应该记住并且心存感激的是，许多伟大的数学家把他们自己的职业归功于柏拉图；他们从他那里获得了对数学的爱，若非如此，他们就不

---

[3] 卡尔·B. 博耶：《微积分的概念》（The Concepts of the Calculus, 352 pp. ; New York：Columbia University Press, 1939；reprinted Hafner, 1949）［《伊希斯》32, 205–210(1947–1949)；40, 87(1949)］。

　* 直译为"花衣魔笛手"。花衣魔笛手源于德国的一个古老传说，该传说有多个不同版本。据说，1284 年，德国普鲁士的哈梅林（Hamelin）曾发生鼠疫，死伤极多，居民们束手无策。后来，来了一个法力高超的魔笛手，自称是捕鼠能手，村民向他许诺，若除鼠患，定有重酬。于是他奏起笛子，鼠群闻声随行，被诱至威悉河淹死。事后，村民见利忘义，不兑现承诺，拒绝付酬。数周过后，村民聚集教堂之时，魔笛手回来，吹起笛子，孩子们闻声随行，不见踪影（有的说被困在洞中而死）。Pied Piper 现在常用来指代那些善开空头支票者。——译者

会追随他,而他们自己的天才是他们的救星。

二、雅典的斯彪西波

我们现在离开亚里士多德和吕克昂学园,回到柏拉图学园。我们始终应当牢记,那时数学研究盛行于雅典,那两个学园大概是以友好竞争的方式都进行了这样的研究;大多数数学研究可能是在柏拉图学园完成的;斯彪西波和色诺克拉底在柏拉图之后相继担任学园的领导;普罗克洛[4]曾提到,门奈赫莫斯和戴诺斯特拉托斯兄弟是柏拉图的朋友和欧多克索的学生;马格尼西亚的特乌迪奥为柏拉图学园编写了教科书;此外,罗得岛的欧德谟是被当作亚里士多德和塞奥弗拉斯特的学生而提及的,他肯定被认为属于吕克昂学园。这些问题无法以任何确定的方式解决,因为我们知道这两所学校的主持人(至少其中的一部分),但从没有任何关于学生的名录,有可能上学是非正式的。通常是某某人被称为柏拉图或亚里士多德的弟子,而不是被称为柏拉图学园或吕克昂学园的成员。

斯彪西波是柏拉图的外甥,于公元前 348 年/前 347 年接替柏拉图担任学园的主持人。从其失传的著作《论毕达哥拉斯数》("On the Pythagorean Numbers")的残篇来判断,该著作来源于菲洛劳斯,并讨论了多角数、素数与合数以及 5 种正多面体。

---

[4] G.弗里德莱因:《普罗克洛对欧几里得〈几何原本〉的评论》(Leipzig,1873),第67页。

三、卡尔西登的色诺克拉底[5]

在斯彪西波去世时,学园为推选新的主持人而举行了一次选举,选票几乎在本都的赫拉克利德与卡尔西登的色诺克拉底之间平分,但后者赢得了选举,并且担任了 25 年(公元前 339 年—前 315 年)的学园领导。请注意,亚里士多德、赫拉克利德和色诺克拉底都是"北方人",而且新的主持人是亚里士多德的老朋友(亚里士多德在其著作中多次提到过他)。因此,我们必须假设,色诺克拉底既熟悉柏拉图的数学观点,也熟悉亚里士多德的数学观点。他延续了柏拉图的政策,把缺乏几何学知识的申请者排除在学园之外,并且对他们说:"你们走吧,因为你们没有理解哲学的方法。"[6]这个故事似乎是真实的。

色诺克拉底写了许多专论,但都失传了,不过从其标题[7]来判断,其中有些讨论了数和几何问题。芝诺悖论生动地表现了关于几何连续性的持续争论,这一争论导致色诺克拉底产生了有关不可分割的线段的构想。他计算出用字母表中的字母可以构成的音节数(按照普卢塔克的观点,这个数为 1,002,000,000,000);这是最早的记录在案的组合分析问题。[8] 不幸的是,除了上述贫乏的信息外,我们对他的活动没有更多的了解。

---

[5] 卡尔西登位于比提尼亚(Bithynia),在博斯普鲁斯海峡的入口,几乎正对着拜占庭。在该海峡亚洲的一侧,现在是伊斯坦布尔(Istanbul)的郊区卡德柯伊(Kadiköy)。

[6] 扬布利柯(活动时期在 4 世纪上半叶):《毕达哥拉斯传》(*Life of Pythagoras*),T. L. 希思译,见他的《希腊数学史》(Oxford,1921),第 1 卷,第 24 页。

[7] 见第欧根尼·拉尔修:《名哲言行录》,第 4 卷,11-15。

[8] 普卢塔克:《席间闲谈》,第 8 卷,9,13,733 A。

四、门奈赫莫斯

门奈赫莫斯和戴诺斯特拉托斯是两兄弟,关于他们的情况,我们所知道的只有普罗克洛在其对欧几里得《几何原本》第 1 卷的评论中告诉我们的很短的这段话:"赫拉克利亚的阿米克拉(Amyclas of Heraclea)是柏拉图的一个朋友,门奈赫莫斯是欧多克索的学生,也曾师从柏拉图,戴诺斯特拉托斯是其兄弟,他们使得整个几何学更接近于完善。"[9]

我们不知道这两兄弟在何时何地出生,但我们知道他们生活在雅典,并且在学园上课,先拜柏拉图为师,后又投在欧多克索门下。我们可以得出这样的结论,即他们大约活跃于这个世纪*的中叶。

这兄弟二人都关心几何学综合法的逐步建立。门奈赫莫斯尤其对古老的倍立方问题感兴趣。希俄斯的希波克拉底(活动时期在公元前 5 世纪)已经把这个问题简化为寻找一条直线与另一条两倍长的直线之间的两个比例中项。如果使用现代语言,我们会说,希波克拉底已经把一个三次方程的解简化为两个二次方程的解。这些题怎么解呢?门奈赫莫斯发现了两种通过确定两个二次曲线的相交来解题的方法,在第一种情况下是两条抛物线,在第二种情况下是一条抛物线和一条等轴双曲线。

这是二次曲线在世界文献中出现的标志,这些曲线的发现应归功于门奈赫莫斯。在我们看来,他的二次曲线的构造

---

[9] 弗里德莱因:《普罗克洛对欧几里得〈几何原本〉的评论》,第 67 页。阿米克拉
(Amyclas)大概是阿敏塔斯(Amyntas)之误;他来自本都的赫拉克利亚。除了上述所引的那点情况外,我们对他别无所知。

* 指公元前 4 世纪,下同。——译者

方式似乎很古怪。他想象一个与直角立锥相交的平面,该平面总是与该立锥的母线相垂直。通过增大立锥的角,就可以得到三条不同的二次曲线(他把它们做了区分):[10] 只要这个角是锐角,截面就是椭圆形;当这个角是直角时,截面就是抛物线形;当这个角是钝角时,就可以得到一条双曲线的两个分支。诺伊格鲍尔推测,有可能通过日晷的使用导致门奈赫莫斯的发现。[11] 如果他的猜测是对的(他的论据在我看来是非常可信的),那么,想想那些具有天文学起源的曲线直到几乎 2000 年以后才被引入天文学理论之中,就会使人觉得很奇怪了。门奈赫莫斯通过观察太阳(在大约公元前350 年)发现了它们,但是直到开普勒之前(1609 年),它们并没有被用来说明太阳系。

　　亚历山大大帝曾问门奈赫莫斯有没有获得几何学知识的捷径,门奈赫莫斯回答说:"哦,国王,在这个国家旅行既有皇家大道也有平民百姓之路,但是在几何学的国度中,对所有人来说只有一条路。"[12] 这个故事已经变得众所周知了,人们既把它与欧几里得和托勒密联系在一起,也把它与门奈赫莫斯联系在一起。但它与门奈赫莫斯最相配,这一方面因为他是这三个人中最年长的,另一方面是因为,被亚里士多德激发了其学术雄心的亚历山大,更可能会问这样的问题。这位大王自然是没有耐性的,但是他必须认识到,要获

---

[10] 在这里,锥角即全角 2α,等于其旋转产生锥体的 α 角的两倍。

[11] 奥托·诺伊格鲍尔:《圆锥曲线理论的天文学起源》("The Astronomical Origin of the Theory of Conic Sections"),载于《美国哲学学会学报》(*Proc. Am. Philosophical Soc.*)92,136-138(1948)[《伊希斯》40,124(1949)]。

[12] 斯托巴欧斯(活动时期在 5 世纪上半叶):《文选》(*Anthologion*),第 2 卷,13,115;英译本由希思译,见《希腊数学史》,第 1 卷,第 252 页。

得完备的知识可能比征服世界要花更多的时间。

五、戴诺斯特拉托斯

我们在前面(本书第 278 页)已经说明了,公元前 5 世纪的几何学思考受到这 3 个问题的出现的激励:(1)求圆的面积,(2)角的三等分,(3)倍立方。希俄斯的希波克拉底和门奈赫莫斯对其中的第 3 个问题尤其感兴趣;埃利斯的希庇亚斯通过他所发明的曲线——割圆曲线,找到了第二个问题的富有独创性的解。该曲线之所以获得了这个名称,是因为门奈赫莫斯的兄弟戴诺斯特拉托斯把它应用于解决第一个问题。由此我们可以看出,公元前 4 世纪学园的几何学家们仍然在为这 3 个著名的问题费尽心思,而这些问题帮助他们拓展了知识的领域。

六、马格尼西亚的特乌迪奥

普罗克洛说:"马格尼西亚(Magnesia)的特乌迪奥在数学和其他哲学分支中卓尔不群;他非常出色地编撰了《原本》('Elements', *ta stoicheia*),并且使许多局部的定理变得更普遍了。"[13]

这段陈述虽然简明,但却非常重要。它显示柏拉图学园有一本可称为"几何学教科书"(或"原本")的著作。在那个时代的数学家中,有些人热衷于新的发现,有些人则对综合和逻辑一致性感兴趣;前者有点像探险者或征服者,后者有点像殖民者。这两种倾向总是共同存在于健康的数学发展之中,而且它们是同等地重要。在其边缘地区,必然会有

---

[13] 希腊原文(弗里德莱因:《普罗克洛对欧几里得〈几何原本〉的评论》,第 67 页)并不清楚,但其总的意思没有什么疑义。

持续的压力,而在其内部,组织会更为完善一些。根据普罗克洛的简洁说明我们可以猜想,特乌迪奥的工作是尽可能使前辈们已经获得的几何学知识具有更强的逻辑性,使这种逻辑性达到更完善的地步。特乌迪奥是欧几里得的先驱,并且使后者的成功变得更容易。

七、罗得岛的欧德谟

欧德谟是亚里士多德的学生和塞奥弗拉斯特的一个朋友。因而我们也许可以断定,他活跃于这个世纪下半叶的前25年,而且他是吕克昂学园的一个成员。普罗克洛曾在其对欧几里得《几何原本》第1卷的评论中四次引证他的观点,事实上,普罗克洛把他称为漫步学派的欧德谟。[14] 在归于他的名下但已失传的著作中,有关于算术、几何学和天文学的历史著作。他是第一位有记录的科学史家,[15]尽管只有一些残篇留传下来,我们有充分的理由假设,他的成果是我们所拥有的任何欧几里得数学以前的知识的主要来源,那些知识犹如涓涓细流,从这里流淌出来。在这些残篇中,最重要的是讨论希俄斯的希波克拉底求弓形面积的问题,这个问题我们已经谈过了。

在这个时代,出现一个数学史家和天文学史家是很有意义的,因为它证明在这两个领域已经完成了如此之多的工作,因此,史学研究已必不可少。我们应当怀着感激的心情铭记这第一位数学史家的名字,并且把他大约于公元前325

---

〔14〕普罗克洛,参见弗里德莱因:《普罗克洛对欧几里得〈几何原本〉的评论》,第379页;维尔·埃克:《普罗克洛对欧几里得〈几何原本〉第1卷的评论》(Bruges:Desclée De Brouwer,1948),第324页。

〔15〕也许除医学史家美诺以外;美诺也是漫步学派的成员,关于他,我们稍后将会论及。

年在雅典的出现,看作希腊文化辉煌的一个新的例证。[16]

八、老阿里斯塔俄斯[17]

这个世纪最后一位数学家老阿里斯塔俄斯(Aristaios the Elder)标志着亚里士多德时代到欧几里得时代之间的过渡。有两部具有伟大独创性的专论被归于他的名下。其中一部致力于探讨与圆锥相关的立体轨迹,亦即它是一部把二次曲线当作轨迹的专论,而且它早于欧几里得探讨同一主题的著作。[18] 他以和门奈赫莫斯同样的方式把不同种类的二次曲线定义为具有锐角、直角和钝角的圆锥体的截面。另一部著作题为《五种图形的比较》(*Comparison of the Five Figures*),这5种图形即5种正多面体,尤其值得注意的是,它证明了这个著名的命题:"当十二面体和二十面体都内接于同一球体时,同一圆周既外接于十二面体的五角形,也外接于二十面体的三角形。"[19]

---

[16] 当奥托·诺伊格鲍尔和雷蒙德·克莱尔·阿奇博尔德创办一个关于数学史和天文学史的刊物时,他们把它称作《欧德谟》(*Eudemus*),以表示他们对其最早的精神祖先的特殊敬意;但该杂志只出版了一期(Copenhagen,1941)[《伊希斯》*34*,74(1942–1943)]。

[17] 在 F. 胡尔奇所编的帕普斯(Pappos)的《数学汇编》(*Mathematical Collection*, Berlin,1876–1878)的第 2 卷第 634 页第 7 篇的开始部分,帕普斯这样称呼他,我也随着帕普斯这样叫。但还有一位更老的数学家也叫这个名字,亦即克罗通的阿里斯塔俄斯(Aristaios of Croton),他是达摩丰(Damophon)之子,毕达哥拉斯的女婿和直接继承人(《古典学专业百科全书》,第 2 卷,第 859 页)。亚历山大的帕普斯(活动时期在 3 世纪下半叶)大约活跃于戴克里先(Diocletian,皇帝,284 年—305 年在位)统治时期,但是他的《数学汇编》大概是他晚年亦即 320 年以后编写的[《伊希斯》*19*,382(1933)]。

[18] 帕普斯:《数学汇编》,第 7 篇;胡尔奇编,第 2 卷,第 674 页—第 679 页;希思:《希腊数学史》,第 2 卷,第 116 页—第 119 页。

[19] 帕普斯:《数学汇编》,胡尔奇编,第 1 卷,第 435 页。正是许普西克勒斯(活动时期在公元前 2 世纪上半叶)在所谓欧几里得《几何原本》的第 14 卷(命题 2)中,把这一发现归功于阿里斯塔俄斯的。

这是一个多么优美的结论,而且多么出乎意料!谁能预见到两个不同的正多面体的各个面竟然与包络它们的球体的中心是等距的呢?这两个正多面体,正二十面体和正十二面体,具有这么一种其他三种正多面体所不具有的特殊关系。与柏拉图有关同类的正多面体的错误观念相比,这个结论实在是完美了许多,不是吗?

九、公元前4世纪下半叶的数学

在独创性方面堪与尼多斯的欧多克索的那些努力相媲美的革命性努力,并未在这个世纪的下半叶复兴,但是,新数学仍然有可观的成果。亚里士多德领导的吕克昂学园的成员改进了定义和公理,从更广泛的意义上讲,改进了哲学的基础;欧德谟通过他的史学研究促进了必要的综合。在斯彪西波和色诺克拉底的指导下,柏拉图学园继续进行各种几何学研究,这导致了特乌迪奥的《原本》("Elements")的编撰。门奈赫莫斯和戴诺斯特拉托斯兄弟以及阿里斯塔俄斯是富有创造性的一流几何学家。对二次曲线所进行的最早的研究应归功于门奈赫莫斯和阿里斯塔俄斯。

第二部分　天文学

一、本都的赫拉克利德

在天文学部分,我们要把赫拉克利德放在头等重要的位置,这不仅因为他的年龄,而且因为他是一位非凡的伟大人物。他大约于公元前388年在亚里士多德之前出生在赫拉克利亚-本都卡,[20]他一直活到这个世纪的第 9 个十年(大约公元前 315 年—前 310 年)。他的独特之处在于,他曾经被称作"古代的帕拉塞尔苏斯",尽管这是一个可笑的绰号,但无论把它理解为是赞扬还是责备,它都意味深长。把他与19 个世纪以后出现的一个人加以比较会引起不必要的麻烦;而把他与他的前辈恩培多克勒加以比较更有助益,他非常钦佩恩培多克勒,并且试图仿效后者。

　　关于他的生平,我们所知甚少,只知道他是个有钱人,移居到雅典,并且是柏拉图和斯彪西波的弟子,也可能还是亚里士多德的学生。当斯彪西波于公元前 339 年去世并且由(亚里士多德的朋友)色诺克拉底继任他的职务时,赫拉克利德回到自己的祖国。他写了许多关于哲学和神话的著作,这些著作不仅在希腊人中获得了一定声望,而且在公元前的最后一个世纪,它们也在罗马获得了一定声望。例如,西塞罗就曾称赞过他,而且人们可以从《斯基皮奥之梦》("Scipio's Dream")[21]中发现赫拉克利德影响的痕迹。正如柏拉图曾经在他的厄尔神话中写过关于来世奥秘的启示那样,赫拉克利德在他的恩培多蒂莫[22]神话中也写过类似

507

---

[20] 在这里必须加上本都卡,因为许多希腊城市都以古代最著名的英雄赫拉克勒斯(Heracles,Hercules)命名。赫拉克利亚-本都卡在黑海南岸,比希尼亚海岸西部。它现代的土耳其名字是埃雷利(Ereǧli)。

[21] 即"Somnium Scipionis",见西塞罗《论共和国》(De republica)第 6 卷;《斯基皮奥之梦》常常与马克罗比乌斯(Macrobius,活动时期在 5 世纪上半叶)的评论一起印刷,它是除卡尔西吉(活动时期在 4 世纪上半叶)摘译的《蒂迈欧篇》以外,柏拉图主义在讲拉丁语的西方世界的主要来源。

[22] 叙拉古的恩培多蒂莫(Empedotimos of Syracuse)。请注意,恩培多蒂莫(Empedotimos)这个名字与恩培多克勒(Empedocles)在语源学上是相同的。参见 J. 比德兹:《黎明女神》(Brussels:Hayez,1945),第 52 页—第 59 页[《伊希斯》37,185(1947)]。

的启示；他的冥府位于银河，脱离肉体的灵魂在冥府中找到
了最终的庇护所；在这里，灵魂得到了启迪！

　　这类富有诗意的想象说明了他的知名度，但并不能证明
我们在本卷中对他的赞扬是合理的。当然，做一个恩培多克
勒的精神后代是件不同寻常的事，我们必须暂停下来考虑一
下：在希腊思想中，有一种通过毕达哥拉斯学派、恩培多克
勒、柏拉图、赫拉克利德以及他们的追随者传播的非理性倾
向，这种倾向延续了多个世纪。不过，赫拉克利德把他的启
示性倾向和科学性倾向结合在一起，而且，由于他的天文学
理论使他成了现代科学的先驱之一，我们必须用更多的篇幅
来谈他。

　　关于他与恩培多克勒的关系，还应该再说几句。后者的
宇宙观中包括四元素和两种对抗性的力（爱慕与争斗）。赫
拉克利德设想，世界是由互不相连的微粒（*anarmoi oncoi*）构
成的，这些互不相连的微粒与德谟克利特的原子可能相反，
德谟克利特的原子有各种形状，并且能彼此依附。赫拉克利
德的微粒也许是在某种恩培多克勒的引力的作用下聚集在
一起的。[23]

　　正如我们可能预料的那样，赫拉克利德的天文学比他的
宇宙学更为理性。他大概听说过希凯塔和埃克芬都表达过
的观点，并且同意他们的看法。以那些观点以及其他毕达哥
拉斯－柏拉图的观念为基础，他说明了他自己的理论，该理
论可以概括如下：宇宙是无限的。地球是太阳系的中心；太

---

[23]　这种与分子引力的比较，首先由贡珀茨提出来，后来又被 J. 比德兹在《黎明女
　　　神》第 56 页加以论述，但这种比较是没有根据的。

阳、月亮以及外行星围绕地球运行；金星和水星（内行星）围绕太阳运行；地球每天围绕它自己的轴旋转（这种旋转使每天围绕地球转动的所有星辰回到原位）。[24] 这种地–日中心体系有一种令人惊讶的运气。它虽然得不到观察结果的充分支持，因而得不到赫拉克利德时代的实用天文学家的认可，但它所包含的那些假说却从未被忘却。它们不断地出现在卡尔西吉（活动时期在 4 世纪上半叶）、马克罗比乌斯（活动时期在 5 世纪上半叶）、马尔蒂亚努斯·卡佩拉（活动时期在 5 世纪下半叶）、约翰·斯科特·埃里金纳（活动时期在 9 世纪下半叶）、孔什的威廉（活动时期在 12 世纪上半叶）的著述中。[25]

　　从现代的观点看，赫拉克利德体系是一个介于托勒密（以地球为中心的）体系与哥白尼（以太阳为中心的）体系之间的折中方案，但是不应把这 ·点过分夸大，不应像有些史学家那样把赫拉克利德称作希腊的第谷！[26] 第谷·布拉赫（1588；正规出版，1603）和尼古拉·赖默斯（Nicholas Reymers，1588）的折中方案更进一步：所有行星而不仅仅是

---

[24] 埃提乌斯和辛普里丘（活动时期在 6 世纪上半叶）都介绍过赫拉克利德的这种地球围绕它自己的轴旋转的观点，维特鲁威（活动时期在公元前 1 世纪下半叶）、卡尔西吉（活动时期在 4 世纪上半叶）和马尔蒂亚努斯·卡佩拉（活动时期在 5 世纪下半叶），都介绍过赫拉克利德的水星和金星围绕太阳运行的观点。他们的陈述的英译本见于希思：《希腊天文学》（Greek Astronomy, London: Dent, 1932），第 93 页—第 95 页[《伊希斯》22，585（1934–1935）]。

[25] 查尔斯·W. 琼斯（Charles W. Jones）：《论中世纪早期的内行星概念》（"A Note on Concepts of the Inferior Planets in the Early Middle Ages"），载于《伊希斯》24，397–399（1936）。

[26] 意大利天文学家乔瓦尼·维尔吉尼奥·斯基帕雷利（1835 年—1910 年）主张，赫拉克利德不仅领先于第谷，而且领先于哥白尼。这类主张无法得到支持，参见《科学史导论》，第 1 卷，第 141 页。

两颗行星被假设围绕太阳运行。非常奇怪的是,耶稣会士乔瓦尼·巴蒂斯塔·利乔里(Giovanni Battista Riccioli)在他半个世纪以后出版的《新天文学大成》(*Almagestum novum*,Bologna,1651)中向后倒退到更接近赫拉克利德了,因为他认为有 3 颗行星围绕太阳运行,两颗最遥远的行星(木星和土星)围绕地球运动。[27]

赫拉克利德并不是一个哥白尼式的天文学家,甚至比不上布拉赫,他对太阳系的构想尽管并不完善,但在那个时代,其出色程度的确是令人大为惊讶的。

二、基齐库斯的卡利普斯

与此同时,亚里士多德和卡利普斯(Callippos)延续了欧多克索的研究。他们一起在吕克昂学园工作;尽管卡利普斯比他的上司年轻一些,但他在天文学研究方面似乎已经成了一个开拓者。这可能是很自然的,因为亚里士多德本人不得不忙于整个机构的活动以及逻辑学与哲学的教学。如果他出于个人原因而尝试去做一些专门的研究的话,他大概会在动物学领域进行探讨,或者说,他宁愿在动物学研究方面投入更多的时间。

从埃及回来之后,欧多克索在(马尔马拉海的)基齐库斯度过了一段时光,在那里,他创办了自己的学校。卡利普斯大约于公元前 370 年诞生在那里,他可能在年轻时就知道欧多克索。无论如何,他一定听说过欧多克索的数学和天文学学说,他可能是直接听到的,也可能是从一个欧多克索的

---

[27] 简言之,按照赫拉克利德(大约公元前 350 年)的观点,有两颗行星围绕太阳运行;按照第谷·布拉赫(1588 年)的观点,围绕太阳运行的行星有 5 颗;按照利乔里(1651 年)的观点,围绕太阳运行的行星有 3 颗。

门徒,例如他的同乡基齐库斯的波勒马库斯(Polemarchos of Cyzicos)那里听说的,波勒马库斯被列为同心天球理论最早的批评者之一。[28] 的确,卡利普斯是波勒马库斯的学生,并且随他一起去了雅典,在那里"他与亚里士多德在一起,帮助后者修正和完善欧多克索的发现"[29]。卡利普斯到达雅典的时间大概是在亚历山大的统治开始(公元前336年)之后、卡利普斯周期开始使用(公元前330年)以前。按照亚里士多德的说法,[30]卡利普斯认识到欧多克索体系的缺陷,并且试图通过增加7个天球来消除这些不足,也就是说,为太阳和月球各增加2个天球,为除木星和土星以外的其他行星各增加1个天球。这样,卡利普斯修改后的理论需要总共33个同心天球,它们同时以其各自特有的速度围绕各自的轴转动。

　　卡利普斯也关心历法的改革,那时最新的历法是在公元前432年由默冬和欧克蒂蒙在雅典制定的。对冬至、夏至、春分和秋分更完善的观察结果使得他能够更精确地确定四季的长度(从春季开始,四季的长度分别为94天、92天、89天和90天,误差为0.08天到0.44天)。通过从每一个[19×4 =]76年的周期中减去1天,他修改了19年一轮的默冬

[28] 辛普里丘(活动时期在6世纪上半叶)在其《亚里士多德〈论天〉评注》(*Commentary on Aristotle's De caelo*,海贝尔编,1894)第505页就曾这样谈到他。波勒马库斯对行星的亮度变化如何能与同心天球理论相吻合感到疑惑,因为按照这个理论,地球与行星之间的距离是恒定不变的;但他似乎又放弃了他自己提出的异议,其理由是,亮度的变化非常小,以至于可以忽略不计。

[29] 辛普里丘:《亚里士多德〈论天〉评注》(海贝尔编,1894),第493页。

[30] 《形而上学》,1073 B。

周期。这个新时代的纪元可能是公元前 330 年 6 月 29 日。[31] 把卡利普斯历法与默冬历法加以比较,使我们可以估计一下天文学观测在一个世纪中所取得的进展。

三、天文学家亚里士多德

509

亚里士多德的天文学观点在《形而上学》第 11 卷、《物理学》、《论天》[32] 以及辛普里丘的《亚里士多德〈论天〉评注》中得到了说明。他并不满意同心天球理论,甚至对卡利普斯改进后的理论亦不满意。希斯指出:

> 他以他那实事求是的方式认为,必须把这个体系改造为这样一个机械体系,在其中,物质的天球壳一个嵌在另一个之中,天球彼此以机械的方式相互作用。他的目标是用一个包含太阳、月球以及所有其他行星的多天球体系来取代每个天体各自独立的体系。为此目的,他假设在数组原来相互邻接的天球之间有数组**反作用**天球。例如,土星由一组 4 个天球推动,他要使 3 个反作用天球抵消最后 3 个天球的作用,以便恢复其最外部天球的作用,以作为推动相邻的下层行星——木星的 4 个天球中的第一个而发挥作用。在卡利普斯体系中总共有 33 个天球;亚里士多德又增加了 22 个反作用天球,使总数达到 55 个。这一变化并不是什么改进。[33]

这是一种典型的亚里士多德精神;由于他渴望对行星运

---

[31]　关于卡利普斯的历法,请参见罗得岛的杰米诺斯(公元前 1 世纪上半叶)的论述,希腊语版,附有卡尔·马尼蒂乌斯(Karl Manitius)的德语翻译(Leipzig, 1898),第 120 页—第 122 页。

[32]　《形而上学》肯定是亚里士多德的著作;但对于《物理学》和《论天》,我们不那么肯定。我们所知道的《论天》是亚里士多德为了教学所准备的课本,可能由他自己或他的弟子进行过修订;其中的许多矛盾之处证明它并未完成[《伊希斯》32, 136(1947-1949)]。

[33]　希思:《希腊天文学》,第 xlviii 页[《伊希斯》22,585(1934-1935)]。

动做出一种机械的和真实的说明,他引入了不必要的复杂因素。亚里士多德是否相信同心天球是物理实在,我们不能肯定;不过,他把几何学观念转变为机械观念暗示着他持有这样的信念。数学家所满意的说明与实践者所需要的说明之间永远存在着冲突,这一个案就是一个典型的事例。实践者常常被他们自己的实例打败,在这一个案中亚里士多德也是如此。

我们无法把他的天文学观点与物理学观点分开。我们把它们一起快速地描述一下。空间中存在着 3 种运动:(1)直线运动,(2)圆周运动,(3)混合运动。月下区的物体是由 4 种元素构成的。这些元素倾向于沿直线运动,土向下运动,火向上运动;相对于火较重、相对于土较轻的水和空气则落在它们之间。因此,这些元素的自然顺序,从土开始依次是:上、水、气、火。天体由另一种物质而非地上的物质所构成,它们是由神圣的或超验的第五元素或以太构成的,以太的自然运动是圆周的、无变化的和永恒的运动。

宇宙是球形的和有限的;它之所以为球形乃是因为,球形是最完美的形状;它之所以有限则是因为,它有一个中心,即地心,而一个无限的东西是不可能有一个中心的。[34] 只有一个宇宙,这个宇宙就是全部;在它之外不可能有任何其他东西(甚至不可能有空间)。

是否存在一个超验的天球推动者呢(也就是说,是否存

---

〔34〕后来,例如普卢塔克(活动时期在 1 世纪下半叶)很奇妙地把这个论点颠倒过来了。宇宙之所以无限乃是因为它没有一个中心,而且任何人都不能说地球是宇宙的中心。所有中世纪相信宇宙之无限性的哲学家,例如库萨的尼古拉(Nicolaus Cusanus,1401 年—1464 年),都重申了这一论点。

在一个推动诸天球和其余万物的、超凡的和不动的推动者呢)？亚里士多德无法对这个根本性的问题做出确定的回答。[35] 他在《论天》中最终的结论是,固定的恒星天球是第一推动者(尽管它自己也在运动),因此它是最重要的和最高级的神;[36]但是在《形而上学》第 11 卷中,他的结论是,在固定的恒星背后有一个不动的推动者影响着所有天体的运动,就像一个情人影响所爱的人那样。这意味着,天体不仅是神圣的,而且是有生命的、有感觉的,并且使我们再一次而且更深刻地认识到,古代的物理学和古代的天文学与形而上学非常接近,它们如此接近,以至于人们无法知道从哪里对它进行划分。这是天文学,还是形而上学,抑或是神学？

我们愈来愈接近亚里士多德所讨论的地球形状的实际情况,并且可以估计它的大小了。出于对称和平衡的原因,地球必然是球形的;落在它上面的元素是从各个方向降落的,这样所有沉积物的最终结果只能是球形。此外,在月食期间,阴影的边缘总是圆形的,当人们向北(或向南)旅行时,群星灿烂的天空的总的布局会发生变化,人们会看到新的星星,或者看不到所熟悉的星星。我们(沿着子午线)的位置的很小的变化会导致如此之大的差异这个事实,就是地球相对较小的一个证明。以下是有关的原文：

　　我的意思是说,在我们头顶之上的星体有很大的变化,并且,当人们朝北或朝南运动时,所看到的星体是不同的。

---

[35] 在"洛布古典丛书"以及《论天》的译本(1939)[《伊希斯》32, 136(1947 – 1949)]中,W. K. C. 格思里(W. K. C. Guthrie)列出了亚里士多德的两类论述,一类(a)把这种超验的推动者排除在外,另一类(b)则隐含着它。

[36]《论天》,279 A。

的确,有些星体在埃及和塞浦路斯附近能被看见,但在更北边的地区却看不见;而且,在北方总可以看见的星体在那些地方却会升起和降落。所有这些不仅表明地球的形状是圆的,而且表明这个圆球的体积不大:因为不然,如此微小的地点的变化就不会很快地显现其影响了。因此,那些认为"世界尽头"附近的地方与印度周围的地区接壤,并以这种方式认为海洋只有一个的观点,似乎就不像人们所以为的那样极不可信了。为了支持这种观点,他们还把大象作为进一步的证据,说明它们是在两个最远的地区才能发现的一个物种,而且指出,这两个最远的地区之所以有这种共同特性,是由于它们的接壤。那些力图推算地球圆周大小的数学家宣称它达到 400,000 斯达地。这不仅说明,地球的总体形状是球形的,而且与其他星体相比,它的体积并不大。[37]

这里所提到的数学家大概是指欧多克索和卡利普斯。亚里士多德引用的他们对地球大小的估算是这类估算中最早的;这个估算值太大了,但仍然是很出色的。[38] 亚里士多

---

[37] 《论天》,298 A,这里沿用了 J. L. 斯托克斯(J. L. Stocks)在牛津版亚里士多德著作集(1922)中的翻译。

[38] 如果不知道斯达地的长度,就不可能对该估算的精确性进行评价。参见奥布里·迪勒:《古代对地球测量的结果》,载于《伊希斯》40, 6—9(1949)。如果以1000 斯达地为单位,亚里士多德估算地球的周长是 400;阿基米德(活动时期在公元前 3 世纪下半叶)的估算值是 300;埃拉托色尼(活动时期在公元前 3 世纪下半叶)的估算值是 252;波西多纽(活动时期在公元前 1 世纪上半叶)的估算值是 240,但也估算为 180;托勒密(活动时期在 2 世纪上半叶)的估算值是 180。麻烦在于,斯达地的长度在不同的地点和时间并不一样。有可能,波西多纽的两个估算值的相同,实际上是对两种不同的斯达地的长度单位而言的。10 斯达地/英里与 7.5 斯达地/英里的比 = 4:3 = 240:180。

据推测,埃拉托色尼的估算值是古代最准确的;参见《科学史导论》,第 1 卷,第 172 页。如果埃拉托色尼和波西多纽使用的斯达地的长度都是 10 斯达地等于 1 英里,那么,他们的结果就非常接近,因为 252:240 = 21:20。

德这一片断的论述是最早的种子，从这里最终发展出 1492
年克里斯托弗·哥伦布(Christopher Columbus)的英勇尝试。

如果所考虑的不仅仅是亚里士多德本人，那么，这个时
期的天文学家的主要成就就是完成了同心天球理论。这一
成就意味着，可以获得相当可观的对太阳、月球和行星的观
测资料。欧多克索、卡利普斯和亚里士多德是从哪里获得这
些观测资料的呢？从埃及和巴比伦。

按照辛普里丘对《论天》的评注，埃及人拥有超过
630,000 年的观测资料宝库，巴比伦人积累了 1,440,000 年
的观测资料。[39] 辛普里丘从波菲利那里引证了更适度的推
测，按照这种推测，卡利斯提尼应亚里士多德的要求从巴比
伦送来的观测资料的时间跨度为 31,000 年。所有这些都是
基于幻想，不过希腊理论家实际上可以获得的东方观测资料
覆盖了好几个世纪，足以满足他们的研究了。希腊人从埃及
和巴比伦获得了这些资料；他们不可能在希腊获得它们，在
这里，从事科学的人更喜欢用自己的方式进行哲学探讨，而
且这里从来没有用于进行持续数个世纪天文学观测的机构。
辛普里丘的夸大只不过是对古人和东方天文学令人钦佩的
持续发展的一种称赞。

再回过头来谈亚里士多德，尽管他对埃及天文学和巴比

[39] 辛普里丘：《亚里士多德〈论天〉评注》(海贝尔编)，第 117 页，25。关于希腊(欧
　　多克索和卡利普斯)的天文学，辛普里丘多次引证了(凯撒的天文学家)漫步学
　　派的索西琴尼的论述，索西琴尼那时已经能够使用现已失传的罗得岛的欧德谟
　　的天文学史著作；参见海贝尔，第 488 页，20。

伦天文学有泛泛的了解，但他并不像专业天文学家如欧多克索和卡利普斯那样迫切地需要他们的观测资料。他首先是一个哲学家，他更感兴趣的是具有普遍性的问题，对于这些问题，观察是无能为力的。例如，在《论天》中我们发现了这样的讨论：天空的总体形状，星体的形状，恒星和行星的质料（他假设它们是"以太"），它们的运动导致的类似音乐的和谐。这些看起来似乎是很愚蠢的，但是，为对亚里士多德和与他同时代的人公平起见，我们应当记住，在把相关的问题从其他问题中清理出来之前，人们不得不询问和讨论许多不相关的和毫无意义的问题。在科学中，当正确的问题被问及时才会导致重大进步，以适当的方式提出问题时往往问题就解决了一半，但是我们难以期望人们从一开始就能发现这些正确的问题。

亚里士多德天文学的运气是很奇特的。同心天球理论最后被偏心轮理论和本轮理论取代，在《天文学大成》中，托勒密（活动时期在 2 世纪上半叶）最终把本轮理论确定下来。后来，由于《天文学大成》的缺陷表现得越来越清楚，有些天文学家又回到亚里士多德的理论上。中世纪天文学史在很大程度上就是托勒密思想与亚里士多德思想的冲突史；相对来说，亚里士多德的思想是落后的，因而亚里士多德学说的发展妨碍了天文学的进步。[40]

四、皮塔涅的奥托利库

为了使我们对这一黄金时期的数学和天文学的考察得

---

[40] 对这一点，我在《科学史导论》中进行了反复的讨论，例如参见该书第 2 卷，第 16 页；第 3 卷，第 484 页。

以完善,我们必须再谈及另一位伟大的人物,他的出现给这个时代画上了一个完美的句号。奥托利库(Autolycos)在这个世纪下半叶出生于皮塔涅(Pitane)[41],他大概活跃于该世纪的最后 10 年。他与欧几里得是同时代的人,但比后者年长。[42] 因此,他代表了伟大的希腊数学学派与亚历山大时代之间的过渡。

关于他我们几乎一无所知,甚至不知道他活跃于哪里。他去过雅典吗? 这可能是很自然的事。不过,皮塔涅是一个文明的和久经沧桑的地方,是一个地理位置很好的面对莱斯沃斯岛的海港,离亚里士多德曾经教过书的阿索斯不远。我们知道,奥托利库是他的同胞皮塔涅的阿尔凯西劳(公元前 315 年—前 240 年*)的老师,而阿尔凯西劳是中期学园的创始人。这暗示着,奥托利库住在皮塔涅,而且我们大致可以把这个时期定为世纪之交。

奥托利库曾撰写了两部重要的数学专著,它们是完整留传下来的这类希腊著作中最早的作品,这一事实与我们对他个人情况的无知是极为矛盾的。我们对他的著作非常了解,但对他个人却所知寥寥,仅仅知道他是这些著作的作者。

在论及这两本书之前,我们必须先简略地谈一下第三本已经失传的著作,在该书中,他批评了同心球理论。他感到疑惑的是,这一理论如何与太阳和月球的相对大小变化相吻合,如何与行星尤其是火星和金星的亮度变化相吻合? 从他

---

[41] 皮塔涅在(小亚细亚之密细亚的)埃奥利斯海岸。

[42] 欧几里得在他的著作《现象》(Phainomena)中利用了奥托利库的著作,但没有提及他的名字。

＊ 原文如此,与前文略有出入。——译者

与阿里斯托瑟罗(Aristotheros)的争论来看,他无法解决这个难题。[43]

那两部留传至今的著作讨论了球面几何学。[44] 由于所有星体被假设都在一个单一的天球上(无论如何,人们总会认为它们的中心投影是在那个天球上),这样,关于它们的关系的数学问题就变成了球体几何学问题。例如,任意3颗星都是某个球面三角形的顶点,那么该三角形的边就是3个大圆弧。当我们试图测量那个天球上的两颗星之间的距离(即三角形的一条边)时,我们实际测量的是在地心上与那条边相对的角,或者是在地球上观看那条边时所形成的角。所有这些问题现在都是用球面三角学来解决的,但在奥托利库时代,三角学尚未发明,他试图找出几何学的解决方案。

这些著作的实用价值是相当大的,不考虑这些,这些著作对我们来说也是非常重要的,因为它们在欧几里得之前就具有了欧几里得著作的形式。也就是说,按照逻辑顺序,一个命题接着另一个命题;对每一个命题都参照**标有字母的**图形进行了明确的阐述,然后对之加以证明。不过,某些命题没有得到证明;亦即它们被认为理所当然是正确的,这意味着,奥托利库的这两部著作不是最早的关于球面几何学的专

---

〔43〕 阿里斯托瑟罗是索罗伊的阿拉图(活动时期在公元前3世纪上半叶)的老师,其他方面的情况我们就不知道了。辛普里丘曾提到过他,见(海贝尔编辑的)《亚里士多德〈论天〉评注》,第504页,25。基齐库斯的波勒马库斯也曾(独立地?)提出过同样的论点(参见本书第508页)。

〔44〕 附有拉丁语翻译的希腊语版由弗里德里希·胡尔奇编辑(Leipzig,1885)。没有翻译的新希腊语版由约瑟夫·莫热内(Joseph Mogenet)编辑:《皮塔涅的奥托利库·伴随有关天球运动及升起和降落之论著的考证性编辑而出现的文本的历史》(*Autolycus de Pitane. Histoire du texte suivie de l' édition critique des traité de la sphère en mouvement et des levers et couchers*,336 pp.;Louvain:Université de Louvain,1950)[《伊希斯》*42*,147(1951)]。

著,在它们之前至少有一部现已失传的著作。已失传的那部专著的有些内容被保留在比提尼亚的狄奥多西(Theodosios of Bithynia,活动时期在公元前 1 世纪上半叶)的《球面几何学》(Sphaerics)中了,它们给出了奥托利库未证定理的证明。

奥托利库的第一部专著的题目是《论运动的球体》(On the Moving Sphere),该著作讨论了严格意义上的球面几何学;第二部专著的题目是《论[星辰的]升起和降落》(On Risings and Settings[of Stars]),更侧重天文学,也就是说,它含有观测资料。这两部专著太专了,无法在这里进行分析。

这些著作是怎样保留下来的呢?它们的实用价值马上被数学天文学家认识到了,他们非常细心地把这些著作代代相传。它们最终被收入(与"大型汇编"、托勒密的《天文学大成》相对的)被称作"小天文学"的汇编之中,这一情况有助于并且确保了它们的保存。"小天文学"被完整地传给阿拉伯天文学家,并且被翻译成阿拉伯语,成为他们所谓"中介图书"(Intermediate books)[45]中的重要组成部分。"L'union fait la force(团结就是力量)."这一格言(在一定程度上是比利时先驱的成就)既适用于人,也适用于书:当书籍成为同类汇编中的组成部分时,每一本书都能帮助另一本书保存下来。

五、亚里士多德时代的天文学

这个时代的主要成就是卡利普斯使之完善的同心天球

---

[45] 即 Kitāb al-mutawassitāt,关于这些书,请参见《科学史导论》第 2 卷,第 1001 页。在 1950 年的莫热内版中包含对奥托利库传统的希腊语、阿拉伯语、拉丁语和希伯来语的详尽研究。关于"小天文学",请参见莫热内所编辑的著作,第 166 页,172。

理论;这可以归功于吕克昂学园。希腊人是理论家而不是观察者,但幸运的是,他们可以获得埃及人和巴比伦人的观测资料宝库。除非以非常一般的方式进行推测,否则,要确定他们对该宝库的利用几乎是不可能的。我们只能看到那种利用的成果,其中的一个主要成就就是同心天球理论。赫拉克利德是第一个提出一种地–日中心体系的人,亦即他假设某些行星围绕太阳运行。也许可以把他称作哥白尼天文学的第一个希腊先驱。在这个世纪末,奥托利库正在为天文学奠定几何学的基础。在对天文学问题的阐述和对它们与其他知识之关系的说明方面,亚里士多德起到了推动作用。

请注意,这些人中没有一个是严格意义上的希腊人;他们的出生地是在马其顿(斯塔吉拉)或小亚细亚(赫拉克利亚–本都卡、基齐库斯和皮塔涅)。

第三部分　物理学

一、早期吕克昂学园的物理学

亚里士多德、他的同事以及他的年轻的弟子们,肯定把许多时间放在对物理学问题的讨论上;对 de natura rerum(自然的本质)的研究尽管已经更受关注,但它是古老的爱奥尼亚传统。这类研究中有一部分涉及天文学,不过,天文学总是与物理学混合在一起的。严格意义上的天文学的巨大优势和其早期的进步的主要原因,就在于有些问题至少是非常确定的,而且可以相对比较轻松地分离出来——这些问题包括,例如,如何说明行星运动常见的无规律现象,或者地球和行星是什么形状,它们彼此之间的距离有多远,它们的规模有多大,等等。不仅阐述这些问题是可能的,而且人们为这些问题也提出了解答,其中有些解答至少足以作为初步的近似值。

宇宙被分为两个本质上不同的部分——月下区和其余部分。物理学问题主要适用于月下区,天文学问题则适用于月球和月球以上的区域。

可以在许多著作中发现亚里士多德的物理学,或者更确切地说是漫步学派的物理学,例如《物理学》(参见图93)、《天象学》、《机械学》、《论天》、《论生成和消灭》,甚至《行而上学》,在这些著作中,有些著作的年代是非常不确定的。例如,《机械学》不仅被归于亚里士多德的名下,而且也被归于兰普萨库斯的斯特拉托(活动时期在公元前3世纪上半叶)的名下,而斯特拉托与欧几里得是同时代的人。《天象学》的第4卷也被归于斯特拉托的名下。让我们暂时忘掉这些差异,并且尝试描述公元前4世纪和公元前3世纪吕克昂学园所说明的物理学思想。

为了避免混淆,我们必须尝试忘记另外一个观念,即我们现在的物理学观念,这种观念相对来说是比较晚才出现的。在古代和中世纪,甚至直至17世纪,物理学所关注的是对一般意义上的有机和无机的自然界的研究。

亚里士多德的[46]物理学的中心是运动或变化的理论。亚里士多德区分了4种运动:

---

[46] 在下面,为了简便起见,我将常常在一种宽泛的意义上使用"亚里士多德的"这个形容词。我的每一个命题都可以通过引用亚里士多德的著作来证明,但是人们也可以说,这段或那段引文代表的并不是亚里士多德自己的思想,而是斯特拉托或另一个已知或未知的哲学家的思想。因此,对每一个命题也许都需要进行长篇论述,而所需的篇幅都会超过这里所用的篇幅。

Auerrois Comment.
in libros aristotelis
d. physico auditu.

图 93 亚里士多德的《物理学》的拉丁语译本的开始部分《物理学或关于物理认识》
(*Physica sive De physico auditu*, Padua, 1472–1475; Klebs, 93. 1)。在以任何语言印制
的《物理学》中,这是最早的版本。该书为拉丁语双栏,并附有伊本·路西德(活动时
期在 12 世纪下半叶)的评注。匿名的印刷者是劳伦蒂乌斯·卡诺齐乌斯,出版地是
帕多瓦[承蒙巴黎国家图书馆允许复制]

（1）位移,亦即我们同类的一个物体从一个地点移动到另一个地点。亚里士多德认为,这种位移是基本的,它可以也的确发生在其他类物体上。

（2）创造和毁灭;变质。这类变化是永无止境的,它们意味着相抵的情况或者某种周期性循环。如果它们只出现在一个方向,它们就不可能永远持续下去。创造是从较低的完善程度到较高的完善程度的过程(例如,一个生命的诞生);毁灭是从高级形式到低级形式的过程(例如,从生到死)。既不存在绝对的创造,也不存在绝对的毁灭。

（3）更迭,这类变化不会对实质产生影响。物体可以采用另一种形态,但实质上仍是相同的。一个人的身体可能会因伤害或疾病而有所改变。

（4）增加和减少。

所发生的每一件事,其发生都是由于以上定义的某种运动。物理学家既为了其自身的目的也为了更好地理解经历"运动"的本体,要对这些"运动"进行研究。

然而,仅根据"物质运动"或机械论是不可能解释自然的。必须考虑一些一般性的观念,例如这样一种普遍的法理:神(或自然)不会徒劳地做任何事。每一种运动都有方向和目标。这个方向就是趋向某种更好或更美的事物。一个生命的目标可以通过对它的起源和演化的研究来揭示。我们正在回到终极目的论(或目的论),我们在前一章已经对它进行了讨论。

自然界中的每一事物都具有两个方面:质料方面和形式方面。形式表现目的,然而,这种目的除非通过某种质料,否则无法实现。自然中所出现的缺陷、不完善和畸形,都是由于质料所具有的隐蔽的惰性导致的,它对目的的实现有阻碍作用。

516　　至少为了说明月下区发生的变化,亚里士多德继承和接受了四元素理论。(对于月上区的无变化情况,需要假设永不腐蚀的第五种元素——以太。)他也接受了四性质说,认为它们(湿和干、热和冷)是基本的性质,其他性质(例如软和硬)可以还原为这些性质。唯有形式的东西是必不可少的;作为个体的客体都是偶然的。形式是科学家必须去理解的,但是,除非通过个别的(偶然的)实例,否则他就无法理解它们。我们想到了柏拉图,亚里士多德在某些方面像他的这位前辈一样是一个理想主义者,但他们之间仍有差异:柏拉图是从理念(形相)到客体,而亚里士多德则反其道而行之。这个差异很简单,但十分巨大。

不过,对于某些基本的存在物,亚里士多德也表现出例外,例如第一推动者或本原,它们的本质意味着它们的存在,只能以先验的方式去认识它们,别无他法。其余的一切只能以经验的方式,通过一步步归纳、从个别情况到普遍情况、从低级形式到高级形式来认识。只靠机械论是不能解释宇宙的,而分析、描述和归纳必须先于每一步综合。这一步骤本质上就是现代科学的步骤。

尽管亚里士多德常常引证德谟克利特的学说并且一再赞扬后者,但他拒绝原子论以及可以被称作德谟克利特唯物主义的学说。他拒绝真空的概念,[47]因为他无法构想不在

---

[47] 非常奇怪的是,他关于这个问题最明确的陈述出现在《论呼吸》471 A 中,他在谈到鱼的呼吸时指出:"阿那克萨戈拉说,当鱼用鳃排出水时,空气就会在口中形成,因为并不存在什么真空。"

一定介质中发生的运动，而每一事物的发生不都是由于某一种运动吗？有可能，亚里士多德拒绝原子论仅仅是因为德谟克利特（或他的弟子）错误地使用了这种理论。有人主张，德谟克利特试图用机械论的观点说明一切，而亚里士多德的说明部分是从质料着眼，部分是从形式着眼的。

天体以恒定的速度沿着圆周永恒地运动。月下区的物体如果处在它们的自然位置上，它们就不会运动；如果它们离开了那些位置，它们就倾向于沿着直线回到那些位置。存在着两种可能的沿着直线的运动——向上的运动和向下的运动。[48] 重的物体，例如土，向下运动；轻的物体，例如火，向上运动。这两种元素是绝对的重和绝对的轻，在它们之间有另外两种元素，即水和气，它们分别比土轻、比火重。

亚里士多德力学包含杠杆原理、虚拟速度原理、力的平行四边形、重心概念以及密度概念等的轮廓。其中有些思想由叙拉古的阿基米德（活动时期在公元前 3 世纪上半叶）给出了明确的定量阐述，其他思想则会在以后得到发展，但在亚里士多德的著作中这些思想都已经有了萌芽。

亚里士多德力学的大部分讨论以他的动力学为中心。亚里士多德关于这一学科的思想的萌生是极具启发意义的。我们业已看到，他不承认真空概念。[49] 虚空中的运动是不

517

---

[48] 亚里士多德认为在一条直线上有两个可能的方向，但在圆周上只有一个。他所知的所有天体的运动都是同一方向的；但是，相反方向的运动难道是不可思议的吗？

[49] 亚里士多德的偏见一般用这种形式来表述：Natura abhorret a vacuo（自然厌恶真空）。我不知道它的确切起源，但这是一种中世纪的说法。有关真空思想的历史，请参见科内利斯 · 德 · 瓦德（Cornelis De Waard）：《大气压力实验》（*L' expérience baromètrique*，Thouars：Imprimerie nouvelle，1936）[《伊希斯》*26*，212（1936）]。

可思议的;因而,当他思考物体的运动时,运动总是处在某种有阻力的介质之中。以粗糙的观察结果为基础,他得出这样的结论:一个物体的运动速度是与推动(或拉动)它的力成正比的,而与介质的阻力成反比。任何在有一定阻力的介质中运动的物体,除非受到一个力的持续推动,否则必然会达到静止状态。(在真空中,阻力大概为零,而速度大概会无限大。)他也谈到,一个落体的速度大概是与它的重量成正比的,当该物体离开它由之下落时的地点越来越远,而距它的自然位置越来越近时,它的速度会增加。因此,速度大概是与下降的距离成正比的。

只有消除了亚里士多德对真空的偏见,正确的运动定律的发现才会成为可能。我们不应该把真空中的运动作为荒谬的事物加以拒绝,相反,应该假设它的可能性,并且思考当阻力消除后会发生什么情况。由于这种巧妙的抽象,伽利略发现,速度是与落体的重量或质量无关的。他最初认为速度可能与下降的距离成正比,后来则认识到,速度与流逝的时间成正比。最终的运动定律是牛顿发现的,其中最主要的定律,即推动力不是与所推动的物体的速度成正比,而是与它的加速度成正比。不过,为了对亚里士多德公平起见,我们必须记住,他的结论在他的实验知识框架内并非不合理的。对于亚里士多德,恩斯特·马赫(Ernst Mach)不太公平,而皮埃尔·迪昂(Pierre Duhem)则太宽容了。谴责亚里士多德不接受那些真空泵的发明之后才被证明的东西,就像谴责人们没有看到只有在望远镜发明以后才能看到的东西一样是不公平的。

与天体力学相比,地球上的力学的巨大困难在于,自然事件是极为复杂的。对于这些事件,没有大胆的抽象是无法理解的。亚里士多德的想象之所以不同,并非由于它发生在伽利略的想象或牛顿的想象之前,而是由于它无法基于同样大量的经验,无法从同样的高度起飞翱翔。

　　被归于亚里士多德名下的《天象学》含有许多我们现代意义上的气象学知识,还有许多我们会划分到物理学、天文学、地质学甚至化学中的其他知识。[50] 这里之所以会出现有关天文学的论述,是因为亚里士多德认为诸如彗星、银河等现象的产生是在月球以下的区域;因此,这些现象对他来说属于天象学而不属于天文学。这样的错误在他那个时代,而且的确直到 16 世纪末和 17 世纪,都是很自然的,也是可以原谅的。彗星的无法预见的行为似乎与行星运动的复杂而神圣的规律性相去甚远。行星暗示着永恒和神圣;与之形成对照的是,彗星在天空出现后,经过相对来说很短的时间它们就会熔化并且会消失,谁还能举出比彗星更恰当的反复无常和转瞬即逝的例子呢?此外,彗星一般是在黄道带以外被看到的。在第谷·布拉赫于 1588 年出版他在 1577 年对彗星的观察结果之前,亚里士多德的偏见并未受到动摇。布拉赫证明该彗星的视差非常之小,它不可能在月下区;它的

---

[50] 有关的简略分析,请参见《伊希斯》6,138(1924)。

轨道超出了金星的轨道。[51]

而沿着二至圈在天空中画出一个大圆的银河,也被假设为是天象,它是由干热的薄雾构成的,与那些导致大气现象的东西相似。没有望远镜几乎不可能有比这更好的对银河的理解了。亚里士多德的观点最终被开普勒否定了,按照开普勒的观点,银河是与太阳同心的,位于布满星星的天球的内表面。

在《天象学》中还描述和讨论了大量其他现象,例如大气现象、降雨、露水、冰雹、降雪、刮风、河流和泉水、海水的含盐度、雷鸣和闪电以及地震等。对其中每一种现象的描述至少需要一页的篇幅,而我们书的容量有限,我们的读者也没有那么大的耐心。我们仅限于对亚里士多德的光学理论做一点评论。亚里士多德拒绝了这种观点:光是物质的,它是从发光的物体发射出或是从眼睛中散发出的微粒;相反,他认为,光是一种以太现象。(请勿把这称作对光的波动理论的预感。)他认识到声音的反射(回声)和光的反射,并且以光在水珠中的反射为基础,提出一种彩虹理论,由于奠基在如此基础之上,因而该理论是不完善的,但它仍是不同寻常的。人们已经把他的颜色理论与歌德的理论进行了比较,

[51] 第谷·布拉赫:《论天空的新现象》第 2 卷《论尾部发亮的星辰》(*De mundi aetherii recentioribus phaenomenis liber secundus qui est de illustri stella caudate …*, Uraniborg, 1588)。尽管与我的直接目的无关,我忍不住要提一下布拉赫在 1588 年的这一专著中得出的这一结论,即 1577 年的彗星的轨道不是圆形的,而是椭圆形的。这是第一次有一个天文学家提到一个既不是圆形也不是圆形组合的轨道。开普勒对椭圆形轨道的发现是 1609 年才发表的。

参见 C. 多丽丝·赫尔曼(C. Doris Hellman):《1577 年的彗星:它在天文学史中的地位》(*The Comet of 1577: Its Place in the History of Astronomy*, New York: Columbia University Press, 1944)[《伊希斯》*36*, 266-270(1946)]。

这种比较不会对歌德有多少赞美,但却赋予了亚里士多德很大的荣誉。[52]

对亚里士多德著作中的无数物理学问题感到惊异是正常的,但是要抵制这种诱惑,即从它们当中解读出过多的可与现代思想相提并论的思想;它们的作者的心中不可能有现代思想的含义,也不可能孕育现代思想,这些思想的含义和孕育在我们这个时代才是可能的。我们不应忘记,一个命题的权威性是该命题所基于的知识和经验的直接功能;亚里士多德的许多命题都是很有才气的,但又像一个聪明的孩子的询问那样是不负责任的。

《天象学》的第4卷也许是斯特拉托的著作。[53] 留传给我们的这一著作也许应称作第一本化学教科书。它讨论了物体的构造、元素与属性、生成与腐败、调和与不调和(不消化)、凝固与溶解、复合物的性质、什么可以与什么不可以、凝固和溶化以及什么是同类的[54]物体,等等。最终的结论是,异类物体的目的和功能比构成它们的同类物体明显,而同类物体的目的和功能比构成它们的元素明显。亚里士多德(或斯特拉托)曾为两种不同物体混合在一起时可能出现也可能不出现的差异冥思苦想;它们也许仍是分离的或可分离的,或者,它们结合在一起变成某种本质上是新的东西;当

---

[52] 参见艾丁·M. 萨伊利(Aydin M. Sayili):《亚里士多德对彩虹的说明》("The Aristotelian Explanation of the Rainbow"),载于《伊希斯》30, 65–83(1939);卡尔·B. 博耶:《亚里士多德的物理学》("Aristotle's Physics"),载于《科学美国人》(1950年5月号),第48页—第51页。

[53] 《伊希斯》3, 279(1920–1921)。

[54] 即 homoiomerous,指由类似的部分组成的,同类的。它的反义词是 heteromerous, heterogeneous(不同类的)。亚里士多德使用的相应词分别是 *homoiomerēs* 和 *anhomoiomerēs*。

新的形态被创造出来后, 它们的两种形态可能会消失, 或者只是以潜在的方式存在。[55]

519　　　　所有这些再次给人留下深刻的印象, 尤其当我们想到在18 世纪末以前化学丛林的神秘莫测时更是如此。亚里士多德和斯特拉托已经走到了在他们那个时代所能走到的最远的地方, 或者更确切地说, 他们的思想远远超越了他们的实验所能达到的范围, 而要使它达到成熟并结出丰硕的成果, 大概需要 2000 多年的时间才行。

　　　　我们列举了一些长期接受亚里士多德的思想和偏见的例子。一般也许可以说, 亚里士多德的物理学在 16 世纪以前一直支配着欧洲的思想。在此之后, 已经在数个世纪中积聚力量的反抗变得越来越显著、越来越强烈, 组织得越来越好。在 16 世纪中叶, 拉米斯[56] 走向了极端, 宣布亚里士多德所说的一切都是错的。在随后的那个世纪中, 亚里士多德物理学的基础被伽桑狄和笛卡尔摧毁了,[57] 伽桑狄复兴了原子论, 笛卡尔接受了亚里士多德的某些偏见, 但建立了一种全新的体系。即使在那时, 一般的物理学观念依然维持得像以前一样宽泛。在这个巨大的领域中的任何一部分, 知识都没有达到足够有力和清晰的地步, 难以把这部分知识与其

---

〔55〕 用一个现代的比喻来说, 当适当数量的氢气和氧气的分子化合成水之后, 氢气的形态和氧气的形态就消失了。在水中, 氢只是以潜在的方式存在。

〔56〕 即皮埃尔・拉腊梅 (Pierre La Ramée, 1512 年—1572 年), 圣巴多罗买 (St. Bartholomew) 清洗的牺牲者之一。

〔57〕 伽桑狄 (1592 年—1655 年) 和笛卡尔 (1596 年—1650 年) 几乎完全是同一时期的人。他们是对手, 而且影响了他们那个世纪的第二个 25 年。

他知识分离开,或者创建我们现在所理解的物理学。[58]

亚里士多德的观点被拒绝了,但人们不会忘记或忽略它们,经院学派和漫步学派的反抗仍未停止。直到 18 世纪,亚里士多德的思想尽管处于守势,但依然很有影响。

二、希腊音乐·他林敦的阿里斯托克塞努斯

在我们结束本章之前,还必须再介绍一位相当重要的亚里士多德的弟子,即音乐家或者更确切地说是音乐理论家阿里斯托克塞努斯。亚里士多德本人对音乐非常有兴趣,不仅以某种柏拉图主义的方式对其伦理价值感兴趣,[59]而且还在更为专业的意义上对它感兴趣。他熟悉毕达哥拉斯的发现,亦即音乐和谐的数字观。毕达哥拉斯或者他的早期的一个弟子观察到,当我们把一个乐器振动的弦按照一个简单的比例($1:\frac{3}{4}:\frac{2}{3}:\frac{1}{2}$)分成不同的部分时,就会奏出非常悦耳的和弦。亚里士多德[60]把同样的操作扩大到簧管。[61] 他虽然认识到振动频率的重要性,但仍把它混同于传播的速度,而且错误地认同阿契塔的观点,即声音的速度会与音高

---

[58] 想一想雅克·罗奥(Jacques Rohault)的名著《论物理学》(Traité de physique, Paris,1671),该书在半个世纪内一直是笛卡尔物理学的主要教科书。该书不仅包含 stricto sensu(严格意义上的)物理学,而且还包含宇宙学、天文学、气象学、地理学、生理学和医学。参见 G. 萨顿:《早期科学教科书研究》("The Study of Early Scientific Textbooks"),载于《伊希斯》38,137—148(1947—1948)。

[59] 有关古代希腊(和古代中国)音乐的伦理方面,请参见《科学史导论》,第 3 卷,第 161 页—第 162 页。

[60] 更确切地说是《问题集》不知名的作者。《问题集》大概包含了亚里士多德的思想成分,而其他漫步学派的思想被逐渐补充进来。我们现在所看到的这一著作,可能是相对较晚的作品,例如,可能是 5 世纪或 6 世纪的作品;参见《伊希斯》11,155(1928)。

[61] 《问题集》,919 B,5。

一起增加。他提出这样的问题：为什么回声比原声音调更高呢？[62] 这是个奇特而相关的问题，但在 1873 年瑞利勋爵（Lord Rayleigh）提出谐和回声的理论之前，这个问题一直没有得到解答。[63]

520　　有可能，吕克昂学园的其他成员也讨论过声学和音乐问题，因为阿里斯托克塞努斯的著作包含大量关于这个主题的知识，这些知识由于其相对的深度、广度和复杂性，也同样是非常卓越的，我们马上将对这些著作进行考察。

我们对阿里斯托克塞努斯的大部分了解来源于苏达斯（活动时期在 10 世纪下半叶），但苏达斯所利用的古代书籍现已失传，从其他不同的来源足以证明他给我们提供的信息是可靠的。阿里斯托克塞努斯出生在他林敦，邻近毕达哥拉斯的想象已经成熟的那个地区；最初，他接受的是他父亲音乐家斯宾塔罗的教育，后来他又拜埃利色雷的兰普罗斯（Lampros of Erythrai）和毕达哥拉斯主义者塞诺菲卢（Xenophilos）为师，[64] 最后成为亚里士多德的门徒。在他的导师去世后，塞奥弗拉斯特而不是他本人被选为吕克昂学园的主持人，这使他极为不满。苏达斯说，他活跃于第 111 个

---

〔62〕《问题集》，918 A，35。

〔63〕参见瑞利的论文，载于《自然》(*Nature*) 8，319 (1873)；《声音理论》(*Theory of Sound*，London：Macmillan，1878；ed. 2，1896；reprinted，1926)，第 2 卷，第 152 页。

〔64〕若非如此，兰普罗斯和塞诺菲卢将不为人知。他们的名字之所以被提及，乃是因为阿里斯托克塞努斯至少接受过一个毕达哥拉斯主义者的教育，这一点值得注意。兰普罗斯来自埃利色雷，但是有许多地方都以这个名字命名；这里所说的埃利色雷可能是一个在（小亚细亚的 12 座希腊城市之一的）希俄斯对面的爱奥尼亚地区，因为许多爱奥尼亚人在大希腊地区避难。这里的兰普罗斯不是柏拉图所提到的那个兰普罗斯，那个兰普罗斯也是一个音乐家，但所处的时代更早（在公元前 5 世纪上半叶）。

四年周期(公元前 336 年—前 333 年),[65]而且他与墨西拿的狄凯亚尔库是同时代的人;苏达斯补充说,阿里斯托克塞努斯的著作涉及音乐、哲学、历史以及所有教育问题,他一共写了 453 本书!

他唯一留传给我们的著作是他的《和声原理》(*Elements of Harmony*,*Harmonica stoicheia*),在古代文献中,该书是这类著作中最重要的专著。我们所看到的此书,似乎是两部独立的著作被人为地重组而成的。它(麦克兰版)共有 70 页或大约 1610 行。[66] 这是一部乏味的著作,在其中,阿里斯托克塞努斯把吕克昂学园的逻辑学方法用于说明斯宾塔罗(Spintharos)、兰普罗斯和塞诺菲卢传授给他的知识,并用于他从自己的实验中所获得的知识。该书分为 3 个部分,分别讨论:(1)通则、音调、音符、音程和音阶;(2)与上述相同的问题,以及曲调、变调和旋律(关于这一点的争论暗示着还存在现已失传的其他著作);(3)26 个有关音程与四度音阶

---

[65] 可以这样理解,即这意味着阿里斯托克塞努斯于大约公元前 336 年—前 333 年来到了雅典;这也可能意味着,他在公元前 336 年时是 40 岁左右;这个年龄使他比塞奥弗拉斯特略大一些。无论他在亚里士多德去世(公元前 322 年)时是 40 岁还是 50 岁,他都有足够的时间证明他的价值,并且证明他是该学园主持人的一个合适的候选者。

[66] 参见《科学史导论》,第 1 卷,第 142 页;亨利·S. 麦克兰(Henry S. Macran)编:《阿里斯托克塞努斯的和声学》(*The Harmonics of Aristoxenos*,303 pp.;Oxford,1902),希腊语-英文对照本,并附有注释;路易·拉卢瓦(Louis Laloy):《他林敦的阿里斯托克塞努斯与古代音乐》(*Aristoxène de Tarente et la musique de l'antiquité*,418 pp.;Paris,1904),其中含有阿里斯托克塞努斯词汇表;1924 年重印[《伊希斯》8,530(1926)]。

另可参见莱昂·布特鲁(Léon Boutroux):《论阿里斯托克塞努斯的和声学》("Sur l'harmonique aristoxénienne"),载于《一般科学评论》(*Revue générale des sci.*)30,265-274(1919)[《伊希斯》3,317(1920-1921)];从数学上对毕达哥拉斯思想与阿里斯托克塞努斯思想的比较,来源于托勒密的《和声学》(*Harmonics*)。

相组合的定理。

　　阿里斯托克塞努斯著作中最有创造性的部分是从理论上对音程的确定。从 3 个毕达哥拉斯音程（$\frac{2}{1}$、$\frac{3}{2}$、$\frac{4}{3}$；八度音程、五度音程和四度音程）入手，他把五度音和四度音之间的差值当作计量单位（全音程）。然而这个单位太大了；为了获得次级单位，他用算术方法（而不是用开方法）对音程进行了划分。例如，在下行四度音程 *la* 与 *mi* 之间插入两个全音，分别标为 *sol* 和 *fa*。这个 *fa* 和 *mi* 之间的新的音程是半音程。如果这种新的音程确实是一个半音，那么在四度音程中有 5 个半音。在五度音程中有 7 个半音，在八度音程中有 12 个半音。阿里斯托克塞努斯更进了一步，不仅考虑了半音，而且也考虑了三分之一音、四分之一音，甚至八分之一音，但这些更小的划分未能生效。在经验上对残余音[67]和半音的混淆使阿里斯托克塞努斯进行了相当于对数运算的计算：音程（它们是一些比例）用附加单位的方法计算。这是非常有意思的，但由此就得出结论说阿里斯托克塞努斯是纳皮尔（Napier）*的一个先驱，那是很愚蠢的！功业将成难免败，更何况，在一种思想和最终以它为基础的理论之间还

---

[67] 即 *leimma*，这个词意指剩余、余数，在音乐中用来指把两个 9/8 音（*tonoi*）从四度音程或四度音阶（*dia tessarōn*）中划分出来后留下的音程 256/243：（9/8）×（9/8）×（256/243）= 4/3。普卢塔克错误地把 256/243 理解为 256−243 或 13，见《柏拉图〈蒂迈欧篇〉中论动物的生殖》（*De animae procreatione in Timaeo Platonis*），1017 F。

* 即约翰·纳皮尔（1550 年—1617 年），苏格兰数学家，对数的发明者。——译者

有许多东西。[68]

不过,阿里斯托克塞努斯的专著仍然具有很高的重要性,它是希腊思想的杰作之一。无论是它的直接影响还是通过托勒密(活动时期在 2 世纪上半叶)的《和声学》的间接影响,都是相当大的。古代后期以及中世纪时期的高级学问包括四门重要学科[因而才有四学(quadrivium)这个词],[69]这四学是:算术、音乐、几何和天文。这里竟然有音乐,却没有物理学! 多亏毕达哥拉斯和阿里斯托克塞努斯,音乐成为一门数学化的学科,而物理学仍停留在定性的阶段,它更接近于哲学。

阿里斯托克塞努斯在西方的影响略小一些,因为第一个用拉丁语教学的伟大的音乐教师是波伊提乌(活动时期在 6 世纪上半叶),他的手册主要是以毕达哥拉斯传统而非阿里斯托克塞努斯传统为基础的。与此相反,拜占庭的音乐学者们则信奉阿里斯托克塞努斯。曼纽尔·布里恩尼奥斯(Manuel Bryennios,活动时期在 14 世纪上半叶)创作了拜占庭最新的《和声学》(Harmonics),对他而言,音乐史被分为三个时期——前毕达哥拉斯时期、毕达哥拉斯时期以及后毕达哥拉斯时期。其中的第三个时期是由阿里斯托克塞努斯开创的,并由其他古典的和拜占庭时代的音乐学者延续;曼纽

---

[68] 现代阿拉伯人基于类似的理由——法拉比的音乐理论——而声称拥有对数的发明权;见《伊希斯》26,552(1936)。这更难证明是合理的,因为阿拉伯人的思想是从希腊借鉴过来的,而这种希腊思想本身是一种奇怪的巧合而不是发明。

[69] 四学这个词起源于希腊本土,但从波伊提乌(活动时期在 6 世纪上半叶)开始,它在西方地区获得了更全面的成功。希腊语中并没有一个单独的词与 quadrivium 相对应。乔治·帕基米尔斯(Georgios Pachymeres,活动时期在 13 世纪下半叶)的专论的标题是《数学四科纲要》(Syntagma tōn tessarōn mathēmatōn,Stephanou edition;Rome,1940)[《伊希斯》34,218-219(1942-1943)]。

尔本人身处第三个,亦即最后一个时期——阿里斯托克塞努斯时代。的确,希腊音乐理论从未超越阿里斯托克塞努斯的阐述;在他以后,音乐的实践(作曲、演奏、演唱和教学)也没有发生实质的变化。[70]

古代音乐不仅包括我们所理解的音乐,而且也包括韵律学和作诗法,因为在希腊,人们创作诗歌就是为了唱的。此外,音乐还包含着伦理学和宇宙学方面的问题;音乐中的和声理论是整个宇宙或人的灵魂和谐理论中的一部分。因此,音乐既是数学的一个分支也是哲学的一个分支。它把人文学带进了四学之中。

---

[70] 参见保罗·亨利·兰(Paul Henry Láng):《西方文明中的音乐》(*Music in Western Civilization*, 1124 pp., ill.; New York: Norton, 1941)[《伊希斯》*34*, 182 – 186 (1942-1943)];古斯塔夫·里斯(Gustave Reese):《中世纪的音乐及古代音乐导论》(*Music in the Middle Ages, with an Introduction on the Music of Ancient Times*, 520 pp., 8 pls.; New York: Norton, 1940)[《伊希斯》*34*, 182-186(1942-1943)]。

第二十一章

亚里士多德时代的自然科学和医学

为了更为清楚,我们将把本章分为四*大部分——地理学、动物学和生物学、植物学、地质学和矿物学、医学,尽管事实上,这里包含着少量重复,主要是有关亚里士多德的讨论,他很自然地会在每一部分中重复出现。这是对他的心灵的综合能力和他的多方面天才的另一种评价方式。如果不把他纳入讨论之中,我们就无法讨论任何科学或任何科学分支。

第一部分 地理学

一、地理学家亚里士多德

有关自然史最基本的问题可能很自然地会涉及地球本身,涉及它的形状、规模和表面。地球的形状和规模在前面有关天文学的部分已经讨论过了,我们业已看到,亚里士多德对地球规模的估计过大了,但还没大到非常糟糕的程度。[1] 他有关整个地球大小的知识是以一些计算结果为基

---

* 原文如此,可能是笔误,作者实际上把本章分为五个部分。——译者
[1] 粗略地说,亚里士多德对地球周长的估计与正确测量结果的比是 8 比 5。从体积上讲,亚里士多德想象中的地球大约是真正地球规模的 4 倍。

础的,在不走出某个相对较小的区域的前提下也可以把这一知识逐步加以改进,而他关于有人居住的世界(the oicumenē)的知识来源于探险者和旅行者的报告。它最多是一种猜测,因为无论一个人对某些地区多么了解,也根本无法使他获得有关其他地区的知识。到了这个世纪*中叶,人们已经进行了许多探险(我们在前几章已对它们进行了简略的描述),但如果把这些用来勾勒出一个星球的轮廓,人们可能马上就会意识到,它们只覆盖了该星球很小的一部分。亚历山大的远征极大地改进了有关中东以及印度河与贾克撒特斯河[2]以西地区的知识,但亚里士多德不可能完全得到这些成果。亚里士多德只能自己利用卡里安达的西拉克斯所收集的信息,西拉克斯的《环航记》(Periplus)于大约公元前360年—前347年出版(参见本书第299页)。关于亚里士多德对描述地理学究竟了解多少有很大疑问,[3]但他非常大胆,竟然假设有人居住的地区的范围是在"环绕整个圆周"的温带地区。[4] 如果可居住的地区在西方没有延伸到赫拉克勒斯界柱以外,在东方没有延伸到印度以外,那么,这是由于大洋的存在而不是由于气候环境的恶劣。另一方

---

* 指公元前4世纪,下同。——译者

〔2〕贾克撒特斯河是注入咸海(Aral Sea)的两条河之一,另一条河是奥克苏斯河,贾克撒特斯河在东边。有许多城市(至少有9座)都名为亚历山大,以纪念这位征服者;其中一个叫作最远的亚历山大城(Alexandria Ultima),建在贾克撒特斯河岸,它是亚历山大在索格狄亚那(中国史称粟特——译者)所取得的最终成就的标志。

〔3〕《天象学》的作者在其第1卷和第2卷中提供了许多地理学方面的信息,这些信息似乎来源于一本地理学专著,甚至来源于一本地图册。人们可以把所有这些信息放在一张地图上,但其结果恐怕令人极为不满意,而且漏洞百出。此外,我们总会有同样的疑问:在《天象学》中,有多少是亚里士多德的知识?

〔4〕《天象学》,362-363。

面,他先验地假设有人居住的地区的范围是有限的,纬度较高的地区,由于其寒冷,使得人类难以生活。如果他听说过皮西亚斯(Pytheas)的航行,他也许会更谨慎一些。

气候带的思想可以追溯到巴门尼德。正是他构想,球形的大地分为 5 个平行的气候带:一个宽广的赤道地区是热带,两个寒冷的极地是寒带;在热带与寒带之间是两个温带地区。希腊 oicumenē(世界)属于北温带地区。亚里士多德(或者毋宁说《天象学》的作者)[5]对此做了稍微精确一些的阐述,但他仍然无法确定每个气候带的界限。一个世纪以后,昔兰尼的埃拉托色尼(活动时期在公元前 3 世纪下半叶)做出更为精确的区分,正是他而非亚里士多德应当被称作数学地理学的奠基者。[6]

二、马西利亚的皮西亚斯

如果用"Italian"来指一个出生和生活在现在由意大利共和国所辖疆土之上的人,那么,我们已经谈到过许多"意大利人"了。的确,大希腊[7](hē megalē Hellas)是希腊科学的摇篮之一。如果埃利亚的芝诺是"意大利人",那么皮西亚斯就是"法国人"了。但最好还是不要把古代的历史与现代的地理概念相混淆。皮西亚斯(Pytheas)出生在高卢的马西利亚[Massilia in Gaul,现代的马赛(Marseille)],从而,他是

[5]《天象学》,363。

[6] 有关气候带的历史,请参见欧内斯特・霍尼希曼:《七种气候环境》(*Die sieben Klimata*,Heidelberg:Winter,1939)[《伊希斯》*14*,270-276(1930)]。

[7] 大希腊这个术语泛指南意大利地区;它也许包括,也许不包括西西里岛。希腊殖民地限制在数量有限的一些沿海城市。参见 T. J. 邓巴宾:《西方的希腊人》(518 pp.;Oxford:Clarendon Press,1948)[《伊希斯》*40*,154(1949)];这是一部阐述得非常详细的历史著作,但遗憾的是,它只写到大约公元前 480 年就停止了。

科学史上西欧最早的代表人物。他大概与亚里士多德是同一时代的人，但比后者年轻，因为后者并不知道他的成就，但这些成就都曾被狄凯亚尔库引证过。

皮西亚斯是古代最伟大的航海家之一。有可能，他的航行是在马西利亚殖民地的命令和资助下完成的；马西利亚殖民地与其迦太基对手进行了激烈的竞争，并且渴望在对外贸易尤其是在利润丰厚的琥珀和锡的贸易方面超过他们。[8]但同样可能的是，皮西亚斯的航行是受他自己的热情和科学求知欲所驱使的。在地理学发现的历史中，个人动机和社会动机这二者通常是结合在一起的。伟大的事业只有伟大的人才能从事，但无论这些人多么伟大，他们都需要帮助以便完成他们大胆的计划。

皮西亚斯是一位科学航海家；他能够用日圭准确地确定马西利亚的纬度，而且是最早把潮汐与月球的运动联系在一起的希腊人之一。当然，这与其说是由于他有特殊的智力，莫如说是由于这个事实：在地中海地区潮水非常之小，无法引起人们的注意，而他曾航行到地中海以外的地区。在大西洋沿岸，潮水非常高，由于古代人（不仅是受过教育的人，而且还有农夫和渔民）对月球的观察很仔细，他们不可能注意不到月运周期与潮汐周期之间可能存在的关系。

---

[8] 爱奥尼亚最北边的城市福西亚坐落在小亚细亚西海岸，位于莱斯沃斯岛与希俄斯之间，与其他爱奥尼亚城邦不同的是，它在高卢的马西利亚和［马拉加（Malaga）以东的］安达卢西亚的迈纳卡（Mainaca）建立了最西部的殖民地。这些殖民地对迦太基人在西地中海区的势力提出了挑战。当腓尼基人（于大约公元前 600 年）在马西利亚建立殖民地时，他们在一次海战中打败了迦太基人（修昔底德：《伯罗奔尼撒战争史》，第 1 卷，13）。马西利亚与迦太基在海军和贸易方面的竞争一直都很激烈。

我们有关皮西亚斯航海的知识是二手的,[9]他报告了如此之多的"奇迹",以致有些古代史学家例如波利比奥斯(活动时期在公元前2世纪上半叶)和斯特拉波(活动时期在公元前1世纪下半叶)不相信他。可以把他的命运与后来的马可·波罗的命运相比较;他们所讲述的某些事情非常特别,与日常经验极为矛盾,因而明智和谨慎的人无法相信它们,并且断定它们都是神话。在这两个事例中,那些曾经不被人们相信的故事都被后来的观察结果证实了。

准确性已不成问题,古代地理史学家现在一致认为,归于皮西亚斯名下的那些成就是名副其实的,而且的确发生在亚里士多德时代或者稍后不久的时期(比如公元前330年—前300年)。当然,在地点和其他细节方面不可避免会有一些偏差,但是以下所概述的记述可以作为真实的事实予以接受。[10]

皮西亚斯和他的同伴们从马西利亚起航,驶过赫拉克勒斯界柱,访问了它们正西边的加的斯,然后沿着西班牙和法国海岸向北行驶。他们认识到比斯开湾(the Bay of Biscay)非常之深,而且阿摩里卡半岛(布列塔尼半岛)非常巨大。

---

[9] 这些知识主要来源于罗得岛的杰米诺斯(活动时期在公元前1世纪上半叶)、斯特拉波(活动时期在公元前1世纪下半叶)、西西里岛的狄奥多罗(活动时期在公元前1世纪下半叶)和老普林尼(活动时期在1世纪下半叶)。

[10] 要说明为什么这个概述是从多个来源拼合起来的,需要很多篇幅。参见 H. F. 托泽:《古代地理学史》第2版(Cambridge:University Press,1935),第152页—第164页,第 xx 页[《伊希斯》26,537(1936)];加斯东·E. 布罗什(Gaston E. Broche):《马西利亚的皮西亚斯——西欧尽头和北部欧洲的发现者》(*Pythéas le Massaliote, découvreur de l'extrême occident et du nord de l'Europe*, 266 pp. ; Paris: Société française d'imprimerie,1935),附有皮西亚斯的航行图;J. 奥利弗·汤姆森:《古代地理学史》(Cambridge:University Press, 1948)[《伊希斯》41, 244(1950)]。

在抵达不列颠群岛后,他们在退潮时与海岸联系,参观了锡矿和埃克蒂斯岛(the Island Ictis),[11]这里是他们的贸易中心。皮西亚斯对不列颠所做的粗略的描述,就像一个环球航行者所看到的那样;不过,他还到内陆进行了旅行,他注意到当地人对蜂蜜酒的使用,在坏天气时用谷仓脱粒,而且越向北走,文明的程度就越低。总体上看,大不列颠的形状是一个三角形,它的三个顶点分别是北端的奥卡斯(Orcas)[*Orcades insulae*,亦即奥克尼(Orkney)和设得兰(Shetland)群岛]、西南端的贝莱林(Belerion)[亦即兰兹角(Land's End)]和东南端的坎申(Cantion)[亦即肯特郡(Kent)]。

按照波利比奥斯的观点,[12]皮西亚斯一路沿着欧洲海岸从加的斯航行到塔纳斯河(Tanais)。塔纳斯河在什么地方?[13] 人们做出了两种大相径庭的推测。塔纳斯河可能是流向波罗的海的一条河,也许是维斯图拉河(Vistula),它从但泽(Danzig)流入波罗的海;也许是德维纳河(Dvina),它从更东边的库尔兰(Courland)流入波罗的海。不过,更普遍的看法认为,塔纳斯河就是流入亚速海(the Sea of Azov,拉丁语为 Maeotis Palus)的顿河(Don)。皮西亚斯访问了发现琥珀的地方,其中最著名的就是沿着波罗的海南岸的那些地方。有可能他在波罗的海中一直向东航行,抵达了亚速海所

----

[11] 几乎可以肯定,埃克蒂斯矿就在康沃尔岛彭赞斯湾(the Bay of Penzance)的圣迈克尔山(Saint Michael's Mount)。

[12] 斯特拉波:《地理学》,第 2 卷,4,1。

[13] 翻译家们把它写作 " Tanais",但在希腊语中没有冠词(*apo Gadeirōn heōs Tanaidos*)。然而在斯特拉波的《地理学》第 2 卷,4,5 的另一段中,则使用了冠词:"塔纳斯河来自夏日太阳升起的地方"(*ho de Tanaïs rhei apo therinēs anatolēs*)。

处经度的位置(严格地讲,这是不可能的,那时经度的确定是非常模糊的)。

关于北海(the North Sea),我们有更充分的根据。皮西亚斯在北海中向北航行了非常远,目睹(或听说)了海水在彭特兰湾(the Pentland Firth)的异常涌入,而且,他可能一直航行到图勒岛(the Island Thule),这个岛的名字就是他命名的。图勒岛是冰岛(Iceland)还是挪威(Norway)北部呢?[14]它在不列颠的北面,需要 6 天的航程才能到达,而且它靠近冰洋。他是去过那里抑或只是听说过那里呢?每一个航海者都非常想使他的航行超越他实际所达到的极限,只要谈谈通过传闻而得知的地区,他就可以超越那个极限。显然,无论走到哪里,都能遇到曾经到过更远地方的当地人。

不管怎么说,在皮西亚斯难以置信的描述中有最早的关于北极环境的报告。他谈到夜晚极为短暂的地区以及"太阳睡觉的地方",也许指的就是北极圈(Arctic Circle),在这里,一年中有一天太阳不会出现在地平线以上。他描述了这些地区的空气、大海和水的难分难解的混合状态,还描述了既不能用脚在上面行走也不能乘船行驶的冻冰的海。我们时代的北极旅行家们证实了皮西亚斯的描述是正确的,他们说皮西亚斯的描述包含了许多不可能虚构出来的细节。弗里德乔夫·南森(Fridtjof Nansen)指出:

皮西亚斯本人所看到的可能是海中的冰淤泥,当淤泥在

---

[14] 后来的地理学家确认,图勒岛或所谓极北之地(Ultima Thule)就是冰岛,但并没有证明第一个使用图勒这个名称的皮西亚斯所指的就是该岛而不是别的地方。参见费拉里(Ferrari)和鲍德兰德(Baudrand):《新地理学词典》(*Novum lexicum geographicum*,Patavii,1697),第 2 卷,第 228 页。

海浪的作用下被碾压成浆状物时,它们就会沿着浮冰的边缘在很大范围内形成这种冰淞泥。"既不能用脚在上面行走也不能乘船行驶"这一表述非常适用于这种冰淞泥。如果我们在这里再加上浮冰附近经常会看到的浓密的雾,那么以下这一描述将显得格外生动:空气也被包含在这混合物之中,陆地、海洋和一切都被这混合物吞没了。[15]

毫无疑问,极地旅行者比纸上谈兵的文献学者更有资格评价那些归于皮西亚斯名下的陈述是否真实,他们的裁决对他是有利的,这会令我们满意。

我们不仅应把第一次对西北欧尤其是对大不列颠的说明归功于皮西亚斯,而且还应把我们关于北极世界的最早印象归功于他。所有这些使希腊地理学家可以利用的知识大大增加了。

三、克里特人涅亚尔科

在经历了这一完全出乎意料的北极之旅之后,我们转向一些我们更为熟悉的地区:地中海和近东。当我们对亚历山大的征战做出简略的描述时,我们曾评论说,它们使希腊人可以利用的地理学知识有了相当可观的增加。我们的许多知识就是以这样的方式开始的: terrae incognitae(未知领域)不是被科学爱好者逐渐揭示出来的;它们常常遭到征服者及其追随者残暴的掠夺,这些掠夺者们唯一的兴趣就是权力和财富,他们无助于地理学知识的增加。如果没有地理学家与

---

[15] 弗里德乔夫·南森(1861年—1930年):《北极雾中行》(In Northern Mists, 2 vols.; London, 1911)。该书有一章热情地描述了皮西亚斯(第1卷,第43页、第73页);上面所引的这段话出现在第67页。维尔加尔格尔·斯蒂芬森在其著作《格陵兰岛》(Greenland, New York: Doubleday, Doran, 1942)第28页—第41页[《伊希斯》34, 379(1942–1943)]中甚至表现得更为热情。

亚历山大的军队同行,或者他没有派遣地理学家进行探险,如果在亚历山大周围没有学者而只有对地理学事实没有特别兴趣的历史学家,那么,若不尽可能清楚地说明他们主人的掠夺发生在什么地方,他们甚至无法清晰地描述这些掠夺。历史事件都发生在一定的地理背景之下,在与编年史不可分离的地理学亦即历史地理学中,包含着一些地理学史的片段。

事实上,亚历山大既是一个科学组织者,也是一个征服者,在他的队伍中不仅有大臣、作家、史学家,而且还有探险家、探路人[16]和测量员,其中有些人的名字是众所周知的,如赫拉克利德(Heracleides)、阿基亚斯(Archias)、安德罗斯提尼(Androsthenes)、索罗伊的希伦(Hieron of Soloi)、狄奥格内图斯(Diognetos)和巴顿(Baiton);最重要的是涅亚尔科,阿利安(Arrian)在其《印度志》(Indica)中为我们保留了关于他的记述。[17]

一支装备就绪的舰队于公元前327年把亚历山大的军队从希达斯佩河(印度河的支流之一)运往波斯,涅亚尔科被任命担任舰队司令,而奥涅希克里托斯在亚历山大自己乘坐的船上担任舵手。[18]涅亚尔科是克里特人,但他活跃于

---

[16] 很明显,他不可能在不做初步勘探的情况下,让他的军队冒险进入未知的地区。若非如此,这支军队可能已葬身于沙漠、沼泽或难以进入的群山之中了。

[17] 阿利安(Arrian,活动时期在2世纪上半叶)是比提尼亚的尼科美底亚(Nicomedia in Bithynia)人,以爱比克泰德(Epictetos,活动时期在2世纪上半叶)著作的编者广为人知。

[18] 亚历山大本人只乘船到印度河口,在这里他改走陆路继续前进;阿利安则留下来负责舰队。

阿姆菲波利斯；[19] 他曾受雇于腓力二世，后来失宠，但亚历山大认识到他的价值，把他召回为马其顿王国效力。涅亚尔科面对高度困难和危险的任务表现得非常勇敢。他率领自己的舰队沿希达斯佩河及印度河顺流而下，随后抵达波斯湾，再经阿拉伯河、底格里斯河、帕希底格里斯河（Pasitigris）、科阿斯佩斯河（Choaspes）到达苏萨。他的航行用了5个月的时间。他观察到（不为地中海的水手所知的）潮汐现象；当然，他不得不观察它们，就像在大约同一时间，皮西亚斯不得不在大西洋沿岸观察它们一样。潮汐在大西洋和阿拉伯海的存在这一事实，鼓励埃拉托色尼（活动时期在公元前3世纪下半叶）做出这样的推断：整个外海是一大片单一的水域。[20]

涅亚尔科还进行了其他观察；他认识到印度半岛（相对于地中海国家的领土范围）的巨大规模以及她的河流难以置信的长度。在经过卡拉奇（Karachi）之后，他们沿着这个 *ichthyophagi*（食鱼族）的国家航行。他们遇到了一大群鲸鱼，涅亚尔科（或阿利安）对这一令人惊讶和恐惧的景象进行了生动的记述。在波斯湾，他观察了珍珠养殖业，这一产业直到我们这个时代仍在那里继续进行着。[21]

从许多对比和验证来看，阿利安的记述是诚实可信的。

---

[19] 阿姆菲波利斯在马其顿，之所以这样称呼，是因为斯特雷蒙河（Strymon 或 Struma），该河把马其顿与色雷斯分开，围绕该城流过并且几乎完全环绕着它。阿姆菲波利斯在河的下游，靠近海的地方，位于哈尔基季半岛的正东面。

[20] “按照埃拉托色尼的观点，整个外海汇流在一起，因此西海和红海是同一个海。”（斯特拉波：《地理学》，第1卷，3，13）

[21] 它们现在相对来说有些衰落，这是由于当地人用日本方法生产珍珠亦即人造珍珠与之竞争，更主要的是由于波斯湾地区石油重要性的增加以及该地区不断的工业化。石油中的财富比牡蛎中的财富多，陆地上的财富比海中的财富更多。

四、墨西拿的狄凯亚尔库

到目前为止我们所谈及的人们都是探险家和旅行家,尽管他们的活动大大地扩充了地理学知识,但他们并不是专业地理学家。我们现在要关注的狄凯亚尔库既是一位历史学家也是一位地理学家。他的著述颇丰,涉及史学、政治学、文学、哲学以及严格意义上的地理学,但其中只有少数残篇保留下来。[22] 他出生于西西里岛的墨西拿,但活跃于希腊大陆,尤其活跃于伯罗奔尼撒半岛和雅典。他是亚里士多德的一个弟子,并且是塞奥弗拉斯特和阿里斯托克塞努斯的朋友;因此,我们可以把他的鼎盛期(成熟的年代)确定为这个世纪最后的 25 年。

他的主要著作似乎是一种希腊文化史著作,其题目意味深长:《希腊的生活》(*The Life of Hellas*, *Bīos Hellados*),其中有 19 个残篇留传下来。然而,我们对他的那些地理学著作有更直接的兴趣,其中有一部描述了世界,并且可能还附带一些地图(*Periodos gēs*,对地球的描绘),另一部专著论述了对山脉的测量;该书留传至今的残篇讨论了伯罗奔尼撒半岛的山峦。

我们之所以指出他对世界的描述有附带地图的说明,或者他使用过地图,乃是因为阿伽瑟默罗斯(Agathemeros)的陈述:

狄凯亚尔库按照一条绝对直线……对地球进行了划分,这条线从界柱开始,穿过撒丁岛、西西里岛、伯罗奔尼撒半

---

[22] 卡尔·米勒:《希腊古籍残篇》(Paris,1848),第 2 卷,第 225 页—第 268 页;《希腊地理初阶》(*Geographi graeci minores*, Paris, 1882)第 1 卷,第 97 页—第 110 页和第 238 页—第 243 页。所有残篇都是希腊语,并附有拉丁语的译文和注释。

岛、卡里亚、吕基亚（Lycia）、潘菲利亚（Pamphylia）、奇里乞亚、托罗斯山（Tauros），最后到伊马奥斯山（Imaos）。他把这样区分之后的地区一边称为北部，把另一边称为南部。[23]

为狄凯亚尔库增光的另一件新奇事就是，他试图对山脉的高度进行测量。[24] 他的估计普遍过高，但他推断，这些山与地球的规模相比是微不足道的。这是一个大胆的结论；它需要想象和勇气去断言，那些我们要攀登的可能会耗尽我们所有体力的巨大山峰，只不过是地球表面的一些皱纹而已。狄凯亚尔库影响了埃拉托色尼以及以后的地理学家，比如非常钦佩他的斯特拉波（活动时期在公元前 1 世纪下半叶），他也影响了像西塞罗这样有哲学头脑的作家。西塞罗比我们今天对狄凯亚尔库有更充分的了解，他把狄凯亚尔库的生活当作实践生活的楷模，而把塞奥弗拉斯特的生活当作理论生活的楷模。这种观点也许是以狄凯亚尔库对测量的兴趣为基础的。[25] 亚里士多德对地球规模的估计大概来源于他的弟子。狄凯亚尔库认识到，潮汐不仅受月球影响，而且也受太阳影响。

由于亚历山大的宏伟业绩和希腊殖民地与腓尼基殖民地之间的商业竞争，地理学、气候学以及人类学的知识有了

---

[23] 阿伽瑟默罗斯写过一本地理学梗概，对于其写作年代，除了它晚于托勒密（活动时期在 2 世纪上半叶）以外，其他我们一概不知。

[24] 士麦那的塞翁（活动时期在 2 世纪上半叶）在其著作［希勒（Hiller）编，第 124 页—第 125 页］的一段话中指出，狄凯亚尔库可能使用过某种测高仪。这并非完全不可能；任何一个有较高智力水平并且希望精确地确定方位角或其他角度的人，都必然会去发明某种测高仪或经纬仪（当然，是没有透镜的）；简单类型的这种仪器可能比较容易制造和使用。

[25] 弗洛里安·卡约里：《山脉高度测量的历史》（"History of determinations of the heights of mountains"）［《伊希斯》12, 482-514（1929）］。

如此巨大的增长,以至于活跃在这个世纪最后 25 年的学者对有人居住的世界的看法,视野更为开阔,并且内容更为翔实。我们可以假设狄凯亚尔库所取得的成就并非与这种新的见解无关。当人们的知识不断增加并且变得更为准确时,就需要新的考察。狄凯亚尔库为这种考察做好了准备,并且开始了一系列新的测量,这最终使得埃拉托色尼创建科学的地理学成为可能。

第二部分　动物学和生物学

动物学家和生物学家亚里士多德

亚里士多德生物学研究的主要原著(参见图 94、图 95 和图 96)是《论灵魂》、《动物志》、《论动物的构造》、《论动物的运动》(*De motu animalium*)、《论动物的行进》(*De incessu animalium*) 和《论动物的生殖》(*De generatione animalium*)。这些著作触及生物学的一些根本问题,而且包含关于数不清的科目的几乎难以置信的信息财富。其中的许多信息,很自然地已经失去其有效性,但令人惊讶的是,其中仍有如此之多的信息,对之附带少量限制性条件后,直至今日依然有效。在关于动物学的专著中所提及的事实,其数量之大,恐怕一个人无法独自收集。我们必须假定,亚里士多德得到了许多同事和弟子的帮助。这一假设意味着,尽管亚里士多德自己的研究开始得非常早,但这些著作的创作相对比较晚。[26] 他对博物学的兴趣可能开始于他的少年时代,那时,他父亲常带着他进行巡回出诊;这一兴趣一直持续

[26] 例如,他第二次在雅典居住或吕克昂学园时期(公元前 335 年—前 322 年)。

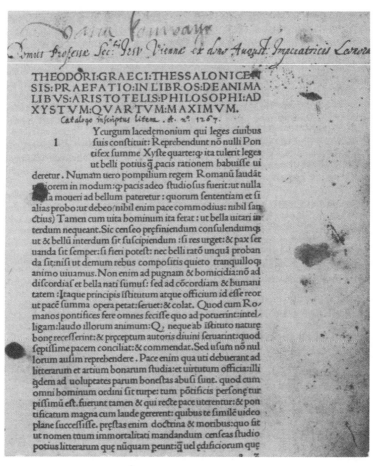

图 94 《论动物》(*Liber de animalibus*) 的扉页, 该书由萨洛尼卡 (Thessalonica) 的塞奥多
罗·加扎 (Theodoros Gaza, 大约 1400 年—1475 年) 译成拉丁语; 此为第 1 版, 对开本, 30
厘米 (Venice: John of Cologne and John Manthen de Gherretzen, 1476; Klebs, 85.1)。塞奥多
罗是维多里诺·达·费尔特雷 (Vittorino da Feltre)* 在曼托瓦 (Mantua) 的合作者之一; 他
曾把许多著作从希腊语译成拉丁语, 也把一些著作从拉丁语译成希腊语 [复制于哈佛学
院图书馆馆藏本]

---

* 维多里诺·达·费尔特雷 (1378 年—1446 年), 意大利人文主义教育家。——
译者

decidant: fed non propterea: fed propter finem. hçc autem ipfa
caufç funt ut mouentia & inftrumēta & materia. Nam & ipu
magna ex parte agere confentaneum ut inftrumento eft: ut enī
nonnulla artiū inftrumenta utilia funt ad plura. Verbi gratia
in excufforia malleus & incus: fic in rebus a natura inftitutis:
fpiritus uarium exhibet ufum. fimile dici uidetur: cum caufas
neceffario effe dicunt: ut fi quis propter cultellum tantūmodo
aquam exifte iis qui intercute laborant: non etiam propter fa-
nitatem: cuius caufa fecuit cultellus: exiftimet. Sed de dētibus
cur partim decidant: ac denuo nafcantur: partim non: & oīno
quam ob caufam fiant: dictum eft. dixi etiam de cęteris mem
brorū affectibus: qui non alicuius caufa: fed neceffario ueniāt:
& quam ob caufam: uidelicet eam cui motum tribuimus.

Finiunt libri de animalibus Ariftotelis interprete Theodoro.
Gaze. V. clariffimo: quos Ludouicus pococatharus Cypri-
us ex Archetypo ipfius Theodori fideliter & diligēter aufcul
tauit: & formulis imprimi curauit Venetiis per Iohannem
de Colonia fociūꝗ eius Iohannē māthen de Gherretzē. Anno
domini. M.CCCC.LXXVI.

图 95　《论动物》的末页［复制于哈佛学院图书馆馆藏本］

到他在雅典居住时期,而当他在阿索斯和莱斯沃斯岛海滨生
活时,他的这一兴趣可能在这些年中受到进一步的激发。给
亚里士多德提供过帮助的人中包括亚历山大大帝,他提供了
信息并从一些遥远的国度获得了一些标本。无论有多少人
与他合作,那些动物学著作很可能是他自己撰写的;就科学
的严谨性而言,这些著作的风格是一致的,而且渗透所有这
些著作的目的论观点是亚里士多德思想的典型。[27]

————————

[27] 由于粗心和编排不当造成的错误有利于支持"笔记本"假说:留传给我们的这些
　　生物学著作不是这位大师自己写的,而是他的学生记录下来的。对此我们有两
　　点回答:(1)亚里士多德尽管不是有关其思想的著作的编者,但依然是其作者;
　　(2)我们必须始终牢记,古代的著作并不像我们今天的著作那样,在提交后要经
　　历长时间的最终修订和校对的严峻考验。任何作者都知道他的最终的"个人
　　的"手稿与最终出版的文本之间有许多差异。

530

ΑΡΙΣΤΟΤΕΛΟΥΣ

ΤΕΛΘ ΤΩ ΠΕΡΙ ΖΩΩΝ ΓΕΝΕΣΕΩΣ.

ΑΡΙΣΤΟΤΕΛΟΥΣ

ΠΕΡΙ ΖΩΩΝ ΜΟΡΙΩΝ, ΤΟ Α.

图 96　希腊语亚里士多德文集第 2 版第 1 卷第 232 页左页,该书由鹿特丹的伊拉斯谟编辑,由西蒙·格里诺伊斯校订(对开本;Basel: Bebel, 1531)。这页显示了《论动物的生殖》的结尾部分和《论动物的构造》的开始部分[复制于哈佛学院图书馆馆藏本]

亚里士多德的动物学的希腊语初版见于亚里士多德-特奥弗拉斯特著作集(5 vols.; Venice: Manutius, 1495–1498)初版的第 3 卷(1497),参见图 102 的描述。

英语读者可以很容易地参照牛津英语版的《亚里士多德文集》(*Aristotle*)或"洛布古典丛书"中的亚里士多德的著作。洛布版的诸卷用起来特别方便,因为它们含有希腊语原文,排在与英译文相对的页上。

在近代有关亚里士多德生物学的研究中,我们也许可以提一下托马斯·伊斯特·洛尼斯(Thomas East Lones)的《亚里士多德的自然科学研究》(*Aristotle's Researches in Natural Science*, 302 pp., ill.; London, 1912)[《伊希斯》*1*, 505–509 (1913)],在我的好友的众多出版物中,尤其值得一提的是已故的达西·W. *汤普森*[28]和查尔斯·辛格(Charles Singer)的著作。在达西爵士的著作中,只要回忆一下他的《希腊鸟类词汇》(*Glossary of Greek Birds*, London: Oxford University Press, 1895, 1936)[《伊希斯》*29*, 135–138(1938)]、他翻译的《动物志》(Oxford, 1910)、他的《生物学家亚里士多德》(*Aristotle as a Biologist*, London, 1913)[29]以及他的《希腊鱼类词汇》(*Glossary of Greek Fishes*, London: Oxford University Press, 1947)[《伊希斯》*38*, 254(1947–1948)]就足够了。在辛格的著作中,应当提及的是他的《希腊生物学》(*Greek Biology*),见于《科学史和科学方法研究》(*Studies in the History and Method of Science*)第 2 卷,第 1 页—第 101 页(Oxford: Clarendon Press, 1921),以及他的《生物学简史》

---

[28] G. 萨顿:《达西·温特沃思·汤普森(1860 年—1948 年)》("D'Arcy Wentworth Thompson, 1860–1948"),载于《伊希斯》*41*, 3–8(1950),附有肖像。

[29] 赫伯特·斯宾塞讲座(Oxford, 1913);重印于《科学与经典》(*Science and the Classics*, London: Oxford University Press, 1940)[《伊希斯》*33*, 269–270(1941–1942)]。

(*Short History of Biology* , London：Harper，1931；经常重印）。

我们在前一章已经叙述了亚里士多德的声望在古代奇怪的兴衰变迁。对西塞罗和后来的评注者来说，他是以柏拉图主义者而著称的；后来，他早期的柏拉图主义著作消失了，他又变得以他成熟时期的著作而闻名。不过，这还不是全部；有数个世纪，人们的注意力集中在《工具论》上；随后，他的其他著作，亦即讨论天文学、物理学、伦理学以及政体的著作也逐渐得到赏识。人们也阅读那些关于博物学的著作，但现代生物学家渐渐失去了对它们的尊重，因为他们自己的思想变得更"科学"了。只是从 19 世纪下半叶起，亚里士多德生物学最优秀的部分才得到适当的评价。从那时开始，动物学家亚里士多德和生物学家亚里士多德成了日益增长的赞扬和惊奇的主题。有些狂热者甚至说，亚里士多德的真正名望只建立在他的生物学之上，其他的亚里士多德著作也许可以丢弃了，[30]只有那些讨论博物学的著作才是真正令人震惊的。

我的希望是，本书中论述亚里士多德的这 4 章尽可能地对他做出一个较为公平的判断。他当然是我们整个古代历史中最伟大的人之一，但伟大从来不是绝对的。亚里士多德的百科全书式的知识的确是令人惊异的，但它仍然是很不完备的，它也不可能是其他样子。

---

[30] 甚至出现了一种反对亚里士多德逻辑学的倾向，而这种逻辑学的精髓已被认可超过 22 个世纪！对亚里士多德逻辑学的攻击是由波兰哲学家阿尔弗雷德·海布丹克·柯日布斯基(Alfred Habdank Korzybski，1879 年—1950 年）领导的；参见《伊希斯》*30*，517(1939）；*41*，202(1950）。

现代生物学家在阅读涉及其研究领域的亚里士多德的著作时,会对其见解之细节的丰富感到惊讶,更会对其见解的广博和复杂感到惊讶。他开启了诸多重要探索领域的大门——比较解剖学和生理学、胚胎学、动物习俗(动物行为学)、地理分布以及生态学——在每个领域,他都收集相关的事实,对它们进行描述和讨论,并且得出哲学结论。这些事实逐渐得到修正,因为可以利用更好的观察方法和试验方法了,其中许多结论又周期性地以各式各样的形式再次出现;对我们这个时代的众多学识渊博的生物学家来说,它们依然是可接受的。

上面列举的著作可以按以下方式进行分类。

《动物志》包含所有在亚里士多德指导下的动物学观察。

尽管《论动物的构造》有这样的标题,但它是一部生理学著作而非解剖学著作。这个标题(谁应当为它负责呢?)很容易令人误解。[31] 这一著作涉及身体的功能;它并没有讨论动物的诸部分(四肢和器官),而是涉及我们所谓组织。在该书的开篇,我们认识了 3 种结构,第一种是纯物理结构,第二种是同类的部分或组织,第三种是异类的部分或器官。书中提到 6 种"组织":血液、脂肪、骨髓、脑、肌肉、骨骼。《论动物的构造》是所有语言中最早的关于动物生理学的专著。《论动物的行进》也以同样的方式讨论了生理学,它说明了动物的身体如何构造以便于为其目的服务。我们必须记住,每一个生物都是由质料和形式(灵魂)构成的。刚才

---

[31] 在《论动物的生殖》,782 A,21,亚里士多德把他的其他著作称作"有关动物诸部分的起因",这比我们所熟悉的标题更确切。

提到的这两部著作都论述了质料。此外,《论灵魂》讨论了形式,是一部关于心理学的专著。

另外两部专著《论动物的运动》和《论动物的生殖》以及其他一些较小的以《自然诸短篇》为题编在一起的专论,讨论了质料和形式(肉体和灵魂)的通常功能以及行为的各种特性。如果我们认识到(我们所理解的)物理学在亚里士多德时代是不太可能存在的,化学根本就不存在,我们就难以期望他的生理学不是初级的而是别的样子。的确,为了完全公正,我们必须把它看作某种原始生理学。但令人吃惊的是,亚里士多德竟然设法捕捉到如此之多的真理的闪光。他并没有理解呼吸作用,但对营养作用有一些总的观点。他设想,营养作用就是把所摄取的食物转化为营养物,再通过血液把这些营养物输送到身体的不同部分。这并不是完全错的。在没有化学知识的情况下,他是如何想象所涉及的这种极为复杂的化学反应的?他认识到排泄器官的存在,以及排泄物如胆汁、尿和汗的意义。他对胆囊的说明(相对于他那个时代不可避免的局限性而言)是相当正确的,但他认为[32]有些胎生的四足动物没有胆囊;在这方面他错了,因为所有的哺乳动物都有胆囊。

我们必须暂时回到目的论,我们已经把它作为亚里士多德思想的基础部分进行过讨论。为了理解它在生命,或者更确切些,在生物上的应用,重新考虑一下亚里士多德关于原因和灵魂的观念是有益的。尽管这两个词都有一种总的含

---

[32]《动物志》,506 A,22;《论动物的构造》,676 B,27。

义,但原因和灵魂都有不同的种类。

对于原因,我们必须区分:(1)终极因或合理的目的,某种在前面牵引的东西,(2)动力因或作用因,(3)形式因,(4)质料因。更简单地说,可以把前三种组成与质料因相对的形式因。(1)和(3)二者有时可用同一个词 logos(逻各斯)来描述。但我们必须经常在 stricto sensu(严格意义)上把终极因与形式因区分开,正如我们要把未来与现在区分开一样。

《论灵魂》给出了灵魂最普遍的定义:"灵魂就是潜在具有生命的自然躯体的第一等的现实性;而且,如此描述的躯体是有机的躯体。"[33]首先,所有生物都具有一个负责营养的灵魂(一个指导它们的营养和物质生活的灵魂);其次,所有动物都有一个负责感觉的灵魂,它使得它们能够感觉;再次,有些高等动物具有一个负责食欲和运动的灵魂;最后,人类具有一个负责理性的灵魂。[34] 所有这些灵魂都是整个灵魂的组成部分(或能力)。换句话说,我们也许可以说,随着相对完美的程度的提高,某个生物的灵魂会变得越来越复杂,在最高级的生物——人那里,灵魂的复杂程度会达到其顶点。无论如何,灵魂属于肉体,而且无法与之分离(就像毕达哥拉斯学派所认为的那样):灵魂与它分不开,是它的

---

[33]《论灵魂》412 A,28;J. A. 史密斯(J. A. Smith)译,见于牛津版的《亚里士多德文集》。学者们应当参照希腊语原著,因为原著是无法充分地翻译的。这一专论是亚里士多德散文很好的范例,由于过度浓缩,阅读起来较为困难。

[34] 更简单地说,存在三种灵魂:(1)所有生物都具有的负责生长或营养的灵魂,(2)所有动物都具有的负责肉欲或感觉的灵魂,(3)只有人具有的负责理性的灵魂。(因此,人分为三类。)在现代以前,这种分类被人们普遍地接受了。请注意亚里士多德关于灵魂或心灵的思想与心智并无不同。生命之灵、灵魂和心智都是同一种事物。

形式或实现(*entelecheia*,现实存在)。每一个生物体都被赋予了生命(*empsychos*,与 *apsychos* 相对);也就是说,每一个生物体都是由质料和形式构成的。[35]

  亚里士多德的目的论是有限的,它被伯格森(Bergson)称为"内在的终极目的论"。就每一个个体而言,所有部分都为了它的整体的最大利益而组合在一起,并且都是为了这种目的理智地组织起来的,而没有考虑别的个体。这种学说在达尔文阐明他的自然选择理论(1859 年)以前被普遍接受了。因此可以把目的论("外在的终极目的论")从单一的个体或从个别的物种,扩展到所有个体或所有物种,它们构成了一个更大的整体——整个生物界。[36]

  亚里士多德的目的论可以用这个公式来表述:"自然从来不做多余的事";[37]因此,它并不考虑退化的或未完全发育的器官,这些器官只能根据"进化"来解释,也就是说,不能根据任何单一的个体来解释,只能根据一系列个体来解释。自然不做任何无目的的事。但是,每个个体的目的是什么呢?我们只能从他们的活动,主要是他们最好的和最终的结果得知他们的目的。

  这些观点被许多生物学家发展了,而且时至今日,仍为许多被称作活力论者的生物学家所接受,只不过,他们附加

---

[35] 比较一下《创世记》,第 2 章第 7 节:"耶和华神用地上的尘土造人,将生气吹在他鼻孔里,他就成了有灵的活人。"

[36] 这些关于内在与外在终极目的论的评论,是弗朗西斯·休·亚当·马歇尔在他为洛布版的《论动物的构造》(1937)所写的序言中提出的。

[37] 《论动物的构造》,691 B,4。

了一些专业上的限制。[38]

亚里士多德对随着自然等级的提高而日益复杂的灵魂的分类,隐含着这样一个信念,即存在着这样一种等级,他在《动物志》中非常清楚地表述了这种信念。

自然从没有生命发展到动物生命是一个积微渐进的过程,由于其连续性,我们不可能确定这些事物的精确界限及其中间物到底该隶属于哪一边。在无生命类之后更高等级的首先是植物类,在植物类中一种与另一种的差别取决于其表现出来的生命的量;总之,整个植物类较之于其他有形实体天生像具有生命似的,但较之于一个动物又像缺少生命似的。的确,正如我们在前面已经述及的那样,从植物到动物存在着某种等级不断提高的连续过程。因而在海中,某些生物可能会令人疑惑,不知其究竟为动物还是植物;例如,有些物体明显是附着而生的,在某些事例中,这些物体如果离开了附着处大多要死亡;因此,江珧(*Pinna*)是附着在特定地点而生的,而竹蛏(或剃刀贝)被从其藏身之处拔起后也不能够活下去。总的来说,整个介壳动物类与能够行走的动物相比就像植物。

至于感觉,有些动物全无感觉的征象,有些动物仅有不明显的征象。进而言之,某些居间生物的身体呈肌肉状,例如所谓荔枝海绵(或海鞘)和水母(或海葵)一类;但海绵在所有方面均像植物。在整个动物等级中,在生命力的大小和运动的能力方面总是存在着积微渐进的差异。

---

[38] 汉斯·德里施(Hans Driesch,1867年—1941年):《活力论的理论和历史》(*The History and Theory of Vitalism*, 347 pp.;London,1914)[《伊希斯》*3*, 439–440 (1920-1921)];《心灵与肉体》(*Mind and Body*, London,1927)。

　　就生命的行为而论也同样如此。因为那些通过种子而生的植物除了产生出它们自己特定种类的植物外别无任何功能;同样地,某些种动物除生殖外也不见有别的任何功能,故此,在具有繁殖功能方面,所有生物都是相同的。一旦有了感觉,它们的生活在交媾方面会由于快感的不同而有差异,在生育后代的模式和养育幼嗣的方式上也有差异。有些动物纯粹类同植物,依季节而繁殖自己的后代;另一些动物还会为其幼嗣觅食而奔忙,但哺育完成后就与之分开,此后不再有任何联系;那些智力较高的、具有记忆力的动物同它们的后代保持更长时间的联系,表现得更有社会性。

　　这样看来,动物的生活可以分为两部分行为——一部分在于繁殖,另一部分则在于喂养;因为一切动物的兴趣和生活正好都围绕着这两个方面。动物的食物主要依据它们各自由什么样的质料构成而有所不同。因为每种动物的增长都合乎自然地来自与其相同的质料。合乎自然的东西导致快乐,而一切动物都追求那合乎自然的快乐。[39]

　　请注意,亚里士多德的 *scala naturae*(自然的等级)并非必然意味着进化,因为 *scala*(等级)也许被构想为静态的,物种恒定的思想与它并非矛盾的。[40] 等级合乎中世纪的想象,尤其是在穆斯林世界。阿拉伯的科学工作者常常谈到

─────────────

[39] 《动物志》,588 B,4,引自达西・W. 汤普森在牛津版的《亚里士多德文集》中的译文。我引用的原文超出了我目前对 589 A,9 的需要,因为它说明了亚里士多德思想的丰富性。

[40] 参见哈里・比尔・托里(Harry Beal Torrey)和弗朗西斯・费林(Frances Felin):《亚里士多德是进化论者吗?》("Was Aristotle an Evolutionist?"),载于《生物学评论季刊》(*Quart. Rev. Biol.*)*12*,1-18(1937)。在对所有证据进行评论之后,他们无法回答"是"或"否"。

它,那些具有神秘主义思想的人喜欢构想一种从矿物到植物、从植物到动物、从动物到人以及从人到神的连续的等级或连续的链条。[41] 自然的等级是说明自然的根本统一和秩序的一种手段。它意味着一种分类,但亚里士多德并没有就此止步。他已经认识到540种动物,这个数目对今天的分类学家来说可能似乎少得可笑,但在他那个时代已经是巨大的了。其中许多动物有如此明显的联系,以至于它们好像自己形成了一组;但是,更完备的分类仍有很大困难。亚里士多德面对着这些困难,并解决了其中的许多困难。例如,像鱼的鲸类并没有使他上当,他认识到它们的哺乳类本质。尽管从13世纪起他的动物学著作在使用拉丁语的西方世界就可以得到,但中世纪的学者们却漠视他关于鲸类的正确观念,而这种观念在皮埃尔·贝隆重新发现它并(于1551年)发表了对鲸类胎盘的描述以前,一直被忘却了。很明显,亚里士多德对分类问题花费了相当多的心思;他指出,人们必须非常小心,不要把由于类同(如骨头和鱼刺、鳞和羽毛、指甲和蹄)而表面上相似的事物,它们"或多或少"(过度或不足)有这一部分或那一部分,而误认为它们真的是同一类事物。他的心中有一个明确的分类表,很有可能,他把这个分类表用文字或概要的方式记录下来了;这种分类表并没有留传给我们,但要重建它并不困难。

亚里士多德反对过分的二分法,不过,他的分类是从一个基本的二分法开始的,他把动物王国分为两个截然不同的

---

[41] 有关阿拉伯人、波斯人和土耳其人论述这个主题的文献,请参见《科学史导论》,第3卷,第211页—第213页以及第1170页。

部分,他把它们分别称作有血动物和无血动物(这个基本的划分以脊椎动物和无脊椎动物之名被保留下来了)。我们不可能讨论他的分类的细节,只要把对它的重建公布出来就足够了。承蒙查尔斯·辛格惠允,我们在这里复制了它的两种形式(参见图 97 和图 98)。[42]

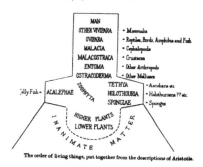

图 97　根据《动物志》对亚里士多德关于动物的分类的重建[复制于《科学史和科学方法研究》(Oxford,1921),第 2 卷,第 16 页,承蒙查尔斯·辛格博士和克拉伦登出版社(Clarendon Press)惠允复制]

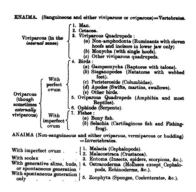

图 98　《动物志》中所隐含的亚里士多德的自然等级思想表的重制[复制于《科学史和科学方法研究》,第 2 卷,第 21 页,承蒙作者和出版社惠允复制]

─────────────

[42] 引自查尔斯·辛格论述"希腊生物学"的文章,见于《科学史和科学方法研究》(Oxford,1921),第 2 卷,第 1 页—第 101 页;参见第 16 页和第 21 页。

这个分类表包含许多错误和不完善的地方，但是，如果记住亚里士多德所能利用的事实的数量，这些事实的绝大部分都是在他的指导下收集的，而他的观察工具又非常贫乏，那么，人们就不能不佩服他所获得的成就。

1. **比较解剖学和生理学**。在《动物志》中已发现了大部分解剖学观念，但是，这些观念与生理学论述混合在一起。在他的其他著作中生理学论述更多一些。当时解剖学与生理学的区别并不像今天这样清晰可辨。亚里士多德的主要目的是描述动物，而倘若不说出器官的功能，几乎难以说清器官；从亚里士多德的观点来看，是功能造就了器官而不是相反。若想对亚里士多德的解剖学和生理学进行全面的说明，可能需要数不清的篇幅。列举几个好的和坏的例子就够了。

由于亚里士多德是一个动物学家，他的解剖学自然就具有比较解剖学的形式，而他的分类是以而且也理应是以解剖学证据为基础的。比如，他研究了反刍动物的胃，并且对 4 个胃腔做了正确的记述。

尽管他是谨慎的人，但有时候他也会被误导而进行一些危险的比较。这里有一个很好的说明糟糕的亚里士多德的例子，我没有必要对之讨论。它与一系列无关的主题结合在一起。

在所有动物中，人类的变秃最为显著；不过，脱发、落叶更是一种广泛而普遍的情况。尽管有些植物是常绿的，但另一些则会落叶，越冬的鸟类也要换羽毛。在那些受其影响的人们当中，秃头是一种与这些相似的情况。当然，部分地和逐步地落叶会出现在所有植物上，在那些有羽毛和毛发的动物中，它们的羽毛和毛发也是这样更新的；然而，当脱发、落叶影响到所有毛发、羽毛等等时，马上就可以用已提及的那些术语（"变秃""落叶""换毛"等等）来描述。造成这种情况的原因在于缺乏热的液体，尤其重要的是油脂性热液体，这就是为什么油脂性植物比其他植物较多常绿的原因。可是，对于植物这方面的现象，我们必须留待其他专著来论述其原因，因为这些现象还有其他导致其发生的缘由。在植物中，这种情况发生在冬季：这种季节变化比生命周期中的转化更为重要。对那些越冬的动物来说也是如此；它们在本质上比人类既缺少热量又缺少液体。然而对人类而言，正是生命的季节扮演了冬夏的角色；正是由于这个缘故，任何人都不会在能交媾以前就变秃，也是由于这个缘故，那些本性上倾向交媾的人们会发生脱发。其原因就在于，交媾的结果就是使人寒冷，因为纯粹的自然热量会排出，而脑生来就是全身最冷的部分；这样，正如我们所预料的那样，脑是第一个感受到这种效应的部分：任何虚弱的事物只需轻微的动因、轻微的动力，就会产生反应……由于同样的原因，只有人类会在头的前部变秃，而且他们是唯一会秃头的动物；也就是说，他们头的前部变秃是因为大脑在这里，而且只有他们会出现这种现象，因为人类的大脑最大，且具有最多的液体。妇女不会变秃，因为她们的体质类似儿童：二者都不能生产精液。阉人也不会变秃，因为他们已转变为雌性状态，阉人以后根本不会长出毛发，或者他们已有的毛发也会脱落，唯阴毛除外：类似地，妇女虽然生长阴毛但不生长其他毛发。阉人的这种缺陷就是一种从雄性状态向雌性的转变。[43]

这些陈述是愚蠢的,但它们不应受到轻视。它们并不是不加鉴别的民间传说,而是以数量过少的事实为基础的不成熟的概括,这些事实并未得到足够仔细的观察,而且被过于草率地汇集在一起。其中有些以这种随意的方式论述的主题是非常棘手的。[44]

更糟糕的是,亚里士多德对大脑和心脏的看法是非常错误的,尽管事实上,在几乎两个世纪以前,克罗通的阿尔克迈翁就已经认识了大脑的主要功能。亚里士多德认为心脏是智力的中心,这样,大脑的功能只不过就是用分泌物冷却心脏和防止它过热。怎么能体验到这一点呢?一个明智的人又是如何得出这样荒谬的结论的呢?暴露的大脑对触摸和伤害的反应迟钝是惊人的,而心脏对于感情的敏感则更令人惊讶;相比较而言,大脑似乎是贫血的,等等。[45] 不管怎么说,亚里士多德的看法是清楚的:大脑可能是间接地(通过

---

[43]《论动物的生殖》,783 B,9,引自洛布版中 A. L. 佩克(A. L. Peck)的译文(1943)。

[44] 例如,冬眠,关于这一主题,请参见 M. A. 赫尔佐克(M. A. Herzog):《亚里士多德关于越冬学说的观点》(*Aristoteles Anschauungen über die Lehre vom Winterschlaf*, Festschrift für Zschokke, No. 41, 28 pp.; Basel, 1920)[《伊希斯》4, 128(1921 - 1922)];弗朗西斯·G. 贝内迪克特(Francis G. Benedict)和罗伯特·C. 李(Robert C. Lee):《冬眠与旱獭的生理学》(*Hibernation and Marmot Physiology*, 250 pp., 2 pls., 11 figs.; Washington: Carnegie Institution, 1938)[《伊希斯》30, 398(1939)]。有关最近的观点,请参见查尔斯·P. 莱曼(Charles P. Lyman)和保罗·O. 查特菲尔德(Paul O. Chatfield):《冬眠》("Hibernation"),载于《科学美国人》(December, 1950)。冬眠的机制已得到较好的理解,但其基本过程仍然是一个谜。

[45] 查尔斯·谢灵顿(Charles Sherrington)爵士:《依赖天性的人》(*Man on His Nature*, Cambridge: University Press, 1940),第 238 页[《伊希斯》33, 544 - 545(1941-1942);34, 48(1942-1943)]。查尔斯爵士问道:"亚里士多德这位心理学之父怎么竟然没有察觉到大脑是精神的居所?"

它对心脏的作用）为心灵服务的，但它不是理性的居所。非常奇怪的是，亚里士多德这个医生的后代对医学的兴趣比对科学和哲学的兴趣要少，他显然不熟悉希波克拉底的著作。[46] 无论如何，人们必然会对他在有关人类生活最关键的一个观点上所犯的错误感到震惊。

2. **动物的习性**。《动物志》中充满了对动物的奇特习性的观察结果。其中许多结果早在亚里士多德时代以前就已经为善于观察的农夫或渔民所知了，但是，对这些情况加以鉴别并用科学的语言将其梳理，就需要像这位大师那样具有科学求知欲和执着精神了。他的评估从一个事例到另一个事例变化很大；有时候我们会为其深刻和可靠感到惊讶；有时候我们又会摇头，为他居然如此粗心而惊愕。当然，对这种现象的回答是，即使处于最佳状态，天才也决不可能持续到永远。*Aliquando bonus dormitat…Aristoteles*（哎，亚里士多德……智者千虑，必有一失）！必须做出这样的评论，因为我将要举出的好的例子，不应使人对《动物志》有一种错误的印象。评论家们把他们的注意力主要放在好的事例上。对整部著作进行统计分析，以确定这位大师有多少地方是正确的、多少地方是错误的，并且评价他在每一个事例中的正确程度，这样做是很有意思的。

亚里士多德对放电鱼[47]造成电击的描述也许并不令人惊讶，因为许多渔民肯定都经历过那种现象；但亚里士多德

---

[46] 亚里士多德曾多次提到希俄斯的数学家希波克拉底，但只有一次不明确地提及医生希波克拉底（《政治学》，1326 A，15）。归根结底，亚里士多德对医学缺乏兴趣也并非那么难以理解，而是很正常的。数学思维能力与医学思维能力即使不是对立的，至少也是极为不同的，有时是南辕北辙的。

[47]《动物志》，620 B，18-29。

的描述依然是重要的,因为它是毫不夸张和客观的——描述者尚不知道那种电击之电的本质,他对无论什么样的电都一无所知,但他既没有飘飘然,也没有大谈什么奇迹,而只是描述了他所观察到的情况。

现在来读一读他对鲶鱼繁殖习性的记述:

鲶鱼产卵于浅水之中,一般是靠近树根或芦苇附近。鱼卵会粘住那些根茎并且附着于其上。"雌鱼产卵后就游走了。雄鱼则留下来守卫鱼卵,它要赶走那些可能偷吃鱼卵或鱼苗的小鱼。因此,它要这样连续守护40或50天,直到幼鱼长大到足以自己逃脱其他鱼对它们的攻击时为止。渔民可以说出它守卫在哪里,因为为了挡走小鱼,它有时会在水中急速游动,并发出某种低沉的隆隆声。渔民们知道它会认真地尽父母之责,于是就在浅水处把网拖到水中植物的根部,鱼卵就附着在这里,当仍在守护幼鱼的雄鱼猛咬路过的小鱼时,就可以在这里用鱼钩捕捉到它。即使它察觉到鱼钩,仍会坚守职责,甚至会用牙齿把鱼钩咬碎。"[48]

亚里士多德对鲶鱼的叙述不足为信,因为西欧的鲶鱼并不以这样的方式照顾它们的幼鱼,不过,路易斯·阿加西斯(Louis Agassiz)* 发现,美洲的鲶鱼证实了这一叙述。1856年,一些(流入科林斯湾的)阿谢洛奥斯河(the Achelous

---

[48] 同上书,568 A。我没有逐字逐句地引用这段记述,而是引用了查尔斯·辛格在他的《生物的故事》(Story of Living Things, New York: Harper, 1931)第18页的缩写。不妨与诗人亨利·戴维·梭罗(Henry David Thoreau)1858 年在其《日志》(Journal, 1906)第10卷第483页—第484页的类似观察加以比较。梭罗的观察就像亚里士多德在22个世纪以前所做的观察那样,没有借助任何新器材。

* 路易斯·阿加西斯(1807年—1873年),瑞士19世纪博物学家,因其对冰川活动和绝种鱼类的研究为科学做出了革命性的贡献。——译者

River)的鲶鱼被送往阿加西斯处,他得以证明亚里士多德的记述,并把它们称为 *Parasilurus Aristotelis*(亚里士多德鲶鱼)。然而,只是到了 1906 年,这些事实才为科学家们普遍了解。

亚里士多德还注意到,[49] 鲶鱼和其他鱼会通过摩擦它们的鳃(更确切地说,是鳃盖)而发出声音;因此,说所有鱼都不发声是不正确的。[50]

希腊人对蜜蜂很熟悉,他们可以从蜜蜂那里获得蜂蜜——在无法得到其他糖的情况下,这是一种贵得让人难以置信的物品,因而非常自然,在《动物志》中可以看到许多提到它们的地方。亚里士多德对它们的说明是令人钦佩的,但有一点除外,这就是他没有明确地认识到,在蜂房中的统治者是一个雌性,亦即蜂后,而非蜂王。

当我们回想起亚里士多德的研究手段极其贫乏时,他的描述就更令人吃惊了;他不仅缺少设备(如放大镜等)和我们现代的自然科学工作者常常备有的药品,而且他也没有参考书和词典,这些书能使我们立刻核实和再核实我们自己的结论。在吕克昂学园可能有一个图书馆,但那是一个初级的图书馆,尤其在科学方面还很不完善,那时甚至连科学语言也不存在,而没有它思想就无法交流。诗人和史学家所创造

---

[49]《动物志》,535 B,13。

[50] 有关现代对鱼类发声器官的研究,请参见巴什福德·迪安(Bashford Dean)和尤金·威利斯·古杰尔(Eugene Willis Gudger):《鱼类文献目录》(*Bibliography of Fishes*,New York,1923),第 3 卷,第 594 页[《伊希斯》6,456-459(1924)]。在第二次世界大战期间,在使用水下声呐装置时,人们发现许多种鱼会发声。请参见唐纳德·P. 洛夫(Donald P. Love)和唐·A. 普劳德富特(Don A. Proudfoot):《海洋生命发出的水下噪声》("Underwater Noise Due to Marine Life"),载于《美国声学学会杂志》(*J. Acoustical Soc. Am.*)18,446-449(1946)。

的奇迹般的工具中缺少专业术语，没有它们，就连写出一个简短而清晰的描述也是不可能的。亚里士多德不得不根据他的需要创造出许多必要的词语来。但是，即使有最高级的专业语言，在生物学描述中，没有示意图也是不够的。可以肯定，亚里士多德（或他的合作者们）添加了示意图，尽管我们对它们的数量和价值无法评估。例如，谈到子宫，他说："有关这种器官的外观，读者可以参考我的《论解剖》（*Anatomy*）中的图例。"[51]他在同一书中对膀胱和阴茎多做了一点评论，"所描述的所有这些部分可通过附图来了解"[52]，像在几何图形中所做的那样，他用字母提到了其不同部分。在另一著作中，他指出："对所有这些问题的研究应借助《解剖标本》（*Dissections*）和《动物志》所给出的图例。"[53]

3. **胚胎学**。乔治·亨利·刘易斯于1864年所写的著作（参见图99）是对亚里士多德的科学思想最早的翔实研究之

540

---

[51] 《动物志》，497 A，32。

[52] 同上书，510 A，30。

[53] 《论动物的生殖》，746 A，14。然而，我们必须记住，莎草纸的相对匮乏和昂贵使得与亚里士多德同时代的人无法像我们使用纸那样不吝惜地使用莎草纸。因此，人们有一种避免使用例图和图表的倾向，而不像我们那样更多地使用它们。即使作者在原稿中提供了示意图，要准确地复制它们也非常困难和麻烦，以致抄写者可能会把它们略去。亚里士多德的示意图没有一幅留传至今。亚里士多德在表示他的示意图时所使用的专门术语有 *schēmata*（图解）、*diagraphē*（图例）和 *paradeigmata*（示例）。

ARISTOTLE:

A CHAPTER FROM

THE HISTORY OF SCIENCE,

INCLUDING

ANALYSES OF ARISTOTLE'S SCIENTIFIC WRITINGS.

BY

GEORGE HENRY LEWES.

LONDON:

SMITH, ELDER AND CO., 65, CORNHILL.

M.DCCC.LXIV.

[The right of Translation is reserved.]

图 99　乔治·亨利·刘易斯（George Henry Lewes）1864 年的著作尽管有缺陷，但却是对亚里士多德的科学思想非常出色的综合。这是第一部对亚里士多德科学的详尽研究，也是他所规划的系列科学史著作的第一卷。刘易斯是科学史家的先驱，现在却受到不公正的谴责，尤其受到那些对这个学科所知寥寥的学者和科学家的谴责。刘易斯在他的前言中写道："多年以来，我着手尝试勾勒科学的胚胎学，也可以这么说，尝试阐述科学发展的伟大动力；本卷就是这种阐述的第一部分……"［复制于哈佛学院图书馆馆藏本］

一。[54] 刘易斯绝不是不加批判的亚里士多德的敬慕者，由于他本人是一个自然科学工作者，当他述及亚里士多德的生物学著作时，他可以对之进行充分的评价，但他无法再抑制他的敬慕之情。他谈到《论动物的生殖》时是这样说的：

这是一部非凡的作品。就其所包含的翔实而深刻的理论洞察而言，没有哪部古代著作能与之相比，近代能与之相提并论的著作也是凤毛麟角。我们在那里会发现对一些难以理解的生物学问题的娴熟探讨，对此，当我们考虑到那个时代的科学状况时，我们确实会感到惊讶。不难想象，在这一作品中有许多错误和许多不足，在对事实的认可方面粗心大意的情况也屡见不鲜；然而，这一著作有时往往与许多先进的胚胎学家的思考旗鼓相当，有时甚至更胜一筹。至少在我看来是这样的；读者知道，我不太愿意从古代原著中去寻觅现代科学更丰富的含义，我更渴望努力去描绘亚里士多德实际在想什么。摆脱现代思想的暗示来谈论古代原著是困难的；但如果我隐瞒对这一著作的研究给我留下的印象，亦即过去两个世纪从哈维到克利克（Kölliker）的工作所提供的解剖学数据会证明这位有先见之明的天才的诸多观点，我就不可能是公正的。的确，除了把亚里士多德的著作与我们不朽的哈维"对生殖的论述"相比较之外，我想不到更好的赞

---

[54] 乔治·亨利·刘易斯（1817年—1878年）：《亚里士多德·科学史的一部分，包括对亚里士多德科学著作的分析》（*Aristotle. A Chapter from the History of Science, Including Analyses of Aristotle's Scientific Writings*, 414 pp.；London, 1864）。对大多数人来说，刘易斯最为著名的是，从1854年至他去世的1878年，他是乔治·艾略特（George Eliot）的忠实的"丈夫"。参见 R. E. 奥肯登（R. E. Ockenden）：《乔治·亨利·刘易斯》（"George Henry Lewes"），载于《伊希斯》32，70-86（1947-1949），附肖像。

扬亚里士多德的颂词了。哈维这位现代生理学的奠基者是
一个具有敏锐的洞察力、耐心研究的能力和卓越的科学头脑
的人。在解剖学方面,他的研究在少数细节上超过了亚里士
多德;但在哲学方面,他的研究不如后者,由于与我们现在的
观点一致处更少,他的观点在现在被废弃得更多。[55]
这位讲英语的评论者毫不犹豫地认为,亚里士多德的《论动
物的生殖》的地位,高于在大约 2000 年之后于 1651 年出版
的他那杰出的同胞的著作!

　　由于这一学科与我自己的研究领域相距甚远,最好还是
暂时后退一下,让我的一位朋友、一个著名的胚胎学家来对
他的先驱做出判断:

　　也许可以用以下方式说明他对胚胎学的突出贡献:

　　1. 他为不知名的希波克拉底派的解剖学家所提出的事
实观察原则补充了逻辑结论,并且为它们增加了一种把事实
加以分类和使之相互联系的方法,这使得胚胎学具有了一种
崭新的连续性。

　　2. 他在胚胎学中引入比较方法,通过对众多生命形式的
研究,他能够为未来(有关胚胎发育可能实现的各种形式)
的科学奠定基础。因此,他分辨了卵生、卵胎生和胎生,而且
他的对全裂卵黄和不全裂卵黄的一种区分实质上与现代胚
胎学所知的区分是相同的。

　　3. 他对第一性征和第二性征进行了区分。

　　4. 他把性别决定的发端倒推到胚胎发育开始之际。

　　5. 他把再生现象与胚胎状态结合在一起。

----

〔55〕 刘易斯:《亚里士多德》,第 325 页。

6. 他认识到,以前对胚胎形成的推论可以被吸收到先成论和渐成论这两种对立的学说之中,而且他断定,后一种选项是正确的。

7. 他提出未受精卵是一部复杂的机器的构想,一旦其主操纵杆被启动,它的轮子就会在预期的进程中转动并履行它们被指定的功能。

511

8. 在思索灵魂在胚胎生长过程中进入胚胎的次序时,并且在对胚胎的普遍特征先于特殊特征而出现的观察中,他预示了重演论。

9. 他通过对胚胎的前端发育得更显著和更快的观察,预示了轴梯度理论。

10. 他对胎盘和脐带的恰当功能做出了限定。

11. 他描述了胚胎发育,并把凝乳酶与酵母的活动进行了比较,从而预示了我们有关胚胎中的有机催化剂的知识。

但是,这幅图画还有另外一面。亚里士多德犯了 3 个大错误,在这里我不想谈论任何问题的细节,因为在人的知识和能力所及的范围内,细节不可能总是正确的,我只想谈论一般的观念,就像谈论那 11 种正确的观念那样。

这些观念是:

1. 他认为在受精过程中雄性没有为雌性提供任何有形的东西,这种观点是错误的。说精液赋予未成熟的经血"物质"以"形式",等于是说精液中只含有一种非物质的活力,其他什么也没有。当然,亚里士多德没有想象到精子的存在。

2. 他关于头节的学说是完全错误的。毛虫并非像他所假设的那样是一个很快就生出的蛋形成的,而是经历了胚胎阶段才形成的。

3. 对某些被阉割的动物的观察把他误导了,因而他无法正确地描述睾丸的实际功能。[56]

我们现在对作为胚胎学家的亚里士多德的天才给出 4 个具体的例证;它们涉及雏鸡、胎生鲨(placental shark)、头足纲动物以及颌针鱼。[57]

雏鸡的例子是最简单的,因为(如果你有意做的话)很容易把已知其生出时间(刚生下的和生下了 1 天、2 天、3 天……)的鸡蛋打破并进行观察。亚里士多德观察了 3 天以后的胚胎的最初迹象(稍早一点,他记录到,观察了较小的鸟,稍晚一点,他观察了较大的鸟)。他看到心搏,一个被后来的作者们称为 *punctum saliens*(心脏原基)的血斑。也许,这一观察结果,即心脏出现在所有器官之前,巩固了他的这一观点,即心脏是灵魂或精神的所在地。通过对生出时间较长的蛋进行观察,他描述了其胚胎的发育情况:卵黄的吸收、隔膜的枯萎等等。这是科学胚胎学的绝好开端,直到哈维时代以前甚至以后(如果我们接受上述引文中刘易斯的判断的话),没有人超越这一成就。

亚里士多德知道,大多数鱼是以卵这种潜在的方式繁殖其后代的,但是,有一群他称之为 *selache*(鲨类)的鱼,生下来的幼鱼已经完全成形,而且生下来就很有活力。其中的一

---

[56] 李约瑟:《胚胎学史》(*History of Embryology*, Cambridge: University Press, 1934),第 36 页—第 37 页[《伊希斯》27, 98–102(1937)]。A. L. 佩克其在为《论动物的生殖》(Loeb Classical Library, 1943)所写的导言中,得出了另一组有关亚里士多德胚胎学的结论;这些结论重印于《伊希斯》35, 181(1944)。

[57] 其中的一部分本应归类于"繁育习性"而不是"胚胎学",不过这并不重要,我的主要目的是要说明亚里士多德作为一个博物学家的天才。

种就更像哺乳动物了。

　　所谓光身角鲛(smooth shark)把其卵存于子宫之间,这与角鲨(dog-fish)相似;这些卵会移入子宫两角中的任一角而下行,幼胚发育时带着与子宫相连的脐带,这样,当卵中物质耗尽时,幼胚的境遇与四足动物的情况看上去相仿。这脐带颇长,系接于子宫的下部(每一个脐带都通过一个吸盘与它相连),也连接于胚体中央,即肝脏所在的位置。若是剖开这胚体,即使其中不再含有卵质,也可以发现与卵一样的食物。恰如四足动物的情况那样,每一幼胚各有其绒毛膜以及各自的隔膜。[58]

　　这是一种非常特别的现象,在现代以前,它几乎没有受到重视。皮埃尔·贝隆(1553年)和纪尧姆·隆德莱(Guillaume Rondelet,1554年)都意识到胚胎与母体的输卵管或子宫之间的联系,尼尔斯·斯滕森(Niels Stensen)[亦即斯蒂诺(Steno)]在一个世纪以后(1673年)认识到,这种联系是为了胚胎的营养,简而言之,这实际上就是一个功能胎盘。尽管如此,直到约翰内斯·米勒(Johannes Müller)对亚里士多德的早期发现进行重新解释(1839年—1842年)之前,它还是被所有人忽视了。[59]亚里士多德在没有配备必要的工具和参考书的情况下所发现的现象,一个世纪以前才

---

[58] 《动物志》,565 B,2,牛津英语版《亚里士多德文集》中达西·W.汤普森的译本。

[59] 有关的细节和例证,请参见达西·汤普森和辛格的著作,以及威廉·哈伯林(Wilhelm Haberling):《亚里士多德的光身角鲛——约翰内斯·米勒1839年—1840年就其重新发现致威廉·卡尔·哈特维希·彼得斯的信》("Der glatte Hai des Aristoteles. Briefe Johannes Müller über seine Wiederauffindung an Wilhelm Karl Hartwig Peters 1839-1840"),载于《数学史档案》(Arch. Geschichte Math. Wiss.) 10,166-184(1927)。

被 19 世纪的一流生理学家重新发现,人们不得不承认,在亚里士多德的这一领先中存在着某种几乎是不可思议的东西。

亚里士多德对头足纲动物,例如章鱼、乌贼和枪乌贼等的交媾的描述[60]是不完整的,并使他陷入自相矛盾的情况;尽管如此,他预示了现在已知的茎化过程的发现;在 19 世纪之前,人们从未正确描述过这种现象。在这里,引用亚里士多德自己的话并不合适,因为这可能需要过多的限制条件,引用现代的描述也不适宜,因为上个世纪最优秀的解剖学家在走了许多弯路以前,并没有发现其真相。只要说明这一点就足够了:化茎腕是大多数雄性头足类动物的一条腕的名称,它会发生特别变化以完成对卵的受精。在船蛸属(Argonauta)中(例如纸鹦鹉螺),[61]得到精囊后的化茎腕会与雄性分开,使自己附着在雌性上。当人们第一次发现分离后的化茎腕时,它被[甚至被像居维叶(Cuvier)这样的人]误以为是寄生在雌性上的某种蠕虫。阿尔布雷希特·冯·克利克于 1842 年(1847 年)第一次揭开了这个秘密,但是要阐明它还需要更多的研究,而且有些细节直至今日仍未得到

---

[60] 《动物志》,541 B,1;《论动物的生殖》,720 B,25。

[61] 必须补充一下,帮助有关纸鹦鹉螺(船蛸属)之传说的传播,是亚里士多德的一个耻辱。"它从深水处浮上来并漂浮在水面上;它向上浮时会将外壳向下翻转,以便把壳腾空后可以更容易上浮和漂移,但在浮上水面后,它又会把外壳倒转过来。在它的触角之间,它有一定数量的蹼状物,宛如蹼足鸟类的趾间组织;只不过,那些鸟类的这种组织比较厚实,而鹦鹉螺的这种组织比较纤薄,恰似蜘蛛网一样。当微风吹起时,鹦鹉螺就用它做帆,并且把其触角向下放在旁边做舵和桨。如果受到惊吓,鹦鹉螺就会把壳中灌满水并且下沉"(《动物志》622 B,5-15)。这个关于鹦鹉螺使用其隔膜做帆、使用其触角做舵和桨的可爱的传说,已经被后来的作品和例证(例如贝隆 1551 年的著作)传播开了。

解释。[62]

亚里士多德对颌针鱼的描述是模糊的；其中一部分适用于一种鱼，另一部分适用于另一种鱼。适用于海龙或颌针鱼（Syngnathus acus）的部分，十分精细地描述了那种非常小的像针一样的鱼的独特繁殖方式。按照他在不同地方的陈述：

几乎所有的鱼类都经过交配而生育后代和排卵，然而所谓海龙，在邻近产卵时身体裂开，其卵就这样从中生出。因为这种鱼在其肚子和下腹有一骨干或裂沟（就像盲蛇一样），在裂开这一骨干产卵之后，开裂的地方又得以重新愈合。[63]

有些鱼，如所谓颌针鱼，由于卵团的体积庞大以至身体胀裂，颌针鱼的卵本不算多，其形体却硕大；在这方面，大自然减少了其数目而增加了体积。[64]

所谓颌针鱼（或海龙）产卵时间较晚，它们中的大多数在产卵前夕身体为众卵所胀裂；这些卵在数量上的众多不如其在形体上的硕大显著。幼鱼成群地围着雌鱼，恰如小蜘蛛围着母蜘蛛一般，因为这种鱼把鱼卵产在自己的身体之上；倘若有人触之，它们就会游开。[65]

到目前为止还算不错，但是亚里士多德并不了解在雄鱼的腹部长有育儿袋，雌鱼把卵产在里面，这样雄鱼就可以继续看护和照顾它们的幼鱼了。直到 1784 年，通过廷茅斯

---

[62] 有关细节、例证和参考书目，请参见辛格：《希腊生物学》，见于《科学史和科学方法研究》，第 2 卷，第 39 页—第 46 页。

[63] 《动物志》，567 B，22。

[64] 《论动物的生殖》，755 A，33。

[65] 《动物志》，571 A，3。

(Teignmouth)的约翰·沃尔科特(John Walcott)才使亚里士多德的发现得以完善,半个世纪以后,威廉·亚雷尔(William Yarrell)将其公布于世。[66] 后来(在我们这个世纪)的研究证实,这些鱼的雄性的育囊及其上皮组织、毛细血管和淋巴管是一种功能性的子宫胎盘。[67] 不能期待亚里士多德发现所有这些;对他来说,实质上发现这些是不可能的;然而,他已经非常接近这个秘密的边缘了,而且我们必须始终强调,他是以一种明智和平静的方式,甚至像我们时代的任何动物学家那样去谈论它的,这难道不令人惊讶吗?

4. **生物的地理分布**。希腊人是一个喜欢漫游的民族,是一些好动的两栖动物,[68] 他们或者乘船横渡地中海,或者乘大篷车穿越外国土地,以寻找商机或知识。他们聪颖睿智、思维敏捷,而且是很好的观察者,亚里士多德一定享有很多与旅行者们面谈的机会。他自己旅行的范围并不广阔;但这些旅行已涉及多种多样的地貌和气候,而他在马其顿、特洛阿城(Troad)或雅典遇到的诸多旅行者,也能为他提供一些有关其他气候的观念。最重要的是,亚历山大给他带回许多

---

[66] 参见威廉·亚雷尔(1784年—1856年):《论雄性针海龙的育儿袋》("Note on the Foetal Pouch of the Male Needle Pipe-fish"),载于《动物学会学报》(*Proc. Zool. Soc.*,1835),第3页和第183页;《英国鱼类史》(*History of British Fishes*,2 vols.;London,1836);尤金·威利斯·古杰尔:《海龙的繁殖习性和海龙卵的分裂》["The Breeding Habits and the Segmentation of the Egg of the Pipefish (*Siphostoma Floridae*)"],载于《美国国家博物馆学报》(*Proc. U. S. National Museum*)29,447-499(1906),11 pls.,其中含有对我们有关冠鳃虎鱼属(*Lophobranchii*)繁殖方式的知识的概括(第449页—第462页);D. W. 汤普森:《希腊鱼类》(*Greek Fishes*),第29页—第31页。

[67] 参见古杰尔的著作,本页注释66。

[68] 斯特拉波(活动时期在公元前1世纪下半叶)就这样称呼他们,参见《奥希里斯》2,411(1936)。

新知识;我们可以想象,亚历山大的科学随行人员也获知了
这句 *mot d'ordre*(口头禅):无论亚里士多德询问什么都应
被认为是理所应当的,而且应该把每个新颖的信息传达给
他。因此,亚里士多德才会有丰富的生物学见解,并对植物
和动物的地理分布有敏锐的认识。植物固定在它们出生的
土地上,但动物却能迁徙,而且的确,当气候变得不适宜它们
或者不合它们的意时,它们就会迁徙。请看一下这段论述,
这是关于所有生物学问题中最神秘者之一——动物迁徙的
最早的篇章:

> 动物的一切习性均与繁殖和养育后代有关,或与努力获
> 取食物的及时供应有关;这些习性的改变都是为了适应冷热
> 变化及季节的变换。一切动物对温度变化均有一种本能的
> 感知,恰如人类冬天入室躲避严寒,或者像富有的人那样,夏
> 天到清凉之处避暑,冬天在阳光充足的地方度过,所有能在
> 不同季节变换栖息地的动物也都是这样。有些动物可以预
> 先做好准备以防变化,而不必离开它们平常的栖息之处;另
> 一些则要迁徙,秋分过后,它们要离开本都和那些寒冷的地
> 区以躲避即将到来的寒冬,春分过后,它们又会从温暖之处
> 迁到凉爽之地以避免即将来临的炎热。有些动物是从附近
> 地区迁徙而来的,另一些却可以说是迁自世界的尽头,鹤就
> 是一个例子;这些鸟从西徐亚大草原迁至埃及南部的沼泽
> 地,尼罗河就发源于此。顺便说一句,据说它们就是在这里
> 与矮小的俾格米人作战的,这个故事并非神话,事实上确实
> 存在着一个矮小的种族,相应地他们的马也很矮小,他们生
> 活在地下的洞穴之中。鹈鹕也要迁徙,它们从特斯里蒙河

511

（Strymon）飞抵伊斯特河（Ister）*，并在河岸边繁育后代。它
们成群结队地飞离，由于在飞越其间的山岭时，飞在后面的
诸鸟会渐渐看不清飞在前面的同伴，领头者会停下来等候那
些落后的鸟。鱼类也会以类似的方式迁徙，一些鱼迁徙时游
出或游入尤克森海。冬天它们从外海向岸边游近以取暖，在
夏天又从浅滩游向深海以避暑热。鸟类中体质弱者在冬季
或霜期为取暖会飞下平原，在夏季又为获得清爽而飞上山
冈。体质愈弱的动物，在气温无论是发生冷或热的极端变化
时，总是愈急于迁徙；因此鲭鱼的迁徙先于金枪鱼，鹌鹑的迁
徙先于鹤。前者在雅典历3月（the month of Boēdromiōn，即8
月22日—9月22日）迁移，后者在雅典历5月（the month of
Maimactēriōn，即10月22日—11月22日）迁移。所有动物
从寒冷地区迁到温暖地区时均比从温暖地区迁到寒冷地区
时更肥胖；因而，鹌鹑在秋天离开时就比在春天返回时更肥
硕。动物从寒冷地区迁出时正逢炎热季节结束。动物在春
季的身体状态更适于生育，而这正是它们从炎热地区迁入凉
爽之地的时候……[69]

　　亚里士多德不仅熟悉我们今天所谓地理生物学
（geographic biology）或生物地理学（biological geography），他
还具有一定的生态学知识；他不但了解生物与其物理环境的
关系，而且还了解生物与其生物环境的关系。每个动物是如
何受到附近的其他动物或植物的影响的？在这些其他动物
中，有些会捕食它，或者它会捕食这些动物。有些动物是竞

---

　　* 即多瑙河，古罗马人称之为伊斯特河。——译者
[69]《动物志》，596 B，20。

争对手,其他动物是合作者。但是,这个话题使我们非常接近社会学,我们最好还是把关于亚里士多德生态学的例子留到下一章吧。

我们对他的生物学知识的列举还可以扩充很多;而要说明他的生物学天才的程度,已举的这些例子已经足够了。他不仅是这个领域第一个伟大的天才,就像希波克拉底在医学中那样,而且在 2000 多年中,他一直是最伟大的天才。

在经过一段反亚里士多德的倒退和亚里士多德被漠视的时期之后,到 19 世纪末,生物学家亚里士多德的价值已经得到充分证实,其地位也完全恢复了。这一点可以从许多方面来证明,但我只限于举一个文件为例,即查尔斯·达尔文致威廉·奥格尔(William Ogle)博士的信,他对后者赠送的《论动物的构造》的译本表示感谢。[70] 人们常常引用这封信的一部分,而我则全文引用,因为它是达尔文的善良和忠诚的典型代表。

1882 年 2 月 22 日黄昏

我亲爱的奥格尔博士:

请务必允许我感谢您为亚里士多德著作所写的导论给我带来的快乐。尽管我阅读的部分不足全书的四分之一,但我极少读到过比这更令我感兴趣的东西了。

从我过去看过的引文中,我对亚里士多德的价值有了更好的理解,但我对他究竟有多么卓越并没有特别极端的看

---

[70] 奥格尔的译本的第 1 版于 1882 年出版。修订版包含在牛津版的《亚里士多德文集》第 5 卷(1911)中。提及第 1 版很有必要,因为它含有丰富的生物学注释。

法。尽管林奈(Linnaeus)和居维叶截然不同,但他们一直是
我的两个神,然而若与老亚里士多德相比,他们只不过是小
学生。可是,他对有些问题例如作为运动手段的肌肉全然无
知,这太难以理解了。很高兴您以这样一种很有希望成功的
方式说明了归因于他的最明显的错误。在阅读您的书之前,
我从未意识到前人付出的劳动总量有多么巨大,甚至我们的
常识性知识都应归功于这种劳动。我希望老亚里士多德能
够知道,他会在您的书中发现一个多么令人钦佩的信念的辩
护者。请相信我,亲爱的奥格尔博士。

您的非常忠实的

查·达尔文[71]

还有比这位上个世纪下半叶的普通生物学大师直率提
供的证言更重要的吗?如果希波克拉底在一定程度上应当
被称作"医学之父"的话,那么,有更充分的理由应当把亚里
士多德称作"生物学之父"。

第三部分　植物学

一、草根采集者

当我们试图说明希波克拉底医学的希腊背景时,我们谈
到了草药收集者。由于他们,有关植物的大量学问被耐心地
积累起来。我们无法说明,这个积累过程持续了多长时间;
可以说数千年,也可以说数个世纪。人们非常缓慢地逐渐认
识到,有些植物是有益的,其他植物是危险的,在此期间,人

---

[71] 弗朗西斯·达尔文(Francis Darwin):《查尔斯·达尔文的生平与书信》(*The Life and Letters of Charles Darwin*),第2版(London,1887),第3卷,第251页。

们经历了无数重复的反复的试错过程,因为其结果从未得到适当的记录。在这些植物中,有些是食物,美味可口且富有营养,其他一些则能够提神醒脑;有些植物是甜的,其他则是苦的;等等。关于草药和植物根茎的药理特性有了一些重要的发现,这些药理特性可能是通便、催吐、镇静、利尿、调经、止痛、退热等等。人们注意到,使用确定的剂量,才能获得最好的结果,如果剂量过大,也许会导致死亡。换句话说,希腊人像其他国家的人一样,发现了食物、药物和毒药。随着岁月的流逝,在他们当中发展出草药收集者或草药采集者的特殊行业;由于植物的功效往往集中在根部,于是便有了这样一个称呼他们的常见希腊名词——rhizotomists(草根采集者)。这些人是不可缺少的,他们提供了重要的服务;通过他们而传播的民间传说,有可能不仅涉及药物,而且还涉及毒药和魔幻药。从希腊文学中对他们的提及来看,草根采集者并未享有好的声誉,他们被谴责是术士、女巫和毒杀者;他们当然知道一些十分秘密的事而且随时可以利用它们,甚至滥用它们。没有制约他们行为的伦理规则,在他们的行为方式和习俗中充满了迷信的仪式。[72]

516

----

[72] 参见本书第333页。最出色的研究是 A. 德拉特的《草药——关于古代采集草药和神奇植物时所使用的仪式的研究》(Paris:Académie royale de Belgique,1936)[《伊希斯》*27*,531(1937)];第 2 版(1938)[《伊希斯》*30*,295(1939)]。希腊关于草药的迷信一直持续到罗马时代,在拉丁语著作和希腊语著作中都能找到其实例,譬如,在阿普列乌斯(Apuleius,活动时期在 2 世纪下半叶)的《申辩》(*Apologia*)中,或者在荷西迪乌斯·盖塔(Hosidius Geta)的维吉尔式集锦诗《美狄亚》(*Medea*)中,盖塔活跃于阿普列乌斯时代或之后不久。参见约瑟夫·J. 穆尼(Joseph J. Mooney):《荷西迪乌斯·盖塔的悲剧〈美狄亚〉(原著和诗体译文)以及对古罗马巫术的概述》(*Hosidius Geta's Tragedy Medea*,*Text and Metrical Translation*,*with an Outline of Ancient Roman Magic*,96 pp.;Birmingham,1919)。迷信必然比科学保守得多,因为它是不可修正的和不进步的。

二、植物学家亚里士多德

科学家也像普通人一样，可以获得大量有关植物学的民间传说，而要研究这类民间传说则需依靠科学家，通过他们去验证每一种有关植物的主张，并把其中的有些事例结合到他们的科学出版物中。我们发现，在希波克拉底派的著作中提及大约 300 种植物；[73] 作者把记述限于医学用途，并且理所当然地认为所记述的植物是读者所熟知的，如果读者尚不熟悉它，他就不知道它指的是什么。

当然，在柏拉图学园和吕克昂学园中都讨论植物学话题。亚里士多德及其学生不仅对植物的实用价值感兴趣，而且他们渴望去定义并讨论它们的形态和生长情况。[74] 遗憾的是，我们无法对此做出确切的描述，因为亚里士多德的植物学著作即使有的话，也已经失传了。包含在《著作集》（Opuscula）中的《论植物》肯定是伪作；它通常被归于希律王（Herod）的朋友、大马士革的尼古拉斯（活动时期在公元前 1 世纪下半叶），它的传承被扭曲了，因而我们应该暂时离开主题以便对之加以概括。这是文献传承不可靠和反复无常的一个很好的例子。

《论植物》的希腊原文至少有一次被伊斯哈格·伊本·侯奈因（活动时期在 9 世纪下半叶）翻译成阿拉伯语。这个阿拉伯语版被英国人萨雷舍尔的艾尔弗雷德（Alfred of Sareshel，活动时期在 13 世纪上半叶）翻译成拉丁语，并被普

---

[73] 在荷马的著作中大约提到 63 种。

[74] 阿格尼丝·阿尔伯（Agnes Arber）：《植物形态的自然哲学》（The Natural Philosophy of Plant Form，first pages；Cambridge：University Press，1950）[《伊希斯》41，322-323（1950）]。

罗旺斯人（Provençal）卡洛尼莫斯·本·卡洛尼莫斯（Qalonymos ben Qalonymos,活动时期在 14 世纪上半叶）翻译成希伯来语。希腊语和阿拉伯语的文本都已经失传了。贝克尔版中的希腊语文本[75]是从拉丁语重新翻译成希腊语的！在这种情况下,最好还是参照拉丁语版,拉丁语版比这个希腊语版更接近于已失传的原文,这个希腊语版已经是第三手的了。[76]尽管《论植物》肯定不是亚里士多德的著作,但它包含许多与亚里士多德和塞奥弗拉斯特的不同著作相似的段落。[77]它的总体结构是漫步学派思想的典型。

　　第 1 卷分为 7 章:1. 植物生命的本质;2. 植物中的性;3. 植物的诸部分;4. 植物的结构与分类;5. 植物的成分和产物;6. 繁殖和授粉的方法;7. 植物的变化和变异。第 2 卷分为 10 章:1. 植物生命的起源,"混合";2. 闲话土与海水的"混合";3. 植物的质料,外部世界的环境及气候影响;4. 水生植物;5. 岩石植物;6. 区域对植物的其他影响,寄生现象;7. 果实和叶子的生长;8、9. 植物的颜色和形状。10. 果实及其滋味。[78]

---

[75] 页码在 815 A–829 B。

[76] 拉丁语版由 E. H. F. 迈尔(E. H. F. Meyer)编辑(Leipzig, 1846)。它包含多种阿拉伯传统。阿拉伯文本仍有可能被找到;如果是这样,这一版本就能使人们澄清多方面的问题。

[77] 弗里德里希·维默尔(Friedrich Wimmer)开始但并未完成编辑的亚里士多德植物学著作残篇集:《亚里士多德植物学著作残篇》(*Phytologiae Aristotelicae fragmenta*, Breslau, 1838);尚未见到。

[78] 《论植物》见于牛津版的《亚里士多德文集》第 6 卷,引用其目录是为了与下面的塞奥弗拉斯特的植物学著作进行比较。

　　我们不必为亚里士多德的植物学知识过分担心；他大概像各个时代的许多博物学家一样了解植物学，甚至可能对它有相当公平的认识，但他更感兴趣的是动物。此外，亚里士多德有大量工作要做，他已经放弃了对所有知识的百科全书式的研究。当大量的劳动使这样一位大师负担过重，并且他发现了一个情愿为他分担一部分工作的颇有才华的学生时，他可能很愿意把那部分让这个学生来做。实际情况就是这样；他最优秀的弟子塞奥弗拉斯特对植物学有特殊的兴趣，亚里士多德放弃了植物学的研究，让塞奥弗拉斯特来做。塞奥弗拉斯特是谁，他是怎样遇到亚里士多德并且成为其最好的合作者和继承者的呢？

三、埃雷索斯的塞奥弗拉斯特

　　我们已经把我们的读者带到莱斯沃斯岛（主要城市有米蒂利尼），它是爱琴海亚细亚沿岸最大的岛，埃奥利斯抒情诗学派的发源地。在公元前 7 世纪期间，这里诞生了 4 位著名的诗人：泰尔潘德罗斯、阿里昂（Arion）、阿尔凯奥斯（Alcaios）以及所有这些诗人中最伟大者、讨人喜欢的萨福。[79] Lesbian（莱斯沃斯的）这个词很愚蠢地有了一个贬义的含义（女同性恋的）；对我来说，它意味着抒情诗和美。在这同一个世纪，莱斯沃斯还诞生了七哲之一的庇塔库斯；公元前 5 世纪，这里又诞生了最早的历史学家之一——赫兰尼科斯（Hellanicos）；最后，在公元前 4 世纪，这里诞生了她的两位哲学家，也使亚里士多德多了两个弟子：法尼亚斯

---

[79] 泰尔潘德罗斯属于公元前 7 世纪上半叶；阿里昂和阿尔凯奥斯分别活跃于公元前 625 年和公元前 613 年；萨福大约出生于公元前 612 年，她的名字应当念作 Sap-phó。

(Phanias)和塞奥弗拉斯特。

塞奥弗拉斯特是漂洗工梅兰塔斯(Melantas)的儿子,大约于公元前372年在埃雷索斯出生,大约于公元前288年在耄耋之年去世。他来到雅典,拜柏拉图为师,在这一期间,他肯定与亚里士多德相识了。当亚里士多德住在阿索斯、阿特尼奥(Aterneus)和莱斯沃斯时,他们又重新相遇,并建立了友谊。也许正是在这个时期,这两个人都在海岛、岸边或航行到蔚蓝的大海中致力于博物学的研究。他们属于同一代人,因为塞奥弗拉斯特只比亚里士多德年轻12岁。当亚里士多德不得不于公元前323/322年离开雅典后,他们都活跃于吕克昂学园,亚里士多德任命塞奥弗拉斯特为他的继任者,[80]并且把自己的藏书和著作的手稿赠给了他。塞奥弗拉斯特非常成功地继承了这位大师的传统,而且可以被称为吕克昂学园的第二创建者;他领导了这所学校35年(相当于亚里士多德领导时间的3倍);[81]他对这所学校进行了改造,并将其扩大了。他的富有的学生帕勒隆的德米特里使得他能购买比邻的地产,从而扩大了吕克昂学园的面积。作为演说者,塞奥弗拉斯特享有盛名,以至于在他周围聚集了大

518

---

[80] 我们在前面讲过亚里士多德在罗得岛的泰奥彭波斯与塞奥弗拉斯特之间犹豫,以及他最终是如何偏爱莱斯沃斯的酒更甚于罗得岛的酒的故事。按照另一个故事,亚里士多德所喜爱的这个学生原来名为塔尔特摩斯(Tyrtamos),他把这个名字改为塞奥弗拉斯特(意为神的代言人)。*Se non è vero*(实际情况并非如此)。有一个贫穷的妇人在雅典市场上卖草药,她从"神的代言人"的口音中立刻辨别出他是一个外地人。

[81] 塞奥弗拉斯特在雅典的居住只在公元前318年被短暂地打断过一次,当时他因马其顿国王、围城者德米特里(Demetrios Poliorcetes)发布了打击各哲学学派的法令而被驱逐。

约 2000 名学生;[82]这是一个非常大的数字,然而,这大概是指在塞奥弗拉斯特的整个生涯中他的所有学生的数目;该数字可能意味着他平均每年的学生少于 60 名——但在那时,这在雅典仍是一个很大的数字,不过,这个数字可以接受。当他去世时,他至少已有 85 岁高龄了,像每一个能够特别荣幸地把睿智和头脑清晰保留到生命最后一刻的伟大人物那样,他也抱怨生命如此短暂,当一个人刚开始理解世间的秘密时,他却不得不走了。

他继续追求亚里士多德百科全书式的目标,他的活力惊人。第欧根尼·拉尔修把 227 部专著归于他的名下,这些著作涉及宗教、政治学、伦理学、教育、修辞学、数学、天文学、逻辑学、气象学和博物学等等。其留传至今的主要著作是两部论述植物的著作和一部论述岩石的著作,我们将在下面讨论它们。他的专著《论感觉及其对象》、《论火》(*De igne*)、《论嗅觉》(*De odoribus*)、《论风》(*De ventis*)、《论天气(雨、风、暴风雨和晴天)的征兆》[*De signis tempestatum* (*pluviarum, ventorum, tempestatis et serenitatis*)]、《论疲劳》(*De lassitudine*)、《论晕眩》(*De vertigine*)、《论出汗》(*De sudore*)、《论精神的缺失(失去知觉)》[*De animi defectione* (*lipopsychia*)]、《论神经控制减弱(瘫痪)》[*De nervorum resolutione* (*paralysis*)]、《形而上学》(*Metaphysica*)等仅有残篇保存下来。

---

[82] 包括新喜剧(New Comedy)派最重要的诗人米南德(Menandros,公元前 342 年—前 291 年)。米南德是塞奥弗拉斯特与伊壁鸠鲁二人的弟子和朋友。

最实用的《全集》(opera omnia)是弗里德里希·维默尔
所编的希腊语－拉丁语对照本(Paris, 1866),附有"希腊化形
式及动植物专有名词索引"(indices nominum, graecitatis et
rerum, plantarum)。全书共 462 页,其中 319 页是关于植物
学的;但它不包含《品格论》(Characters)。

希腊语和英语对照的《论岩石》(On Stones)由约翰·希
尔(John Hill)爵士编辑[83](234 pp. ; London, 1746 ; 2nd ed. ,
London, 1774)。

《论风》(On Winds)和《论天气的征兆》(On Weather
Signs)由詹姆斯·乔治·伍德(James George Wood)翻译(97
pp. ; London, 1894)。

《植物探索》(Enquiry into Plants)、《论嗅觉》(On
Odours)和《论天气的征兆》的希腊语－英语版由阿瑟·霍特
(Arthur Hort)爵士编辑(2 vols. ; Loeb Classical Library,
1916)[《伊希斯》3, 92(1920-1921)]。

《论感觉》(On the Senses)的希腊语－英语版由乔治·马
尔科姆·斯特拉顿(George Malcolm Stratton)编辑(London,
1917)。

我们尚未谈及塞奥弗拉斯特所有著作中最流行的《品格
论》(Ēthicoi charactēres),这是 30 篇对典型缺点的系列概述,

---

[83]　克拉克·埃默里(Clark Emery):《约翰·希尔"爵士"与皇家学会》(" 'Sir'
John Hill versus the Royal Society"),载于《伊希斯》34, 16-20(1942-1943)。约
翰·希尔(1716 年? —1775 年),是药剂师、庸医、植物学家和史学家,一个非常
古怪的人。他称他自己为"爵士",因为他被授予瑞典瓦萨爵士的勋位;参见《英
国名人传记词典》(Dictionary of National Biography),第 26 卷,第 397 页—第 401
页。

这些缺点包括傲慢、诽谤、粗野、粗俗等等，它们写于公元前319年。有人对它们是否为真作提出了质疑，但它们从未被归于另外的作者名下。它们不是一起被发现的，而是逐渐被发现的，因而初版的日期总是随着该书所包含的论品格的篇数而变化的。

第一个版本由维尔鲍尔德·皮克海默（Willibald Pirckheimer）出版（Nuremberg，1527），只包含《品格论》中的第1篇到第15篇；《品格论》的第16篇到第23篇由加姆巴蒂斯塔·卡莫齐（Giambattista Camozzi）首次出版（Venice，1552），《品格论》的第24篇到第28篇由伊萨克·卡索邦（Isaac Casaubon）（在他的《品格论》的第2版中，Leyden，1599）首次出版（第1版出版于1592年），《品格论》的第29篇到第30篇由乔瓦尼·克里斯托福罗·阿玛杜兹（Giovanni Cristoforo Amaduzzi）出版（Parma，1786）。包含所有30篇的《品格论》的第一个足本，由英国的业余爱好者约翰·威尔克斯（John Wilkes）出版（London，1790）（参见图100）。在"洛布古典丛书"中有一本非常实用的希腊语-英语版（1929），编者是约翰·麦克斯韦尔·埃德蒙兹（John Maxwell Edmonds）。

出于两个理由，我们复制了《品格论》第16篇《迷信》的全文：[84]

---

〔84〕 塞奥弗拉斯特，"洛布古典丛书"。塞奥弗拉斯特所使用的词是 *deisidaimonia*，该词意味着对神的恐惧，它既有褒义（虔敬）也有贬义（迷信）。

ΘΕΟΦΡΑΣΤΟΥ

ΧΑΡΑΚΤΗΡΕΣ

ΗΘΙΚΟΙ,

ΠΡΟΟΙΜΙΟΝ.

ΗΔΗ μεν και προΊερον πολλακις επιστησας
την διανοιαν, εθαυμασα, ισως δε ου
παυσομαι θαυμαζων, τι δηποτε, της Ελλαδος
υπο του αυτου αερα κειμενης, και παντων των
Ελληνων ομοιως παιδευομενων, συμβεβηκεν
Α 2　　　　ημιν

图100　政治家、1774 年的伦敦市长约翰·威尔克斯（1727 年—1797 年）出版的《品
格论三十篇》第 1 版的第 1 页，该版为豪华版，印了 103 本（84 pp.；21 cm；London，
1790）。以下事实可以说明这位发起人的非专业特性：该书出版时既没有标送气符
号也没有标重音符号！［复制于哈佛学院图书馆馆藏本］

迷信，我几乎没有必要说，似乎是对神的某种怯懦；迷信
的人迷信到如此地步，以至于每天在用九泉水（Nine
Springs）洗手并把泉水洒在自己身上，在把从神庙中求得一
片月桂树叶放在嘴中之前，他不会动身出门。如果一只猫从
他前面的路穿过，除非有其他人先走过，或者他在街上投 3
块石头，否则他不会继续走他的路。如果他在自己的家中看
到一条蛇，而这条蛇是红色的那种，他就会呼唤萨巴梓俄斯

(Sabazios) *,如果那是一种神圣的蛇,那么他就会在那里建一个神龛。

当他路过堆在十字路口的一堆石头时,他会用他的小瓶子里的油为石头施涂油礼,而且直到跪下并对之顶礼膜拜之后,他才会离开那里。如果一只老鼠啃了他的粮食袋,他会去找术士询问他应当怎么办,如果回答是:"把它送到皮匠那里去修补。"他会无视这个建议,而会通过仪式使自己免除这个讨厌物可能带来的灾难。他常常以赫卡特(Hecate) ** 曾被吸引到他的房子为借口,清扫自己的房子。如果他在室外碰到猫头鹰叫时,他多半会改变方向,在他大喊"雅典娜保佑!"之前,他不会继续走他的路。他不会把脚踏在坟墓上,他也不会走近一个死尸或即将分娩的妇女;他必须使自己保持不被玷污。在每个月的第 4 日或第 7 日,他会为他的--家人烫热酒,并且出去买一些爱神木树枝、乳香以及圣画,然后回来,用一整天的时间向赫梅芙洛狄特(Hermaphrodites) *** 献祭,并且把花环摆在祭品周围。他做了梦后会飞快地跑向占卜者、预言者或幻象解释者,去询问他应当去安抚哪个神或女神;当他将被接纳成为俄耳甫斯教社团成员时,他会带着他的妻子每个月都拜访祭司,如果她没有时间,他就会让保姆或孩子陪他一起去。他似乎是那些总是去海滨把海水洒在自己身上的人中的一员;如果他在一

---

* 萨巴梓俄斯,啤酒神,原为色雷斯-弗利吉亚人的神祇,公元前 5 世纪传入希腊,后传入罗马。——译者

** 赫卡特,原为小亚细亚的女神,后传入希腊。最初,她是掌管天空、海洋和大地的神。公元前 5 世纪,她又变成了幽灵之神。——译者

*** 赫梅芙洛狄特,希腊神话中赫耳墨斯和阿芙罗狄特的儿子,他和仙女萨尔玛西斯融为一体,变为阴阳人。——译者

个周围有大蒜的十字路口看到赫卡特的画像,他会不回家而去洗头,要求他邀请来的女祭司为他净身,并且把他周围的螳螂或小狗带走。如果他瞥见一个疯子或癫痫患者,他会战栗并且会把吐沫吐在自己的胸口。

我们之所以复制以上原文,首先是因为,这段原文是对希腊思想在其黄金时代较为愚昧的一面的恰当描述。在雅典,在靠近柏拉图学园甚至在靠近吕克昂学园的地方有一些迷信的人,即使到了今天,在我们自己的高等院校的隐蔽处仍有一些迷信的人。我们复制以上原文的第二个理由是,这一概述表明,塞奥弗拉斯特看起来非常可能是其作者。的确,我们可以料想,一个科学家才会以那种方式嘲弄迷信。假设塞奥弗拉斯特是其作者,他在写作这段文字时是 50 出头;它们表明,他不是一个学究式的人物(*scholasticos*, *micrologos*);他是一个哲学家,而且非常有幽默感。

这种特性的描述并不是他发明的;我们在希罗多德、柏拉图、亚里士多德的著作中都可以找到这样的描述,在阿里斯托芬和米南德著作中就更不用说了;但塞奥弗拉斯特是第一个把一系列这样的描述展示出来的人,通过这种方式,他开创了一种新的文学风格。该书拉布吕耶尔*的法译本于1688 年在巴黎出版,[85] 在其中,拉布吕耶尔增加了对他自己时代的生活方式和风俗习惯的一系列概略式描述,该书已成为法国文学经典之一(参见图 101)。这两部著作相隔 2000

---

　　*　让·德·拉布吕耶尔(Jean de La Bruyère),法国著名讽刺作家,其主要代表作《品格论》是法国文学杰作之一。——译者
[85]　拉布吕耶尔(Paris,1645 年—1696 年):《塞奥弗拉斯特的〈品格论〉及本世纪的品格论或风俗论》(*Les Caractères de Théophraste avec les Caractères ou les moeurs de ce siècle*,Paris,1688)。

551

LES
CARACTERES
DE THEOPHRASTE
TRADUITS DU GREC.
AVEC
LES CARACTERES
OU
LES MOEURS
DE CE SIECLE.

A PARIS,
Chez ESTIENNE MICHALLET,
premier Imprimeur du Roy, ruë S. Jacques,
à l'Image faint Paul.

M. DC. LXXXVIII.
Avec Privilege de Sa Majesté.

图 101　拉布吕耶尔的《品格论》第 1 版(Paris,1688)的扉页,这是一本小开本的著作(15.5 厘米),包括拉布吕耶尔对塞奥弗拉斯特的论述,随后是他用法语对塞奥弗拉斯特《品格论》的翻译(97 页)以及他自己的《品格论》(210 页)[复制于哈佛学院图书馆馆藏本]

多年(2008 年),它们分别创作于雅典的黄金时代和法兰西的 *grand siècle*(伟大世纪),但是它们非常相近,只不过塞奥弗拉斯特主要是一个科学家,而拉布吕耶尔则是一个文学家。

请不要误解我的最后一句话。塞奥弗拉斯特在他鼎盛时期的写作简洁而娴熟;他像一个重视文学价值的科学家那样写作,但又必须让这些文学价值服从科学的目的。真理是第一位的,美是其次的。他认识到,从科学的观点看,啰嗦的词语是有害的,从艺术的观点看亦是如此。"最好不要冗长地谈论每一件事,而应留下一些东西让读者自己去猜测和发现。能猜到作者未尽言的东西的读者就会成为作者的一个合作者或朋友。你若像对一个傻瓜那样把一切都告诉他,他会觉得你不相信他的智力。"[86]

与亚里士多德在其《修辞学》中为说明不同的强烈感情所做的概述相比,塞奥弗拉斯特描述的人物更为实际,但比拉布吕耶尔的那些描述缺少个性。

暂时先回到塞奥弗拉斯特的非植物学著作,以下将有更充分的评论。

塞奥弗拉斯特最重要的短篇著作之一是《论天气的征兆》,索里的阿拉图(活动时期在公元前3世纪上半叶)曾借鉴过这一著作;由于喜帕恰斯(活动时期在公元前2世纪下半叶)对阿拉图诗歌的评论,塞奥弗拉斯特对一种伟大的天文学传统的创立起到了促进作用。

他关于好闻和难闻的气味、对香水和令人讨厌的气味的专论非常新奇。这一专论例证了漫步学派对说明一切事物的热衷以及他们难以满足的好奇心。塞奥弗拉斯特讨论了植物和动物的各种气味,例如,动物在繁殖季节的气味。我们不能期望他对一个至今仍然非常模糊的主题阐释得非常清楚,我们只能对他的大胆创新表示钦佩。

表面上看,[87]他把大脑当作智力的中心而不是像亚里士多德那样把心脏当作智力的中心。他知道,某些生活在北部地区的动物在冬天会有白色的皮毛。

在他失传的著作中有《自然论说》(*Physicōn doxai*),该

---

[86] 这是法语维默尔版第440页残篇96的意译。塞奥弗拉斯特指的是听众(*acroatēs*)而不是读者,因为在他那个时代,更多的人是听人读而不是自己去阅读。

[87] 之所以加上"表面上看"这几个字,是因为这个问题在我看来并不明朗。在他的《论感觉》中,泰奥弗拉斯特讨论了阿尔克迈翁、阿那克萨戈拉、德谟克里特和阿波罗尼亚的第欧根尼的观点,但他并没有充分清晰地表述他自己的观点。

著作阐述了有关物理学家的观点,它是我们的希腊哲学史和科学史最好的间接原始资料之一。[88]

四、植物学之父

我们现在可以来探讨塞奥弗拉斯特的植物学著作,这些著作完整地保存下来了,它们是这个领域的世界文献中最早的著作。我们的读者业已知道,从任何意义上来说,他都不是第一个植物学家,因为读者们可以假设,最聪明的草根采集者并非仅仅采集草根和草药,他们也会对它们进行思考;不过,塞奥弗拉斯特的著作是最早的,而且它们已经达到了其最高水平,是非常出色的著作。他完全有资格被称为"植物学之父"。[89]

塞奥弗拉斯特撰写了两本大部头的植物学著作,分别为《植物志》(Historia de plantis,或《植物探索》)和《植物的起因》(De causis plantarum)(参见图102和图103)。第一部著作基本上是描述性的;塞奥弗拉斯特试图区分植物的不同部分和不同植物的种差(tōn phytōn tas diaphoras)。正如其标题所暗示的那样,第二部著作更具哲学特点,或者说,更具生理学的特点。知道了诸植物之间的差异或者它们的器官之间的差异,我们如何按照亚里士多德的(目的论的)观点来

[88] 赫尔曼·狄尔斯把其残篇编辑为《古希腊学述荟萃》(Berlin, 1879)。G. M. 斯特拉顿所编辑的论述感觉的专论的希腊语和英语版对照本(1917),是那些残篇中篇幅最大的,它并不会使人对作为思想史家的塞奥弗拉斯特的公正留下强烈的印象。这种公正,或者说得更确切些,完整的、根据其社会背景对其他人的观点做出判断的能力,在近代以前是很难理解的;只有非常少的学者才能做到公正。

[89] 《埃雷索斯的塞奥弗拉斯特是最著名的、真正的园艺学之父》(Celeberrimus autem omnium, verus rei herbariae parens Theophrastus fuit Eresius);K. P. J. 施普伦格尔(K. P. J. Sprengel, 1766年—1833年):《植物志》(Historia nei herbariae, Amsterdam, 1807),第1卷,第66页。

图 102　塞奥弗拉斯特《植物志》初版的第 1 页,该书构成了希腊语版的《亚里士多德文集》(5 vols.,folio,30.5 cm;Venice:Aldus Manutius,1495–1498;Klebs,83)初版的第 4 卷。第 4 卷印于 1497 年 6 月,包含希腊语版的《植物志》和《植物的起因》[复制于哈佛学院图书馆馆藏本]

553

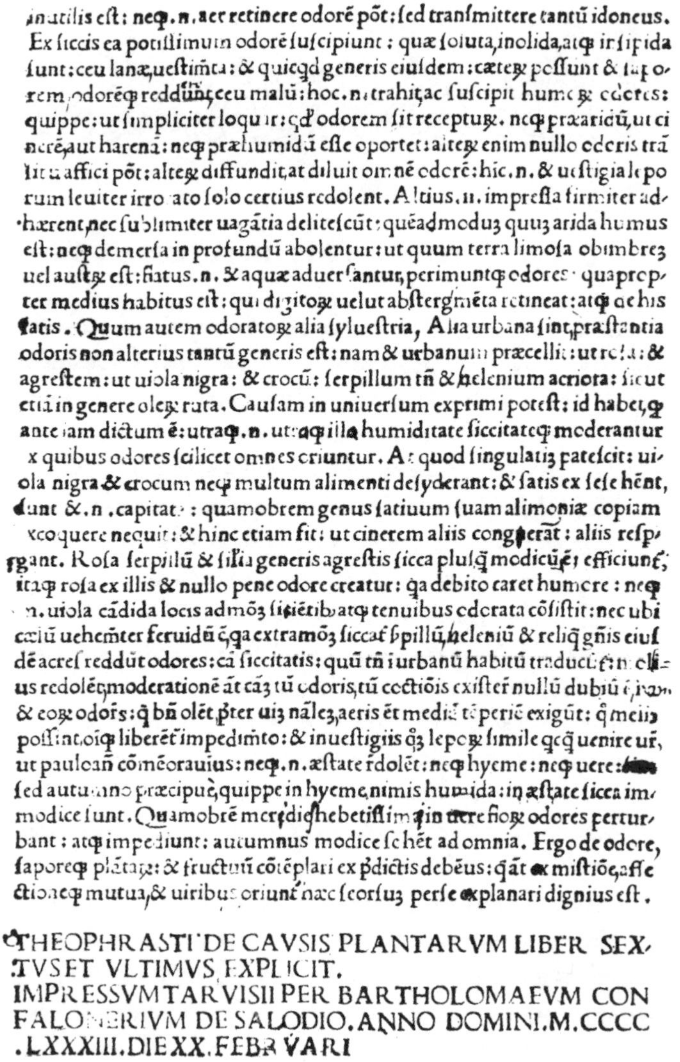

inutilis est; neq. n. aer retinere odorē pōt: sed transmittere tantū idoneus.
Ex siccis ea potissimum odorē suscipiunt: quæ soluta,inolida,atq insipida
sunt:ceu lanæ,uestimēta:& quicqd generis eiusdem:cæteŗ possunt & sapo-
rem odorēq reddūt;ceu malu:hoc.n.trahitac suscipit humc ŗ oderes:
quippe:ut simpliciter loqu ir:cd odorem sit receptuŗ. ncq præariou,ut ci
nere,aut harena:ncq præhumidā esse oportet:aiteŗ enim nullo oderis trā
sit u affici pōt:alteŗ diffundit,at diluit om nē odcrē:hic.n. & uistigia le po
rum leuiter irro ato solo certius redolent.Altius.n.impressa firmiter ad-
hærent,nec sublimiter uagātia delitescūt:queadmoduz quuz arida humus
est:ncq demersa in profundū abolentur:ut quum terra limosa obimbrez
uel austŗ est:fatus.n. & aquæ aduer santur,perimuntq odores· quaprop-
ter medius habitus est:qui digitoŗ uelut abstergméta retineat:atq ac his
satis. Quum autem odoratoŗ alia syluestria, Alia urbana sint,præstantia
odoris non alterius tantū generis est:nam & urbanum præcellit:ut reli a:&
agrestem:ut uiola nigra:& crocū: serpillum tñ &helenium acriora: sicut
etiam in genere oleŗ ruta.Causam in uniuersum exprimi potest: id habet,q
ante iam dictum ē:utraq.n. ut:aq illa humiditate siccitateq moderantur
x quibus odores scilicet omnes criuntur. A: quod singulatiz patescit: ui-
ola nigra & crocum ncq multum alimenti desyderant:& satis ex sese hēnt,
dunt &.n.capitat: : quamobrem genus satiuum suam alimoniæ copiam
xcoquere nequit:& hinc etiam sit: ut cinerem aliis congerat: aliis resp-
rgant. Rosa serpillū & silia generis agrestis sicca plusq modicuē,t efficiunt,
itaq rosa ex illis & nullo pene odore creatur: qa debito caret humere: ncq
n. uiola cādida locis admō3 sisiētib,atq tenuibus odorata cōsistit:nec ubi
cælū uehemter seruidū qa extramō3 siccas spillū,heleniū & reliq gñis eius
dē acres reddūt odores:ca siccitatis:quū tñ iurbanū habitū traducū fin cli-
us redolēt,moderatione āt cā3 tū odoris,tū cectiōis existēr nullū dubiū i,ram
& coŗ odoŗs:q bn olēt,ŗter ui3 nāle3,aeris ēt mediā tēperiē exigūt: q melis
possint,oiq liberēt impedimito:& inuestigiis q3 lepeŗ simile qcq uenire uf,
ut paulosī cōméorauius:neq.n. æstate rdolēt:ncq hyeme:ncq uere:fin
sed autu ino præcipue,quippe in hyeme,nimis humida:in æstate sicca im-
modice sunt.Quamobrē merdieghebetissimin uere sioŗ odores pertur-
bant: atq impediunt: autumnus modice schēt ad omnia. Ergo de odore,
saporeq plātaŗ: & fructuū cōtēplari ex pdictis debeus:qāt x mistiōq affe
ctioneq mutua,& uiribus oriunt nœc seorsuz perse explanari dignius est.

THEOPHRASTI DE CAVSIS PLANTARVM LIBER SEX-
TVS ET VLTIMVS EXPLICIT.
IMPRESSVM TARVISII PER BARTHOLOMAEVM CON
FALONERIVM DE SALODIO. ANNO DOMINI. M. CCCC
.LXXXIII. DIE XX. FEBRVARI I

图 103 塞奥弗拉斯特的《植物的起因》的末页；这是拉丁语第 1 版（Treviso：
Confalonerius，1483；Klebs，958）。这部对开本（30.5 厘米）的著作既包含《植物志》也
包含《植物的起因》的拉丁语本，由塞奥多罗·加扎（大约 1400 年—1475 年）翻译，他
增加了一个很长的前言 [复制于哈佛学院图书馆馆藏本]

说明它们呢？大自然不会徒然地做任何事，那么它的意图是什么呢？植物是如何生存、生长和繁殖的呢？尽管这部著作比第一部著作缺少描述性叙述，但它充满了各种事实。塞奥弗拉斯特所积累的植物学知识像亚里士多德所积累的动物学知识一样，令人称奇；他们二人的知识积累几乎都是令人难以置信的。我们必须承认，在塞奥弗拉斯特的这两部著作中，存在着同样的不完全解释：塞奥弗拉斯特（以及亚里士多德）进行了综合并做了大部分研究，但他所掌握的事实不仅是通过他本人而且是通过其他许多人收集的。他无疑从他的2000余名弟子中获得了许多人的合作；尽管亚历山大在塞奥弗拉斯特接任吕克昂学园的主管之前就去世了，但我们可以肯定，亚历山大的部属把植物学标本和动物学标本送到了吕克昂学园，塞奥弗拉斯特有关外国植物（例如，那些印度的植物）的知识，在一定程度上归功于亚历山大的慷慨支持。

　　我们先来看一下这两部著作是如何构成的。《植物志》分为9卷，大致涉及以下主题：1. 植物的结构及本性和分类；2. 繁殖，尤其是树木的繁殖；3. 野生树；4. 特定地区和环境下特有的树木和植物（植物地理学）；5. 各种树木的木材及其用途；6. 小灌木；7. 草本植物：非花冠植物、野菜和类似的野生草药；8. 草本植物：谷类、豆类和"夏熟作物"；9. 植物的汁液和草药的药用属性。

　　《植物的起因》的篇幅几乎与前一部著作一样长，但分卷略少一些：[90] 1. 植物的生长和繁殖、结果和果实的成熟；2. 对植物繁殖最有帮助的事物，园艺学和造林术；3. 灌木的种植和土地的准备，葡萄的栽培；4. 优质种子以及它们的退化，豆类的种植；5. 疾病和其他衰竭的原因；6. 植物的滋味和气味。

塞奥弗拉斯特讨论了大约 500 种到 550 种植物的种和变种，其中大部分都是人工种植的；他补充说明了大量未知的和未命名的野生植物，他经常提到它们。他假设，有些野生植物是无法驯化的；这暗示着在驯化方面已经进行了一些尝试，其中有些失败了，对此，我们不必大惊小怪。

这两部著作最令人惊讶的是它们的方法特性，这种特性具有最纯正的亚里士多德传统特点。这两部书都在这里或那里提到一些古怪的和没有价值的事实，因为作者发现它们太有意思了，不愿把它们放弃，但总的来说，作者有一个清晰的说明、区别和分类的目的。塞奥弗拉斯特（像他以前的亚里士多德一样）受到术语不足的妨碍，但他只引入了少量非常必要的专门术语，例如，他引入 carpos 表示果实，引入 pericarpion 表示果皮，引入 metra 或 matrix 表示茎心。

他对植物的不同繁殖方式进行了区分——自然发生的、[91] 从种子繁殖的、从根部繁殖的或从其他部分繁殖的。

---

[90]　在维默尔的希腊语-拉丁语版（Paris，1866）中，它们两个的篇幅是 155 页对 163 页。在"洛布古典丛书"中不难找到第一部著作，阿瑟·霍特爵士翻译了这两部著作。维默尔版和霍特版本中都包含植物名称术语表，但维默尔的术语表涵盖两部书。

[91]　几乎没有必要去回想，在巴斯德（Pasteur）时代亦即 1861 年以前，人们一直认可（低等生命或生命的低等形式）的自然发生说观念，从那个时代到现在还不足一个世纪。

值得注意的是,他对发芽的种子的习性进行了观察,并且发现了我们常常用单子叶植物和双子叶植物这样的词来表述的根本差异。[92] 他的说明是不充分的,但在 17 世纪下半叶马尔塞罗·马尔皮基(Marcello Malpighi,1628 年—1694 年)对之加以修正并使之完备以前,人们一直以它作为依据。

对植物学知识的强烈欲望,一开始只不过是对食品和药物的强烈欲望。塞奥弗拉斯特已经远远超越了那个阶段,他对植物学感兴趣仅仅是出于植物学本身的缘故,亦即了解各种形式的植物生命,不过,他依然没有对把植物学应用于人类目的的多种用途丧失兴趣。《植物志》第 9 卷的很大篇幅是谈医药的。我们在其中发现了对草根采集者在采集草根和草药时所举行的迷信仪式的翔实的说明。[93] 在同一著作中,当他描述"树木特性的自然变化和一些奇迹",并且指出"占卜者把这些变化称为征兆"时,又为我们提供了他的科学精神的另一个例证。[94] 他尚不能指明每种变化的原因,但假设存在某种原因;这些变化并非不可思议的,而是自然的。

第 9 卷会引起经济学和社会学的研究者,当然也会引起植物学和药剂学的研究者的兴趣,因为它的诸篇章描述了收集树脂和柏油的方法、在马其顿和叙利亚制造柏油的方法、在阿拉伯半岛收集乳香和没药的方法,如此等等,不一而足。尽管这些产品和方法往往涉及一些塞奥弗拉斯特并未去过

[92] 植物从一个子叶或两个子叶开始生长。辛格在《生物的故事》第 50 页明确指出塞奥弗拉斯特对这两组植物的区分。Cotylēdones(子叶)这个词出现在塞奥弗拉斯特的《植物志》,第 9 卷,13,6,但其含义是吸根。
[93]《植物志》,第 9 卷,8。
[94] 同上书,第 2 卷,3。

的国家,但他对它们较为详细的描述再次证明,他的许多信息是从其他人那里获得的。

这一著作甚至提到印度的植物。[95] 他谈到的第一种印度植物是一种无花果树(*Ficus bengalensis*,孟加拉榕),他注意到,它的树枝能够伸到地下变成树根,第二种是一种芦苇,第三种是一种很强的具有催情功效的植物。[96] 塞奥弗拉斯特肯定是从到雅典来的印度商人、亚历山大远征队的成员、或许还有曾到印度旅行过的他以前的学生那里得到了大量信息。

《植物的起因》不如其他著作的名气大,但我对它的考察表明,值得对它进行更深入的研究并把它译成英语。我们来举个例子,该书记述了槲寄生,以及它除非是在活的橡树的树皮上,否则不会发芽的习性。[97]

我们在前面已经讨论过希罗多德把枣椰树的结果与无花果树的虫媒授粉混为一谈的记述;塞奥弗拉斯特的记述更为恰当,这正是我们所期待的,因为他不仅比希罗多德晚一个世纪,而且他是一个专业的植物学家,而希罗多德只是一个业余爱好者。塞奥弗拉斯特对虫媒授粉法的说明仍然很不完善(在他的头脑中,虫媒授粉与昆虫引起的虫瘿的形成被混淆了),不过,我来引用一段他对枣椰树的授粉的说明:

对枣椰树而言,使雄树与雌树在一起是有益的;因为导致果实得以持续生长和成熟的正是雄树,有些人用类比的方

---

[95] 同上书,第1卷,7,3;第4卷,11,13;第9卷,18,9。

[96] 在洛布版中,霍特把那一章(第9卷,18)的整个结尾部分都删除了。这种在科学著作中假装正经的做法实在令人震惊。

[97] 《植物的起因》,第2卷,17。

法,把这一过程称为"野生果实的利用"。这一过程是这样
完成的:当雄枣椰树开花时,事实上,它们马上会与花所在的
佛焰苞分离,就这样,粉霜随花摇晃,花粉落在雌树的果实
上,如果这样,雌树的果实就能保留下来而不会脱落。无论
是无花果树还是枣椰树,看起来"雄树"都会为"雌树"(因为
结果的树被称作"雌树")提供帮助,但是在后一种情况中,
存在着某种两性合一的现象,而在前一种情况中,结果是以
多少有些不同的方式导致的。[98]

　　这一对植物性征的介绍十分清晰,尤其是,当考虑到它
在 2000 多年以后被重新介绍之前几乎被人完全忘记时,这
难道不令人惊异吗?

　　如果我们希望公正地判断塞奥弗拉斯特的植物学知识
的渊博程度,就必须把这两部著作都考虑进去,这两部著作
中所包含的详细信息的数量如此之大,以至可以断言,他肯
定在不断接触大量的植物。吕克昂学园的花园从某种程度
上说就是一个植物园;由于帕勒隆的德米特里慷慨解囊,吕
克昂学园原有的地产扩大了,很有可能,这部分增加的地产
有一部分就是用来做植物园的。按照其遗嘱(第欧根尼·拉
尔修有记载),塞奥弗拉斯特要求把他埋葬在花园中,并且
对潘菲洛斯(Pamphylos)提出这样的希望:"住在这里的人要
把迄今为止的一切都保持不变"。当然,这并不能证明这个
花园就是一个植物园,但一个花园什么时候会变成一个植物
园呢?或者换种说法,当一个植物学家把任何一个花园用来
为他自己的科学需要服务时,它难道不就变成了一个植物园

---

[98]《植物志》,第 2 卷结尾。

吗？吕克昂学园的花园大概就是这种简单的植物园。从后来的意义上讲，它可能不算是植物园，因为在以后的年代，植物分类学受到高度重视，植物园都是按照教授植物分类学的主要目的而布置的。[99]

在这两部著作中还有相当数量的关于植物病理学的论述，[100] 有什么理由不讨论呢？植物病理学是一个学术性很强的词，希腊人从不知道它，但每一个希腊庄稼人必须意识到，他的某些农作物会退化并且最终会毁灭。这些是令他痛心的可怕的事实，它们会使他受到伤害，甚至会使他破产，他无法不去想它们。希腊农夫们会在他们各自的家中或与其他农夫一起讨论这类事件。像塞奥弗拉斯特这样论述园艺问题的作者在谈论各种害虫时不必发明任何新的东西，他们只须对这些显而易见的情况进行论述。

谈到各种害虫，萝卜会受到叶甲科昆虫的侵害，甘蓝会受到毛虫和蛴螬的侵害，而在莴苣、韭菜以及其他许多草本植物那里，都会出现"割韭虫"。在收集青饲料时，或者当害虫在有粪便的地方被捉到时，它们就会被消灭；喜欢粪便的害虫会出现并跑到粪堆上，静静地待在那里，这样就很容易捉到它，否则捉它就很难。为使萝卜不受叶甲科昆虫的侵害，在作物中间种一些野豌豆是很有用的；对于防止叶甲科

---

[99] 如果我们承认吕克昂学园的花园是第一个植物园，我们必须再等 400 年才能看到第二个植物园，亦即安东尼·卡斯托尔（Antonius Castor）在罗马建造的花园。普林尼（活动时期在 1 世纪下半叶）参观了这个花园，在这里，100 年前去世的安东尼"非常精心地种植了大量植物"。普林尼：《博物志》，第 20 卷，100；第 25 卷，5。

[100] 例如，《植物志》，第 7 卷，5；第 8 卷，10。《植物的起因》，第 4 卷。

昆虫伤害,他们说,没有特别的方法。[101]

在《植物志》中,也出现了其他同类论述的段落。[102]书中所提到的昆虫,有时候可以被现代昆虫学家辨认出来。

> 萝卜上的叶甲科昆虫是跳甲;甘蓝上的毛虫是菜粉蝶;"有角的蠕虫"是一种天牛;种子中产生的蛴螬是豌豆象;橄榄树上的蜘蛛网是红蜘蛛的;果实虫是幼果蛾;海水中的船蛆是凿船虫。[103]

塞奥弗拉斯特的植物病理学局限在昆虫和蠕虫导致的损害方面,他尚不知道那些由植物寄生虫所导致的损害。尽管如此,他的研究仍是一个很好的开端。

爱德华·李·格林(Edward Lee Greene)对塞奥弗拉斯特植物学成就的概述是最出色的,我们来再现一下这一概述。这一概述是有点欺骗性的,为了清晰和简洁的缘故在其中包含了一些专业术语(例如,花瓣、花冠和雄蕊等),这些术语塞奥弗拉斯特并不知晓,这样会使人觉得,他的知识比其实际更准确一些。

1. [塞奥弗拉斯特]辨别了植物的外部器官,按照从根到果实的常见顺序对它们进行了命名和讨论;后来,这一顺序的自然性遭到了严厉的否定;但在现代植物学中,它在各处都被证明了。

---

[101]《动物志》,第 7 卷,5。

[102]《植物志》,第 8 卷,10;第 8 卷,11;第 4 卷,14;第 5 卷,4;等等。

[103] 前一段引文和这些识别均引自梅尔维尔·H.哈奇(Melville H. Hatch):《经济昆虫学家塞奥弗拉斯特》("Theophrastos as Economic Entomologist"),载于《纽约昆虫学会会刊》(*J. New York Entomological Soc.*)*46*,223-227(1938)。F. S.博登海默(F. S. Bodenheimer)在《昆虫学史资料》(*Materialien zur Geschichte der Entomologie*,Berlin,1928)第 1 卷第 70 页—第 76 页中[《伊希斯》*3*,388-392(1920-1921)]辨认了更多的昆虫。

2. 他把器官分为（a）固定的和（b）过渡的；现代则把它们区分为（a）植物的和（b）生殖的，也许可以说明，他的分类比现代的分类更科学。

3. 他发现了属于根类的气生根的存在，它不同于卷须和其他可盘卷的器官，从此以后，人们再没有对它的存在有什么争论。

4. 对于在那类增大、变硬和交织在一起的根中的矛盾现象，以及其他特殊的地下部分中的矛盾现象，他进行了评论；但在以后 2000 年的植物学史中，他的意见一直被忽视了，直到不久前才导致了对地下茎类的公开承认。

5. 依据大小、坚固程度以及结构的其他特性等差异，他认识到茎分为 3 类：干、柄和空心秆。

6. 他从来没有说花萼和花冠是不同的和单独的器官，但他往往在提及它们时，只是把它们当作叶子的一部分，显然，他认为花仅仅是变态的叶枝；当歌德和林奈都以为自己是一种新的花卉发生学的发现者时，他们只不过是回到了那种被遗忘的塞奥弗拉斯特的花卉哲学。

7. 他把植物界区分为开花的和不开花的两个亚界。

8. 他再次把开花的亚界理解为由叶状花和毛状花组成，这实际上是对有花瓣花卉和无花瓣花卉的区分，这种区分的深层意义只是在两个世纪以前才第一次被分类学者认识到并加以利用。

9. 他简要地说明了花冠和雄蕊的下位、周位和上位的着生处的更重要的差异。

10. 他对向心花序和离心花序进行了区分。

11. 他是第一个在专业的意义上使用"果实"这个术语

的人,他把这个术语应用于包括种子在内的种子套装的各种形式和各个阶段;他还为果实分类学创造了"果皮"这个术语。

12. 他把所有种子植物划分为:(a)被子植物和(b)裸子植物。

13. 根据植物的结构和生存期,他把所有植物分为树、灌木、半灌木和草本植物;他还注意到,草本植物有多年生的、两年生的或一年生的。

14. 他明确地指出茎、叶和种子的结构之间的一些差异,根据这一区分,后来的植物学区别了单子叶植物和双子叶植物。

15. 他描述了树木生长过程中的赘生与扩散的差异。

16. 他知道某些木本植物的茎上或干上的年轮是怎样形成的。

17. 塞奥弗拉斯特既没有借助最简单的透镜,也没有看到过一个植物细胞,而是凭借自然的想象对薄壁组织和长轴组织进行了明确的区分;他甚至正确地叙述了每一种组织在木髓、树皮、木材、树叶、花卉和果实的结构中的分布。[104]

非常奇怪的是,在公元前4世纪末竟然积累了如此之多

---

[104] 爱德华·李·格林(Edward Lee Greene,1843 年—1915 年):《1562 年以前的植物学史的里程碑》(*Landmarks of Botanical History Prior to 1562*, Washington, 1909),第 140 页—第 142 页。对塞奥弗拉斯特最近的研究成果是瑞士植物学家古斯塔夫·森-伯努利(Gustav Senn-Bernoulli,1875 年—1945 年)的著作:《塞奥弗拉斯特的植物分类学》(*Die Pflanzensystematik bei Theophrast*, Bern, 1922)[《伊希斯》6,139(1923—1924)],《古代生物学研究方法的发展和塞奥弗拉斯特对它的根本证明》(*Die Entwicklung der biologischen Forschungsmethode in der Antike und ihre grundsätzliche Förderung durch Theophrast*, 262 pp. ; Aarau:Sauerländer, 1933)[《伊希斯》27,68-69(1937)]。

的植物学知识,而在古代,这种知识即使有些增加,也非常少。塞奥弗拉斯特不仅是第一位植物学作者,而且在 16 世纪德国的文艺复兴以前,他一直是最伟大的植物学家。他的希腊信徒科洛丰的尼坎德罗(Nicandros of Colophon,活动时期在公元前 3 世纪上半叶)、克拉特瓦(Cratevas,活动时期在公元前 1 世纪上半叶)和他的王室雇主——国王米特拉达梯-尤帕托(活动时期在公元前 1 世纪上半叶)、阿纳扎布斯的迪奥斯科里季斯(活动时期在 1 世纪下半叶)丰富了希腊植物志,克拉特瓦为它提供了插图,但我并不觉得他们对植物学有任何实质性的贡献。至于罗马人,例如监察官加图(活动时期在公元前 2 世纪上半叶)、瓦罗(活动时期在公元前 1 世纪下半叶)、加的斯的科卢梅拉(活动时期在 1 世纪下半叶),他们的主要贡献是在农业方面。老普林尼(活动时期在 1 世纪下半叶)只是把他那个时代所能获得的所有知识汇聚在一起,并未增加任何知识。塞奥弗拉斯特的植物学和亚里士多德的动物学象征着古代博物学的顶峰。

第四部分　地质学和矿物学

一、早期的知识

多个世纪以来,人们收集了许多地质学和矿物学的知识,因为在埃及、希腊以及其他地方都兴起了采矿业。对金属矿石和宝石的寻找很早就开始了。在近东,人们可能见证过许多奇特的地质现象,如地震、火山爆发、热矿泉、大型地下洞穴和地下水、奇形怪状的山脉、狭窄的山谷等等。非常细心和喜欢深思的人,就像许多希腊人那样,必然会对这些秘密进行思考。它们为什么会出现?它们是怎样出现的?

最早的解释是神话的解释,而且不可能长期使他们那代人中的那些有才华的智者感到满意。毕达哥拉斯假设,在地球之中存在着中心之火,这种观念无法被证明不对,几乎一直到我们这个时代还有人对它感兴趣,而且它与有关地狱的构想结合在一起。[105] 在我们前面有关科洛丰的色诺芬尼的评论中,我们公正地把他称为最早的地质学家和最早的古生物学家。希罗多德解释了冲积层导致下埃及的形成。从古代开始,尼罗河的异常活动就引起了希腊旅行者的好奇心,他们对每年一次的洪水的起因进行了思索。最有智慧的人甚至承认存在着水陆互换位置的可能性;他们认为,这是可能的,因为陆地出现在有水的地方,反之亦然。色诺芬尼关于化石的思想被萨迪斯的克桑托斯(Xanthos of Sardis)接受了,[106] 也被希罗多德、尼多斯的欧多克索、亚里士多德和塞奥弗拉斯特接受了;如果这些思想没有受到犹太教-基督教的创世教条的贬低和排挤,它们可能仍在传播。

　　从远古的时代起,人们就收集珍贵的石头用来作为妇女的装饰品或作为仪式之用。[107] 有关它们的知识可以追溯到远古,堪与有关动物和植物的古老知识相媲美。史前人类对这3个自然王国同样熟悉。就使知识部分地摆脱民间传说和迷信而言,亚里士多德时代在知识方面的创新,没有在赋

---

[105] 例如,但丁的《地狱》;参见《科学史导论》,第3卷,第487页,插图8。不应把这种思想与现代关于地核构造的思想或关于地震震源的思想相混淆,因为现代的科学思想是绝对与古代或中世纪的想象无关的。

[106] 吕底亚人克桑托斯是坎多勒(Candaules)之子,活跃于阿尔塔薛西斯一世(Artaxerxes,公元前464年—前424年在位)时代,他致力于地质学和植物学的研究。

[107] 参见,例如,欧多克索著作28中对亚伦的胸铠上的宝石的描述。

予知识以科学形式的方面的创新那样多。

在归于亚里士多德名下的《天象学》中，作者对不同的地质学课题进行了讨论。[108] 值得注意的是，在古代和中世纪，气象学和地质学这两个领域是密切相联系的。对亚里士多德和所有古典时代的科学工作者来说，地震和火山爆发是相互关联的。他们一直接受中心之火的思想，而且亚里士多德试图用他自己的地下风的假设对之进行说明，按照这一假设，地下风会因摩擦和震动而变热，这会导致火山爆发，甚至导致海底火山的爆发，例如在利帕里群岛（Lipari Islands）的一个岛屿中所发生的那种情况。地下风的思想本身是非常古老的；[109] 有关埃俄罗斯（Aiolos）的神话就是其代表；埃俄罗斯被设想为居住在风神群岛（the Aiolian Islands，亦即利帕里群岛，在这里，火山爆发很频繁）之上或群岛之下。因此，从对地上风的考虑（气象学）转向对地下风的考虑（地震学和地质学）是非常自然的。对岩石、金属和矿石的起源都是依据风或散发的气体来表述的，它们中的一些诞生了矿石和不溶解的石头，另一些则诞生了金属，它们是可熔化的和可延展的。

亚里士多德对地震的说明本身是很有趣的，另外，它还包括了对以前的阿那克西米尼、阿那克萨戈拉和德谟克里特的观点的说明。这个主题使得希腊哲学家不得不去关注它；并非必须成为一个哲学家才能明白火山爆发或明白地震，这

---

[108]《伊希斯》6,138（1924）。

[109] 时至今日，风被禁锢在地下洞穴中的观念并未完全被抛弃。这种想象在波斯依然存在；参见 E. G. 布朗（E. G. Browne）在《与波斯人共同生活的一年》（*A Year Among the Persians*, Cambridge）第 2 版（1926）第 257 页所讲述的一段奇闻。

样一个如此明显的告诫究竟会使人恐惧和祈祷，还是使他惊愕、想象和沉思，将由个人的性情和所受的教育来决定。一些希腊人发明了相应的神话和咒语；其他人，亦即自然哲学家，试图寻找解释并且开创了一门新的科学——地震学。

二、矿物学家塞奥弗拉斯特

非常巧合的是，最早的有关石头（矿石和宝石）的科学著作也是由塞奥弗拉斯特撰写的。亚里士多德似乎与他共享了3个自然王国：前两个由塞奥弗拉斯特探讨，第3个由亚里士多德本人探讨。[110]

《论岩石》（*De lapidibus*）被看作一个残篇，但其篇幅相当长（在迪多版中接近10个印刷页），最好把它称作一个专论，尽管它的全文并没有留传下来。它论述了最广泛意义上的石头；人们可以把它称作一部岩相学专论，当然，是真正的第一部岩相学专论。他描述了各种岩石和矿石的特性，并且指出它们的来源和用途。然而，塞奥弗拉斯特关于化石的思想并未在这一著作中得到说明，而是在另一有关鱼化石的著作中得到了说明，[111]在那一著作中，他提到在黑海以南地区的岩石中发现的鱼类的化石。

他认为这些化石是从留在陆地上的鱼卵中发育而成的，或者，这些鱼从邻近的水域游到这里，并且最终变成石头。他还表述了这样一种思想，即泥土中有一种内在的塑造力，

560

---

[110] 我们已经提到亚里士多德有关地质学的说明，但作为自然科学家，他的主要研究是在动物学方面。

[111] 这是一个较长的残篇（残篇171），题为《论鱼在干燥条件下的保存》（*De piscibus in sicco degentibus*，Didot Greek-Latin edition，pp. 455–458）——它实际上是对鱼化石的讨论。这一残篇很长，足以称作第一篇关于古生物学的专论。塞奥弗拉斯特在许多领域中都是"第一"。

在这里,骨头和其他有机体能够被仿造。[112]

回到岩石,塞奥弗拉斯特对几种岩石进行了描述,并且试图根据火对它们的作用而加以分类。其中有些描述自然而然地具有化学特点,因为矿物分析无论多么原始,都会导致对化学反应或化学应用的思考。例如,塞奥弗拉斯特描述了白铅的制备:

把一块砖头大小的铅放在盛于陶罐中的醋的上方。通常在 10 天中,铅上会结一层(像锈一样的)东西,这时他们会打开罐子,并且把腐蚀的部分刮掉。这个过程随后还会一再重复,直到铅完全被消耗掉为止。他们会把刮掉的东西收集起来,在一个研钵中把它们捣成粉末,并把它们过滤。最后留在底部的就是白铅。[113]

塞奥弗拉斯特继续了亚里士多德的思考,他试图说明两种截然不同的物质——石头和金属的无机物本性的起源。他指出,石头起源于土(石头会分化为土),金属起源于水。他认为,在石头中,那些无生命世界的奇迹亦即贵重的石头和宝石特别重要。他的专论的相当一部分(四分之一)论述了宝石,而正是这部分最令后世的人们感兴趣。在其对宝石的描述中,他辨认了许多物理特性,如重量、颜色、透明度、

---

[112] 阿奇博尔德·盖基爵士:《地质学的奠基者》(The Founders of Geology, London: Macmillan),第 2 版(1905),第 16 页。

[113] 见第 56 部分;由 M. R. 科恩(M. R. Cohen)和 I. E. 德拉布金(I. E. Drabkin)翻译,见于《希腊科学的原始著作》(Source Book in Greek Science, 600 pp.; New York: McGraw-Hill, 1948),第 359 页。正如德拉布金在一个脚注中评论的那样,这种反应的最终产物并非必然产生碳酸铅(白铅,铅粉),而是产生乙酸铅;使乙酸铅变为碳酸铅需要大量碳酸。

光泽、断口、可熔性、硬度。他简要地说明了在什么地方可以
找到某些宝石，以及它们能够卖出的高价格。他的描述足以
使人们辨别许多石头，如：雪花石膏、琥珀、紫晶、祖母绿、石
榴石、青金石、碧玉、玛瑙、缟玛瑙、光玉髓、水晶石、葱绿玉
髓、硅孔雀石、孔雀石、磁石以及赤血石。对于其他许多石头
我们不能确定，或者说，我们全然不知。例如，不会被火损坏
的 *adamas*（金刚石）。这是一种什么石头？是钻石吗？不能
这么说。他的信息几乎来自希腊人已知的世界的各个地方，
来自以地中海为中心的 3 个大陆。其中许多信息非常古老，
也许来自巴比伦或埃及，有些甚至可能是太古时代的史前传
说。因此，当我们偶然遇到一些不合理性的说法时，我们不
必惊讶；该著作从整体上讲是非常合乎理性的，或者可以将
它称作科学的。他的某些结论是正确的。他知道，牡蛎把珍
珠隐藏起来（当然，珍珠总是在牡蛎中而不是其他地方被找
到），珊瑚在海中生长；他知道存在着象牙的化石。塞奥弗
拉斯特的《论岩石》是老普林尼《博物志》[114]第 37 卷的主要
来源，而通过普林尼，它对所有更具科学素养的宝石专家产
生了影响，而且这种影响一直持续到现代。如果把塞奥弗拉
斯特与老普林尼加以比较，那么优势完全被前者占去了。尽
管老普林尼比塞奥弗拉斯特晚了不到 4 个世纪，但他的科学
素养远不如塞奥弗拉斯特；老普林尼知识面的广博举世无
双，但是显然，他的知识质量不高。这说明希腊科学与罗马

---

[114] 该书最新的英语版由悉尼·H.鲍尔（Sydney H. Ball）翻译，见于《一部关于宝石
的罗马著作》（*A Roman Book on Precious Stones*, Los Angeles：Gemological Institute，
1950）[《伊希斯》42，52（1951）]，这一著作非常有价值，因为作者具有关于宝石
本身的实践知识。

科学之间形成的巨大鸿沟,后者至多只能算作前者一个非常不完善的后代。

第五部分　医学

一、"医生"亚里士多德

在我们对亚里士多德生平的记述中,我们曾评论说,他对科学的爱好也许应当归功于他的父亲,他的父亲是一个医生。但亚里士多德没有成为一名医生,在他的著作中,提到医学的地方也很少。在《论题篇》和《政治学》中有几处提到医学的地方,但都是无关紧要的。的确,《问题集》是第一部讨论"与医学有关的问题"的著作,但我们不能从《问题集》中吸取任何东西,因为它肯定是一部假冒的作品,而且其写作的时间可能很晚;有些评论者认为,它可能是晚至5世纪或6世纪的作品。[115] 人们承认该书具有漫步学派的特点,但它并不能告诉我们任何亚里士多德自己的思想。

另一方面,奇怪的是,他对动物的解剖学和生理学观察往往是正确的,但对人的观察却是错误的。他区分了男人和女人颅骨骨缝的区别,他说,人有8根肋骨,心脏只有3个心室(他没有注意到心室之间的隔膜)。显然,他没有进行过人体解剖,而满足于在不去证明的情况下接受一些有关人体解剖学的命题。亚里士多德的情况并不像它乍看起来那样反常。许多医生的儿子都继承了他们的父亲对科学的热爱,但对医学却非常厌恶;这两种情感绝非矛盾的。

亚里士多德对医学不感兴趣,但有些医生对他的哲学和

---

[115]《伊希斯》11,155(1928)。

他的科学方法有浓厚的兴趣,因此,正如重理医派的出现所证明的那样,他对医学的发展产生了不容置疑的影响。

二、重理医派·卡里斯托斯的狄奥克莱斯

由于一个根本性的错误,医学史家对重理医派的历史的概述有着严重的缺陷。这个学派的创立者卡里斯托斯的狄奥克莱斯(Diocles of Carystos)被设想为是早于亚里士多德的,并且对他产生了影响。耶格证明,[116]正相反,狄奥克莱斯是比亚里士多德年轻的与之同时代的人,而他的医学理论是在吕克昂学园的影响下形成的。

在公元前4世纪下半叶,医学上所发生的事情没有什么令史学家惊讶的,因为类似的现象已经发生过许多次了。在雅典和希腊的教育中,柏拉图学园和吕克昂学园这两个著名的学校占据了支配作用,它们为志向远大的青年人提供了一种新的研究、讨论和阐释的方式。狄奥克莱斯所领导的一群人认识到,有必要按照学术惯例重建医学学说,并且用语言学术语对它们进行重新解释。[117] 总有一些医生,他们喜欢学习,他们自己也被别人学习,或者,他们喜欢被当作有学问的人,并且使用他们那个时代最深奥的专用术语。狄奥克莱斯在这些方面做得非常出色,而且由此创立了一个新的医学

---

〔116〕沃纳·耶格:《卡里斯托斯的狄奥克莱斯·希腊医学和亚里士多德学派》(*Diokles von Karystos. Die griechische Medizin und die Schule des Aristoteles*, 244 pp.; Berlin: Walter de Gruyter, 1938)〔《伊希斯》*33*, 86(1941–1942)〕;《漫步学派成员狄奥克莱斯被遗忘的残篇,以及关于重理医派编年史的两个附录》("Vergessene Fragmente des Peripatetikers Diokles, nebst zwei Anhängen zur Chronologie der dogmatischen Ärzteschule"),载于《普鲁士科学院论文集·哲学史》(*Abhandl. Preuss. Akad.*, *Phil. hist. Kl.*),第3期(46 pp.;1938)。

〔117〕在13世纪后期和14世纪也发生了同样的事情,当时,被神学家和法理学家的说明方法迷惑的意大利医生,用类似的方式来撰写医学著作。参见《科学史导论》,第2卷,第70页;第3卷,第264页和第1222页。

学派——重理医派;雅典人把他称作"另一个希波克拉底"。

这一点是非常重要的,即他是第一个用雅典方言而不是爱奥尼亚方言写作的医生,而这种语言的变化也许是他所领导的知识革命最重要的标志。一直到那个时代,希波克拉底特有的语言都被当作最纯正的医学用语;现在,它被柏拉图和亚里士多德使之稳定下来的语言取代了。这标志着医学思想的一个新纪元。狄奥克莱斯是第一个谈到希波克拉底的标本的人,这表明,对他来说希波克拉底仍是重要的向导;他没有必要反对希波克拉底的知识,但他正确地认为,科学知识应当用最完美的逻辑顺序和最文雅的语言来表述。他也非常熟悉西西里学派(the Sicilian School)的生理学理论,亦即洛克里的菲利斯蒂翁所提出的理论,并把它们与传统的科斯学派的观点结合在一起。

尽管狄奥克莱斯被称作重理医派的奠基者,但实际上,它的基础已被其他人逐渐建立起来了。这是老希波克拉底学说的一种自然发展。一个天才的学说往往是不拘形式的,但除非通过一种更为系统的方式,否则它无法得以保存和持续;希波克拉底的追随者们在不知不觉中做到了这一点,开始是他的儿子塞萨罗斯、他的女婿波吕勃斯、他的孙子们和他的亲传弟子科斯岛的阿波罗尼奥斯(Apollonios of Cos)、科斯岛的德克西普斯(Dexippos of Cos),最后是狄奥克莱斯。后来,他们被(盖伦和其他人)称作 logicoi,即逻辑学家。我刚才给出的这个词的译法和传统的译法,即重理医派成员,同样是不完全的;logicos 这个词有许多含义,例如"理智的""辩证的""爱争论的"等等;显然,盖伦用这个词是要把逻辑的和哲学的解释方法与更简单的解释方法区分开。简而言之,重理医派成员使得亚里士多德时代的医学具有了其纯理论的色彩。

从其著作残篇(因为狄奥克莱斯的诸多著作没有一部被完整地保留下来)和早期的评注者的观点来看,狄奥克莱斯不仅是一个能按照逻辑顺序撰写他那个时代的医学著作的人,而且他通过自己的观察,增进了这种知识。他进行了胚胎学和妇科及产科学的研究,并且进行了动物解剖(例如,他解剖了骡子的子宫),他描述了反刍动物的子叶型胎盘和早期人类胚胎。他坚持认为,男人和女人都为生育他们的子女贡献了"种子"。据说,他撰写了第一本关于解剖学的教科书和第一本关于医学植物学的教科书。[118]

接替狄奥克莱斯担任重理医派领导的是科斯岛的普拉克萨戈拉,他是第一个对静脉和动脉做出明确区分的人,他认为,前者负责输送血液,而后者充满了空气。[119] 他对血管的研究导致他对脉搏的研究,而很奇怪的是,在希波克拉底的著作中,对脉搏的研究被忽视了。已知的普拉克萨戈拉的学生有 3 个:第一个是菲洛蒂莫(Philotimos),他特别关心体育和饮食问题;第二个是雅典的姆奈西蒂奥(Mnesitheos of Athens),他(对动物的身体)进行了解剖学研究,并且试图把

---

[118] 他的《草根采集》(*Rhizotomicon*)也许可以称为植物学专著,而且它可能早于塞奥弗拉斯特的著作。他和塞奥弗拉斯特是年龄相近的同代人,狄奥克莱斯大概稍微年轻一些。这不排除这样的可能性,即塞奥弗拉斯特运用了他的年轻同行的植物学。在塞奥弗拉斯特的著作中,有一次曾提到了狄奥克莱斯(是不是这个狄奥克莱斯?),但这不是在关于植物学的著作中,而是在关于石头的著作中(28)论及 *lyngurion*(琥珀或电气石?)时。

[119] 这个错误是可以原谅的,因为当心脏停止跳动时,富有弹性的动脉会把自己排空。这种观点被接受了数个世纪,这也是长期停滞而未能发现血液循环亦即整体循环的原因之一(哈维,1628)。

疾病分类；最后一个就是著名的希罗费罗。如果我们（像我们实际所做的那样）接受耶格新确定的狄奥克莱斯的生卒年月，那么，狄奥克莱斯是在公元前 3 世纪的第一个 25 年期间走完他的生命旅程的，因而他已经见证了希腊化时期；普拉克萨戈拉和姆奈西蒂奥更不容置疑是希腊化的 *fin de siècle*（世纪末）之子，他们属于一个新的时代；他们与卡尔西登的希罗费罗（活动时期在公元前 3 世纪上半叶）是同时代的人，我们不在本卷中论述他们，这似乎已被证明是有理由的。

　　我们对重理医派的思想的了解仅仅是片断的，但从波吕勃斯到姆奈西蒂奥的发展表明，他们的重理学说与真正的观察和合理的批评调和了。重理医派是从希波克拉底到一种新的解剖学和生理学的必然过渡，它构成了一座从科斯通往亚历山大的桥梁。

三、美诺

　　正是由于有点缺乏自信，我们才以对神秘的美诺的简要说明来结束本章。按照盖伦的说法，如果想知道古代医生的思想，就应当阅读归于亚里士多德名下但却是由他的弟子美诺撰写的历史概述，该著作因此取名为《美诺医论》（*Menoneia*）。[120] 如果美诺是亚里士多德的弟子，那么当然，这里就该有他的位置，但盖伦的假设是模糊的；美诺也许是亚里士多德的一个间接的弟子，而不是亲传弟子。

　　有关美诺概述的传说是很奇特的。大英博物馆在 1891

---

[120] K. G. 屈恩：《盖伦全集》（Leipzig, 1821－1833），第 15 卷，第 25 页："Galeni in Hippocratem de natura hominis commentarius（《盖伦对希波克拉底〈论人的天性〉的评注》）"。

年获得了一部篇幅相当大的医学纸草书,[121]弗雷德里克·
凯尼恩爵士很快就对其重要意义进行了评价和宣传。[122] 该
原著撰写于基督纪元初期,盖伦时代之前,也许正是在那个 *561*
时代之前,即公元 2 世纪上半叶。它的前半部分是来源于美
诺著作的历史概述。概述结束于公元前 4 世纪下半叶,这可
能也证实了这一假设,即美诺活跃于这个时期或是该时期不
久之后。

　　亚里士多德的一个弟子认为有必要撰写一部古代医学
史,这一事实是非常重要的。一直阅读本书的读者不会对我
们有关古代医学史非常简略的概述感到惊讶。公元前 4 世
纪末,医学不仅是一门技术,而且是一个自远古以来就存在
的行业;它也是一门积累了诸多世纪之经验的科学,它还是
或者说试图想成为一门哲学学科。而这个于公元前 4、5 世
纪之交活跃在雅典的博学的医生是一个非常练达老成的人。
如果他足够聪明,他就会认识到他对许多事情的无知,并且
会认识到尤其是在解剖学和生理学这样的基础领域进行更
深入的研究的紧迫必要性。希腊医学取得了令人钦佩的成
就,但伴随着有关这些成就的辉煌记录,希腊医学也正在一
种显贵的哲学气氛中走向终结;它一直在尽可能地使用自己

---

〔121〕 这一纸草书题为《伦敦匿名者》(Anonymus Londinensis),著作 12 英尺长,包括
　　　 39 卷或 39 部,每部大约 3 英寸宽;总计大约 1900 行。原著没有开头。古文书
　　　 学的研究与这个时代(2 世纪上半叶)是吻合的。
〔122〕 F. G. 凯尼恩:《大英博物馆的医学纸草书》("A Medical Papyrus in the British
　　　 Museum"),载于《经典评论》(Classical Rev.) 6,237—240(1892)。凯尼恩转录了
　　　 全文,而第一个对之进行编辑的是赫尔曼·狄尔斯,参见《亚里士多德著作增
　　　 补》(Berlin,1893),第 3 卷,第一部分;W. H. S. 琼斯:《〈伦敦匿名者〉中的医学
　　　 论述》(The Medical Writings of Anonymus Londinensis,176 pp. ;Cambridge:University
　　　 Press,1947)[《伊希斯》39,73(1948)]。

的方法,而要证明新的理论就需要更多的研究。最后的希腊医生们正在为希腊化时代的解剖学家开辟道路。

第二十二章

亚里士多德的人文科学和公元前 4 世纪下半叶的史学

一、生态学

亚里士多德首先是一位科学家,他从理性的角度看待世间万物,但他也是一个哲学家,甚至是一个形而上学家,而且他对所有人文学科有着浓厚的兴趣。对他来说这一点是非常典型的,因而我们必须介绍一下他对政治学和社会学的带有生态学观点的研究。

什么是生态学(ecology)？不错,生态学是个希腊词,但它并不属于古希腊语词汇,它最初(更准确)的英语形式是 oecology,在《牛津英语词典》(*Oxford English Dictionary*)中,最早提到" oecology "的例子是在 1873 年 ［海克尔(Haeckel)］；在《牛津英语词典》的《增补》中," ecology "的最早例子是 1896 年。[1]《牛津英语词典》把生态学定义为"关于动植物的经济学；它是生物学的一个分支,探讨生物有机体与它们的环境、习惯以及生活方式等的关系"。

---

[1] " ecology "和" economy "这些词最初的含义几乎是同义的。坚持" oecology "的拼写而不承认另一个词" oeconomy "的拼写是愚蠢的。在我们的术语学中,*nomos* 和 *logos* 是常常互换的；我们称一门科学为"地质学(geology)",另一门为"天文学(astronomy)",而 "占星术(astrology)"这个词却是指一组迷信学说。每一种语言都是理性和幻想的混合。

　　"生态学"这个名词是很晚才出现的,但这门科学本身却是古老的,它像亚里士多德本人一样古老。每个有才智的博物学家都会偶尔讨论到生态学问题,就像莫里哀说 *bourgeois gentilhomme*(中产阶级绅士)会"*faisait de la prose sans le savoir*(写作没有救世主的散文)"那样。我们可以肯定,甚至在亚里士多德时代以前,聪明的农夫、猎人和渔民就有机会观察过生态现象。不过,亚里士多德是第一个撰写有关这些现象的人,因而在科学文献中引入了生态学观念。

　　我再举两个例子。第一个例子是江珧。[2] 江珧[3]是一种双壳贝类软体动物,寄生在它的外套腔上的一只小蟹会确保它的安逸并且会帮助它获得食物。这只小蟹被称作 *pinotērēs* 或 *pinophylax*(江珧卫士)。亚里士多德说:"一旦江珧失去了其卫士,它很快就会死去。"非常有可能,早在亚里士多德之前,渔民们就观察到那种奇怪的互利共栖现象,而且 *pinotērēs*(或 *pinophylax*)是一个比科学术语更流行的词。把 *pinotērēs* 这个词用来指人类寄生虫,已经证明有关这个问题的知识多么通俗!我们可以有把握地说,第一个给趋炎附势者起这样一个巧妙的绰号的人,一定不是在《动物志》中,而是在生活语言中发现它的。

　　另一个例子更奇特。有一段原著,尽管其结尾部分是与我们无关的,我还是引用了其全文;这是亚里士多德的动物学描述的一个很好的例子。引文后面的讨论将限制在种群

---

〔2〕《动物志》,547 *b*–548 *a*。
〔3〕 古代希腊语的拼法是 *pina* 或 *pinē*,只有一个 *n*;我们是按照英语习惯用法来拼写 *pinna* 这个词,但是,按照最准确的希腊语拼法应当写作 *pinotērēs* 和 *pinophylax*。关于江珧的民间传说,请参见《伊希斯》*33*,569(1941–1942)。

问题上,这个问题是亚里士多德首先提出的。

　　无论在幼仔的数量上还是在生育循环的速度上,鼠类的繁殖现象都令人无比吃惊。有一次,一只怀孕的母鼠偶然被关在盛有谷种子的罐子中,在过了没多久之后打开这个罐子时发现,里面的老鼠竟达 120 只之多。

　　田鼠在田野间的繁殖速度和它们造成的破坏难以用任何语言形容。在许多地方,所出现的田鼠往往难以计数,结果是,给农夫留下的庄稼所剩无几;它们的行动如此迅速,竟然到了这样的程度:有一个小农头一天看见收割庄稼的时候到了,第二天早晨,当他带着刈具下田时却发现,所有的庄稼已经被吃得颗粒不剩了。它们的销匿也令人难以理解,在短短几天内它们就可以消失得踪影全无。而仅仅就在几天前,人们还想通过烟熏、挖掘的办法,再加上捕捉和放猪入田翻拱它们(因为通过这种方式猪可以用它们的嘴翻找出鼠洞),以图减少它们的数量,但却徒劳无获。狐狸也会猎取它们,而野鼬尤其擅长捕捉它们。然而它们也无法遏制住鼠类的巨大数量和繁衍速度。当鼠患猖獗时,降雨是唯一有效的减少它们的途径,除此之外,别无他法;当暴雨倾盆而降时,它们很快就会消失。

　　在波斯的某个地区,当人们剖开一只雌鼠时发现,里面的雌胎鼠竟然也在怀孕。有人断言并且坚定地认为,雌鼠舔盐即可怀孕,而无须与雄鼠交配。

　　在埃及,鼠像刺猬一样身着刚毛。还有一种不同的鼠,它们两只后腿着地行走,因为其前腿生得甚为短小,其后腿却很长;[4]这种鼠为数极多。还存在着很多其他种类的鼠,远远超过这里所提及的鼠的种类。[5]

亚里士多德充分观察到某一动物种群的突然和快速的增加以及随后的减少或完全消失。最近有位作者对此问题做了如下评论:

亚里士多德对某一老鼠种群数量的增高和减低的精心和有条不紊的描述,也许应当被当作这本书的一段正文。因为它包含了自然波动问题的大部分要素。[6]

亚里士多德并没有看出这个谜的谜底,对此我们不必大惊小怪,因为这个谜底的确隐藏得很深,而且它的本质部分在我们这个时代(1925 年—1935 年)以前并没有被发现。埃尔顿说:

动物群落只是通过它们的结构和组织就获得了导致波动的能力这一普遍思想,在 1925 年以前没有被(除斯宾塞以外的)任何人明确讨论过。而在这一年,洛特卡(Lotka),一位研究人口动态方面的美国数学专家,发表了他的不同寻常的、对作为一个生态系统的世界的分析;大约在同时,在意大利工作的纯数学家沃尔泰拉(Volterra)对波动也得出了有些类似的看法。

他们的理论与像我本人这样的生态学家的理论之间的巨大差异在于,我认为,诸如气候这样的外部干扰是导致种群数量上下波动的主要推动力,其他因素如流行病和捕食者

---

[4] 这是指跳鼠(*Dipus aegyptiacus*)。

[5] 《动物志》,580 *b*10。

[6] 查尔斯·埃尔顿(Charles Elton):《田鼠、老鼠和旅鼠——种群动态问题》(*Voles, Mice and Lemmings. Problems in Population Dynamics*, Oxford: Clarendon Press, 1942),第 3 页[《伊希斯》*35*,82(1944)]。

种群数量的变化是第二位的。但是洛特卡和沃尔泰拉认为，他们通过一些严格的数学论据能够证明，由生态链连接起来的物种的群体必然会波动，因此，气候和其他外在影响只不过趋向于干扰自然的节律，从而导致非常复杂的后果。几乎没有什么人怀疑这一点，即他们的结论大体上是正确的。值得注意的是，这样一种重要的概念是在居住相距 4000 英里之遥的两位数学家的头脑中分别独立地发明的，其中一个人的工作是研究人类生命统计学，另一个人的工作与生物学根本没有直接联系。[7]

这段引文使我们远离了亚里士多德，但它有助于说明真正的科学问题具有不可思议的共鸣。迷信来回循环而原地不动，但诸如亚里士多德和塞奥弗拉斯特这样的科学工作者在 23 个世纪以前提出的理性问题，仍然影响并滋润着现代人的心灵。

二、伦理学

逻辑学的奠基者和自然科学许多分支的奠基者亚里士多德，也是伦理学的奠基者。归于他名下的伦理学专著的确是这类正式的专著中最早的。[8]

在亚里士多德的著作中，包含 4 部伦理学专著。[9] 第一部也是最长的一部，题为《尼各马可伦理学》，几乎可以肯定这是真作。其他 3 部是：《欧德谟伦理学》，大概是由另一

〔7〕 查尔斯·埃尔顿(Charles Elton)：《田鼠、老鼠和旅鼠——种群动态问题》(*Voles, Mice and Lemmings. Problems in Population Dynamics*, Oxford: Clarendon Press, 1942)，第 158 页。

〔8〕 柏拉图的对话属于不同的著作种类。

〔9〕 1094 *a*-1251 *b*。

个人对同一主题所做的较为简洁的改写；[10]《大伦理学》，这是一部较晚的作品，它在一定程度上是从前两部著作中衍生而来的；非常短的专著《论善与恶》(Virtues and Vices)，它写得更晚些，也许晚很多。第一部专著的篇幅比其他 3 部加在一起都长。[11] 倘若人们要研究亚里士多德的伦理学，并且要强调亚里士多德本人对它的贡献，那么，考虑《尼各马可伦理学》就足够了。若要对漫步学派的伦理学进行更深入的研究，就有必要同时考察《欧德谟伦理学》和《大伦理学》，并且讨论这些专著的内在联系，这种关系有点类似于 3 部福音书*之间的内在联系。

　　《尼各马可伦理学》之所以有这样的标题，因为此书是亚里士多德为一个名叫尼各马可的人写的，他大概是亚里士多德之子，系亚里士多德第二任妻子斯塔吉拉的埃比丽斯(Epyllis of Stageira)所生。不过，有人论证说，亚里士多德并不是为其儿子写的，而是为其父亲写的；按照第三种推测，这部专著并非题献给他儿子的，而是由他儿子编辑的。现在最普遍地被人们所接受的是第一种假说。

　　亚里士多德的目的是想发现，哪一种生活方式是人们最

568

---

〔10〕《尼各马可伦理学》与《欧德谟伦理学》有许多相似之处，后者的第 4、5、6 卷与前者的第 5、6、7 卷相同。有人论证说，有 3 卷原来属于《欧德谟伦理学》的内容后来被添加到《尼各马可伦理学》之中了。也许，这两部著作都是由同一个人写的，即使这个人就是亚里士多德，人们也不明白，他已经很忙了，为什么还要把他自己的著作重写一遍呢？《大伦理学》肯定是另一个人写的，其在所用词汇和语法方面的不同证明了这一点；有不少于 40 个词没有出现在另外两部著作中。

〔11〕 在贝克尔版中，《尼各马可伦理学》共 176 栏，其他 3 部为 144 栏（分别为 72、66 和 6 栏）。

　*　指《新约全书》中的前 3 部《马太福音》《马可福音》和《路加福音》。——译者

想要的和最好的,或者换句话说,他想确定什么是人类的至善;对这种至善的追求被认为是人类的义务。至善就是去完成一个人所肩负的人类使命,就是去发展人类灵魂所倾向的德性,并且去获取幸福(真正的幸福,而不是关于幸福的世俗观念)。拥有外在的财产是有益的但不是必不可少的。德性是值得称颂的,而幸福是称颂不尽的。德性有两大类——道德方面的(如勇气、节制、宽宏、公正等等)和理智方面的(如智慧、对真理的沉思等等)。人将会在沉思(*theōria*)的生活中发现至善。

《尼各马可伦理学》分为 10 卷:1. 人类的善;2—5. 道德德性;6. 理智德性;7. 节制和无节制,快乐;8—9. 友谊;10. 快乐和幸福。

亚里士多德说明,德性既不是先天的也不(像柏拉图所认为的那样)是知识的一个结果,它是一种可以养成和完善的灵魂的习惯。最高层次的习惯就是运用我们灵魂中具有神性的部分,亦即运用我们的理性。我们身上这种具有神性的东西的发展会使我们更接近神。《尼各马可伦理学》不仅是最早的关于伦理学的专著,而且也是最早的关于理性伦理学的专著,在对许多问题的论述上至今尚无人能出其右。有人必然会妒忌那些被允许参加这类高级讨论的吕克昂学园的学生和听众们,这样的讨论由于其合乎理性和适度,同时很少诉诸感情和激情,因而引人注目。

有人用与解释《尼各马可伦理学》标题同样的方式,来解释《欧德谟伦理学》标题的由来,并且导致了同样的含混。《欧德谟伦理学》这一专著之所以有如此的标题,或者是因为亚里士多德把它题献给了欧德谟,或者是因为欧德谟实际上是其作者或是其编者。在这两种情况下,其资料来源仍然是相同的,即都来自亚里士多德,鉴于《欧德谟伦理学》与《尼各马可伦理学》有许多相似之处,在这一点上没有什么可以怀疑的。

至于欧德谟,人们可能只会想到一个人,即罗得岛的数学家欧德谟,他是亚里士多德最喜欢的弟子之一,而且他本来有可能接替亚里士多德担任吕克昂学园主持人的职务。但最终塞奥弗拉斯特被选中了,这并非因为他是比欧德谟更忠诚的弟子,而是因为他更谦和。亚里士多德对很多事情都很了解,他已经认识到,学园的主管必须具备许多品质,而纯粹的智力素质也许并不是最重要的。这位大师对"情感"与"智力"的价值以及心脏与大脑的价值到底如何评价?[12] 很难说。这大致就像难以回答这样的问题:如果一个帕台农神庙的建筑师有一颗善良的心,他是否就会是一个仁慈和慷慨的人呢?

如果《大伦理学》可以明确地归于亚里士多德的名下,我们就有了比较可靠的基础。它的篇幅与《欧德谟伦理学》大致相当(66栏比72栏),它是《尼各马可伦理学》和《欧德谟伦理学》的总结,但有一个令人吃惊的创新:

569　　　一般而言,与其他人的认识相反,作为德性的本原和向导的,与其说是理性,莫如说是情感。因为在我们身上首先必须产生出(事实也的确如此)某种朝向正确的非理性的冲

---

[12] 严格地讲,把最后一种说法用于亚里士多德是错误的,因为他认为理性处在心脏而不是大脑之中,我之所以这样用是为了叙述的清晰。

动,而后理性才会对问题做出表态和裁决。[13]

《大伦理学》的另一段话也是同样重要的:

我们应当讨论在灵魂之中存在着的[德性],不是去论述灵魂是什么(因为对这个问题的讨论是另一回事),而是概括性地对它加以区分。正如我们说过的,灵魂可以分为两个部分,即理性的和非理性的部分。在理性的部分中,又存在着智慧、机敏、达观、悟性、记忆以及诸如此类的东西;而在非理性的部分中,则有被称之为德性的那些品质——节制、公正、勇敢,以及其他一切被认为值得称赞的道德形态。正是由于有这些品质,我们才被说成是值得称赞的;但是,没有一个人由于其具有理性部分的德性而被称赞。因为没有一个人由于他的达观或明智而被称赞,或一般而言基于任何这类理由而被称赞。当然,非理性的部分,除非它能够有助于而且实际上也有助于理性的部分,否则,也不会受到称赞。[14]

《大伦理学》的作者(他是亚里士多德吗? 抑或他只不过是重申了这位大师的话的人?)把理性与易动感情结合在一起,但他并没有因为这样做而失去理智平衡。从人性的角度看,情感与理智根本不可能分离;一个人在其哲学中不把它们分离开,这才是真正的明智。

三、政治学

从伦理学转向政治学是很自然的,这两个学科关注的是相同的领域,只不过,伦理学更关注个人。政治学关注的是

---

[13]　第 1206 b19 页。
[14]　第 1185 b 页。

整个社会的福祉,伦理学则关注个人的福祉,但社会的福祉和构成社会的个人的福祉是密切相关的,因而把其中一个与另一个分离几乎是不可能的。在许多事例中,要画出一条分界线是不可能的;如果从这边看,你所看到的是伦理学,但从另一边看,你所看到的却是政治学。

　　经济学在某些方面是伦理学和政治学之间的一种过渡,但在亚里士多德的文集中以此为题的著作[15]肯定是伪作。该著作分为 2 卷(或 3 卷)。第 1 卷来源于亚里士多德和色诺芬的著作,而且可能是他们所在的那个世纪末的作品;第 2 卷大概是希腊化时代居住在埃及或亚洲的一个希腊人写的,它把经济学分为 4 种(皇家经济学、总督经济学、政治经济学和个人经济学),它对这个新奇的领域的讨论是闲谈式的和混乱的;第 3 卷(只在拉丁语本中有)与亚里士多德这个源头相距更远,它只关心妻子的地位和义务。[16]

　　如果说亚里士多德的《政治学》完全来自生物学的考虑,这恐怕有些过分,但毫无疑问,这种考虑有助于引导他的思考。当他讨论政府的多种形态时,他与不同动物物种进行了对比。每一个动物都是各种器官的组合,不同的器官或者不同的器官的组合自然会导致不同的物种。同样,任何社会都是由彼此相互附属的多种人构成的,这些人实现着不同的功能,如丈夫、技工、商人、劳工、士兵、法官、议员等等。此外,有些人富有而多数人贫穷。最终的结果可能是诸种结果

---

[15] 第 1343 页—第 1353 页。

[16] 贝克尔版和牛津译本中只包含前两卷(第 1343 页—第 1353 页)。关于第 3 卷,请参见弗朗茨・苏塞米尔(Franz Susemihl):《亚里士多德的传世家政学》(*Aristotelis quae feruntur Oeconomica*,Leipzig,1877)。

中的一种。[17] 显而易见,在亚里士多德那里,不可能把政治家与生理学家和生物学家分开;在他那里,哲学家也是如此。值得注意的是,他的《大伦理学》本身就是从动物学的比较开始的。

亚里士多德不仅是第一个把城邦与一个有机体相比较、把国家与单个的人体相比较的人,而且他还追求把研究博物学的方式,同样应用于他的政治学研究。正如他为了更好地理解鱼是什么而把不同的鱼的种类加以比较那样,他对大约200 个希腊城邦的政体进行了比较研究。可惜的是,在这些宪政史著作中只有一部留传至今,不过碰巧的是,它是其中最重要的。[18] 亚里士多德并不满足于对他那个时代存在的雅典政体进行描述,他在描述时还说明了雅典政府到那个时代的发展。我们要对一个有机体的现状进行明确的评价,就必须了解它以前的演变。他在公元前 4 世纪下半叶就做了赫伯特·斯宾塞在 19 世纪下半叶所做的事,而斯宾塞的《描述社会学》(*Descriptive Sociology*)尽管有更为详尽和系统的分析,但在综合方面,并未超越亚里士多德的《雅典政制》。

亚里士多德从社会学个案研究的角度,充分认识到政治史的价值,他的《政治学》的第 2 卷主要描述实际的政治共同体以及柏拉图、卡尔西登的法勒亚斯(Phaleas of

---

[17] 《政治学》,1290 b21—1291 b13。

[18] 正如前面所说明的那样,《雅典政制》只是到了 1891 年才由弗雷德里克·G. 凯尼恩发现。弗雷德里克爵士的英译本见于牛津版的《亚里士多德文集》第 10 卷 (1920)。参见约翰·埃德温·桑兹所编的版本(London, first, 1893; second, 1912)。所有版本和译本都像凯尼恩那样分为 1—69 编号的诸章,而没有贝克尔式的对页码的参照,因为在贝克尔版中没有包含该专著。

Chalcedon)[19]和米利都的希波达莫斯所虚构的理想国。

不过,对任何政体的基本事实的考察先于对历史的回顾,这种考察不参照历史也可以完成而且没有风险。因此,《政治学》的第1卷论述了城邦的定义和结构。"城邦是自然的产物,而人天生就是一种政治动物。"[20]社会组织有各种不同的发展阶段:从家庭、村庄到城邦(希腊城邦,*hē polis*,大致相当于现代的国家)。主人与奴隶之间、男人与妻子之间、父亲与儿子之间的纽带是基本的。由于这些纽带,国家才得以凝聚。[21] 在试图理解整个城邦的组织结构之前,必须先考虑这些纽带和它们的含义。

鉴于我们已经简要地说明了《政治学》前两卷的内容,我们也许可以通过对其他诸卷的快速分析来完成这里的论述:第3卷,公民、公民德性和公民团体;政体分类,民主和寡头政治,君主制;君主政体的各种形式。第4卷,[22]政治制度的主要类型的变化;一般和特殊环境下的最佳城邦;如何设计一种政体(其审议功能、行政功能和司法功能)。第5卷,剧烈变革及其一般的原因;特定城邦中的剧烈变革以及如何避免它们。第6卷,民主组织和寡头政治组织。第7

571

---

[19] "卡尔西登的法勒亚斯是最先提出公民财富应当均衡的人。"参见《政治学》,1266 *a*40,1274 *b*9。

[20] 同上书,1253 *a*2。

[21] 把亚里士多德有关那些基本纽带的概念,以及更一般地讲,把他的政治学和社会学与孔子(活动时期在公元前6世纪)、墨翟(活动时期在公元前5世纪)以及孟子(活动时期在公元前4世纪下半叶)所发展的中国相应的概念加以比较是很有意思的,但这可能会使我们偏离正题很远。孟子(公元前372年—前289年)是与亚里士多德同时代的人,但比他年轻。

[22] 在不同的手稿和版本中,卷的编号是不同的。有的手稿或版本把这里所说的第4卷至第8卷的编号编为第6、8、7、4、5卷。

卷,个人和城邦的 *summum bonum*(至善);对理想国的描述;
理想国中的教育体制、它的目的和早期阶段。第 8 卷,持续
的理想教育;音乐和体育。

由于亚里士多德所评论的主题和问题如此之多,以至于
简单地列举它们都需要很多篇幅。也许,第 5 卷中有亚里士
多德政治智慧的最典型例子,这一卷也许应该称作革命的自
然史。医生会考虑对某种疾病的诊断和治疗,亚里士多德以
同样的精神问自己革命的起因、征兆和补救方法是什么。为
什么会发生革命呢? 它们是由社会不公平引起的,是由政治
观点间的冲突引起的,是由热情引起的;必须把起因与刺激
性的偶发事件区分开,起因可能是非常深层的和持久的,刺
激性的偶发事件可能像抠动扳机那样引发一场革命。阻止
这样的灾难发生是否可能? 应当避免对社会最底层采取违
法和欺骗的行为,使统治者与平民百姓之间保持良好的感
情,密切监视颠覆分子的一举一动,时不时地改变财产限制,
不让任何个人或阶级有过大的权力,防止地方行政官员的腐
化堕落,在一切事上保持节制。任何通读过全书[23]的人都
将会再次认识到,亚里士多德的思想是非常全面和超前的。
他的《政治学》也许在行政管理学院中仍可被用作教科书。

最后两卷都未完成,它们描述和讨论了理想国。这使我
们想起了柏拉图,书中常常提及并且批评他,但是,柏拉图的
盲目的教条主义与亚里士多德的讨人喜欢的通情达理之间
有多么大的区别呀! 我们不会说,亚里士多德从不是教条主
义者,或者他很少迷信。像其他伟大的人物一样,他有他的

---

[23] 第 1301 页—第 1316 页。

盲点,但我们必须始终牢记,那些盲点在很大程度上来源于社会;一个人无论多么有创造性、多么伟大,都不可能完全摆脱他自己所处的时间和空间的限制。

他的局限之一源自希腊城邦的规模过小,它们一般都局限在某个城市及其周围地区。某种民主政府是可能的,但它至多也就像新英格兰的镇民大会(town meetings)或瑞士的州政府。授权是没有必要的,亚里士多德没有必要讨论代议制政府这样非常复杂的问题。

他最大的盲点在有关奴隶的问题上,他认为奴隶是"天生的"。不妨看看他以下的这些论述:

> 那么显然,有些人天生就是自由的,其他人则天生就是奴隶,对这些奴隶来说,奴隶制度既是有益的也是公正的。[24]

> 必须承认,有些人在任何地方都是奴隶,有些人在任何地方都不是奴隶。同样的原则也适用于高贵的人。希腊人认为自己不仅在他们自己的国家中,而且无论在哪里都是高贵的,但他们却相信野蛮人的高贵仅在他们自己的国家才是高贵,因而这意味着存在两种高贵和自由,一种是绝对的,另一种是相对的。[25]

572 亚里士多德对这种观念深信不疑,他竟然会对被我们的祖父母称为"殖民"战争的那种战争表示祝福。他指出:

---

[24]《政治学》,1255 a1。
[25] 同上书,1255 a31。有如此之多的奴隶证明了他们的卓越和崇高,因而人们不能说奴隶本质上是不同于其他人的。不过,漏洞总是有的,这里也有一个漏洞;有人可能会声称,那些"出色的"奴隶不是"真正的"或"天生的"奴隶,他们原本是自由人,只是出于偶然才变成了奴隶。亚里士多德同意,如果一个奴隶具有自由人的灵魂,那么,他应该获得自由。

倘若自然不造残缺不全之物，不做徒劳无益之事，那么它必然是为了人类而创造了所有动物。所以，从某种观点来看，战争之术乃是一门关于获取的自然技术，这一获取之术包括狩猎，它是一门这样的技术，即我们应当用它来对付野兽和那些天生就应当由他人来统治却又不愿臣服的人；这样的战争自然是公正的。[26]

很残忍，是吧？但是，难道我们自己对战争与和平的想法就那么无可非议，从而可以一味地对他人横加指责吗？

在这以后，没有必要再进一步研究亚里士多德关于战争与和平的观点了；由于打仗被比作狩猎，因而那些观点从根子上就有缺陷。至少这一次，一个生物学的类比使他完全误入歧途了。不过，请记住，在人类能够承认战争的非正义性和非人道并且对之加以谴责以前，多少个世纪已经过去了，多少恐怖事件和罪恶已经发生了！还要记住，在 17 世纪，亦即亚里士多德以后过了几乎 2000 年，一个像笛卡尔这样杰出的绅士却认为，参加荷兰军队并投入与他毫无关联的一场战争是正确的：这是一种很好的锻炼、很好的运动，除此之外，别无其他。

然而，我们仍然有合理的理由感到不安。一个哲学家，一个像亚里士多德这样睿智和伟大的人，对待其他人——奴隶，怎么会说出这样的话？奴隶制在远古就存在，它在雅典组织得非常完善，以至于它被认为是自然秩序的一部分。从这种观点或许可以说，雅典从来就没有人民民主制度，它所拥有的是一种寡头政治制度，这种制度统治和剥削着大量没

[26]《政治学》，1256 *b*20；也可参见 1255 *b*39，1333 *b*38。

有说话权利的奴隶。请想一想伟大的天主教哲学家圣托马斯·阿奎那(活动时期在 13 世纪下半叶)吧,他活跃于亚里士多德去世 16 个多世纪以后,但他依然认为奴隶制是合理的。非天主教教徒会急忙提出异议说,圣托马斯是中世纪即"黑暗时代"的产物——你会怎样想?好,让我们忘掉圣托马斯和中世纪吧。随后而来的是文艺复兴运动、宗教改革运动、启蒙运动、美国大革命和法国大革命,在经历了所有这一切之后,在不到一个世纪以前,仍然有一些基督教绅士认为,黑奴制是合理的和自然的。这是不到一个世纪以前!你能责备亚里士多德未能认识到这些做法的不人道吗?对它的负疚可仍然是我们良心上的一个沉重负担呀。

亚里士多德关于商业的观点似乎同样是很简单的,但是,我们在历史中不用追溯很远就可以遇到这样一些绅士,他们认为,经商是一种不正当的行为、一种耻辱,而且他们鄙视"商人",把他们看作下等人种。

有关致富的理论我们已经说得够多了,现在该谈谈应用部分了。这类问题不值得哲学去探讨,而应当由那些实际上没有什么文化素养的和令人厌烦的人去讨论。[27]

我们已经在前面(本书第 173 页)引述过有关泰勒斯金融投机的故事。亚里士多德在同样的背景下讲述了另一个同样类型的故事:

有位西西里人,由于手头握有一笔存款,便把铁矿的铁全部买进来,后来,当各地市场的商人前来购买时,他便成了唯一的卖主,他不用过多地抬高价格便赚到了 200% 的钱。

---

[27]《政治学》,1258 *b*8。

狄奥尼修[28]知道此事后告诉他,他可以拿走他的钱,但决不能再留在叙拉古,因为狄奥尼修觉得,这个人发现的赚钱方法会有损自己的利益。这个西西里人的发现与泰勒斯的发现如出一辙,两人都设法为自己创造了一种垄断的局面。而政治家们也应当懂得这些事情;因为城邦常常像一个家庭一样缺钱和缺少赚钱的招数,而且情况更严重;所以,有些政治家一心扑在财政上。[29]

奇怪的是,在亚里士多德时代,尽管有许多放债者、银行家和金融家,但他几乎不谈借贷问题。他提到过高利贷是一种获取财富的方法,但没有做任何说明。[30] 犹太教和基督教使得对通过借贷获取利息抱有的偏见扩大和滋长了,作为结果,我们发现圣托马斯也对此进行了谴责。确立收取适当的利息与高额利息之间的区别,以及合法的生意与严格意义上的高利贷[31]之间的区别,花费了许多世纪。显然,亚里士多德不是一个经济学家,对他来说,理解经济学问题并不像认识到政治学和社会学问题的存在那样自然。这导致一个令人百思不得其解的谜:经济学事实像社会本身一样古老;为什么在很久以后人们才开始在科学和哲学中研究它们?

---

[28] 这个狄奥尼修是叙拉古的僭主,或者是父亲老狄奥尼修(公元前 430 年—前 367 年),或者是儿子小狄奥尼修,他于公元前 367 年在其父亲去世后继承王位,大概在公元前 343 年以后不清不楚死于科林斯。父子都像朋友一样对待柏拉图。

[29] 《政治学》,1259 *a*23。

[30] 同上书,1258 *b*25。

[31] 有关高利贷的历史,请参见《宗教和伦理学百科全书》,第 12 卷(1922),第 548 页—第 558 页;本杰明·N. 纳尔逊(Benjamin N. Nelson):《高利贷思想——从部落兄弟到四海同胞》(*The Idea of Usury. From Tribal to Universal Brotherhood*,280 pp.;Princeton:Princeton University Press,1949)[《伊希斯》*41*,406(1950)]。

　　显而易见,亚里士多德的政治学理论是不恰当的,但它们并非像柏拉图的理论那样是完全错误的。这位大师的折中意愿挽救了它们;它们远非完善的,但它们是可以完善的。亚里士多德已经考察了在他那个时代或者以前人们业已尝试过的所有类型的政府,从而得出结论说,民主充满了风险。对他最有吸引力的解决办法,就是在柏拉图的贵族统治、稳定的封建制度和一些民主思想之间的某种折中。所有公民都应当有机会参与政府。劳动阶级不应统治,统治阶级不应劳动,他们也不应挣钱。统治者应当以适当的方式像绅士那样接受教育。哲学家不应当成为统治者,而应当是教师;哲学是绅士教育的一个必不可少的部分。亚里士多德的城邦不像柏拉图的城邦那样是一种军用修道院,而是一种稳健的共和政体,它的效能来自每个独立家庭的效能。亚里士多德认识到这一事实,即没有任何一种形式的政府是绝对好的,每一种形式的政府只相对于一定的人和一定的环境才是好的。

　　在对共产主义的讨论中,[32]他表现了很强的判断力;几乎不可能把共产主义强加给人们,但当人们变得更倾向于行善时,他们就会自然而然地向它迈进。亚里士多德关于这个论题的结论在今天依然是正确的。物质财产的公有化是一种崇高的理想,但是与我们不相配,因此最好的办法就是先不实行它,除非当我们为它做好准备并且值得实行它时,再逐渐地实行。

---

[32]《政治学》,1263。

《政治学》是在公元前 4 世纪末之前出版的,作为那个黄金时代的艺术家、数学家和科学家最伟大的成就,它的出版令人大吃一惊。只要认识到这一点,即在近代以前没有任何著作可以与之相提并论,就足以估量它的伟大所在了。在古代和中世纪,甚至没有任何著作可略微与之相比。即使佛兰德人、多明我会修士穆尔贝克的威廉(活动时期在 13 世纪下半叶)于 1260 年在圣托马斯的要求下把《政治学》从希腊语译成拉丁语以后,它也没有给人留下有人也许期待的那种印象,而且也没有改变那个时代的政治环境。圣托马斯利用它来发展他自己的思想,在他保留亚里士多德的某些偏见的同时,他肯定改进了这位大师在民主观方面的学说。[33] 圣托马斯像亚里士多德一样,对实践政治学的影响微乎其微。亚里士多德以如此出众的才华在公元前 4 世纪开创的理性政治学,至今仍处于孕育阶段。时至今日,亚里士多德和圣托马斯所讨论的问题依然令我们担忧,仅有很少的人能够理解,对它们的探索必须心怀对真理和正义的爱,而无须凭借任何激情。

四、史学

西西里岛的狄奥多罗(活动时期在公元前 1 世纪下半叶)于大约公元前 30 年在罗马建成了"历史图书馆",在开馆时他指出:

　　所有人都应当向那些创作了通史著作的作者[34]表示深

---

[33] 他坚持认为,政府是为国民的利益而存在的,但国民不是为国家的利益而存在的。这是第一次对人的权利的声明;参见《科学史导论》,第 2 卷,第 915 页。

[34] 原文为:*Tois tas coinas historias pragmateusamenois*,参见"洛布古典丛书"中 C. H. 奥德法瑟的译文(1933)。

深的感谢,这样做是很恰当的,因为他们立志要通过其个人的劳动去帮助作为一个整体的人类社会……正是天意,使可见的群星有序地排列、使各类人聚集在一起形成一种广泛的联系之后,还会不断地指引他们千秋万代的历程,把注定要降临到每一个体上的命运赋予它;与此相似的是,历史学家尽管各自只属于某一个国家,但他们所记述的却是有人居住的世界的共同事务,在他们的记述中,他们使其专著成为一种单独的对历史事件的记载,同时也成为有关这些事件的知识的公共交换所……因此之故,人们可以认为,获得历史知识在每一种可想象的生活环境中都会使人受益匪浅。因为它可以赋予年轻人以老年人特有的智慧,同时使老年人已具有的经验倍增;就没有公职的公民而言,有了它可以使人获得领导才能,对于领导者来说,通过它所赋予的不朽的荣誉会激励他们从事最高尚的事业。

狄奥多罗思考的是什么人?他熟悉赫卡泰乌、希罗多德、修昔底德、色诺芬以及其他人,但是他把重点放在"通史"上,这暗示着他首先考虑的是所有志向远大的史学研究成就,这些成就开始于亚里士多德的那个时代,并且在波利比奥斯(活动时期在公元前 2 世纪上半叶)那里达到顶峰。的确,希罗多德是一位"通"史学家,他的风格朴实而富有魅力,但自他那个时代以来,又发生了许多事情,无知的时代显然已经结束了。希罗多德式的史学论述已经不可能了,由于不同的原因,修昔底德那样的专著同样也不可能了。这两位巨匠所熟悉的希腊世界一去不复返了。当希腊人团结起来时,他们已经有能力打败波斯帝国了;而导致两败俱伤的妒忌把他们削弱时,他们只能听任他们的北方邻居的摆布。希腊,或者我们可以说,雅典,被马其顿王国打败和取代了。精神层次的战斗,一方由伊索克拉底(公元前 436 年—前 338 年)率领,另一方由狄摩西尼率领。伊索克拉底最终取得了胜利,因为腓力二世取得了胜利。他的胜利不仅在政治方面,而且在文学方面。的确,雅典人伊索克拉底首先是一位伟大的文学家,在他的推动下,希腊语有了完善的形式;他也是一个政治家、政论家和演说家("雅典十大演说家"之一);尽管他是"通敌者"的首领,但不能说他没有爱国心。他看到了国内和平对于拯救希腊的必要性,并且认识到,没有外部(马其顿)的压力,国内和平是不可能的;然而,他没有认识到,这种压力会摧毁希腊的自由,在切罗尼埃战役(公元前 338 年)之后,由于幻想的破灭,他自杀了。他对希腊文学的影响(甚至通过西塞罗对拉丁文学的影响)是巨大的。这是一种文学方面而非哲学方面的影响,因此,所产生的效果远远低于亚里士多德影响的水平;他的影响持续的时间稍短一些,但是,当它持续时,它对古代的人文学科处于支配地位。亚里士多德的学说仅限于研究哲学或科学的高级学者,而伊索克拉底则能够影响所有热爱自己的语言并且有志于尽可能文雅地运用它的年轻人。当自由失去时,教育变成了修辞学教育,而伊索克拉底则成了最大的修辞学家。

伊索克拉底的演说常常是关于历史的,因为赞美希腊尤其是雅典的辉煌是很自然的,这种赞美涉及的是过去而不是现在。他的两个弟子,埃福罗斯(Ephoros)和泰奥彭波斯也是历史学家,而且是这个时代最著名的历史学家。这两个人有许多相同的品质,但他们的性格截然不同。按照苏达斯的说法,伊索克拉底常常说,泰奥彭波斯需要勒马索,而埃福罗斯需要踢马刺。时代对他们很无情,他们的作品失传了。从一些残篇来看,他们远不如前一个世纪的巨匠希罗多德和修昔底德,但我们仍应努力去了解他们。在民族理想破灭的时代,他们重新强调了世界史,并且强调人类事件的地理背景。

1. 塞姆的埃福罗斯。[35] 埃福罗斯(于大约公元前 405 年)出生在塞姆,这里是小亚细亚最大的埃奥利斯城市,而且是一个有着古老的希腊传统的城市。[36] 为了去雅典获得更好的教育,他离开了那里,并且成为伊索克拉底最喜欢的学生之一。他大概在亚历山大在世期间亦即公元前 330 年去世,但我们并不知道其确切的时间。他撰写了一部通史,从公元前 11 世纪末赫拉克勒斯的子孙(Heracleidai)的归来和多里安人在伯罗奔尼撒半岛的定居(他认为这些是最早的真实的活动),记述到公元前 341 年。该书分为 30 卷,最后一卷是由他的儿子德莫菲洛(Demophilos)完成的。他的著作的标题《共同行动的历史》(*Historia coinōn praxeōn*)[37] 显示出了他的目的,也许可以把它译作"有关人类的公共事务的历史(或探讨)",用现代语言来表述则是"比较史学";其要旨就是研究在不同地理和政治环境中的人们身上所发生的事。他的著作大约有 86 个残篇留传至今,还有他的一些简述出现在后来的史学家如波利比奥斯、狄奥多罗、斯特拉

---

[35] 戈弗雷·路易斯·巴伯(Godfrey Louis Barber):《历史学家埃福罗斯》(*The Historian Ephoros*,202 pp.;Cambridge:University Press,1935)[《伊希斯》26,157—158(1936)]。

[36] 赫西俄德的父亲从塞姆移居到维奥蒂亚。塞姆面对着莱斯沃斯岛与希俄斯之间的外海。现代土耳其人把它称作桑达克里海(Sandakli)。

[37] 请把这些词与本章脚注 34 所引的狄奥多罗史学著作开头的那句话比较一下。

波和普卢塔克等人的著作中。波利比奥斯在谈到他时说：
"他是第一个和唯一一个撰写通史的人。"[38]我们不应过分
拘泥于字面意思来理解这句话。埃福罗斯的普世主义肯定
是以希腊为中心的,怎么可能会有其他情况呢? 即使是我们
时代可以接触到大量不同的原始资料的通史学家,也不可能
完全超越他们的民族成见。埃福罗斯试图避免神话,并且要
进行合理的解释,例如通过地理的必要条件来说明不同民族
的行为。

2. **希俄斯的泰奥彭波斯**。泰奥彭波斯与埃福罗斯来自
希腊的同一个部分,因为从希俄斯岛航行到塞姆湾不用很长
时间。他大约于公元前 380 年出生,几年之后,他的父亲达
马希斯特拉托(Damasistratos)由于政治原因,也许是由于斯
巴达主义(Laconism)被驱逐出该岛。这个孩子在雅典接受
了教育;他成为伊索克拉底的学生,并且最终像后者一样,成
为一位著名的演说家。他的第一个巨大的成功是,因其为阿
尔特米西娅女王已故的兄长和丈夫摩索拉斯所写的颂词而
获得了女王的奖赏;由于摩索拉斯于公元前 353 年去世,因
而,他获奖必然是在这以后不久。[39]他在希腊进行了大量
旅行,开展了讲演和教学活动,并且得到了诸如马其顿国王
等统治者的喜爱。亚历山大大帝把他带回希俄斯,但是在这
位征服者过世之后,泰奥彭波斯第二次被从他出生的这个岛
屿驱逐出境。他去以弗所避难,后来又去了埃及,在那里他

---

[38] 波利比奥斯:《通史》(*Histories*),第 5 卷,33。
[39] 我们已经谈到过摩索拉斯,他从公元前 377 年直至他去世的公元前 353 年担任
卡里亚的总督,而且几乎完全从波斯的统治下独立出来了。他的宫殿和后来的
陵墓摩索拉斯陵建在哈利卡纳苏斯。

受到托勒密一世(统治时期从公元前 323 年至公元前 285 年)的接纳,而且他大概就是在那里去世的。

在他卷帙浩繁的著作中,有一部是修昔底德史学著作的续篇,叙述的是从公元前 410 年至公元前 398 年的历史,还有一部 58 卷的《腓力世家》(*Philippica*),这是一部从公元前 362 年的曼提尼亚战役(色诺芬的《希腊史》就写到这里)到腓力二世于公元前 336 年去世的历史。泰奥彭波斯的著作失传了,不过,我们还有大约 383 个残篇,主要来自《腓力世家》;1911 年,在俄克喜林库斯纸草书(Oxyrhynchos papyrus)中发现的一个较长的文本(大约 30 页)被归于他的名下。他的某些特点与埃福罗斯的相同,这很自然,因为他们在伊索克拉底的学校中是同学,而且他们是他们那个时代即理想破灭的时代的产物。他们二人都意识到地理因素的价值以及国际视野的必要性。在腓力二世的诸多胜利之后,希腊的狭隘主义已变得不可接受了,在亚历山大胜利之后就更是如此;理性的领袖们,除非能超越被征服的希腊本土看问题,否则,他们就不能再担任领导。

泰奥彭波斯的著作独一无二的特点,在于他的心理学倾向。对于事件,可以根据地理和政治方面的因素来说明,但主要的动力还是要在那些伟大人物的心灵中去寻找。泰奥彭波斯是一个十分博学而又挑剔的人,有着令人难以置信的自负,他是一个热心的政治家和杰出的心理学家,是萨卢斯提乌斯(Sallustius,活动时期在公元前 1 世纪下半叶)[40] 的

---

[40] 萨卢斯提乌斯会使人们想起修昔底德。像我那样(《科学史导论》,第 1 卷,第 147 页)把泰奥彭波斯称为心理学史的奠基人,或许对修昔底德不太公平,他似乎才应获得这样的称号。

先驱,甚至是塔西陀(活动时期在 1 世纪下半叶)的先驱。
他毫无畏惧地写作,因而树敌众多。他不会宽恕他最尊敬的
统治者,例如,他曾把腓力二世的行为描述得尽可能地糟糕。
他是心怀恶意还是实话实说,是心地邪恶抑或仅仅是心明眼
亮?他肯定是言辞辛辣、擅于讽刺和愤世嫉俗的。他像他父
亲一样被指责是斯巴达的支持者;他发现,雅典比斯巴达有
更多需要加以批评的东西,但他并没有宽恕后者。他是一个
讽刺家,随时准备声讨他在任何地方看到的或者他认为他所
看到的邪恶;这不是一个勇气问题,而是一种无法抑制的本
能。很有可能,随着他的修辞习惯和文字技巧的改变,他的
敌意也增加了。像他那种性格的人常常用语尖刻,因为他们
无法抗拒发表尖锐的意见或者运用引人注目和冷酷的形象
化比喻的诱惑。

　　吉尔伯特·默里对泰奥彭波斯的性格做了很多说明。
关于泰奥彭波斯的自负,他巧妙地指出:

　　在这方面,评论家们在谈到他的失误时很严厉。但我们
必须记住,一个现代作者从不需要赞美自己。他只需要与他
的出版者一起协商为广告总共付出多少费用,这样,在确保
已经吹响了一只巨大而昂贵的号角时,他就可以在他自己的
序言中像一个谦逊的人那样适度而不炫耀。泰奥彭波斯没
有这些优势。[41]

　　埃福罗斯试图避免神话;而泰奥彭波斯则相反,他似乎

---

[41] 1928 年在剑桥所做的 3 次讲演。题为《货币的毁损或常用硬币的重铸》
(" Paracharaxis or the Restamping of Conventional Coins"),重印于他的《希腊研究》
(Oxford:Clarendon Press, 1946),第 149 页—第 170 页[《伊希斯》*38*, 3 – 11
(1947–1948)]。

喜欢神话。他不是用普通的理性主义者的眼光而是用哲学家的眼光看待它们，就像柏拉图那样。美德正在消失，真理正在逃避。也许，人们可以在神话中找到它，神话是"一些从未出现但永远存在的事物"。[42] 泰奥彭波斯不仅在 cynic* 这个词的一般意义上是一个愤世嫉俗者（我们可以料想一个有才智的人却生活在一个荒唐的世界中，当他自己的国家完全被打败后，他会采取一种愤世嫉俗的态度），而且在专业意义上也是一个犬儒学派成员。他唯一赞赏的哲学家是安提斯泰尼——犬儒学派的创建者。愤世嫉俗的反应是很自然的，而且在一定程度上是健康的反应；它是一种自由精神对难以抗拒的环境的反抗。世界正在分崩离析，除了人的心灵以外，一切都是虚的。泰奥彭波斯大概不是一个像安提斯泰尼或第欧根尼那样彻底的犬儒学派哲学家，但他理解并赏识他们的要旨。

对那些被允许生活在马其顿帝国奴役下的希腊人来说，在那么黑暗的时代有两种极端的反应，一种是犬儒学派和怀疑论的反应，泰奥彭波斯就是一个典型，另一种反应就是迷信，这种反应可能在未受过教育的人中更为常见，但决不仅仅限于他们之中。我们可以有把握地说，巫师、占卜者、奇迹创造者与负责神庙、洞穴、圣泉和神谕宣示所的祭司都在从

---

〔42〕 原文为：*Tauta de egeneto men udepote*，*esti de aei*。因此，萨卢斯提俄斯（Sallustios）把这句话放在关于神和宇宙的著作中。萨卢斯提俄斯熟悉扬布利柯（活动时期在 4 世纪上半叶）式的新柏拉图主义，他大概是叛教者尤里安（活动时期在 4 世纪下半叶）的朋友。他的著作大概写于尤里安去世（363 年）前不久，并且秘密地把它出版了。参见阿瑟·达比·诺克（Arthur Darby Nock）翻译并编辑的版本（Cambridge，1926），第 8 页。

＊ 这个词的一般意思是愤世嫉俗者，在哲学上指犬儒学派成员。——译者

事一种兴旺的事业。男人和女人们可能在达到某一转折点
之前一直遭遇厄运；当他们达到这一点时，他们必然会用讥
讽和其他形式的反抗来保护自己，或者他们会在不得已的情
况下逆来顺受，让他们自己的智慧蒙羞，并且侮辱理性。

五、科学史家

这两种反应无论对左派抑或右派来说都是极端的；我们
可以设想，那些最有智慧的人没有以这类方式失去心理平
衡，他们依然尽其所能地保持镇定，继续从事他们的事业。
他们像其他人一样遭受了深重的痛苦，甚至遭受的苦难可能
更深一些，但他们尽力设法不流露出他们的痛苦。不仅像亚
里士多德这样的大师是这样，那些较小的人物也是如此，他
们可能缺乏创造力，但他们具有足够的审慎和克制能力。

在这些比较镇定的人之中，我想对这样一些人表示敬
意，他们是我们自己的精神先驱，是最早的科学史家。我们
已经谈到其中的 3 个人，他们都生活在亚里士多德时代——
他们是罗得岛的欧德谟和埃雷索斯的塞奥弗拉斯特，他们撰
写过算术史、几何学史和天文学史，以及较低层次的美诺，他
描述了医学的盛衰变迁。

这些人的努力是令人鼓舞的，其理由有二：

第一，这证明科学已经变得非常丰富和复杂，以至于史
学考察和哲学沉思已经成为必不可少的了。公元前 4 世纪
末，科学家和医生已经远远超越了原始实验和幼稚概括的阶
段，因而询问自己这样的问题是令人兴奋的："我们从何方
而来？我们在何处漫游？我们怎样到达现在的位置？"询问
这一个问题更会令人兴奋："我们正走向何方？"

在现代也许比在较为沉寂的时代，例如维多利亚时代

(the Victorian Age)中期,更容易理解这一点。由于政治和经济问题,我们像 23 个世纪以前的雅典人一样,理想破灭了,而在同时,由于知识和技术的惊人进步,我们甚至比他们更感到错愕。

第二,这些早期的科学史家像我们一样,是反对非理性主义的理性的捍卫者,是反对迷信和精神束缚的自由的捍卫者。

(一)修辞学

亚里士多德不仅是一个科学和哲学的大师,而且也是人文科学的大师。他撰写了一两部论述修辞学的专著和一部论述诗学的专著。

在今天,除了呆子以外,谁愿意研究修辞学?读者甚至会问:"什么是修辞学?"这样的问题在大约 50 年以前是多余的,但在现在,这门学科在(除了神学院以外的)我们的高等院校中几乎完全被忽视了,或者,它只是被含蓄地讲到。修辞学是富于表现力和说服力的演说的艺术。亚里士多德论述这个主题的主要著作分为 3 卷。我们没有时间对它们进行分析,因为作为人文科学一个组成部分的这一学科是非常复杂的,我们将只提供少量一般性评论。

第 1 卷用了很大篇幅来定义一般意义上的修辞学以及它的不同种类。修辞学家,或者我们姑且称他为演说家,必然试图要说明他的要旨,并且设法使他的听众相信,它是正确的和有价值的。修辞学(或演说术)有 3 种,可以分别把它们称为政治修辞学、法庭修辞学和学院修辞学。政治演说家必须学会在公众集会上对政治问题进行辩论;法庭演说家例如律师要在法庭上进行答辩;学院演说家例如教授要在同事或学生听众前讨论生活、文学、哲学或艺术。亚里士多德描述说,这 3 种演说术显然是不同的而且需要不同的技巧。没有必要给出详细的说明,因为每一个吕克昂学园的学生、每一个有教养的雅典人在实践中对那些问题都已经熟悉了,所需要做的就是澄清一些本质要点。事实上,雅典人几乎从他们孩提时代起就已经对每一种演说形式非常熟悉了,因而人们必然会对亚里士多德把这种修辞术纳入他的教学之中感到迷惑不解。他之所以这样做也许是因为,无论人们多么熟悉演说术,它都是极为重要的;事情可能变得如此熟悉,以至于更有必要从一个新的人们所不熟悉的角度对它们加以重新思考。

演说术意味着会涉及感情,包括演说者的感情和听众的感情。这是一种感情的冲突,演说者的艺术就在于,以他认为适当和合理的方式激发和引导他的听众的感情。因而,第 2 卷对多种感情进行了分析,例如平静和愤怒,友爱和敌视,恐惧和自信,羞愧和无耻,亲切和冷酷,怜悯、愤慨、嫉妒和效仿,这些感情是不同年龄层次的特征,是与财富和权力的使用(或匮乏)相伴而行的。也许可以把这卷称作关于实用心理学的小专论。一个演说者必须是一个敏锐的心理学家;他只知道他自己的心思是不够的,他还必须知道听众的心思、优点和缺点,他的任务就是使他们信服和转变。《修辞学》的这一部分对中世纪的思想产生了巨大的影响,这一点已被无数无论是从修辞学观点还是从道德观点或宗教拯救观点讨论人类感情的著作所证实。在第 2 卷多处脱离主题的论述中,有一处涉及格言(或谚语)的使用;流行的成语是大众的经验和他们先辈的智慧的缩影。演说者必须学会使用格言,以此作为表达他自己论点的手段。人们对这些格言越了解,就越有助于把人们希望被理解、被记住的东西灌输给人们。

第3卷可以独立成篇,但它像其他两卷一样是真作,它特别讨论了风格和语言。其中的大部分很难引起现代读者的兴趣,除非他想对希腊语有更深入的了解;举例来说,古代(罗马和希腊)的演说家认为他们的演说的音乐特性非常重要,诸如散文的韵律和循环往复的文体。令人满意的语言完全适合于它为之服务的目的,对这样的语言的讨论隐含着我们称之为语法的问题。

在亚里士多德时代,绝大部分希腊文献的杰作都已经创作出来了,很难理解在这时代正规的(如我们在教科书中看到的那样的)语法几乎不存在。那时人们只认识到了我们在儿童时代痛苦地学习的语法范畴中的一小部分。只是到了相当晚的时候,第一部正规的希腊语语法著作才由马卢斯的克拉特斯(Crates of Mallos,活动时期在公元前2世纪上半叶)编撰而成,但这部语法著作业已失传;现存的最早的希腊语语法著作是狄奥尼修·特拉克斯(活动时期在公元前2世纪下半叶)的著作;阿波罗尼奥斯·狄斯科洛斯(Apollonios Dyscolos,活动时期在2世纪上半叶)则更晚一些,他活跃于亚历山大城,并且被称为科学语法的奠基者和句法的发明者。阿波罗尼奥斯具体的生卒年月很难确定,但是,假设他活跃于哈德良统治中期(公元127年),那么,这已经是亚里士多德去世 4 个半世纪之后了！[43]

为了减少参考书的数量，在《修辞学》中最经常提到的作者计有：荷马、欧里庇得斯、索福克勒斯、伊索克拉底、柏拉图、高尔吉亚、苏格拉底和特奥德克特斯。[44] 狄摩西尼很少被提及，修昔底德根本就没有被提到过。

《修辞学》的 3 卷并不像我非常简略的分析所表明的那样泾渭分明；书的顺序有点任意，而有些主题被反复讨论过多次。例如，格言的使用在第 3 卷中又再次被提出来。

对各个命题也许可以做出无数的评论。我把自己限制在以下这段引语上：

> 对公众的演说的风格恰似一幅风景画。人群越庞大，视点也就越远。因而在这种演说和其他演说中，细节上追求完美纯属多余，最好还是不要这样做。然而，法庭演说需要更加完美。面对单个的审判者时就更需要这样的语言风格，在那种情况下修辞技巧基本上无用武之地，因为审判者更喜欢从总体上看问题，并且会判断哪些话是切题的，哪些话是题外之谈。争辩不激烈，审判就不会受到干扰。这就是为什么同样一些演说家不可能在所有这些演说中都大受欢迎；在最需要有感染力的演说场合，其用语最不需要完美，在这种场合需要的是一副好嗓子，尤其是无比洪亮的嗓子。仪式上的

---

[43] 有人也许会提出异议说，在亚里士多德以前就已经发现某些语法思想。普罗泰戈拉（活动时期在公元前 5 世纪）曾被称作第一位语法学家，但从开始有语法意识到初步的语法规则的建立，还有很长的距离。普罗泰戈拉与克拉特斯之间相距两个半世纪以上。

[44] 除了最后一个人外，所有其他人的名字读者都已经熟悉了。（吕基亚的）帕塞利斯的特奥德克特斯（大约公元前 375 年—前 334 年）主要活跃于雅典，曾拜柏拉图、伊索克拉底和亚里士多德为师，并且成为一位著名的演说家和剧作家。亚历山大大帝对他在帕塞利斯的墓碑表示了敬意。

演说用语最为书面化，因为它意味着要供人阅读，其次就要数法庭演说了。[45]

请注意第一个比拟，即把在众多听众面前的公开演说比作风景画。亚里士多德这段话写于公元前 322 年，很多发表公开演说的人直到 22 个世纪以后的 1952 年仍未理解它。学究式的演说者在应当画大幅壁画时却坚持画微型画，他们令他们的听众极度讨厌。也许，让听众讨厌还不是很严重的事，更糟糕的是，他们无法传达他们本要传达的信息。他们为什么而演说？亚里士多德知道得更清楚。

另一部论述修辞的著作比第一部更短一些（在贝克尔版中是 54 栏比 134 栏）。它的标题通常被称作《亚历山大修辞学》。它是这样开始的："亚里士多德致亚历山大：尊敬的陛下……"，随后是超过 3 栏的献词，在其中，作者解释了一个国王应当了解修辞学的理由。伊拉斯谟认为这一献词是伪作，而我不同意这种看法。这一献词听起来像亚里士多德写的；它有点乏味，但很有尊严，它与文艺复兴时期的作者毫无愧色地写给其资助者们的阿谀奉承的前言形成了巨大的反差，这样的前言竟然印出来了，这无论对资助者还是对作者来说都是永久的耻辱。不仅亚里士多德这一著作的前言，而且整部著作都被怀疑是伪作。一些学者会把它归于兰普萨库斯的阿那克西米尼（大约公元前 380 年—前 320 年）的名下，他与亚里士多德是同时代的人，并且像亚里士多德一样是亚历山大的一位私人教师；其他人则认为，虽然它不是一部很晚的著作，但却是晚期的著作。伯纳德·派恩·格伦

[45]《修辞学》1414 a，W. D. 罗斯译，见于牛津版的《亚里士多德文集》。

费尔(Bernard Pyne Grenfell) 和阿瑟·瑟里奇·亨特(Arthur Surridge Hunt)[46]在希贝赫(Hibeh) 的一部纸草书中发现了该著作的许多残篇,它们已经得到了确认并已于 1906 年出版。在我看来,该专著是亚里士多德为亚历山大大帝撰写的这些假设看来貌似合理,但其证据是难以接受的。该著作不是亚里士多德写的,很有可能,它写于他去世后不久、这个世纪 * 末之前。研究亚里士多德那部更长的《修辞学》的人,在这部较短的著作中找不到多少新思想。

(二)诗学

留传至今的关于诗学的那部著作相当短,只有不到 30 栏,而且是不完整的;我们只有两卷或更多卷中的一卷。是不是亚里士多德未能完成这部著作?抑或他的著作的其他部分成了岁月的牺牲品?第一种情况似乎更可信,因为人们会认为,对于这样一部著作之手稿的抄本,理应把它非常小心翼翼地珍藏起来,而且亚里士多德的《诗学》(以及他的《修辞学》)是在他晚年写的。相对于其他著作而言,一个人最后的著作更有可能是未完成的。

按照亚里士多德的理解,诗学是某种比我们现在对这一概念的理解更为宽泛的学问。相对于科学的(或客观的)文献来说,它是关于想象的文献。亚里士多德是这样开始其论述的:

我们的主题是作诗法,我不仅要讨论一般意义上的这门

---

[46] 伯纳德·派恩·格伦费尔(1869 年—1926 年) 和阿瑟·瑟里奇·亨特(1871 年—1934 年) 均为英国著名的纸莎草学家。
　* 指公元前 4 世纪。——译者

艺术,而且要讨论:诗的种类和它们各自的功能,一首好诗所需要的情节构造,诗的组成部分的数目和特点,以及同一类研究中的任何其他问题。我们按照自然的顺序,先从最基本的事实开始谈起。

　　总的来说,史诗和悲剧诗,喜剧诗和酒神赞歌,以及绝大部分的长笛演奏术和竖琴演奏术,都可以被视为一个模仿艺术的整体。但同时,它们在三个方面彼此有区别,即模仿的手段不同、模仿的对象不同、模仿的方式不同。[47]
(我们现有的文本只讨论了悲剧,讨论喜剧和音乐的部分或者已经失传,或者从未写成。)

　　亚里士多德在第9章中对诗的定义非常出色:

　　根据以上所述,显而易见,诗人的职责不是去叙述那些已经发生的事情,而是描述那些也许会发生的事情,亦即可能发生或必然发生的事情。历史学家和诗人的差别不在于一个用散文书写,另一个用韵文创作——你可以把希罗多德的作品改写成韵文,但改写后的作品依然是一种史学著作;两者的真正差别在于,一个叙述已经发生的事情,另一个描述也许会发生的事情。因此,诗作比史学著作更富有哲理、有更重大的含义,因为诗的陈述本质上更具有普遍意义,而史学著作的那些陈述只具有特殊意义。[48]

　　这种与史学著作的比较非常重要。奇怪的是,亚里士多德多次提到希罗多德,但却从未提到过修昔底德。想到他在

[47] 这段以及其他引自《诗学》中的引文,均转引自英格拉姆·拜沃特(Ingram Bywater):《亚里士多德论诗艺(希-英对照)》(*Aristotle on the Art of Poetry, Greek and English*,434 pp.;Oxford,1909);译文重印于牛津版的《亚里士多德文集》(1924)。

[48] 《诗学》,1451 *a* 结尾。

《政治学》中曾讨论过伯罗奔尼撒战争，这就更令人感到惊讶了。修昔底德怎么可能在雅典默默无闻呢？亚里士多德怎么可能不知道他呢？如果亚里士多德阅读过修昔底德的《伯罗奔尼撒战争史》，他怎么会从不提及它呢？这令我极为困惑；这个最有能力评价修昔底德的客观性的人竟然忽视他，这似乎是有意的。这种事情是可悲的，但并不罕见；科学史中有许多这样的例子。彼此之间比其他人更接近的科学家们没有走到一起；他们的道路非常接近，以至于人们预料它们会相交，但实际上它们并未如此。

　　大部分人所熟悉的《诗学》的部分，就是把悲剧比作净化（*catharsis*）的论述。这一论述出现在亚里士多德对悲剧的定义中：

> 悲剧是对某种严肃、宏大的和自身是完整的行动的模仿；它所使用的语言以使人愉悦的手法辅之，并且把每一种手法分别用于作品的不同部分；它是以戏剧性的而非叙述性的方式进行的；用一些意外情节引发怜悯和恐惧，以达到让这类情感得以**净化**的目的。在这里，我所谓"语言以使人愉悦的手法辅之"，是指附加上韵律、和声或歌曲；而所谓"分别用于"是指某一种效果只能用韵文才会产生，另一种效果只能用歌曲才会产生。[49]

　　这个定义也提到我们也许会称之为情节一致的问题：悲剧必须是"自圆其说的"；更进一步，他比较明确地谈到"故

---

[49]《诗学》，1449 *b*。

事情节的一致".[50] 文中还简略地提到"时间的一致",[51]
但没有提到地点的一致。这三种"一致"的理论被法国古典
时代的作家[如高乃依(Corneille)、拉辛(Racine)和布瓦洛
(Boileau)]当作一种文学教条接受下来,但这不是一种古代
的教条,而是一种新的教条,在1636年[《熙德》(Le Cid)*]
以前,它并未得到清晰的阐述。[52]

　　人们可以轻而易举地批评说,亚里士多德的《诗学》实
际上没有讨论诗歌的迷人艺术。没有哪个诗人愿意去读它,
即使他读了,他也不会从中得到任何启示。《诗学》不是为
诗人所作,而是为评论家和哲学家所作;它不是写给幻想家
的,而是写给科学家的。我们可以批评它,但不要基于错误
的理由去批评它。

　　六、结论

　　我的某些读者可能会说,除非以简略的方式,否则我不
应论及《修辞学》和《诗学》,因为它们超出了我的研究领
域——科学史。我之所以论及它们而且必须论及它们,其理
由就在于要以此例证亚里士多德学说涉猎范围之广泛。我
们在这部书中所讨论的是古代科学,而不是现代科学;我们
必须根据亚里士多德自己的科学观念而不是根据我们自己

[50]《诗学》,1451 a16。

[51]"悲剧力求尽可能以太阳运转一周为时限,或者尽可能接近这个时限"(1449
　　b13)。

　*《熙德》是高乃依著名的五幕诗剧,1636年上演后引起争议,高乃依为此沉默了
　　三年。该作品与他后来创作的《贺拉斯》(1640年)、《西拿》(1641年)和《波利
　　耶克特》(1643年)构成了他的古典主义四部曲。——译者

[52] 在法国,这种"三统一规则"一直被作为一种戏剧的理想,直到维克多·雨果
　　(Victor Hugo)在他的《克伦威尔》(Cromwell, Paris, December 1827)的序言中愤怒
　　地提出挑战,它才寿终正寝,而雨果的这一著作也成为浪漫学派的宣言。

的观念讨论亚里士多德的科学。他的想法是要根据科学的观点来分析全部知识；即使在他自己看来，修辞学和诗学也不是科学的组成部分，但它们与科学非常接近，科学工作者必须认识它们。如果是这样，他的这种认识也必然是一种科学认识。

科学工作者必须是一个人文主义者。亚里士多德基本上是与柏拉图反其道而行之。柏拉图把科学、哲学和社会学降低到幻想的形而上学观念的地步，他把诗人和艺术家从城邦驱逐出去了。亚里士多德试图把整个知识和整个生活都包含在他的哲学之中。他接受了艺术，但他又试图说明艺术并且把科学与它混合在一起。从这种意义上讲，他是我们现代的艺术史家和诗歌史家的先驱。艺术家和诗人常常反对把科学分析运用于他们的成就之上，但只要这种研究根除了学究气的作风，不试图去规范这些成就，而是以接受自然的创造的那种精神去接受它们时，他们的这种反对就是错误的。

不过，人们可以理解，亚里士多德多么容易变得（而且的确变得）被那些不喜欢和不相信科学的人以及那些自许为诗人和艺术家的人所讨厌，另一方面，人们也可以理解，他是怎样成为科学工作者和热爱客观真理的人的守护神的。

第二十三章
有关生活和知识的其他理论——花园与柱廊

当古代世界和古老的希腊文化行将结束时,有许多思想家并不满足于那些在柏拉图学园或吕克昂学园中已被人们所接受的结论。在对政治和经济的忧虑中,希腊精神继续坚持它的首创性和独立性。相信在这个世界中最重要的事情绝不是行使权力而是认识真理和实践美德,这对处于精神痛苦中的希腊人也许是一种安慰,因此他们要揭示这些必须最优先考虑的根本性问题:什么是宇宙(尤其是我们自己的宇宙)的起源、本质和目的? 如果宇宙有起点的话,它始于何时? 它是物质的还是精神的? 我们是什么? 我们从何处来、向何处去? 什么是真理? 是否有可能认识真理? 如果有可能,我们怎么知道我们认识真理了呢? 我们是否能理解世界和我们在其中的位置? 什么是美德? 具备美德是否可能? ……我们已经考虑过某些哲学家(尤其是柏拉图和亚里士多德)对这些令人焦虑的问题的回答,不过,其他哲学家也对这些问题提出了不同的回答,我们马上就要考察它们。有一个关键点始终要记住,这就是,这些问题并非不切实际或无价值的。我们或许会那样认为,但那只是因为我们自己已经丧失了所有的价值判断力,就像一些水手,他们的罗盘丢失或被打破了,结果发现,他们的船已不再听舵的指挥了。

对希腊人来说,这些问题并非不切实际的,而是至关重要的,比起谁是国王或老板、我们下个月应当怎样付租金、我们自己是否应享受幸福这类问题更为紧迫。我们来询问那些真诚的人们吧,他们属于以下这些学派或流派:犬儒学派、怀疑论学派(Skeptics)、神话即历史论者(Euhemerists)、伊壁鸠鲁学派(Epicureans)和斯多亚学派。

第一部分　犬儒学派

犬儒学派早在亚里士多德时代以前就出现了;它的历史可以追溯到苏格拉底(在他的观点和行为中的确有一些犬儒学派的倾向)和安提斯泰尼,而一般认为,苏格拉底的亲传弟子安提斯泰尼是这个学派的创立者。安提斯泰尼的父亲是一个雅典人,但他的母亲却是色雷斯人。因此,他在雅典城外的"快犬"(Cynosarges)学校中接受教育,这是一个献给赫拉克勒斯的运动场,并且是留给非纯粹的雅典后裔们使用的;他也在这所学校中教书,因而会使人们联想到他那个学派的名称来源于"快犬"。有可能是这样;但更有可能的是,cynic(犬儒学派的)这个词来源于 Cynosarges 的一个词根(*cyon, cynos* = 狗),因此它原来的含义是"像狗一样的",因为安提斯泰尼强调苏格拉底的倾向,即过最简单的生活并且漠视许多社会习俗和社交礼仪。

安提斯泰尼的生卒年月不得而知;既然他是高尔吉亚和苏格拉底的学生,在公元前 5 世纪末他应该还是一个年轻人。安提斯泰尼最著名的弟子是西诺普的第欧根尼,[1]他所过的苦行生活是众所周知的。第欧根尼的父亲曾负责西诺普的造币厂并且因此招致不幸,他被指控伪造钱币(*paracharattein to nomisma*)。无论他获罪是由于个人原因还是政治原因,他都不得不离开西诺普。[2] 他和他的儿子第欧根尼过上了极度贫困的生活;安提斯泰尼的学说非常受欢迎,至少对这个年轻人来说是如此,他认识到,不应把贫困看作一种惩罚,而应看作一种成就,是对特殊美德的奖励。第欧根尼宣称,自足(*autarceia*)、苦行(*ascēsis*)和无羞耻感(*anaideia*)是必要的,并且以挑战的姿态展示了他对习俗的轻蔑。他并没有为安提斯泰尼的学说增添任何新的成分,而是在渲染它和宣传它。我们已经讲过关于他斥责那个世界的统治者的(传奇)故事,这个故事使亚历山大大帝获得了很大的荣耀。

第欧根尼最重要的弟子是克拉特斯(Crates),底比斯的阿斯康达斯(Ascondas of Thebes,大约公元前 365 年—前 285 年)之子,[3]克拉特斯为了哲学放弃了大笔的财富,并且把他的需求减低到最低限度;他使底比斯一个显赫的家庭的孩

---

[1] 第欧根尼大约于公元前 412 年—前 400 年出生在西诺普(黑海南海岸中部附近);他大约于公元前 325 年—前 323 年在科林斯去世,那时他已经年逾古稀甚至可能到了耄耋之年了。

[2] 我在哈佛的同事乔治·H. 蔡斯(George H. Chase)好心地(于 1951 年 2 月 13 日)写信给我说,在他看来,"伪造钱币"是最好的翻译;因为 paracharattein 意为"伪造"。"因此我猜想,第欧根尼的父亲惹上麻烦是由于用非官方认可的设计冲压西诺普的钱币,而不是重新压制了它们。"不过,一部分人可能会认为这样的钱币是"伪造的",但另一部分人可能不这么看。

[3] 据说,克拉特斯在拜师第欧根尼之前,曾是布里森(Bryson)的学生。的确是这样,但这里所说的是阿哈伊亚(Achaïa)的布里森,而不是赫拉克利亚的数学家布里森。

子希帕基亚(Hipparchia)和她的兄弟马罗尼亚的梅特罗克勒斯(Metrocles of Maroneia)改变了信仰。克拉特斯还和这个女孩子结了婚;他们两个就像最穷的传教士、像两个乞丐一样生活在一起;他有几分诗人的气质,而他们两个人似乎都非常可爱。

我们再谈谈第欧根尼的另一个弟子阿斯蒂帕莱阿(斯波拉泽斯群岛中的一个岛屿)的奥涅希克里托斯。他是一名水手,曾伴随亚历山大去亚洲;他是在希达斯佩河建立的舰队的首席领航员,而且一直负责向下游的印度河和上游的波斯湾的整个航行。他是亚历山大的史学家之一(有关这一点的真实性存在疑问)。作为一个犬儒学派的哲学家,他使亚历山大成为犬儒学派的杰出人物。在这方面,他可能是对的;很有可能,亚历山大具有犬儒学派的倾向;一个成功的独裁者必然会变得玩世不恭。

在安提斯泰尼、第欧根尼、克拉特斯和奥涅希克里托斯这4个人中,只有安提斯泰尼是专业意义上的哲学家。第欧根尼、克拉特斯及其妻子希帕基亚,可以与主要是活跃于东方的几乎每一个国家的众多其他圣徒和苦行者相媲美。克拉特斯特别像一个印度教的托钵僧(Faqīr)、一个伊斯兰教的苦行僧(Darwīsh)和很多基督教的隐居修道者。每一个圣徒都或多或少有一些愤世嫉俗。人们也许想知道,第欧根尼或克拉特斯是否受了印度典范的影响? 这种可能性是存在的,但它并非一定能说明他们的行为。奥涅希克里托斯一定在印度见过托钵僧,但他和亚历山大根本不需要这样的榜样,去宣传他们对生活中那些浮华之物和无价值之物的轻蔑。

犬儒主义从未成为一个正式的学派。确实,安提斯泰尼曾解释过什么可以被称作犬儒主义学说:幸福是以美德为基础的,美德是以知识为基础的;知识可以传授,因而美德和幸福可以获得,如此获得的幸福不可能失去。他的信徒们接受了这一学说,但他们的犬儒主义是一个行为问题而非理论问题。他们更像是传教士和传道者,而不像神学家。犬儒主义是一种心灵的易冲动的状态,与学说无关。每一种哲学或宗教都可能产生它自己的犬儒学者和它自己的圣徒。

第二部分　怀疑论学派

当奥涅希克里托斯试图根据犬儒哲学解释生活时,另一个希腊-印度人皮罗正在发展一种新的学说,这种学说是同样令人烦恼的,或者可能会变得同样令人烦恼。皮罗(大约公元前 360 年—大约前 270 年)是来自(伯罗奔尼撒半岛西北的)埃利斯的普雷斯塔克(Pleistarchos)之子。他的父母很穷,因而他不得不去学习经商并且成为一个油漆匠。不过,他对哲学有着非常浓厚的兴趣,并且先投在斯提尔波之子布里森(Bryson, son of Stilpon)的门下,[4]后又拜德谟克里特学

---

〔4〕这位布里森不同于前面的脚注中所提到的那两位布里森。"布里森"这个名字是比较常见的。在其《毕达哥拉斯传》(第 104 部分)中,扬布利柯(活动时期在 4 世纪上半叶)谈到了也叫这个名字的早期的学生。有一篇关于经济学的专论被归于一个名叫布里森的人的名下;作者是一位新毕达哥拉斯主义者,他于公元 1 世纪或 2 世纪活跃于亚历山大或罗马;马丁·普莱森纳于 1928 年对这篇专论进行了编辑[《伊希斯》13, 529 (1929-1930)]。回到刚才提到的斯提尔波之子布里森,我们怀疑他的父亲是不是著名的斯提尔波,亦即麦加拉学派第三位领导者? 这个斯提尔波(大约公元前 380 年—前 300 年)曾经受到西诺普的第欧根尼的影响以及麦加拉的欧几里得的影响;在他的领导下,麦加拉学派获得了相当高的名望,但这也是它的终点。

派成员阿布德拉的阿那克萨库为师。据说,阿那克萨库和皮罗都曾陪伴亚历山大去过亚洲(令人感兴趣的是,可以发现有如此之多的哲学家和科学家与这位征服者为伍;同样,波拿巴也曾为他到埃及的远征挑选了许多科学家)。[5] 回来后,皮罗在他的原籍埃利斯城定居,他在这里退休,过着极为简朴的生活。除了一首致亚历山大的诗歌外,他没有写过任何其他著作,但由于他的忠实弟子弗利奥斯的提蒙(大约公元前 320 年—前 230 年)[6]而使得他名垂千古,提蒙颂扬了其导师的智慧和美德。

　　不能说作为最著名的预言家的皮罗在他自己的国家没有获得任何荣誉,正相反,他的同胞们把他看作最令人尊重的祭司,并且在他去世后不久便为他竖起一座纪念碑以示纪念。虽然其他哲学家也质疑物质的实在性(或非物质的实在性),但他更大胆,他甚至怀疑认识的可能性。我们怎么能肯定任何事物呢? 尤其是,我们怎么能认识万物的本质呢? 我们不是总看到我们的感官知觉中的矛盾、我们的观点中的矛盾和我们的习俗中的矛盾吗? 这些矛盾证明认识是不可能的。因而,如果我们是诚实的,我们不应说"是这样",而应说"也许是这样",我们也不应说"这是真的",而应说"这

---

〔5〕 F. 夏尔－鲁(F. Charles-Roux):《埃及统治者波拿巴》(*Bonaparte, gouverneur d' Egypte*, Paris:Plon,1935)〔《伊希斯》26,465-470(1936)〕。

〔6〕 提蒙,(伯罗奔尼撒半岛东北的)弗利奥斯的蒂马科斯(Timarchos of Phlios)之子,他出身贫寒,开始以做舞者为生。在麦加拉,他先是师从斯提尔波,后来又成为皮罗的弟子,正是后者使他改变了信仰。由于不得不离开埃利斯,他在达达尼尔海峡和普洛庞提斯周围的地区从事智者的职业,后来 *fortune faite*(交了好运)退休到了雅典,他一直生活在这里,非常长寿。他之所以被人们记住,主要是因为他个人的那种别具一格的讽刺诗(*silloi*)。

也许是真的"。[7] 这种判断悬置(*acatalēpsia*, *epochē*)导致心神安宁(*ataraxia*),亦即心灵的完全宁静、漠然(*apatheia*),对外部的事物、欢乐和痛苦不在乎(*adiaphoria*)。皮罗主义就是一种寂静主义。

皮罗没有创立一个正式的学派,但他有像提蒙这样的敬慕者,而且他还影响了其他几个人,如中期学园的始创人阿尔凯西劳(大约公元前 315 年—前 240 年)[8]、新学园的创始人卡尔尼德*(大约公元前 213 年—前 129 年)[9]、西塞罗(活动时期在公元前 1 世纪上半叶)时代或更晚的爱内西德谟(Ainesidemos)[10],还有塞克斯都·恩披里柯(2 世纪下半叶)。皮罗主义像犬儒主义一样是一种心灵状态而不是一种哲学体系。无论何时何地都会有一些心存疑虑的人,然而,怀疑论不管是在皮罗的意义上还是在相反的意义上,都是有限的和相对的;没有人怀疑一切或相信一切。蒙田的格言"*Que sais-je*(我知道什么)?"或者拉格朗日(Lagrange)特别喜欢的回答"*Je ne sais pas*(我不知道)",或多或少说明了皮罗的精神。对一个科学工作者来说,如果他的想象不受到怀疑论或不可知论的不断制约,他就不可能做好研究工作。

---

[7] 按照一个古老的传说,在皮罗去世以后,有人问他:"皮罗,你死了吗?"他回答说:"我不知道。"

[8] (埃奥利斯的)皮塔涅的阿尔凯西劳是数学家皮塔涅的奥托利库的弟子,他后来去了雅典,在那里他曾投在塞奥弗拉斯特、波勒谟和克兰托尔的门下,并且接替克拉特斯担任柏拉图学园的主持人。

* 原文如此,与本书原文第 399 页不一致。——译者

[9] 昔兰尼的卡尔尼德于公元前 155 年把怀疑论介绍到罗马,加图请求元老院把这个危险的罗马青年的诱惑者送回他的故乡雅典。

[10] 克诺索斯的爱内西德谟的著作已经失传,这些著作是塞克斯都·恩披里柯(活动时期在 2 世纪下半叶)思想的主要来源之一。

第三部分　神话即历史论

大约在这个时期,西西里人墨西拿的欧赫墨罗斯(Euhemeros of Messina)把另一派的观点具体化了。欧赫墨罗斯活跃于卡桑德罗(Cassandros)[11]的宫廷,据说,他曾沿红海向下游航行,并且横渡阿拉伯海,抵达了一个称作潘查亚(Panchaia)的印度岛屿,在这里,他发现了一些宗教铭文。无论他的旅行和发现是真实的抑或是想象的,他写了一部题为《神圣的历史》(*Hiera anagraphē*)的著作,对它们进行了描述,在该书中,他强调了神话的历史起源。这是一种把神话亦即希腊宗教加以合理化的尝试。

很难说这是一种创新,尽管欧赫墨罗斯的著作(其中只有一些残篇保留下来)可能是这些观点的第一部出版物,或者是其第一部广受欢迎的出版物。希腊人效仿了埃及人把凡人奉若神明或神化的习俗,这种习俗可能给他留下了深刻印象。这样,埃及医生伊姆荷太普变成一个英雄,后来又成为一个神,同样的事情也发生在希腊医生阿斯克勒皮俄斯身上。在人与神之间有一些过渡人物,那就是英雄;人与英雄之间的界限以及英雄与神之间的界限,并不是明确划定的。从一组转化为另一组是可能的,如果是这样,假设所有神起源于人或与人有关不是很自然的吗?希腊神话难道不是特别具有神人同形同性论色彩的吗?当每一个有关神的故事都例证了人的特性和弱点时,人们怎么能相信神在本质上与

---

〔11〕卡桑德罗从公元前316年至公元前306年任马其顿王国的摄政王,从公元前306年至公元前297年任国王。他是萨洛尼卡(Thessalonica或Salonica)城的缔造者。

人是不同的呢？我们可以有把握地假设,远在欧赫墨罗斯时代以前,几乎每一个科学家都习惯于把神话看作某种能使人们喜爱的诗歌;他们当中没有任何人指望人们会相信它。宗教实在是无法在神话中发现的,这种实在只能在仪式和节日中发现,在庆典中发现;通过这种庆典,希腊人可以满足他们对美和崇高的热爱,述说他们对神圣的神秘事物的感觉,表达他们精神上的手足情谊。遗憾的是,那些节日庆典鼓励了教士的欺诈行为,而这些行为必然会像神话那样引起诸多批评。

昔兰尼学派(Cyrenaic School)倡导同样的反教权的[12]批评,这个学派由苏格拉底的弟子昔兰尼的阿里斯提波创立,他的哲学是快乐主义和理性主义的哲学。他的女儿阿莱蒂(Arete)、她的儿子小阿里斯提波[Aristippos the Younger(*ho mētrodidactos*),他接受了他母亲的教育]以及昔兰尼的安提帕特(Antipater of Cyrene)、无神论者塞奥多罗、赫格西亚(Hegesias)和小安尼克里斯(Anniceris the Younger)继承了他的学说。欧赫墨罗斯可能受到昔兰尼学派的影响,但无法证明这一点,也没有必要进行这样的假设。理性主义仅与少数希腊人志趣相投,就像迷信对其他更多的人是很自然的一样。

恩尼乌斯(Ennius,活动时期在公元前 2 世纪上半叶)用拉丁语、西西里岛的狄奥多罗(活动时期在公元前 1 世纪下

---

[12] "反教权的"这个词是经过慎重考虑才使用的;它是指当教士们(任何宗教中的牧师们)有滥用他们的权力和特权的倾向时,必然会在每个地区出现的一种反应。希腊世界各地无数的神庙和圣所中的祭司们在行使大量的权力,而作为人,他们想要拥有更多的权力和财富;他们会保护和扩大他们的既得利益,而这样做,势必要增加其敌人。

半叶)用希腊语对神话即历史论进行了重新解释;早期的基督徒把它用于他们的反异教纲领。这只是理性与迷信无休无止的战斗中诸多方面的一个侧面。

第四部分　伊壁鸠鲁的花园[13]

一、萨摩斯岛的伊壁鸠鲁

我们已经尝试使我们的读者对阿布德拉的德谟克里特的伟大有所了解(参见本书第 251 页—第 256 页),这种伟大是公元前 5 世纪下半叶最完美的荣耀之一。希腊人才济济,天才如此之多,以至于其中有许多人并不为人所知并且被忘却了。德谟克里特在公元前 4 世纪最美好的时期被忽视了。柏拉图从不提及他;亚里士多德倒是经常提起他,但只是为了批评的目的。幸运的是,在这个世纪*最后的 25 年中,虽然像他这样的人没有再出现,但他的哲学却被另一个预言家伊壁鸠鲁复兴了。

伊壁鸠鲁(公元前 341 年—前 270 年)是雅典的一个名门望族的后代,但他的父亲尼奥克列斯(Neocles)移居去了萨摩斯,伊壁鸠鲁大概就是在这个岛上出生的,当然也是在

---

[13]　参见第欧根尼·拉尔修:《名哲言行录》(第 10 卷);西里尔·贝利:《伊壁鸠鲁现存的著作》(*Epicurus, the Extant Remains*, Greek and English, 432 pp. ; Oxford, 1926)、《希腊原子论者与伊壁鸠鲁》(630 pp. ; Oxford, 1928)[《伊希斯》*13*, 123-125(1929-1930)]。

玛丽·让·居约(Marie Jean Guyau, 1854 年—1888 年):《伊壁鸠鲁的道德与当代学说的关系》(*La morale d'Epicure et ses rapports avec les doctrines contemporaines*, 285 pp. ; Paris, 1878; ed. 7, 1927);本杰明·法林顿:《古代世界的科学与政治》(244 pp. ; New York: Oxford University Press, 1940)[《伊希斯》*33*, 270-273(1941-1942)],这是一本颂扬伊壁鸠鲁的著作。

*　指公元前 4 世纪,下同。——译者

这里接受教育的。他是一个早熟的男孩子,14 岁时便开始学习哲学,当他 4 年以后去雅典时,他已经受过良好的教育,他去那里毫无疑问是为了通过公民考查(docimasia),这可以使他有资格加入他祖先所在市区的 ephēboi(青年会)。在他(于公元前 323 年)去雅典游览期间,亚历山大儿子们的监护人、在萨摩斯城邦施行暴政的将军佩尔狄卡斯强迫在萨摩斯定居的希腊殖民者离开该岛。因而,伊壁鸠鲁未能返回萨摩斯而是和他的家人一起沿着亚细亚海岸流浪,在不同的地方短暂停留,主要是在爱奥尼亚城邦科洛丰和特奥斯(请试着想象一群无家可归的雅典人、一群流亡者和难民从一个地方走到另一个地方)。在特奥斯,他听了瑙西芬尼(Nausiphanes)[14]的一些课,后者对德谟克里特哲学进行了说明。在他 30 岁那一年(公元前 311 年),他在米蒂利尼岛(Mitylene)定居,并且开始了他作为一个独立哲学家的生涯。他的影响甚至在那时已经相当大了,因为他的 3 个兄弟也成为他的学生;[15]这种特殊的环境不仅给他的劝导能力争了光,而且也给他固有的美德增了色。不久之后,一个新的学校迁到达达尼尔海峡亚洲一侧的兰普萨库斯,在这里伊壁鸠鲁有了更多追随他的学生,例如梅特罗多洛(Metrodoros)、科罗特(Colotes)、波利亚诺(Polyainos)、伊多梅纽(Idomeneus)、里奥提乌(Leonteus)及其妻子泰米斯达

---

[14] 特奥斯的瑙西芬尼和埃利斯的皮罗一起参加了亚历山大的亚洲战役,也许就在这时,他得到了皮罗的培养。后来,他成为一个原子论者,但与德谟克里特不同的是,他坚持学者应当参与公共生活。

[15] 他们是小尼奥克列斯(Jr. Neocles)、凯里德莫(Chairedemos)和阿里斯托布勒(Aristobulos)。据我所知,没有别的哲学家曾把自己的 3 个兄弟算作弟子的。

（Themista）。[16]

　　到那时为止所获得的成功使得伊壁鸠鲁决定把他的教学转往雅典，因为只有在那里一个新的哲学学派的影响才能够完全确立。他于公元前307年回到他的祖籍之地，当时，那里正处在围城者德米特里（Demetrios Poliorcetes，马其顿国王）的暴戾统治下，他在（这座城市与比雷埃夫斯港之间的）梅利塔（Melita）买了一所房子和一个花园[17]。他余生的大约37年的时光就在这里度过。他可以像一个得到公认的大师那样开始体面的生活，因为他的许多弟子以及他自己的家庭都跟随他一起来了，不久之后，又吸收了一些新的学生，其中有后来成为他的继任者的米蒂利尼的赫马库斯（Hermarchos of Mytilene）、皮托克勒斯和梅特罗多洛的兄弟提莫克拉底（Timocrates）。他也收奴隶、妇女甚至妓女作学生，例如被他解放的迈斯（Mys）以及后来成为梅特罗多洛妻子的里奥蒂欧（Leontion）。

　　在"伊壁鸠鲁花园（garden of Epicuros）"中，教学是非正式的，生活是简朴的，大家彼此亲如手足。但妇女的出现很快成了流言蜚语的一种借口，学校的成功则成了妒忌的起因。有些敌手感到愤慨，在这个世纪末之前，"伊壁鸠鲁主义者"这个名称就已经在梅利塔被贴上了名誉不好的标签，而且至今依然名声不佳。

　　这些诽谤增加了信徒们对其导师的热爱，而且他们在许多年间继续过着亲如手足和简朴的生活。伊壁鸠鲁在70岁

---

[16] 所有这些人都是兰普萨库斯本地人或这里的居民。

[17] 或果园（ho cēpos）。

时去世了；房子和花园遗赠给赫马库斯留作办学之用；由于梅特罗多洛在伊壁鸠鲁去世之前就过世了，因此，在伊壁鸠鲁临终前，他也为一些节日的仪式和梅特罗多洛一对儿女的托管做了相应的安排。

伊壁鸠鲁写了大量著作，足足有 300 多卷，大部分都已失传，但我们有许多希腊语和拉丁语摘录。最重要的专著是《论准则》(*Canon*)，据说它来自特奥斯的瑙西芬尼的《三脚祭坛》(*Tripod*)，另一部重要的专著是《论自然》(*Nature*，共37 卷)，该书是对他的科学观的最详尽的说明。通过第欧根尼·拉尔修，40 条《君主座右铭》(*Sovran Maxims*, *cyriai doxai*)的汇编留传给我们，还有伊壁鸠鲁写给他的 3 个弟子希罗多德(Herodotos)、皮托克勒斯和美诺俄库(Menoiceus)的信。另一个 80 条格言的汇编于 1888 年在梵蒂冈的一个手稿中被发现，并于当年出版。除了这些著作以及包含在其他古典文献中的残篇之外，我们还必须提及两个使我们有关伊壁鸠鲁和伊壁鸠鲁传统的知识得以丰富的非同寻常的原始资料。第一，在发掘赫库兰尼姆古城(Herculaneum)时发现的莎草纸卷，给我们提供了伊壁鸠鲁主义者、(巴勒斯坦)加达拉的菲洛德穆(Philodemos of Gadara)的著作，菲洛德穆与西塞罗(活动时期在公元前 1 世纪上半叶)是同时代的人；第二，1884 年在吕基亚的奥伊诺安达(Oinoanda in Lycia)发现的石铭文保留了一个名叫第欧根尼的人[18]写的

590

---

[18] 这个第欧根尼是被称作奥伊诺安达的第欧根尼(Diogenes of Oinoanda)，其生卒年月不详。奥伊诺安达意为骑士(Cabalia)，它是地处小亚细亚西南的吕基亚北部的一个区。他的碑文被约翰内斯·威廉(Johannes William)编入"托伊布纳古典丛书"(Teubner Library)中的《奥伊诺安达的第欧根尼著作残篇》(*Diogenis Oenoandensis Fragmenta*，151 pp.；Leipzig，1907)。

伊壁鸠鲁派的基本原则。这位忠实的伊壁鸠鲁主义者使这篇铭文刻在石头上，以作为对过路人的忠告。不过，伊壁鸠鲁学说最佳的原始资料是卢克莱修在这位大师过世两个世纪以后写的《物性论》，在曾经为纪念一个伟大的哲学家所建立起来的纪念碑中，这是最引人注目的一座。

二、伊壁鸠鲁的物理学和哲学

伊壁鸠鲁主要的物理学理论是原子论，留基伯和德谟克里特已经对这种理论进行过说明，但伊壁鸠鲁又对不同的细节进行了修改。世间万物，无论是精神的还是物质的，都是由原子构成的。这些原子有许多形状，分布在各处；它们不一定聚集在一起；它们处在真空之中，这样它们就可能从一处运动到另一处，并且可能发生碰撞。当一个人死去时，构成他灵魂的原子就像构成他肉体的原子那样会被释放和被分发。[19] 诸神自身也是由原子构成的；它们住在某种居间的天堂（*ta metacosmia*）之中，这里是完整的世界之间的一块空虚的空间。心灵（*nus*）是非常细小的原子的集合，灵魂（*psychē*）则是由遍布全身的精微的原子组成的。精神实体（例如诸神、灵魂和才智等）与物质实体的差别，仅在于它们的原子本质上更为细小、更为精微。因此，万物都是由物质组成的，把伊壁鸠鲁的原子论说成唯物主义并非不正确的。

然而伊壁鸠鲁从两个方面对这种唯物主义和决定论做了限定。他承认灵魂中包含着某些不可名状的（*acatonomastos*）元素。对于伊壁鸠鲁来说，火（热）、风（气

---

[19] 在这里，"分发"这个词的含义是那些老印刷工所熟悉的；他们把用来印刷某个文本的铅字拆开，并把它们分发到装铅字盘的箱子中，以备排印另一个文本之用。

息)和气是附加到原子上的元素,并且是普遍存在的,而灵魂和心灵则意味着第四种元素的存在,它比其他三种元素更为精微,它宛如灵魂的灵魂。[20] 另一种限定是,原子转向(*parenclisis tōn atomōn*, *clinamen*)的构想,即这样一种假设:在原子运动中存在着自发和多变的现象,而且这类现象的数量是不可减少的。

这两种限定是不同寻常的;它们例证了伊壁鸠鲁所具有的诗人的天才,同时也说明把精神性的东西从即使是最彻底的唯物主义者中完全驱逐出去是不可能的。把精神逐出窗外,它又通过墙上看不见的洞回来了。这就是在伊壁鸠鲁和他以后的每一个唯物主义者身上发生的情况。他是一个唯物主义者,但他的灵魂的不可名状的元素却又向神秘主义敞开了大门。

然而,伊壁鸠鲁的哲学并非仅仅是原子论;我们也许可以说,原子论是伊壁鸠鲁哲学的物理学核心,而且这是一种经过这位大师修改了的原子论,这样修改是为了减少摩擦,把净空间和自由度降到最低程度。

他的主要思想之一是,快乐是唯一的善,但是他的快乐观与粗俗的享乐主义是风马牛不相及的;他所想的那种快乐只能通过实践许多美德才能获得,例如审慎和公正,消除许多欲望等;即使这不意味着禁欲主义,它也意味着要节制。伊壁鸠鲁赋予"凡事有度(*mēden agan*)"这个古老的希腊格言新的含义:过犹不及(*ne quid nimis*)。

---

[20] 这是一个非常晦涩的话题,我不想说我理解它。参见贝利:《希腊原子论者与伊壁鸠鲁》,附录5,第580页—第587页,论不可名状的元素与心灵的关系。

他的另一个思想常常被误解,也许应当把它称作感觉论(sensationalism)。作为对毕达哥拉斯和柏拉图的幻想的回应,他主张,我们的所有知识来源于我们的感觉。在他那个时代,实验科学几乎不存在;否则的话,他也会说,我们的知识必须有一个实验基础。他还不可能走到这一步,但他主张,人们必须要有某种感觉的证据;我们的词语必须与可感知的事物相对应。当然,他的原子论已经超出了可证实的范围;从现代的意义上讲,它甚至不是一个可行的理论。伊壁鸠鲁是一个哲学家,而不是一个科学家。

他首先是一个道德家,试图开辟一条通往美德和幸福的新路。美德意味着自由,对他而言,人类的精神自由是最根本的,以至于为了使这种自由成为可能,他不得不修改原子论的基本学说。原子的"转向"给大多数物质客体带来机会和自由;机会和自由的要素会随着物质越来越趋向精神而增加,并且会在人的灵魂中达到其顶峰。

幸福应当通过自制和节欲,亦即通过一种消极的方式来获得。花园学派的这位大师劝告他的弟子们不要结婚,不要生孩子,不要引起公众对他们的注意。伊壁鸠鲁的快乐主义是有欠考虑的,因为它的敌人把它描述为是追求快乐(主要指肉体上的快乐,因为他们自己不可能想象到其他快乐),而它实际上是一种使自己脱离痛苦和烦恼的尝试。伊壁鸠鲁主义者试图摆脱恐惧,例如死亡的恐惧和贫穷的恐惧,并且试图达到心神安宁(ataraxia);他们倾向于远离尘世,有人也许会指责他们采取了失败主义的态度;他们的总体心态缺乏英雄主义,但这并非不道德的。他们看起来可能是利己的,但我们不应忘记,他们生活在没有安全感的时代,那时专横霸道比公正更普遍,一切都没有从前稳定,在那时,避世隐居比招致妒忌和暴行更为明智。[21]

三、伊壁鸠鲁与教权主义和迷信的斗争

伊壁鸠鲁生活哲学的主要特色,为他和他的学说树立了许多势不两立的敌人,这种特色就是与迷信的斗争。我们已经多次指出,各种迷信盛行于希腊世界;对魔法和奇迹的热衷在远古时代就已经存在(古代的神秘宗教仪式、神话和治病的神殿都是其证据),而战争的苦难和政治经济的不安全感使这种狂热加剧了。在国内战争期间,这类苦难增加了,并且在亚历山大去世和他的帝国瓦解后达到了一个新的巅峰;大量和普遍存在的苦难增强了神庙的住持、祭司和占卜者的权力。

伊壁鸠鲁至少受到一种强烈感情的激励,这种感情就是对迷信的憎恨。根据观察,支配一个人的行动的各种激情,往往是个人经验的结果,尤其是那些在他一生中最易受影响的岁月里给他的心灵留下深刻印象的经验。第欧根尼·拉尔修介绍说,[22]年轻的伊壁鸠鲁常常"和他的母亲凯勒斯特拉特(Chairestrate)一起去乡下,读符咒,并且在学校中帮他的父亲挣一点可怜的酬金"。这使人想到这样一个情景:一个家庭在努力设法把狼挡在门外,父亲是一个薪金微薄的教师,母亲则冒充某种祭司或术士,以这种方式来帮助他。如果这个早熟的男孩子被迫见证了他母亲的精神堕落,人们就

---

[21] 几个世纪以后,诗人奥维德(Ovid,公元前 43 年—公元 18 年)可能仍然重申 *Bene qui latuit bene vixit*(隐居更惬意)[《哀歌》(*Tristium*, lib. Ⅲ, el. Ⅳ, 1, 25)]。时至今日,这仍是一个很好的忠告,但在公元前 4 世纪或公元前 1 世纪,至少在那些文明国家中,这种忠告比今天更有必要。

[22] 第欧根尼·拉尔修:《名哲言行录》,第 10 卷,1。

不难想象他对此的厌恶会不断增长,而且会怨恨终生。他在早年就明白咒语对知情人的含义,他不得不帮助他的母亲欺骗他们的邻居。还能有比这更糟糕的经验吗?

无论如何,他已经认识到,穷人就是环境的牺牲品,相对于所谓大众迷信以及目不识丁和过度轻信之人的怪诞的民间传说,他更为痛恨教士所散布的虚伪的谎言和柏拉图主义者用花言巧语所表述的"冠冕堂皇的谎言"。区分通俗的迷信与学术上的迷信并非总是很容易的,因为在民间传说中搀杂了如此之多的偏好,以至于有这样一种倾向,即把它比作学术上的无知。询问迷信是否来源于大众是一个学术问题,而且这是个难以解决的问题。极端保守主义者认为"宗教有益于民众",他们十分了解,任何种类的迷信都会对其他迷信起到鼓励作用,因而它们是有用的。[23] 他们就像威士忌酒的销售员那样,销售员会鼓励对(一般意义上的)酒精的爱好,而不是阻止它。柏拉图和他的弟子会说,让普通大众都拥有他们所需要的各种迷信吧,因为他们太笨,无法对真理进行沉思,他们偏爱谎言。

可能确实如此,但柏拉图与伊壁鸠鲁的截然不同之处就在于这样一个事实——前者准备利用大众的无知和轻信,而后者则要尽其所能去根除它们。例如,伊壁鸠鲁毫不犹豫地拒绝了所有占卜,而占卜是一种重要的行业。所有的流派,除了伊壁鸠鲁学派以外,都相信魔法的真实性。

---

[23] 在安德烈·吉德(André Gide)1906 年 3 月 21 日的日记中,他评论说:"Certainement le but secret de la mythologie était d'empêcher le développement de la science.(当然,神话的秘密目标就是阻碍科学的发展。)"这是对真相的夸大;骗人和转移他们视线的目的更多是无意识的而不是有预谋的。最值得伊壁鸠鲁自豪的就是,他辨明了这种目的并且与之进行了斗争。

伊壁鸠鲁是明确反对教权的,但他并非反对宗教。他声称,存在着诸神;人们必须寻找它们,不过不是在星辰中,而是在人们的心灵中寻找。这一点在他那封令人赞叹的致美诺俄库的信中表述得确定无疑:

我一直谆谆嘱咐的那些事,你应当去做,你要身体力行,并把它们当作正确生活的基本原则。首先要相信,按照人类常识所表明的神的观念,神是一种不朽的和幸福的生命;因而请相信,你们不要把那些与他的不朽性格格不入或不相符的任何事情归咎于神;而要相信,无论他做什么可能都是为了维护他的永恒和他的幸福。因为神是确实存在的,关于他们的知识是清晰明白的;但是,他们不是大众所认为的那样,因为大众不知道始终如一地坚持自己有关诸神的看法。真正不虔敬的人,不是否认大众所崇拜的神的人,而是肯定神即大众所想象的那个样子的人。因为大众关于神的看法不是正确的预想,而是错误的假设;比如他们认为,恶人所遭受的极祸和善人得到的至福都是出自诸神之手,因为诸神总是鼓励他们自己那样的优秀品质,青睐与自己近似的人,而排斥和自己不一样的人,并视其为异己。[24]

神的存在是由人性中的善来证明的(我仍然认为,这是最好的证明)。伊壁鸠鲁没有与纯宗教进行争论,但是他憎恨柏拉图主义者和贵族们所倡导的宗教,这是那种所谓"精英"为了较低阶层的人的福利而鼓吹的宗教,它不仅与无价

---

[24] 在《名哲言行录》第 10 卷,122-135,第欧根尼·拉尔修 in extenso(全文)引述了这封长信;它是对伊壁鸠鲁伦理学非常出色的概括。我们在这里只引用了开头有关神的部分;在此之后,他论述了没有理由的对死亡的恐惧、有益的和有害的欲望、快乐等等。译文由 R. D. 希克斯译,见于"洛布古典丛书"第 2 卷(1925)。

值的迷信相混合,而且与治安权、秘密监视和迫害混合在一起。他拒绝了斯多亚学派视若珍宝的天意(pronoia)观念;他甚至拒绝了创世观念,或任何形式的连续创造观念。神创造了世界,然后就从中退了出来,听任它自己演化。自然法则是不会受任何形式的专横武断干扰的。

伊壁鸠鲁是第一个提出这样的主张的人,即迷信危害社会,与迷信斗争是十分必要的。切不可按照柏拉图的方法去蒙骗大众;必须把真理告诉他们;如果他们没有接受过足够的教育以至于无法理解真理,那就必须让他们接受教育;真理会使他们获得自由,舍此别无他途。[25]

他是与柏拉图的保守主义相对应的自由主义和理性主义的代表。他的理性主义不是绝对的,而是相对的。什么理性主义不是这样的呢?

伊壁鸠鲁主义充满了矛盾:它的原子论被原子的变化莫测的思想削弱了,而它的唯物论又被对灵魂和神的承认削弱了;但它最大的矛盾在于其讨伐迷信的观念,因为该观念与它避免痛苦和麻烦的目的大相径庭。如果这一目的变得会给伊壁鸠鲁主义者自身带来更多麻烦,他们除了与社会谎言和迷信斗争外,不可能找到更好的办法了。他们选择了最麻烦和最危险的事业以作为他们为之献身的对象,这种选择既证明了他们的根本矛盾,也证明了他们在道德上的伟大。

---

[25] 没有证据表明,伊壁鸠鲁学派在为贫穷的和没有文化的人的教育方面做过很多工作,在古代,没有人会为他们而烦恼。公共教育只能通过政府或强有力的团体才能得以统筹安排。伊壁鸠鲁学派理解教育的必要性,但他们无法并且也没有把它付诸实施。他们的学说的主要弱点就在于它们所导致的淡漠和被动性。它们缺少活力。

伊壁鸠鲁并不反对宗教。同样,他也不是科学的敌人。他对伦理学的兴趣更甚于对纯粹知识的追求,但他也认识到,我们的首要任务是认识真理,或者更确切些说,我们若想完成我们的任务就必须认识真理。他反对也许可称作"纯科学"的东西,他之所以反对,是由于它的纯粹性多次被歪曲;由于逻辑学家的偏差,他轻视逻辑;由于毕达哥拉斯的数字命理学和柏拉图的几何学,他不相信数学;尤其是,他拒绝既贬低天文学也贬低宗教的拜星神学。把纯科学与柏拉图主义的巫术完全混淆的倾向,证明了伊壁鸠鲁对这二者的拒绝是有正当理由的。他与迷信和非理性主义的斗争,不可避免地变成了一场与虚假的科学和虚假的宗教的斗争。

虽然这么说,但必须承认,伊壁鸠鲁并没有科学求知欲;他没有发现真理的强烈欲望。这可以说明为什么亚里士多德引不起他的兴趣;他大概认为,亚里士多德在他的动物学著作中收集的所有情况都是没有价值的。他会说,关于鱼的繁殖和蜗牛的交尾我们有什么可关心的呢?我们还是把注意力放在与人有关的问题上吧。我们再重申一下,伊壁鸠鲁主要是一个道德家,而不是一个科学家。

他是一个关心人的教育的道德家和政治家,他关心所有的男人和妇女,关心他们的教育和他们的幸福。把两个英国文献学家对他的简练的描述放在一起加以比较是很有意思的。吉尔伯特·默里说:"伊壁鸠鲁主义者在某种意义上是古代的托尔斯泰的信徒。"本杰明·法林顿则说:"伊壁鸠鲁学派是一种以自然哲学体系为其智慧核心的公谊会。"[26]这两句话 *grosso modo*（大致上讲）是互不矛盾的,也不应把它们理解为是矛盾的。第二句话承认了伊壁鸠鲁的科学兴趣,就此而论,它更充分。的确,正是这个人从德谟克里特手中接下了原子论的火炬传给了卢克莱修,完全否认他有这样的兴趣是荒谬的。

四、伊壁鸠鲁学派

伊壁鸠鲁学派完全是由这位大师本人创立的。伊壁鸠鲁具有实现这个目标所必需的基本品质之一;他擅长激发听众的热情,并且确保他们的忠诚。在兰普萨库斯时,他就已经设法把许多有前途的人聚拢在他周围。在这些早期的弟子中,最重要的是梅特罗多洛,他于公元前 277 年、早于伊壁鸠鲁很多年就去世了,享年 53 岁。其他早期弟子包括,我们业已提到的波利亚诺、科罗特和伊多梅纽。波利亚诺是一位数学家,在皈依了伊壁鸠鲁学派以后,他就放弃了数学。这常常被用来作为伊壁鸠鲁敌视科学的一个证据,但这个证据是很不充分的。首先,在科学的基础上可以证明伊壁鸠鲁对毕达哥拉斯算术和柏拉图几何学的反对是完全合理的;其次,许多人已经从数学走向了哲学或宗教。[27]

根据这位大师的遗嘱,领导权以及花园传给了米蒂利尼的赫马库斯,从而确保了学派的连续性。这份遗嘱是一个非常动人的文件,因而我们要逐字逐句地引用:

---

[26] 吉尔伯特・默里:《希腊研究》(Oxford:Clarendon Press, 1946),第 85 页;本杰明・法林顿:《古代世界的科学与政治》,第 159 页。

[27] 想一想帕斯卡(Pascal)吧! 为什么这些人放弃了数学呢? 是哲学或宗教对他们更有吸引力吗? 抑或是因为他们的数学研究已经完成了? 也许有人会说,他们并没有放弃数学,而是数学抛弃了他们。

595　　　凭此遗嘱我宣布:我把自己的所有财产遗赠给巴特的菲洛克拉底(Philocrates of Bate)的儿子阿米诺马库(Amynomachos)和波塔莫斯的德米特里(Demetrios of Potamos)的儿子提莫克拉底,我将分别按照保存在自然女神庙(Mētrōon)中的遗赠契约的条款赠给他们,条件是他们要把花园和所有附属财产交由米蒂利尼的阿盖莫多(Agemortos of Mytilene)的儿子赫马库斯、他的社团的成员以及他所委托的继任者支配,以供他们生活和学习之用。我委托我的学派的弟子们永远帮助阿米诺马库和提莫克拉底以及他们的继承人,竭尽全力、以最好的方式维系花园中的日常生活,希望这些人(和托管人的继任者)以及将来可能会得到我们学派的继任者遗赠花园的那些人,以同样的方式帮助维系花园。在赫马库斯的有生之年,阿米诺马库和提莫克拉底要把梅利塔的房子提供给赫马库斯以及他的伙伴居住。

　　至于我转让给阿米诺马库和提莫克拉底的财产,要让他们尽最大努力与赫马库斯协商,为以下诸事预留资金:(1)用于我的父母和兄弟的丧葬祭品;(2)用来按照习俗纪念我每年7月*10日的生日,并且按照现行规定,在每个月的第20日举行我们学派的全体成员的聚会,纪念我和梅特罗多洛。还要让他们像我迄今为止所做的那样,在6月的这一天纪念我的兄弟们,同样,在2月的这一天纪念波利亚诺。[28]

　　只要梅特罗多洛之子伊壁鸠鲁(Epicuros, son of Metrodoros)和波利亚诺的儿子仍与赫马库斯在一起生活并

---

　　*　这段引文中所提到的,均为希腊雅典历中的月份。——译者
[28]　这段话中提到的希腊历中的7月、6月和2月,分别近似地对应于公历的1月、12月和8月。

学习,阿米诺马库和提莫克拉底就要照顾他们。同样,只要梅特罗多洛的女儿循规蹈矩、服从赫马库斯,他们就要抚养她;当她成年时,赫马库斯要从学派中挑选一个合适的人与她成婚。阿米诺马库和提莫克拉底还要与赫马库斯商议,从我的财产的积累中拿出他们觉得合适的部分,逐年送给这对夫妇,以维持他们的生计。

他们应当请赫马库斯与他们自己一道管理这笔资金,这样,每件事都可以在与他商量之后再去做,赫马库斯年事已高,毕生与我一道研究哲学,我走之后,由他担任学派的领导。当小女成年后,阿米诺马库和提莫克拉底要从我的财产中拿出条件允许的部分给她当嫁妆,这事也要征得赫马库斯的同意。他们还要像我迄今所做的那样照料尼卡诺(Nicanor),这样,这个学派中在私人生活方面以每一种方式为我提供服务、对我友善,并且选择和我一起在这个学派中生活成长的所有成员,只要我的财力允许,他们就不至于缺乏生活必需品。

我的所有书籍都送给赫马库斯。

万一赫马库斯在梅特罗多洛的孩子成年之前遇上了什么不测,只要他们循规蹈矩,阿米诺马库和提莫克拉底就要从我留下的财产中,为他们的不同需要提供尽可能充裕的资金。对其他的人,他们也要按照我安排的那样提供所需费用;只要一切都在他们的掌握之中,每件事都可以办到。在我的奴隶中,我给予迈斯、尼西亚斯(Nicias)和吕科(Lycon)

自由,我还要给予菲德里恩(Phaidrion)自由。[29]

赫马库斯于公元前270年接替了伊壁鸠鲁;而他的继任者是波利斯特拉托(Polystratos)。后来,波利斯特拉托"由狄奥尼修(Dionysios)继任,狄奥尼修由巴西里德(Basileides)继任。阿波罗多洛(Apollodoros)也是一个著名的人物,他以花园僭主而闻名,撰写了400多部著作。此外著名的还有:亚历山大的两个托勒密,一个是黑人,一个是白人;[30]西顿的芝诺(Zenon of Sidon),阿波罗多洛的学生,一位多产的作家;德米特里,他被称作拉哥尼亚人;塔尔苏斯的第欧根尼(Diogenes of Tarsos),他把一些精选的演说稿进行了汇编;以及俄里翁(Orion)和其他真正的伊壁鸠鲁主义者称之为智者的人"。[31]

596 这里所提及的这些名字例证了伊壁鸠鲁学派的连续性和生命力。西顿的芝诺已经把我们带到公元前1世纪了,因为西塞罗在雅典听说过他;那肯定是公元前79年的事了,但在西塞罗去希腊之前已经有人向他介绍过伊壁鸠鲁主义,因为公元前88年以前,他已经在罗马听过斐德罗(Phaidros,公元前140年—前70年)的讲演。[32] 另一位西塞罗时代的伊壁鸠鲁主义者是(巴勒斯坦的)加达拉的菲洛德穆。最伟大

---

[29] 第欧根尼·拉尔修:《名哲言行录》,第10卷,16-21,R. D. 希克斯译(见于"洛布古典丛书",1925)。

[30] 这两个托勒密,"一个是黑人,一个是白人(*ho te melas cai ho leucos*)"。如果按字面意思来理解"黑人"这个词,那么,这个黑人托勒密就是(公元前2世纪的)第一个黑人哲学家。这似乎是很合理的,伊壁鸠鲁学派是非常人性化的。

[31] 第欧根尼·拉尔修:《名哲言行录》,第10卷,25-26。

[32] 伊壁鸠鲁主义者斐德罗是罗马的伊壁鸠鲁学派的领导者,他有一部著作使西塞罗获得了创作《论神性》的灵感;该书的残篇在赫库兰尼姆古城被发现,并且由克里斯蒂安·彼得森(Christian Petersen)编辑后出版(52 p. ;Hamburg,1833)。

的是卢克莱修(活动时期在公元前 1 世纪上半叶),关于他,
我们现在没有必要再做更多的介绍。对于卢克莱修而言,伊
壁鸠鲁几乎就是一个神(参见《物性论》的序诗[33])。不过,
这种评价在后来并不流行,尽管诸如萨莫萨塔的琉善和他的
朋友凯尔索斯(Celsos)例外,[34]他们两人都认为伊壁鸠鲁是
一个神圣的英雄,是人类的一个恩人。

　　这种评价不**可能**流行起来。伊壁鸠鲁的荣誉以及后来
卢克莱修的荣誉,来自他们与迷信的斗争。这种斗争从来没
有而且永远也不会给任何人带来名望。即使最终迷信被战
胜了,那也只不过是因为它们被别的迷信取代了,就像我们
花园中的杂草,当我们把它们拔去时,就为其他杂草腾出了
空地。尽管伊壁鸠鲁尽了很大努力,异教的迷信并未减少;
相反,由于缺乏政治和经济的稳定性,使得它们更易滋生。
古代最优秀的宗教正在逐渐贬值、堕落,它所富有的诗意也
丧失了。哲学的(非伊壁鸠鲁的!)精英用一种新的占星教
取代了它,这种占星教太难懂了,以致大众无法掌握它,而且
它太抽象,难以温暖大众的心。只有多种仪式、游行、朝圣和
各种迷信保留下来。宗教的空白中充满了从埃及和近东的

---

[33] 参见《物性论》第 5 卷的序诗:
　　　… deus ille fuit, deus, inclyte Memmi,
　　　qui princeps vitae rationem invenit…
　　　(他就是一个神,崇高的明米佑,因为是他首先发现了那生命的准则……)
　　C. 明米佑·盖尤斯(C. Memmius Gaius)是罗马的一位政治家和演说家(活跃于
　　公元前 66 年—前 49 年),卢克莱修的这部长诗就是献给他的。
[34] 大概是但无法确定就是凯尔索斯(活动时期在 2 世纪下半叶),他活跃于近东
　　(埃及?)并且写了《真言》(*Alēthēs logos*),这是第一部系统地批评基督教的著作,
　　但只是通过奥利金(Origen,活动时期在 3 世纪上半叶)的反驳,我们才知道这本
　　书。

其他地区借用的稀奇古怪的思想。迷信的增长意味着教士的傲慢自大和不宽容在增加。普通百姓遭受了如此深重的折磨，他们的痛苦如此之多、如此之复杂，以致他们放弃了改良的理性努力，一心只想着"拯救"———一种在来世中获得的神秘拯救。[35]

　　伊壁鸠鲁学派既反对他们也反对其他流派的哲学家，主要是斯多亚学派的哲学家。例如，天文学家克莱奥迈季斯[36]表达了他对伊壁鸠鲁使用某种庸俗语言的蔑视，这种语言那时流行于"那些娼妓、庆祝谷神节(the Ceres festivals)的妇女、乞丐等人中间"。克莱奥迈季斯的愤恨是根深蒂固的;使他恼怒的，更多的是伊壁鸠鲁对占星教的拒绝和他对平民百姓的友善，而不是伊壁鸠鲁所使用的语言。

　　伊壁鸠鲁主义者对迷信的憎恶，激怒了所有这些人:从斯多亚派到占卜者以及把这种对迷信的憎恶与对宗教的仇视混为一谈的蛊惑民心的政客。这是一个至今仍在进行的古老骗局。理性主义者往往会受到这样的指责，即试图使年轻人堕落并且否认神的权威。要反对伊壁鸠鲁，不仅可以很容易地利用他的反教权主义，而且可以同样容易地利用他那种遭到无耻中伤的快乐主义。这并不奇怪。在那个时代，失

---

〔35〕 有关的大量的详细资料，请参见弗朗茨·居蒙(1868 年—1947 年):《罗马异教中的东方宗教》(Les religions orientales dans le paganism romain, Paris, 1929)[《伊希斯》15,271(1931)]。

〔36〕 在我的《科学史导论》第 1 卷第 211 页中，我把克莱奥迈季斯的年代定得太靠前了(公元前 1 世纪上半叶)。他的生卒年月是很不确定的;他可能最早出现在公元前 1 世纪末，最晚出现在我们这个纪元的第 3 个世纪。有关克莱奥迈季斯对伊壁鸠鲁的反应，请参见索尔·利伯曼(Saul Lieberman):《犹太巴勒斯坦地区的希腊化文化》(Hellenism in Jewish Palestine, New York: Jewish Theological Seminary, 1950)[《伊希斯》42,266(1951)]。

败和苦难使希腊人沮丧和消沉,能够期望他们欢迎那些未成熟的公谊会教徒和那些"avant la lettre(未定型的)"托尔斯泰主义者吗?

在宗教团体中,尤其是在犹太教的团体中,对伊壁鸠鲁主义的反对之声更为高涨。伊壁鸠鲁被看作一个叛逆者和无宗教信仰者。把他的学生描述为利欲熏心的物质主义者、追求快乐者、怀疑论者和说谎者,相对来说更为容易。斐洛(Philon,活动时期在 1 世纪上半叶)和约瑟夫·弗拉维乌斯(Joseph Flavius,活动时期在 1 世纪下半叶)都称他为无神论者。在希伯来语中,"伊壁鸠鲁主义者"已经变成了一个骂人的词,而且时至今日依然如此。[37]

所有这一切都与科学史家直接相关,因为它影响了原子论思想的命运。与伊壁鸠鲁哲学混合在一起的这些思想本身被看作具有破坏性。原子论被赶入地下;它没有被灭绝(任何人都不可能消灭一种思想),但一直过着一种隐蔽的生活,并且时不时地会伴随一些古怪的伙伴重新出现。[38]对那些迷信和无思想的人来说,原子论简直就是一种叛逆、

---

[37] 自密西拿时代以来,"Apiqoros"或"Epiqoros"就用来指"自由思想家、无信仰者,是一个拿犹太的法学博士取笑和不相信超验世界的人"。参见伯纳德·赫勒(Bernard Heller)为《犹太百科全书》(*Encyclopaedia Judaica*)所写的词条,见该书第 6 卷(1930),第 686 页—第 688 页。我的朋友甘兹(1951 年 2 月 15 日)写信告诉我,在希伯来文献中,"伊壁鸠鲁主义者"并不是指 *bon vivant*(生活奢侈者)和纵欲者,而是指无信仰者和异教徒。也可参见他的评论,载于《伊希斯》*43*, 58(1952)。

[38] 例如,伴随着东方穆斯林伊斯玛仪(Ismāʿīlī)的学说而出现;参见《科学史导论》,第 3 卷,第 149 页。无论是公开的还是秘密的原子论的历史,都非常复杂,因为其基本思想并非仅仅是希腊人才有的,耆那教徒(Jaina)和佛教徒也有这种思想。此外,正是这些思想的这种保密和有意让人难以捉摸,会使研究者灰心丧气,更糟糕的是,会使它们降到次要地位。

一种邪恶的造反,在他们看来,那些不怀好意的原子论者仿佛试图要摧毁他们的信仰。在信奉基督教的西方世界,在17世纪以前,它的名誉一直没有得到恢复,第一个为它恢复名誉的是皮埃尔·伽桑狄(1592年—1655年),后来是罗伯特·玻意耳(Robert Boyle,1627年—1691年),[39]而在19世纪之初约翰·道尔顿(1766年—1844年)对它加以描述以前,它还未被表述成一种可以被科学家接受的形式。

　　科学原子论更进一步的盛衰变迁的历史会使我们远离我们的领域,但读者也许会允许我介绍以下评论。在19世纪,人们几乎用了整整一个世纪才在可靠的实验的基础上去确立原子论,这需要进行数量巨大的化学研究。当最终成功就在眼前时,许多试图对事物进行更深入了解的科学家和哲学家,把原子论当作一种错误的观念加以拒绝。诸如恩斯特·马赫(1838年—1916年)[40]和皮埃尔·迪昂(1861年—1916年)等人发表了反原子论的观点,甚至连实验化学家威廉·奥斯特瓦尔德(Wilhelm Ostwald,1853年—1932年)也发表了这样的观点;这些人在原子论已不再是一个假说的时代仍在做无谓的抵抗,在这个时代,人们已可以计算和称量原子,原子已不再是字面意义上的原子了,因为它们已被还原为其他基本要素了,而那些基本要素难以置信地比原子本身还要小。

---

[39] G.萨顿:《玻意耳与倍尔——怀疑派化学家与怀疑派史学家》("Boyle and Bayle. The Sceptical Chemist and the Sceptical Historian"),载于《化学》(*Chymia*)*3*,155—189(Philadelphia:University of Pennsylvania Press,1950)。

[40] 关于马赫,请参见爱因斯坦的论述,见于伊萨克·邦吕比(Isaac Benrubi):《当代哲学的起源与趋势》(*Les sources et les courants de la philosophic contemporaine*,Paris:Alcan,1933),第416页,注释3。

回到伊壁鸠鲁,我们应当重申一下,奥斯特瓦尔德以及其他人对原子论的拒绝,比盲目地接受它不知要更科学多少倍。伊壁鸠鲁对原子论的发现或重新发现,并**不**是一种科学的成就。科学史家会赋予他的一般哲学,尤其是他与迷信的斗争以更高的荣誉。科学不可能在黑暗中繁荣兴旺;为了使其发展成为可能,就必须做好准备,在每一个阶段与巫术和迷信进行斗争,伊壁鸠鲁做到了这一点或者试图做到这一点。

五、伊壁鸠鲁的品格以及他的去世

结束这一部分的最佳方式就是描述一下伊壁鸠鲁的品格。能够做到这一点,尤其是当我们想到我们实际上对大多数古代伟大科学家的人品所知甚少时,能这样做当然是很好的事。大部分古代科学家都像抽象的概念,而伊壁鸠鲁却是活生生的。

看到他与他的弟子一起在梅利塔的花园中散步,与他们聊天和讨论问题,让人感到很愉快。他挤出时间进行了大量写作,但显然,他并没有开办固定的讲座。他不是一个演说者,但却是一个名副其实的教师,深切关心他的学生。他所建立的并不仅仅是一个学派,而是一种同胞会。不仅男人,而且妇女和孩子都聚集在他周围。这儿有一封他给其中一个孩子的信:

我们——皮托克勒斯、赫马库斯、克特西普斯(Ctesippos)和我,已经安然无恙地抵达了兰普萨库斯,在那里,我们见到泰米斯达以及我们的其他朋友都很健康。我希望你和你的妈妈也很健康,并且希望你像以前一样,永远孝顺你的爸爸和马特罗(Matro)。我告诉你,我和所有其他人爱你的原因就是你一直很孝顺他们。[41]

　　这一信件在古代文献中是独一无二的。他的其他信件都包含了类似的证据,证明他对其父母、兄弟、学生甚至对他的奴隶怀有亲切的感情。他远非像他的敌人所描述的那样是一个魔鬼和放荡淫逸之徒,他是一个淳朴而友善的人,热爱生活、热爱人类。他的生活方式是有节制的,但他也认识到偶尔的宴会对打破日常生活的单调乏味、强调时间的连续性是必要的。每个月的第 20 天都要留作宴请之用,在他去世后,这个习俗变成了纪念他本人和梅特罗多洛的仪式。可惜的是,我们不知道一个人怎样才能被允许进入伊壁鸠鲁的同胞会。获准进入花园并与兄弟姐妹交谈必然是一种赐福—— 一种不附加任何无价值的东西、只有爱和理性的赐福。

　　伊壁鸠鲁品格中唯一令人不愉快(而且令我非常不愉快)的地方就是他对他的老师和其他哲学家的忘恩负义的评价。他把他自己的老师瑙西芬尼比作海蜇(懦夫)。[42] 他还用了其他同样是恶意的绰号来称呼赫拉克利特(糊涂虫)、德谟克里特(胡言乱语者)、亚里士多德(浪子);至于留基伯,他根本拒绝考虑。一个非常有创见的人之所以否定他的老师,可能是因为他没有认识到他应该多么感激他们,或者根据他自己所具有的那种激情来判断,他可能已经把他们忘

599

---

[41] 依据赫库兰尼姆纸草书(Herculaneum papyrus)176,西里尔·贝利译,见于《希腊原子论者与伊壁鸠鲁》,第 225 页。

[42] *pleumōn* 或 *pneumōn*,这是皮西亚斯的用语(指海肺)。这个词的词义很含糊,但其辱骂的意味是很明白的。

记了；他或许是真诚的，但是缺乏这种对他人的承认就是有失风度。这使我对伊壁鸠鲁倍感不解，漠视他人和贬低他们的伟大往往是平庸的征兆。而伊壁鸠鲁是一个非常伟大的人，他怎么能对他的前辈的伟大之处、对他的导师们的长处视若无睹呢？

正如我们对伊壁鸠鲁的生平比对其他希腊哲学家的生平更为了解一样，我们对他去世时的情景也更为了解。当然，我们对苏格拉底去世时的情景也十分了解，但那是因为，他的死刑是公开执行的，对于其他自然死亡的哲学家，我们所获得的信息就较少。而对伊壁鸠鲁最后患病和去世，第欧根尼·拉尔修为我们提供了确切的信息。

他于第 127 届奥林匹克运动会的第二年［＝公元前 271 年—前 270 年］去世，享年 72 岁，时值皮萨拉图（Pytharatos）执政期间；阿盖莫多之子米蒂利尼人赫马库斯接管了学校。赫马库斯在信中告诉我们，伊壁鸠鲁在病了两星期后死于肾结石。赫尔米波（Hermippos）叙述说，他走进了一个青铜的温水浴缸，并且要了一杯纯葡萄酒把它一饮而尽，然后，嘱咐他的朋友们记住他的学说，就咽下了最后一口气。

在临终前，伊壁鸠鲁写了一封信给他的朋友伊多梅纽，其中有对他的痛苦的另一种说明，并展示了他临终时令人难以忘怀的仁慈：

在这个极幸福的日子里，同时也是我生命的最后一天，我给你写下这封信。痛性尿淋沥症和腹泻病一直折磨着我，它们的痛苦已大到无以复加的地步；但我可以用追忆和你一起讨论时所感到的心灵的快乐来抗衡这一切。我请你像你毕生关心我和哲学那样,照料梅特罗多洛的孩子们。[43]

第五部分　斯多亚学派

斯多亚学派诞生的时间无法确定,因为我们不知道它的创立者芝诺是什么时候出生的。如果芝诺的出生年代晚在公元前336年,那么斯多亚哲学几乎就不可能是这个世纪的产物,或者把芝诺的出生年代定在公元前348年甚至公元前356年,它也许就可以属于该世纪的最后几年。如果这样,芝诺就是一个与伊壁鸠鲁同时代但比他年长的人。还有另一个必须在本章中讨论斯多亚学派的理由,这是一个更为根本的理由:无论它是什么时候成熟的,它都是亚历山大时代的一个果实。

一、基蒂翁的芝诺

姆纳希斯(Mnaseas)之子芝诺出生于基蒂翁。有人说,他是腓尼基族,这并非不可能,因为基蒂翁是或曾经是腓尼基人在塞浦路斯的定居地,它大概是该岛最古老的定居地。[44] 几乎可以肯定他受到腓尼基人的影响。他在22岁或30岁时去了雅典,他在雅典的研究持续了20多年,大概一直到他自己的学派创立之前;而他担任这个学派的领袖长

600

---

[43] 这两段话分别引自第欧根尼·拉尔修的《名哲言行录》:第10卷15,第10卷22,由R. D. 希克斯翻译(见于"洛布古典丛书",1925)。

[44] 基蒂翁位于东南海岸,在塞浦路斯的主要港口拉纳卡(Larnaca)一侧。腓尼基人在史前就在这里定居。即使芝诺的细胞中没有腓尼基的染色体,他在年轻时可能很容易受腓尼基(闪米特人)榜样的影响。尽管如此,以芝诺和斯多亚学派有闪米特来源为基础所进行的论证是无根据的,而且这种论证是愚蠢的。

达 58 年之久,他在 98 岁(或 72 岁?)高龄时去世。[45]

他到达雅典时的环境值得记述。第欧根尼·拉尔修说:

> 他所乘坐的皇室货船在从腓尼基到比雷埃夫斯的旅途中失事了。这样他就上岸去了雅典,并在一家书店待了下来,那时他 30 岁。当他阅读色诺芬的《回忆苏格拉底》第 2 卷时,他非常兴奋,询问人们在哪里可以找到像苏格拉底这样的人。恰好克拉特斯从这里路过,书店老板就指着克拉特斯说:"去,跟着那边那个人。"从这天开始,他就成了克拉特斯一个学生,虽然他生性谦逊,无法接受犬儒学派的寡廉鲜耻,但在其他方面,他表现出对哲学的强烈爱好。克拉特斯想治治他的这一毛病,因此就给了他一壶扁豆汤,让他背着它穿过色拉米库(Ceramicos);当克拉特斯看到芝诺感到很丢脸,不想让陶壶被人看到时,他就一棍子把它打破。当芝诺腿上带着流淌的扁豆汤逃跑时,克拉特斯就问:"为什么要逃跑呀,我的腓尼基小伙子?没有什么可怕的事情降临到你的头上呀。"[46]

这一记述具有多方面的启示意义。首先,正是由于一次意外使芝诺一贫如洗,之后,他成为一名哲学家。他后来谈及此事时说:"当我正顺利地航行时,我遭遇了海难。"[47]这似乎很有可能。其次,克拉特斯称他为"腓尼基小伙子"

---

[45] 在我的《科学史导论》第 1 卷第 137 页,我所确定的芝诺的生卒年代为大约公元前 336 年至大约公元前 264 年,这样就可以假设他去世时为 72 岁。通过对第欧根尼·拉尔修在《名哲言行录》第 7 卷 25 以及其他地方给出的数字的各种选择,可以得出许多不同的具有同样可能性的日期。说斯多亚哲学是 *fin de siècle*(这个世纪末)的产物比较保险。

[46] 第欧根尼·拉尔修:《名哲言行录》,第 7 卷,2。

[47] 希腊语更为简明扼要:"*nyn euploēca,ote nenauagēca*"。第欧根尼·拉尔修:《名哲言行录》,第 7 卷,4。

（*Phoinicidion*）证明芝诺有"腓尼基"血统这种传说。重要的是，芝诺是犬儒学派成员克拉特斯的弟子。按照古老的传说，芝诺的学说通过安提斯泰尼、第欧根尼和克拉特斯与苏格拉底的学说联系在一起，这样，斯多亚哲学和犬儒哲学的早期历史都被相互混淆在一起。然而，斯多亚哲学毫无疑问具有犬儒主义的根源：在所有斯多亚学派的著作中，甚至在马可·奥勒留（Marcus Aurelius）的回忆中都可以发现犬儒主义的痕迹。

　　公元前 4 世纪末的雅典可以为像芝诺这样有雄心壮志的人提供许多东西，尽管他主要跟随底比斯的克拉特斯（他一直活到公元前 285 年），他也到柏拉图学园和别的地方听过其他教师的课。在他的老师中有已经提到过的柏拉图学园的色诺克拉底和波勒谟，麦加拉学派的斯提尔波和狄奥多罗·克罗诺（Diodoros Cronos）。[48] 波勒谟曾拿他开玩笑说："你从花园的门溜进来，窃取了我的思想，给了它们一副腓尼基人的外貌。"[49] 然而，最重要的并不是他在雅典认识了哪些哲学家，而是他自己的头脑有了明确的方向，与伊壁鸠鲁的情况相比，更毋庸置疑，他的思维方式是对柏拉图学园和吕克昂学园的一种反动。在伊壁鸠鲁与他之间有着某种巨大的差异，这种差异可以追溯到他们年轻时期，伊壁鸠鲁会使人回想到德谟克里特，而芝诺则受到赫拉克利特的影响；德谟克里特是一位理性主义者，而赫拉克利特则是一个

601

---

〔48〕 如果芝诺曾拜色诺克拉底为师，他必然在公元前 315 年/公元前 314 年以前就到了雅典，因为色诺克拉底在那一年去世了。斯提尔波主要是在麦加拉教书，而（卡里亚的）伊阿索斯（Iasos）的狄奥多罗·克罗诺则在托勒密-索泰尔统治下的亚历山大教书。不过，芝诺可能是在雅典遇到他们的。

〔49〕 第欧根尼·拉尔修：《名哲言行录》，第 7 卷，25。

神秘主义者。这些可以追溯到公元前 5 世纪的影响,证明我把伊壁鸠鲁和芝诺都放在本卷中加以论述是合理的。这二者的哲学都是在公元前 4 世纪末以前孵化和诞生的。

第欧根尼·拉尔修讲述了许多与芝诺有关的趣闻,但我们对他的了解仍不像对伊壁鸠鲁的了解那样清晰。不过,第欧根尼所提到的一些特征给人留下了深刻的印象。例如,我们得知,他的脖子是歪的,有点倾斜,他的个子相当高,肤色黝黑,他喜欢绿色的无花果和日光浴。[50] 不过很显然,芝诺在雅典大受欢迎,而且雅典人热爱他;他们为对他表示敬意而投票通过的两个法令以及他去世后被公葬在色拉米库,就是其证据。

他是这样死的。当他正要离开学校时他被绊倒了,折断了一个脚趾,他一面用拳头砸着地面,一面引用《尼俄伯》(*Niobe*)中的诗句:

"我来了,我来了,
为什么呼唤我?"

---

[50] 对所有这些均应阅读一下希腊原文,因为原文很有趣;不过,我必须拒绝在这一卷中引用过多的希腊语的诱惑;而且这也没有必要,因为阅读"洛布"版中的第欧根尼·拉尔修的《名哲言行录》(第 7 卷,1-160)很方便。第欧根尼有一句话(《名哲言行录》第 7 卷,32)令我疑惑不解:"他们说芝诺习惯以腌制的续随子花芽的名义发誓,就像苏格拉底习惯以狗的名义发誓那样。"续随子是地中海的灌木,它的拉丁语名称来源于希腊语的 Capparis。这是一个有点古怪的民间传说。希腊人喜欢续随子花芽吗?

我的朋友 A. 德拉特[1951 年 3 月 26 日于列日(Liége)]好心地写信给我,回答我的询问。他说,芝诺像苏格拉底和毕达哥拉斯学派的人一样,不喜欢以神的名义发誓(用它们的名字是徒然的);因此,他更喜欢以一些无关紧要的事物的名义发誓,越不重要越好。

然后他停止了呼吸,死在那里。[51]

二、斯多亚学派的科学与哲学

芝诺最初是在雅典的一个大厅或柱廊开始其教学活动的,那里被称作画廊或斯多亚(*hē stoa hē poicilē*),因为"绘画发明家"萨索斯的波利格诺托斯在大约公元前5世纪中叶曾对它进行过装饰。这个大厅曾被用来作为诗人集会的场所,它可能也对选择在这里聚会的所有人开放。芝诺因使用这里而使他的学派被称作斯多亚学派,他的追随者被称作斯多亚学派成员。

把斯多亚派学说中必须归功于其创立者的要素与后来克里安提斯和其他人补充的要素加以区分,有时是困难的。[52] 我的印象是,芝诺已经说明了那些基本要素,而且他毫无疑问是斯多亚哲学的创始人;在数个世纪的历程中,它的学说发生了许多变化,但那些变化都是无足轻重的。对于马可·奥勒留的论述,大致可以参照芝诺的残篇做出说明。

芝诺把哲学分为3个主要部分:物理学、伦理学和逻辑学。物理学是知识的基础,逻辑学是工具,伦理学是目的。

602 芝诺的逻辑学来源于安提斯泰尼和狄奥多罗·克罗诺,亦即以犬儒学派和麦加拉学派为榜样,但它也在不同的方向

---

[51] 第欧根尼·拉尔修:《名哲言行录》,第7卷,28,希克斯译。《尼俄伯》为雅典著名诗人和音乐家米利都的提谟修斯(Timotheos of Miletos,公元前446年—前357年)所作,他改进了三角竖琴,增加弦的数量。引自《尼俄伯》的这句诗的原文为:*erchomai;ti m' aueis?*

[52] 参见 A. C. 皮尔逊(A. C. Pearson):《芝诺和克里安提斯著作残篇》(*The Fragments of Zeno and Cleanthes*,352 pp.;London,1891),希腊语或拉丁语版,附有英语评注。其中芝诺占181页,克里安提斯占95页,有芝诺的残篇202篇,克里安提斯的残篇114篇。还有一个非常便利的直接有关芝诺或克里安提斯的希腊词汇表。

上有独立的发展。例如,它导致了更深入的语法意识,而且希腊语语法在很大程度上可以说是斯多亚学派的创造物。芝诺的语法研究由克吕西波(Chrysippos)继续进行,并且最终由巴比伦人第欧根尼(Diogenes the Babylonian)和马卢斯的克拉特斯完成。[53] 逻辑学的其他分支有修辞学和辩证法。斯多亚学派的认识论也是独创的。他们认为,知识是通过感觉印象获得的,不过,人们还是应当对它们持谨慎的态度,不要被"幻想"冲昏头脑。[54]

斯多亚学派的物理学是唯物主义与泛神论的一种混合体。斯多亚学派的哲学家设想,到处都存在着力或张力,而且它们与物质共同存在。这些张力会导致宇宙的不断消长。他们像伊壁鸠鲁主义者一样陷入了同样的矛盾或含混之中,因为他们承认灵魂的存在,但灵魂是由物质构成的,它是一种比可触知的物体更精微的物质;这些灵魂是物质的而非精神的。

他们的主要兴趣在伦理学方面。他们发展了苏格拉底的美德即知识的思想;真正的善存在于符合理性或符合自然的生活之中,而这意味着对自然(物理学、神学)要有充分的知识。他们的纯科学知识来源于柏拉图而非来源于亚里士

---

[53] 请注意,所有这些人都具有一定的外语知识。芝诺来自塞浦路斯(虽然不能说来自腓尼基),克吕西波来自奇里乞亚,第欧根尼曾一度活跃于罗马,而克拉特斯是佩加马图书馆的馆长。通过一个人的母语与另一种语言的比较,更容易唤醒人的语法意识。

[54] 关于一般意义上的斯多亚学派的逻辑学,请参见安托瓦妮特·维里厄-雷蒙 (Antoinette Virieux-Reymond):《斯多亚学派的逻辑学与认识论及其与亚里士多德逻辑学、符号逻辑和当代思想的关系》(*La logique et l'épistémologie des Stoïciens, leurs rapports avec la logique d'Aristote, la logistique et la pensée contemporaine*, 338 pp.; Chambéry: Lire, 1949) [《伊希斯》*41*, 316(1950)]。

多德;因而,它缺乏明晰性,而且不太纯。例如,柏拉图的宏观世界与微观世界之间的类似,误导他们过于看重占卜的重要性。在这方面,他们遵循了古老的希腊传统,结果证明他们不如伊壁鸠鲁学派。

他们拒绝原子论,但在他们的宇宙中,实体并不因此而缺少物质特性。世界万物都是由 4 种元素构成的,按照其精微程度的递增而排列,这些元素分别为土、水、气和火。神自身是物质的,理性(无论宇宙理性抑或个体理性)亦是如此,理性就像"一块从神那里脱落的碎片"。[55] 理性像是某种热的气息。灵魂是由火构成的,在某个宇宙周期结束时,一场世界大火(*ecpyrōsis*)会把它们都带回到圣火之中,然后,也许会有某种重生(*palingenesia*)。[56]

然而,这些是后来的诡辩,我们切不可提前加以考虑。芝诺时代的主要观点是,世界是由物质和理性构成的,不过物质和理性只是同一种实在的两个方面。即不存在没有物质的理性,也不存在没有理性的物质。换句话说,神是独一无二的无处不在的力,但不能把这种力与其余部分分开。如果可能就试着去理解吧。简而言之,斯多亚哲学比伊壁鸠鲁哲学缺少的并不是唯物主义,而是理性。

伦理学是斯多亚哲学的顶峰和永恒的荣耀。美德是最重要的善,而美德只不过就是合乎自然或合乎理性的生活(*homologumenōs physei zēn*)。有美德就是善举,没有美德就

---

[55] 这是一种后来的表述,原文为:*apospasma tu theu*(爱比克泰德:《哲学谈话录》,第 1 卷,14,6;第 2 卷,8,11),但这种思想像芝诺一样古老。

[56] 这是永世轮回或永远循环神话的一种新的形式,这种神话大概起源于东方,但毕达哥拉斯和柏拉图使它流行起来,而且它会周期性地在哲学家和天启史学家的著作中重新出现。

是恶行；其他一切，包括贫穷、疾病、痛苦和死亡等，都是无关紧要的。一个善良的不可能失去其美德的人，是无懈可击的。当他完全回归自我，并且认识到大多数痛苦都是看法不同的问题时，他的美德就会使他感到自足（*autarceia*）、平静、心神安宁（*ataraxia*）。这种寂静主义与伊壁鸠鲁派的观点相似，但不那么被动，且更富有阳刚之气（或者，在罗马时代它变成了这样）。一个人仅能忍耐和克制是不够的，他还应该勇敢。

斯多亚哲学的一个推论是，获取可利用的知识是贤明之士的义务，因为要过合乎自然的生活，就必须理解世界（cosmos）。遗憾的是，大部分斯多亚哲学家满足于非常不完善的自然知识，他们缺少科学的求知欲。斯多亚哲学振奋了精神，但却没有使头脑敏锐。

斯多亚学派接受了天意（*pronoia*）的观念，并且认为，可以通过占卜（*manteia*）发现天意的方式——这是两个很典型的矛盾的例子，这种矛盾是由于他们缺乏科学的严谨态度、缺乏抵抗传统情感的活力而导致的。

最常引用的芝诺已失传的著作，是他论述政体的专著《论政体》（*Politeia*）；根据普卢塔克的说法，这是对柏拉图的《国家篇》的答复。无论如何，斯多亚学派对政治学是感兴趣的。在这方面他们超过了伊壁鸠鲁学派，伊壁鸠鲁学派的寂静主义导致他们远离政治；斯多亚学派认为，对于一个人来说，承担起他的全部政治责任是他的义务的一部分。这有助于说明为什么斯多亚哲学在罗马法和罗马行政管理的框架下能够取得成功。

斯多亚伦理学和政治学最有创造性和最令人愉快的特

点,是他们的交流(*coinōnia*)和分享意识,这不仅是指与他们自己的城镇或国家的人们进行交流和分享,而且也包括与全世界的人们进行交流和分享。在亚历山大征服世界所导致的巨大变革的影响下,他们放弃了希腊最古老和最强劲的传统之一,即希腊时代的城邦中心观念或乡土观念;他们成为有史以来的第一批世界主义者。普卢塔克说,在芝诺的梦想之后,隐藏着亚历山大的现实。这说得非常正确。与其说芝诺受到(正在分崩离析的)亚历山大帝国的鼓舞,莫如说他受到亚历山大的天下一家(*homonoia*)的构想的鼓舞;他使一种个人的构想成为一种哲学学说。[57]

　　天下一家(*homonoia* 或 *concordia*,人类大同)学说是罗马法、*jus gentium*(万民法)和自然法的一个来源。[58] 另一方面,这种思想也许(而且也的确)证明存在着广泛的偏见。如果所有人都信奉占卜,那么,共享他们的这种信念难道不是更明智、危险更小吗?世界主义的政治价值对罗马人是颇有吸引力的,但它很容易显示出其具有破坏性的一面。四海之内皆兄弟的思想也许会被看作一种危险的学说;这种思想

604

---

[57] 威廉·伍德索普·塔恩在其《亚历山大大帝与天下一家》("Alexander the Great and the Unity of Mankind")中对此做了精彩的论述,该文载于《英国科学院学报》(*Proc. British Acad.*)9,46 pp. (1933)。在我看来,塔恩已经得出了这样的结论,亚历山大的天下一家的思想先于斯多亚哲学,而不是相反,斯多亚哲学投射了亚历山大传统。塔恩在他最近出版的著作《亚历山大大帝》(Cambridge:University Press,1948)[《伊希斯》*40*,357(1949)]中,重申了这些观点。

[58] 在英语中,"law of nature"或"natural law"一般均指科学法则(以区别于人类法则)。至少从皇家学会创立以来就是如此(《牛津英语词典》,第 6 卷,第 115 页),甚至从 1609 年培根撰写《学术的进展》(*Advancement of Learning*)时就是这样。按照在大约同一(帕斯卡)时期的法语用法,"loi naturelle"(自然法则)是指独立并且先于成文法的道德原则和公正思想。法语中的"自然法则"的含义必然比英语更接近希腊人的天下一家观念,因为希腊人更关心的是"道德法则"而不是"科学法则",而且对于后者,他们不知道有什么更清晰的典范。

后来被早期的基督徒强化了，并且成为他们所遭受迫害的原因之一。

　　鉴于我们是从遥远的后世来考察这些，我们认为，斯多亚学派的普遍伦理学，尤其是它的世界主义构成了一个巨大的进步，其进步的幅度如此之大，以至于无论它的哪部分实现了，都会一而再、再而三地受到破坏或危害。由于我们自己这个时代的可怕经历、灾难和激情，我们对这一点的意识比以往任何时候都更为强烈。[59]

　　遗憾的是，斯多亚学派过于轻率地接受了所有毕达哥拉斯、赫拉克利特和柏拉图的幻想；由于斯多亚学派的道德观与一种贫乏的宇宙论和拜星教结合在一起，它的益处被削弱了。尽管它饱含博爱之情，但它过于抽象、过于学术化，无法满足未受过教育的人的需要，而这些人在人口总数中占绝大多数。斯多亚哲学变成了一种信条，一种没有仪式并且不能创造奇迹的信条，它会使眼无泪、心变冷；它无法与有仪式、能创造奇迹的宗教相竞争，尽管有无穷无尽的苦难，这些宗教却能给人以安慰，并且能在恐怖中许下拯救的诺言。事实上，与不健全的科学和冷酷的宗教结合在一起的斯多亚伦理学，成为抵制基督教的最后一道异教壁垒；使我们惊讶的并不是它的失败，而是它的相对流行程度。

三、这个学派的简史

　　在芝诺时代，甚至在这个世纪末之前，斯多亚哲学的整

---

[59]　为了说明当今在这个问题上的基本冲突，请一方面考虑一下温德尔·威尔基在《世界一家》(*One World*, New York: Simon and Schuster, 1943) 中所说明的理想，另一方面请考虑这一事实，即"世界主义者"这个词在俄语中已成了一个被误用的术语。从毫不妥协的正教观点来看，宽容就是背信；从苏联的观点来看，世界主义就是通敌。

体已经发展成形,但是我们必须简略地讲述一下它后来的演变,因为在观察种子萌芽并看到其发芽、开花、结果之前,就无法对种子做出评价。

芝诺的继任者是他的弟子阿索斯的克里安提斯(活动时期在公元前 3 世纪上半叶),后者从公元前 264 年至公元前 232 年担任斯多亚学派的掌门人。[60] 该学派后来的主持人有:索罗伊(Soloi)的克吕西波(活动时期在公元前 3 世纪下半叶)、塔尔苏斯的芝诺(Zenon of Tarsos,大约公元前 208 年—前 180 年)、塞琉西亚的第欧根尼(Diogenes of Seleucia,活动时期在公元前 2 世纪上半叶)——他于公元前 156 年—前 155 年把斯多亚哲学传播到罗马、[61] 塔尔苏斯的安提帕特(Antipatros of Tarsos),以及罗得岛的帕奈提乌(活动时期在公元前 2 世纪下半叶)。帕奈提乌是第 7 位主持人;他有一段时间与波利比奥斯(活动时期在公元前 2 世纪上半叶)一起生活在罗马,并且完成了由塞琉西亚的第欧根尼开始的使罗马精英斯多亚化的进程。他的主要弟子阿帕梅亚的波西多纽(活动时期在公元前 1 世纪上半叶)在罗得岛定居,正是在这里,西塞罗于公元前 78 年参加了他的讲座。

这些人既是学派领袖(prostatai)又是哲学家;他们并没

---

〔60〕 在这里,还必须提一下芝诺的其他两名亲传弟子:希俄斯的阿里斯通(Ariston of Chios)和迦太基的赫里鲁斯(Herillos of Carthage)。阿里斯通是比他的导师更彻底的犬儒主义者,并且蔑视所有文化。他是第一个夸大伦理学(相对于逻辑学和物理学)的作用的人;这种夸大成为整个这一学派的典型特征。与之相反,赫里鲁斯更重视知识(epistēmē)。大约在公元前 3 世纪中叶,阿里斯通与学园的阿尔凯西劳都是雅典杰出的哲学家。

〔61〕 这第欧根尼来自底格里斯河畔的塞琉西亚。在他担任学派领袖期间,马卢斯的克拉特斯(活动时期在公元前 2 世纪上半叶)撰写了第一部希腊语语法(已失传)。克拉特斯是佩加马图书馆的创始人和第一任馆长。

有从根本上修正斯多亚学派的学说,但他们每个人都坚持进行自己的研究。克里安提斯是一个诗人;克吕西波是一个逻辑学家和语法学家(他本人对斯多亚学说的贡献如此重要,以至常有人说"没有克吕西波就没有斯多亚学派"),[62]巴比伦人第欧根尼则对语法、考古学和占卜感兴趣;帕奈提乌主要是一个道德学家;波西多纽是一个地理学家和天文学家。

　　请注意,所有这些早期的斯多亚学派的成员均来自西亚:[63]创始人芝诺来自塞浦路斯,另外 3 个人(索罗伊的克吕西波、塔尔苏斯的芝诺和安提帕特)来自奇里乞亚,[64]波西多纽来自奥龙特斯河(Orontes)畔的阿帕梅亚,第欧根尼来自底格里斯河畔的塞琉西亚;另外还有 3 个人更靠近爱琴海,或者更确切地说是靠近希腊世界:(靠近莱斯沃斯岛的)阿索斯的克里安提斯、希俄斯的阿里斯通和罗得岛的帕奈提乌。斯多亚学说诞生于亚洲,在雅典成形,并且在罗马变得成熟和流行起来。

　　当卢克莱修(活动时期在公元前 1 世纪上半叶)使伊壁

[62] 我认为,应当从实质的意义上而非精神的意义上理解这一陈述。由于他的丰富的著作和他的逻辑能力,他成为斯多亚学派(与学园派相抗争的)主要的辩护者和它的组织者。他像塞奥弗拉斯特增强了吕克昂学园的实力那样,增强了斯多亚学派的实力。最伟大的主持人并不一定就是那些有助于澄清和说明新的学说的革新者。

[63] 迦太基的赫里鲁斯是一个明显的例外。我们不知道他来自哪里;他的出生地也许是迦太基,但他是基蒂翁的芝诺的亲传弟子,很有可能他来自希腊,或者像其他人一样来自西亚。

[64] 奇里乞亚是最靠近塞浦路斯群岛的地方。对奇里乞亚人来说,航行到塞浦路斯比到内陆的大部分地区容易得多,因为去那些地区旅行就必须翻越托罗斯山脉,否则无法到达。塞浦路斯、奇里乞亚海岸以及北叙利亚海岸形成了一个地理整体。因而我们可以说,斯多亚学派的两个成员芝诺和克吕西波,甚至波西多纽都来自同一地区。

鸠鲁主义达到鼎盛并且几乎走向完结时,斯多亚哲学的发展比较缓慢,而且持续得比较长久。晚期斯多亚哲学以 3 个卓越人物为代表,他们是科尔多瓦的塞涅卡(活动时期在 1 世纪下半叶)、爱比克泰德(活动时期在 2 世纪上半叶)以及马可·奥勒留·安东尼(活动时期在 2 世纪下半叶)。[65] 注意到这一点是很有趣的,即马可·奥勒留·安东尼这位伟大的君主于 176 年在雅典设立了 4 个哲学教授职位,分别代表斯多亚学派、伊壁鸠鲁学派、学园派和漫步学派这 4 个学派。这说明了马可·奥勒留的大度和宽容,在 2 世纪末,这 4 个学派在雅典依然存在,而其他学派则不复存在了。[66] 因而,直到异教的末日,柏拉图、亚里士多德、伊壁鸠鲁和芝诺的确仍然活在人们的心中;基督教的胜利把他们赶到了地下,长达数个世纪之久;但时至今日,他们依然非常有活力。

---

[65] 这证明了这一命题:在罗马,不仅在罗马世界中,而且在罗马这座城市中,斯多亚哲学达到了成熟。马可·奥勒留就是这座城市之子;西班牙人塞涅卡和弗利吉亚人爱比克泰德都曾活跃于这个城市。

[66] 那时,雅典已经成为地方城市,但它仍然是学术和异教智慧的中心。罗马是这个帝国的首都,雅典则是著名的圣地。

尾　声

第二十四章
一个周期的结束

无论是从公元前 300 年, 抑或是从更文明的(?)公元 1950 年开始追溯, 本书所涉及的漫长的历史时期中最伟大的成就, 亦即各种成果的巅峰, 似乎就是亚里士多德的综合。不管是从希腊富于冒险精神、充满艺术想象力、热情奔放和富有科学精神的辉煌的古代背景来着眼, 还是从希腊文明的短暂黎明时期令希腊人兴奋的多方面探讨的观点来考虑, 这种综合所包含的伟大和智慧都是同样令人叹服的。

亚里士多德已经把那时可利用的天文学、物理学、动物学、伦理学、政治学的知识梳理得有条不紊, 此外, 他还创立了一种得到充分资料证明的、理性的和温和的哲学。他确立了一种 *via media*(中庸之道), 这种中庸之道在他之后持续了多个世纪并且历经岁月一直延续到今天, 在时间的进程中, 许多穆斯林哲学家和犹太教哲学家、圣托马斯、新托马斯主义者、许多耶稣会士以及大多数科学家, 都信奉这种中庸之道。在这种中庸之道的历史中, 包含了很大一部分哲学史和科学史;换句话说, 当有人思考整个科学的历史时, 他可以清晰地看到这条贯穿这段历史的中庸之道——从公元前 4 世纪直到公元 20 世纪。

　　中庸之道的提法暗示着,在它周围还有许多其他道路,这些道路可能会会合也可能会叉开,但始终不同。由于这些道路的存在,诸如犬儒学派、怀疑论学派、伊壁鸠鲁学派以及斯多亚学派的那些人就沿着这些道路走。不过,中庸之道是非常宽阔的;它不仅吸引了亚里士多德自己的弟子,而且也吸引了柏拉图学园最后一批抛弃了柏拉图的形相论和政治幻想的毕业生。人们对伦理学和常识政治学越来越关心了,如果没有那些艰难岁月的可怕变迁,中庸之道可能会变得比实际上更流行。古代世界正在分崩离析——但是,这个世界不是总在分化吗?死亡是生存的先决条件,战争是和平的先决条件,痛苦是幸福的先决条件。每一枚硬币都有其反面;一切事物,无论多么美好,都有它相反的一面。旧的世界正在消亡,以便一个新的世界可以诞生。

　　也许可以说,希腊文化的黎明开始于公元前 4 世纪 20 年代。亚历山大大帝于公元前 323 年去世,亚里士多德于公元前 322 年去世。而在几年以前,亦即公元前 338 年,希腊已经失去了它的独立。亚历山大帝国的解体导致希腊化时代的错综复杂的情况,并且为稍后的罗马文化的"新政"铺平了道路。亚里士多德的去世与某种哲学的复兴是吻合的,就仿佛所有关于生活和知识的问题在黑夜降临之前必须被解决似的。吕克昂学派和学园学派仍是最重要的学派,但一些新的学派试图脱颖而出,主要有伊壁鸠鲁学派和斯多亚学派。

　　这两个学派的产生,在很大程度上是出于对学园学派甚至对吕克昂学派的厌恶(新的学派必然是对老的学派的反抗,这是一条生与死的规律)。伊壁鸠鲁的花园和芝诺的柱廊有许多共同之处,暂且不谈他们对学园的不信任,从留传至今的著作来看,许多学生肯定曾经从柱廊走到花园,或者相反。晚期的作者,像塞涅卡和马可·奥勒留·安东尼一样,把伊壁鸠鲁学说与斯多亚学说混合在一起,他们总不能在这两者之间进行取舍。

后亚历山大的哲学不可避免地都是某种共同意义上的觉醒。[1] 由于人类的苦难会周期性地出现,在此期间他们需要精神上的安慰,哲学和宗教因此而得到发展;身体在战栗时,心灵需要抚慰。伊壁鸠鲁学派和斯多亚学派认识到了这种需要,并且都认为,人类只能在其自身之中而不能在其他任何地方找到慰藉;这两个学派能使理智的人愉快,也能同样程度地使不理智的人不高兴并激怒他们。确实,斯多亚学派的物理学包含着各种各样的幻想,如果一个人不为这些而烦恼,他也许就会成为一个优秀的斯多亚学派哲学家;斯多亚学派的道德规范是十分合意并且很能安慰人的。在使人去顺从其命运方面,没有哪种哲学比它更有成效。

斯多亚学派和伊壁鸠鲁学派对科学没有多少兴趣;他们最关心的是伦理学,是人的操守。就此而言,可以说他们在阻碍科学研究方面是一致的;但在这方面,他们之间又存在着一种本质的差别。伊壁鸠鲁主义者忽视科学但并不伤害它;相反,就他们反对迷信而言,他们有助于澄清探索真理的

---

[1] 当然,同样的评论也适用于希腊文学。像阿里斯托芬的老喜剧是公元前 5 世纪末的典型一样,米南德(大约公元前 343 年—大约前 291 年)的"新喜剧"则是这个时代的典型。米南德是伊壁鸠鲁的一个朋友,他对希腊和罗马的戏剧与文学有过巨大的影响。

基础。斯多亚学派沉迷于神秘主义之中,他们喜欢占卜,他们接受并促进了拜星教,这(正如许多科学家理解的那样)实际上是对真理的背叛。由此而产生的矛盾结果是,虽然斯多亚学派比伊壁鸠鲁学派更关注科学,但他们却危害了它的进步。

撇开他们的物理学理论不谈,斯多亚学派和伊壁鸠鲁学派的主要差异在于,对死后重生和天意的关注。按照斯多亚学派的理论,人死后的尸体返回到宇宙的"创造理性(seminal reason)"之中;按照伊壁鸠鲁学派的理论,尸体会分散成原子。这种差异并非本质的,因为他们中没有人相信个体是不朽的,[2]但是评注者和好争论者把它弄模糊了,他们把两组不同的选择——原子论与非原子论、天意与非天意——混在一起了,而他们是这样来处理的:仿佛真正的选择是在原子论与天意之间的抉择。

伊壁鸠鲁学派把原子论与非天意结合在一起,而斯多亚学派则把天意与对原子论的否定结合在一起。不过,这两种选择并没有穷尽,人们完全可以既相信原子论又相信天意;这一点已被穆斯林哲学家发现,并且再度被从伽桑狄开始的现代科学家发现了。

公元前4世纪末,科学(除物理学和化学以外)的主要分

---

[2] 马可·奥勒留·安东尼可能会在这两种选择中踌躇不决。参见他的自传。例如,"死亡把马其顿的亚历山大和他的骡夫还原到相同的状况,因为他们或者被带回到宇宙的创造性理性之中,或者以同样的方式分散成原子"(第4卷,24)。马可偏爱第一种选择,但他并不是教条主义者。在弗朗茨·居蒙的《不朽之光》(Paris:Geuthner,1949)的第109页—第156页[《伊希斯》*41*,371(1950)],可以找到有关伊壁鸠鲁和斯多亚学派的来世思想最出色的讨论。

支已经建立起来,许多基本问题得到系统的阐述,而且几乎对每一种哲学态度都已经有了预示。

各种哲学趋势交织在一起。在研究任何一位哲学家的生平时,人们总会发现,他曾投在多位导师的门下。这并不奇怪,因为存在着多种机会,尤其是在雅典,在这里,不了解同时被倡导的相互竞争的理论是不可能的,一个诚实的探索真理的人在做出选择之前,会花费很长时间。

希腊世界的实力和它在亚洲、非洲以及希腊半岛以外的欧洲各地衍生的结果,也使这种多样性增加了。辽阔的希腊世界基本上是同源的,但也有众多地域的差异。尽管雅典是富有吸引力的主要中心,每一位哲学家、科学家或艺术家至少会在这里度过他生命的一段时光,但他们也常常进行相当多的旅行,他们会从一个使用同种语言的地区走到另一个地区。居住在靠近边界的敏感的人们,必然会注意到他们以外地区流行的思想,因而,外来的思想,尤其是宗教思想,就可能而且也的确渗透进来。我们切不可忘记,在希腊的知识、经验和智慧之中,已被掺入可能会自然地传播到任何人那里的迷信,而且更全面地满足他们的希望和渴望的东方宗教也被一点一点地添加进去。

在希腊文化的黎明时期,有思想力的人们有着各种各样可能的选择:理性主义与迷信、犬儒主义、不可知论、神秘主义和失败主义以及它们的各种形态。我们可以假设,他们中的大多数人选择了漫步学派的中庸之道,或者伊壁鸠鲁学派和斯多亚学派的伦理学寂静主义。

那么,现在的主要问题,不是唯物主义与唯心主义之间的问题,而是理性主义与非理性主义之间的问题。发觉这一

事实的确令人惊讶,即在古代,几乎所有希腊哲学家都认识
到了这一点。他们的体系,甚至包括伊壁鸠鲁的体系,没有
一个是纯唯物主义的;也没有任何一个体系,包括柏拉图体
系在内,是纯唯心主义的。他们都理解,即使对于思想,人们
也需要某种物质,而人们除非怀着某种心理或情绪,否则无
法拒绝唯心主义。此外,他们提出了所有我们今天仍在试图
回答的重大问题。

　　希腊文化在独一无二的辉煌之中日渐式微,更确切地
说,它向外迁移了;很难说它衰落了,因为它并没有真正地衰
退,这不过是一个酝酿期的结束,是在为一场质变做准备。
　　军事和政治的灾难、战争和大变革使希腊人衰落了。有
可能,一场传染病也(大大地)削弱了他们的实力。公元前 4
世纪,疟疾变成了肆虐希腊世界大部分地区的流行病。[3]
疟疾的情况可能有助于说明这个事实,即新的文化不是开始
于严格意义上的希腊——因为希腊已经疲惫不堪了,而是开
始于希腊在埃及的殖民地——亚历山大城。[4]
　　公元前 4 世纪末见证了一个周期的结束和一个新的周
期的出现。从任何意义上讲,希腊精神都没有死亡,它是不
朽的;在随后的诸多世纪中,它在亚历山大、佩加马、罗得
岛、罗马以及分布于地中海周围的其他地区又复兴了。我们
将在下一卷讲述这一复兴的历史。

---

[3] 参见威廉·亨利·塞缪尔·琼斯:《疟疾与希腊史》(*Malaria and Greek History*,
186 pp. ; Manchester, 1909)[《伊希斯》6, 47(1923-1924)],爱德华·西奥多·
威辛顿为之编写了一个附录。

[4] 希腊人称它为**靠近埃及的亚历山大**(*Alexandreia hē pros Aigyptō*, *Alexandria ad
Aegyptum*)。

参考文献总目

Cohen, Morris Raphael(莫里斯·拉斐尔·科恩,1880 年—1947 年)和 I. E. Drabkin(德拉布金): *Source Book in Greek Science*(《希腊科学的原始著作》,600 pp. ; New York: McGraw-Hill, 1948)[《伊希斯》*40*, 277(1949)]。

Diels, Hermann（赫尔曼·狄尔斯, 1848 年—1922 年）: *Doxographi graeci. Collegit recensuit prolegomenis indicibusque instruxit*(《古希腊学述荟萃(附已收集、校勘过的著作索引)》, Berlin, 1879 *Editio iterata*, 864 pp. ; Berlin, 1929)。

——*Die Fragmente der Vorsokratiker*(《前苏格拉底残篇》, 612 pp. ; Berlin, 1903; ed. 2, 2 vols. in 3, 1906-1910; ed. 3, 3 vols. , 1912-1922; ed. 4, 3 vols. , Berlin, 1922; ed. 5, by Walther Kranz, 3 vols. , Berlin: Weidmann, 1934-1935)。参见以下的弗里曼。

Freeman, Kathleen（凯瑟琳·弗里曼）: *The Pre-Socratic Philosophers. A Companion to Diels' Fragmente*(《前苏格拉底哲学家——狄尔斯〈残篇〉指南》, 500 pp. ; Oxford: Blackwell, 1946, reprinted 1949)。

　　尽管我提到过这本著作,但提到的次数并不多,因为直到我的工作结束我才知道它。之所以把它列在这里是因为,对不懂希腊语的学者来说它将会非常有用。

Heath, Sir Thomas Little(托马斯·利特尔·希思爵士,1861年—1940年):*History of Greek Mathematics*(《希腊数学史》,2 vols. ; Oxford, 1921)[《伊希斯》*4*, 523-535(1921-1922)]。

——*Manual of Greek Mathematics*(《希腊数学指南》,568 pp. ; Oxford:Clarendon Press, 1931)[《伊希斯》*16*, 450-451(1931)]。

——*Greek Astronomy*(《希腊天文学》,250 pp. ; London:Dent, 1932)[《伊希斯》*22*, 585(1934-1935)]。

Isis. International Review Devoted to the History of Science and Civilization. Official Journal of the History of Science Society(《伊希斯——国际科学史与文明史评论(科学史学会官方刊物)》),由乔治·萨顿创办并编辑(43 vols. , 1913-1952)。

本卷中多次提到《伊希斯》,一般都是为了以最简洁的方式使有关这一著作或那一报告的信息完整。如果读者愿意,可以从这些提及中快速获得有关对该书的批评或其他附加信息,而对这些信息的展开讨论需要相当多的篇幅。

Osiris. Commentationes de scientiarum et eruditionis historia rationeque(《奥希里斯——科学与学术的理性史评论》),乔治·萨顿编辑(10 vols. Bruges, 1936-1951)。

Oxford Classical Dictionary(《牛津古典词典》,998 pp. ; Oxford:Clarendon Press, 1949)。

Pauly-Wissowa（保利-维索瓦）：*Real-Encyclopädie der classischen Altertumswissenschaft*（《古典学专业百科全书》，Stuttgart，1894 ff.）。

Sarton，George（乔治·萨顿）：*Introduction to the History of Science*（《科学史导论》，3 vols. in 5；Baltimore：Williams and Wilkins，1927-1948）。

Tannery，Paul（保罗·塔内里，1843 年—1904 年）：*Mémoires scientifiques*（《科学备忘录》，17 vols.；Paris，1912-1950）。参见《科学史导论》第 3 卷，第 1906 页。

索 引 *

本索引旨在使读者可以找到有关某一人或事项的信息；对于涉及较广的主题如"数学""人文学"等，目录将会提供更好的指南。

有关莎草纸/纸草书的提及，将在标题"papyrus"（Ebers, Rhind, Smith 等）下找到；关于数字的提及，将会在标题"number"（one, two, …, sixty 等）下找到。

关于希腊语名称的拼写，序言中已经说明，我们采用的是希腊元音（而不是拉丁语元音），并且我们用 u 来代替 ou。

本索引在弗朗西丝·西格尔（Frances Siegel）指导下完成；西格尔小姐还把它打了出来，并且进行了校对。

1952 年夏至于

马萨诸塞州剑桥市

G. 萨顿

---

* 原文为 Arcelisaos,系为 Arcesilaos 或 Arcesilaus 之误。——译者

---

* 原文为"John",但本索引和正文中只有"Jean Bonnet",而没有"John Bonnet"。据此判断,原文的"John"应为"Jean"。——译者

＊ 原文为"*Ius gentium*"，但正文中没有这个词组，只有"*Jus gentium*"，现按正文改正。——译者

---

[*] 原文为"Leucippos of Milesto",其中的"Milesto"应为"Miletos"。——译者

---

* 原文正文和索引均为 Marduk-apal-iddin,但按照《不列颠百科全书》网络英文版（http://global. britannica. com/ biography/Merodach-Baladan-II）,应为 Marduk-apal-iddina。——译者

---

* 原文为"Tauromenion"，但正文和索引中都没有这个词，而只有"Tauromenium"。
据此判断，这里的"Tauromenion"应为"Tauromenium"。——译者